“十二五”职业教育国家规划教材
经全国职业教育教材审定委员会审定

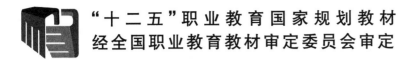

光纤通信技术

（第3版）

顾生华　主编

U0290994

北京邮电大学出版社
www.buptpress.com

内 容 简 介

本书全面介绍了光纤通信系统的基本组成；光纤的结构与分类、光纤的传输原理、光纤的传输特性、光缆的结构与分类以及光纤主要参数的测量方法；有源光器件和无源光器件的工作原理、种类和主要特性；重点介绍 SDH 传输网的基本知识、网元设备、网络结构、网同步和网络管理；光波分复用系统的基本概念、系统结构、工作原理以及 WDM 系统规范；光纤通信系统的光接口技术要求、系统性能指标和系统初步设计；光接口参数、电接口参数和系统指标的测试方法；MSTP 的基本概念、关键技术、MSTP 设备原理及测试、典型 MSTP 设备及组网应用；ASON 的基本概念、系统功能结构、连接方式、关键技术和 GMPLS；PTN 的概念、原理、通用技术、实现协议、典型设备及性能测试、组网应用；全光网络的基本概念、网络结构、光复用、光交换和网络管理技术。

本书的编写根据高职教育的特点，力求由浅入深、循序渐进，通俗易懂，基本概念和基本原理讲解准确清晰，论证简明扼要，注重将基本原理和实际应用有机地结合起来，以帮助读者抓住技术关键并全面理解本书内容。

本书可适应不同层次的读者选用，既可用作高等院校通信、电子信息类相关专业的教材，也可作为各类光纤通信技术培训班的用书，还可供工程技术人员参考、阅读。

图书在版编目(CIP)数据

光纤通信技术 / 顾生华主编. -- 3 版. -- 北京：北京邮电大学出版社，2016.8(2022.8 重印)
ISBN 978-7-5635-4921-4

Ⅰ. ①光… Ⅱ. ①顾… Ⅲ. ①光纤通信 Ⅳ. ①TN929.11

中国版本图书馆 CIP 数据核字(2016)第 192804 号

书　　　名：	光纤通信技术(第 3 版)
著作责任者：	顾生华　主编
责 任 编 辑：	王晓丹　王　义
出 版 发 行：	北京邮电大学出版社
社　　　址：	北京市海淀区西土城路 10 号(邮编：100876)
发 行 部：	电话：010-62282185　传真：010-62283578
E-mail：	publish@bupt.edu.cn
经　　　销：	各地新华书店
印　　　刷：	保定市中画美凯印刷有限公司
开　　　本：	787 mm×1 092 mm　1/16
印　　　张：	23.25
字　　　数：	606 千字
版　　　次：	2005 年 1 月第 1 版　2008 年 8 月第 2 版　2016 年 8 月第 3 版　2022 年 8 月第 5 次印刷

ISBN 978-7-5635-4921-4　　　　　　　　　　　　　　定　价：46.00 元

前　言

自从 1966 年英籍华人高锟提出光纤通信的概念以来,光纤通信的发展速度之快实为通信史上所罕见。特别是经历近三十多年的研究开发,光纤光缆、光器件、光系统的品种更新和性能完善,已使光纤通信成为信息高速公路的传输平台。目前,光纤通信正在向着大容量、高速率、长距离方向迅猛发展,其技术的主要发展趋势充分体现在:系统高速化、网络化、智能化,光纤长波长化,光缆纤芯高密度化和光器件高度集成化等。为了让读者能全面、系统地了解现代光纤通信系统的特点、基本原理、应用技术以及对光纤通信的 21 世纪发展趋势有所理解,我们在原来教材的基础上修订本书。本书修订的特点是根据高职教育的特点和传输网络的新发展,力求由浅入深,循序渐进,通俗易懂,基本概念和基本原理讲解准确清晰,论证简明扼要,删除已经基本退网的 PDH 内容,增加 PTN 新技术的内容,注重将基本原理和实际应用有机地结合起来,并且特别注意以形象直观的图表形式来配合文字的叙述,以帮助读者抓住技术关键并全面理解本书内容。本书可适应不同层次的读者选用,既可用作高等院校通信、电子信息类相关专业的教材,也可作为各类光纤通信技术培训班的用书,还可供工程技术人员参考、阅读。

本教材内容共分 10 章:第 1 章主要介绍光纤通信的基本概念。第 2 章主要介绍光纤的结构与分类、光纤的传输原理、光纤的传输特性、光缆的结构与分类以及光纤主要参数的测量方法。第 3 章主要介绍有源光器件和无源光器件的工作原理、种类和主要特性。第 4 章较系统地介绍了 SDH 传输网的基本知识、网元设备、网络结构、网同步和网络管理。第 5 章系统介绍了光波分复用系统的基本概念、系统结构、工作原理以及 WDM 系统规范。第 6 章主要介绍了光纤通信系统的光接口技术要求、系统性能指标和系统初步设计。第 7 章主要介绍了光接口参数、电接口参数和系统指标的测试方法。第 8 章介绍了 MSTP 的基本概念、关键技术、MSTP 设备原理及测试、典型 MSTP 设备及组网应用;ASON 的基本概念、系统功能结构、连接方式、关键技术和 GMPLS。第 9 章介绍了 PTN 的概念、原理、通用技术、实现协议、典型设备及性能测试、组网应用。第 10 章介绍了全光网络的基本概念、网络结构、光复用、光交换和网络管理技术。

本书由顾生华负责修订编写。由于作者的水平有限,书中难免有错误或不足之处,敬请广大读者批评指正。

编　者

目 录

第1章 概 论

1.1 光纤通信发展的历史和现状 ·········· 1
  1.1.1 光纤通信发展的历史 ·········· 1
  1.1.2 光纤通信发展的现状 ·········· 2
1.2 光纤通信的特点与应用 ·········· 2
  1.2.1 光纤通信的特点 ·········· 2
  1.2.2 光纤通信的应用 ·········· 3
1.3 光纤通信系统的基本组成 ·········· 3
1.4 光纤通信的发展趋势 ·········· 4
复习思考题 ·········· 6

第2章 光纤和光缆

2.1 光纤的结构和分类 ·········· 7
  2.1.1 光纤的结构 ·········· 7
  2.1.2 光纤的分类 ·········· 7
2.2 光纤传输原理 ·········· 9
  2.2.1 光射线分析法 ·········· 10
  2.2.2 波动理论分析法 ·········· 13
2.3 单模光纤 ·········· 17
  2.3.1 单模传输条件 ·········· 17
  2.3.2 单模光纤的特征参数 ·········· 17
  2.3.3 单模光纤的双折射 ·········· 19
2.4 光纤的传输特性 ·········· 19
  2.4.1 光纤的损耗特性 ·········· 20
  2.4.2 光纤的色散特性 ·········· 21
  2.4.3 光纤的非线性效应 ·········· 23
  2.4.4 光纤的标准和应用 ·········· 25
2.5 光缆 ·········· 27
  2.5.1 光缆的种类和结构 ·········· 27
  2.5.2 光缆的机械性能和环境性能 ·········· 32
2.6 光纤测量 ·········· 34
  2.6.1 光纤损耗特性测量 ·········· 34
  2.6.2 多模光纤带宽的测量 ·········· 38
  2.6.3 单模光纤色散的测量 ·········· 38
  2.6.4 单模光纤截止波长的测量 ·········· 39
复习思考题 ·········· 40

第3章 通信用光器件

3.1 光源 ·········· 42
  3.1.1 基础知识 ·········· 42
  3.1.2 激光器的工作原理 ·········· 44
  3.1.3 激光器的特性 ·········· 45
  3.1.4 分布反馈激光器 ·········· 47
  3.1.5 发光二极管 ·········· 47
3.2 光电检测器 ·········· 48
  3.2.1 光电检测器的工作原理 ·········· 49
  3.2.2 PIN光电二极管 ·········· 49
  3.2.3 APD光电二极管 ·········· 49
  3.2.4 光电检测器的特性 ·········· 50
3.3 光纤连接器 ·········· 52
  3.3.1 光纤连接器的基本结构和种类 ····· 52
  3.3.2 光纤连接器的特性 ·········· 54
3.4 光耦合器 ·········· 54
  3.4.1 光耦合器的结构与原理 ·········· 54
  3.4.2 光耦合器的特性 ·········· 55
3.5 光隔离器 ·········· 55
3.6 光衰减器 ·········· 56
3.7 光开关 ·········· 57
  3.7.1 光开关的种类 ·········· 57
  3.7.2 光开关的特性参数 ·········· 60
3.8 光波分复用器 ·········· 60
  3.8.1 光波分复用器的种类和工作原理 ·········· 60
  3.8.2 光波分复用器的主要特征参数 ··· 62
  3.8.3 几种常用波分复用器的比较 ····· 63
3.9 光波长转换器 ·········· 64
  3.9.1 光波长转换器的工作原理 ·········· 64
  3.9.2 光波长转换器的应用 ·········· 65
3.10 光放大器 ·········· 65
  3.10.1 光放大器的分类 ·········· 65
  3.10.2 掺铒光纤放大器的工作原理 ····· 66
  3.10.3 掺铒光纤放大器的特性 ·········· 68
  3.10.4 掺铒光纤放大器的应用 ·········· 69
复习思考题 ·········· 70

第 4 章　SDH 传输网

4.1　概述 ……………………………… 71
4.1.1　SDH 的产生 ………………… 71
4.1.2　SDH 的基本概念和特点 …… 72
4.2　速率与帧结构 ………………… 74
4.2.1　速率等级 …………………… 74
4.2.2　帧结构 ………………………… 75
4.2.3　开销功能 …………………… 76
4.3　映射与同步复用 ……………… 81
4.3.1　基本复用映射结构 ………… 81
4.3.2　复用单元 …………………… 82
4.3.3　映射方法 …………………… 85
4.3.4　指　针 ……………………… 87
4.3.5　复用方法 …………………… 92
4.4　SDH 网元设备 ……………… 100
4.4.1　SDH 设备的功能块描述 …… 100
4.4.2　SDH 复用设备 ……………… 107
4.4.3　SDH 再生器 ………………… 109
4.4.4　数字交叉连接设备 ………… 109
4.5　SDH 传送网 ………………… 109
4.5.1　SDH 传送网的分层与分割 … 109
4.5.2　传送网的物理拓扑 ………… 113
4.5.3　SDH 自愈网与网络保护 …… 114
4.6　SDH 网同步 ………………… 117
4.6.1　网同步的基本原理 ………… 117
4.6.2　SDH 网同步结构和方式 …… 119
4.6.3　SDH 设备的定时工作方式 … 124
4.7　SDH 网络管理 ……………… 125
4.7.1　SDH 网管基本概念 ………… 125
4.7.2　SDH 网管的管理功能 ……… 130
4.7.3　SDH 网管的管理接口 ……… 130
复习思考题 …………………………… 132

第 5 章　光波分复用系统

5.1　概述 ………………………… 133
5.1.1　光波分复用的基本概念 …… 133
5.1.2　光波分复用的主要特点 …… 135
5.2　WDM 系统结构 ……………… 136
5.2.1　WDM 系统的基本结构与工作原理 …
　…………………………………… 136
5.2.2　WDM 系统的基本形式 …… 137
5.2.3　WDM 系统的分层结构 …… 138
5.2.4　WDM 系统的应用类型 …… 139
5.2.5　WDM 系统的关键技术 …… 141
5.3　WDM 系统规范 …………… 155

5.3.1　WDM 系统的建议 ………… 155
5.3.2　WDM 波长分配 …………… 155
5.3.3　WDM 系统技术规范 ……… 157
复习思考题 …………………………… 163

第 6 章　光纤通信系统

6.1　光接口 ……………………… 164
6.1.1　光接口分类 ………………… 164
6.1.2　光接口参数的规范 ………… 165
6.2　系统的性能指标 ……………… 171
6.2.1　参考模型 …………………… 171
6.2.2　误码性能 …………………… 172
6.2.3　抖动性能 …………………… 173
6.2.4　漂移性能 …………………… 175
6.2.5　可用性指标 ………………… 176
6.3　系统的设计 …………………… 177
6.3.1　损耗受限系统 ……………… 177
6.3.2　色散受限系统 ……………… 178
6.3.3　中继距离和传输速率 ……… 180
复习思考题 …………………………… 181

第 7 章　光纤通信系统测试

7.1　概述 ………………………… 182
7.1.1　PDH 接口的测试信号 …… 182
7.1.2　SDH 接口的测试信号结构 … 182
7.2　光接口测试 …………………… 184
7.2.1　光发送机参数测试 ………… 184
7.2.2　光接收机参数测试 ………… 185
7.3　误码测试 …………………… 186
7.3.1　系统误码测试 ……………… 186
7.3.2　设备误码测试 ……………… 187
7.4　抖动测试 …………………… 188
7.4.1　PDH 系统抖动测试 ……… 188
7.4.2　SDH 系统抖动测试 ……… 190
复习思考题 …………………………… 191

第 8 章　MSTP 和 ASON 技术

8.1　MSTP 技术概述 …………… 192
8.1.1　MSTP 的概念 ……………… 192
8.1.2　MSTP 的工作原理 ………… 192
8.1.3　MSTP 的特点 ……………… 193
8.1.4　MSTP 的优势 ……………… 193
8.2　MSTP 的关键技术 ………… 194
8.2.1　通用成帧规程 ……………… 194
8.2.2　级联与虚级联 ……………… 197
8.2.3　链路容量调整方案(LCAS) …… 201

8.2.4　弹性分组环(RPR)技术 ············ 204
8.3　MSTP 设备及测试 ················ 207
8.3.1　MSTP 设备概述 ·············· 207
8.3.2　MSTP 设备功能模型 ·········· 209
8.3.3　MSTP 指标及测试 ············ 213
8.4　典型 MSTP 设备及应用 218
8.4.1　华为 MSTP 设备概述 ········ 218
8.4.2　OptiX Metro 1000 ·········· 219
8.4.3　OptiX Metro 3000 ·········· 225
8.4.4　MSTP 的应用 ··············· 233
8.5　ASON 技术 ···················· 238
8.5.1　ASON 概述 ················· 238
8.5.2　ASON 的标准 ··············· 240
8.5.3　ASON 的体系结构 ··········· 240
8.5.4　ASON 的主要特点 ··········· 242
8.5.5　ASON 的连接类型 ··········· 243
8.5.6　ASON 的模型 ··············· 244
8.5.7　ASON 的关键技术 ··········· 245
8.5.8　ASON/ GMPLS ············· 248
8.5.9　ASON 的应用 ··············· 255
复习思考题 ······················· 258

第 9 章　PTN 技术

9.1　PTN 技术概述 ·················· 259
9.1.1　PTN 定义与原理 ············ 259
9.1.2　PTN 的技术特点 ············ 261
9.1.3　PTN 的分层结构 ············ 263
9.1.4　PTN 的功能平面 ············ 265
9.2　PTN 的关键技术 ··············· 270
9.2.1　面向连接和统计复用 ········· 270
9.2.2　分组传送网的可扩展性技术 ··· 270
9.2.3　分组传送网的 OAM 技术 ···· 271
9.2.4　多业务承载与接入 ··········· 272
9.2.5　分组传送网的可生存性技术 ··· 277
9.2.6　分组传送网的 QoS 技术 ····· 283
9.2.7　分组传送网的时间同步和时钟同步
技术 ······················· 287
9.2.8　分组传送网的控制面 ········· 289
9.3　PTN 的实现技术 ··············· 290
9.3.1　PBT 技术 ·················· 290
9.3.2　T-MPLS 技术 ·············· 292

9.3.3　PBT 和 T-MPLS 技术比较 ········ 296
9.4　PTN 设备原理及典型产品介绍 ········ 297
9.4.1　PTN 设备原理 ··············· 297
9.4.2　华为公司 PTN 设备 ·········· 300
9.4.3　中兴公司 PTN 设备 ·········· 306
9.4.4　烽火公司 PTN 设备 ·········· 316
9.4.5　阿尔卡特朗讯公司 PTN 设备 ·· 318
9.5　PTN 网络的性能指标 ············ 323
9.6　PTN 组网应用 ················· 325
9.6.1　PTN 的引入与组网 ·········· 325
9.6.2　PTN 的应用定位 ············ 330
9.6.3　PTN 在城域网中的应用 ······ 331
9.6.4　PTN 在移动传送网中的应用 ·· 333
9.6.5　PTN 在专网中的应用 ········ 338
9.6.6　PTN 在宽带接入中的应用 ···· 340
复习思考题 ······················· 341

第 10 章　全光网络

10.1　概述 ························· 342
10.1.1　全光网的基本概念 ·········· 342
10.1.2　全光网的特点 ·············· 342
10.2　全光网的分层结构 ············· 343
10.2.1　光通道层(OCH) ··········· 343
10.2.2　光复用段层(OMS) ········· 344
10.2.3　光传输段层(OTS) ········· 344
10.3　全光网的光复用 ··············· 344
10.3.1　光时分复用 ················ 345
10.3.2　光码分复用 ················ 347
10.4　全光网的光交换 ··············· 349
10.4.1　概述 ····················· 349
10.4.2　空分光交换 ················ 351
10.4.3　时分光交换 ················ 352
10.4.4　波分光交换 ················ 353
10.4.5　复合光交换 ················ 354
10.5　全光网的网络结构 ············· 355
10.5.1　全光网的拓扑结构 ·········· 355
10.5.2　WDM 环形网络 ············ 357
10.5.3　全光网的保护 ·············· 359
复习思考题 ······················· 362

参考文献 ···························· 363

第1章

概　论

1.1　光纤通信发展的历史和现状

1.1.1　光纤通信发展的历史

伴随社会的进步与发展，以及人们日益增长的物质与文化需求，通信向大容量、长距离的方向发展已经是必然趋势。由于光波具有极高的频率(约 3 亿兆赫兹)，即具有极高的宽带，从而可以容纳巨大的通信信息，所以用光波作为载体来进行通信是人们几百年来追求的目标。

1966 年，英籍华裔学者高锟博士(K. C. Kao)在 PIEE 杂志上发表了一篇十分著名的文章——《用于光频的光纤表面波导》，该文从理论上分析和证明了用光纤作为传输媒体以实现光通信的可能性，并设计了通信用光纤的波导结(即阶跃光纤)。更重要的是，他科学地预言了制造通信用的超低耗光纤的可能性，即加强原材料提纯，加入适当的掺杂剂，可以把光纤的衰耗系数降低到 20 dB/km 以下。而当时世界上只能制造用于工业、医学方面的光纤，其衰耗在 1 000 dB/km 以上。制造衰耗在 20 dB/km 以下的光纤，被认为是可望而不可即的。以后的事实发展雄辩地证明了高锟博士文章的理论性和科学大胆预言的正确性，所以这篇文章被誉为光纤通信的里程碑。

1970 年，美国康宁玻璃公司根据高锟文章的设想，用改进型化学气相沉积法(MCVD 法)制造出当时世界上第一根超低损耗光纤，成为使光纤通信爆炸性竞相发展的导火索。虽然当时康宁玻璃公司制造出的光纤只有几米长，衰耗约 20 dB/km，而且几小时之后便损坏了。但它毕竟证明了用当时的科学技术与工艺方法制造通信用的超低损耗光纤是完全有可能的，也就是说，找到了实现低衰耗传输光波的理想传输媒体，是光通信研究的重大实质性突破。

1970 年以后，世界各发达国家对光纤通信的研究倾注了大量的人力与物力，其来势之凶、规模之大、速度之快远远超出了人们的意料，使光纤通信技术取得了极其惊人的进展。

从光纤的衰耗看，1970 年是 20 dB/km，1972 年是 4 dB/km，1974 年是 1.1 dB/km，1976 年是 0.5 dB/km，1979 年是 0.2 dB/km，1990 年是 0.14 dB/km，已经接近石英光纤的理论衰耗极限值 0.1 dB/km。

从光器件看，1970 年，美国贝尔实验室研制出世界上第一只在室温下连续波工作的砷化镓铝半导体激光器，为光纤通信找到了合适的光源器件。后来逐渐发展到性能更好、寿命达几万小时的异质结条形激光器和现在的分布反馈式单纵模激光器(DFB)以及多量子阱激光器(MQW)。光接收器件也从简单的硅 PIN 光二极管发展到量子效率达 90％的Ⅲ-Ⅴ族雪崩光二极管 APD。

从光纤通信系统看,正是光纤制造技术和光电器件制造技术的飞速发展,以及大规模、超大规模集成电路技术和微处理机技术的发展,带动了光纤通信系统从小容量到大容量、从短距离到长距离、从低水平到高水平、从旧体制(PDH)到新体制(SDH)的迅猛发展。

1976 年,美国在亚特兰大开通了世界上第一个实用化光纤通信系统,码率为 45 Mbit/s,中继距离为 10 km。1980 年,多模光纤通信系统商用化(140 Mbit/s),并着手单模光纤通信系统的现场试验工作。1990 年,单模光纤通信系统进入商用化阶段(565 Mbit/s),并开始进行零色散移位光纤和波分复用及相干通信的现场试验,而且陆续制定出数字同步体系(SDH)的技术标准。1993 年,SDH 产品开始商用化(622 Mbit/s 以下)。1995 年,2.5 Gbit/s 的 SDH 产品进入商用化阶段。1996 年,10 Gbit/s 的 SDH 产品进入商用化阶段。1997 年,采用波分复用技术(WDM)的 20 Gbit/s 和 40 Gbit/s 的 SDH 产品试验取得重大突破。此外,在光孤子通信、超长波长通信和相干光通信方面也正在取得巨大进展。

1.1.2　光纤通信发展的现状

1976 年美国在亚特兰大进行的现场试验,标志着光纤通信从基础研究阶段发展到了商业应用的新阶段。此后,光纤通信技术不断创新:光纤从多模发展到单模,工作波长从 0.85 μm 发展到 1.31 μm 和 1.55 μm,传输速率从几十兆比特每秒发展到几十吉比特每秒。另外,随着技术的进步和大规模产业的形成,光纤价格不断下降,应用范围不断扩大:从初期的市话局间中继到长途干线,进一步延伸到用户接入网,从数字电话到有线电视(CATV),从单一类型信息的传输到多种业务的传输。目前光纤已成为信息宽带传输的主要媒质,光纤通信系统将成为未来国家信息基础设施的支柱。

总之,从 1970 年到现在虽然只有短短四十多年的时间,但光纤通信技术却取得了极其惊人的进展。用带宽极宽的光波作为传送信息的载体以实现通信,这一几百年来人们梦寐以求的幻想在今天已成为活生生的现实。然而就目前的光纤通信而言,其实际应用仅是其潜在能力的 2％左右,尚有巨大的潜力等待人们去开发和利用。因此,光纤通信技术并未停滞不前,而是向更高水平、更高阶段发展。

1.2　光纤通信的特点与应用

1.2.1　光纤通信的特点

光纤通信之所以受到人们的极大重视,是因为和其他通信手段相比,它具有无与伦比的优越性。

1. 通信容量大

从理论上讲,一根仅有头发丝粗细的光纤可以同时传输 1 000 亿个话路。虽然目前远远未达到如此高的传输容量,但用一根光纤同时传输 24 万个话路的试验已经取得成功,它比传统的明线、同轴电缆、微波等要高出几十倍乃至上千倍。

2. 中继距离长

光纤具有极低的衰耗系数(目前商用化石英光纤已低于 0.19 dB/km),这是传统的电缆(1.5 km)、微波(50 km)等根本无法与之相比拟的。因此光纤通信特别适用于长途一、二级干线通信,在不久的将来实现全球无中继的光纤通信也是完全可能的。

3. 保密性能好

光波在光纤中传输时只在其芯区进行,基本上没有光"泄漏"出去,其保密性能极好。

4. 抗电磁干扰能力强

光纤由电绝缘的石英材料制成,光纤通信线路不受各种电磁场的干扰和闪电雷击的损坏。无金属光缆非常适合于存在强电磁场干扰的高压电力线路周围和油田、煤矿等易燃易爆环境中使用。

5. 体积小、重量轻、便于施工维护

光缆的敷设方式方便灵活,既可以直埋、管道敷设,又可以在水底或架空。

6. 原材料来源丰富,潜在价格低廉

制造石英光纤的最基本原材料是二氧化硅,即砂子,而砂子在大自然中几乎是取之不尽、用之不竭的。因此其潜在价格十分低廉。

1.2.2　光纤通信的应用

光纤可以传输数字信号,也可以传输模拟信号。光纤在通信网、广播电视网与计算机网,以及其他数据传输系统中,都得到了广泛应用。光纤宽带干线传送网和接入网发展迅速,是当前研究、开发及应用的主要目标。光纤通信的各种应用可概括如下。

(1) 通信网,包括全球通信网(如横跨大西洋和太平洋的海底光缆和跨越欧亚大陆的洲际光缆干线)、各国的公共电信网(如我国的国家一级干线、各省二级干线和县以下的支线)、各种专用通信网(如电力、铁道、国防等部门通信、指挥、调度、监控的光缆系统)、特殊通信手段(如石油、化工、煤矿等部门易燃易爆环境下使用的光缆,以及飞机、军舰、潜艇、导弹和宇宙飞船内部的光缆系统)。

(2) 构成因特网的计算机局域网和广域网,如光纤以太网、路由器间光纤高速传输链路。

(3) 有线电视网的干线和分配网;工业电视系统,如工厂、银行、商场、交通和公安部门的监控;自动控制系统的数据传输。

(4) 综合业务光纤接入网,分为有源接入网和无源接入网,可实现电话、数据、视频(会议电视、可视电话等)及多媒体业务综合接入核心网,提供各种各样的社区服务。

1.3　光纤通信系统的基本组成

所谓光纤通信,就是利用光纤来传输携带信息的光波以达到通信的目的。

要使光波成为携带信息的载体,必须对之进行调制,在接收端再把信息从光波中检测出来。然而,由于目前技术水平所限,对光波进行频率调制与相位调制等仍局限在实验室内,尚未达到实用化水平,因此目前大都采用强度调制与直接检波方式(IM-DD)。又因为目前的光源器件与光接收器件的非线性比较严重,所以对光器件的线性度要求比较低的数字光纤通信在光纤通信中占据主要位置。

典型的数字光纤通信系统如图 1-1 所示。

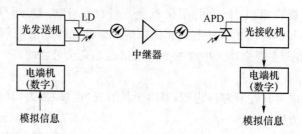

图 1-1　数字光纤通信系统

从图 1-1 中可以看出,数字光纤通信系统基本上由光发送机、光纤与光接收机组成。

光发送机的功能是把输入电信号转换为光信号,并用耦合技术把光信号最大限度地注入光纤线路。光发送机由光源、驱动器和调制器组成,光源是光发射机的核心。发送端的电端机把信息(如话音)进行模/数转换,用转换后的数字信号去调制发送机中的光源器件(LD),则 LD 就会发出携带信息的光波。即当数字信号为"1"时,光源器件发送一个"传号"光脉冲;当数字信号为"0"时,光源器件发送一个"空号"(不发光)。

光纤线路的功能是把来自光发送机的光信号,以尽可能小的畸变(失真)和衰减传输到光接收机。光纤线路由光纤、光纤接头和光纤连接器组成。

光接收机的功能是把从光纤线路输出、产生畸变和衰减的微弱光信号转换为电信号,并经放大和处理后恢复成发射前的电信号。光接收机由光检测器、放大器和相关电路组成,光检测器是光接收机的核心。在接收端,光接收机把数字信号从光波中检测出来送给电端机,而电端机再进行数/模转换,恢复成原来的信息,这样就完成了一次通信的全过程。

1.4　光纤通信的发展趋势

光纤通信从 1970 年真正起步,迄今为止虽然仅有四十多年的时间,但光纤通信的技术无论是光纤制造技术还是光电器件的制造技术,以及光纤通信系统的水平,都取得了极其惊人的进展,它已成为现代通信最主要的传输手段。光纤的衰耗从刚开始的 20 dB/km,发展到现在低至 0.14 dB/km,已经十分接近石英光纤的理论衰耗极限 0.1 dB/km。光纤的带宽从刚开始的 10 MHz·km 发展到现在的 1 000 GHz·km 以上。光源器件从刚开始结构十分简单、发光功率只有几十微瓦、寿命仅几小时的 GaAs 激光器发展到现在的发光功率在 1 毫瓦以上、寿命达几十万小时的分布反馈式和多量子阱的单纵模激光器。光纤通信系统的水平也在不断提高,从 1976 年的 45 Mbit/s 发展到现在的 10 Gbit/s。1985 年,多模光纤通信商用化,1990 年,单模光纤通信又迅速商用化,而现在技术更加先进的 SDH 光纤通信已经席卷世界各地。

光纤通信的潜力是巨大的,目前的光纤通信应用水平据分析仅仅是其能力的 1%～2%。光纤通信作为现代通信的主要支柱之一,在现代通信网中起着重要的作用。光纤通信具有以下几个发展趋势。

1. 波分复用技术(WDM)

所谓波分复用,就是用一根光纤同时传输几种不同波长的光波,以达到扩大通信容量的目的。在系统的发送端,由各个分系统分别发出不同波长的光波,如 λ_1、λ_2、λ_3、λ_4,并由合波器合成一束光波进入光纤进行传输,而在接收端用分波器把几种光波分离开,分别输入到各个分系统的光接收机。

可以看出,波分复用的关键技术是光波的合波器与分波器。近几年已经出现几种形式的合波器与分波器,如半透镜与滤光片、自聚焦棒与滤光片以及平面光栅与偏振光栅等。

2. 相干光通信

迄今为止,已应用的光纤通信都是采用强度调制与直接检波的工作方式,它只相当于原始的无线通信所使用的调制与解调技术。在此方式下,光源器件的调制速率、光接收机的灵敏度受到局限而难以再提高,适应不了超大容量、超长距离通信的要求。

所谓相干光通信,就是在发送端由激光器发出谱线极窄、频率稳定、相位恒定的相干光,并用先进的调制方法(如 FSK、ASK 和 PSK)对之进行调制。在接收端,把由光纤传输来的相干光载波与本振光源发出的相干光,经光耦合器后加到光混频器上进行混频与差频,然后把差频后的中频光信号进行放大、检波。

相干光通信技术一则可以增大光纤的传输容量;二则可以大大提高光接收机的灵敏度(可提高 10～20 dB)。其关键技术是光源器件、光波的匹配。

由发送端的光源和接收端的本振光源所发出的光,必须谱线十分狭窄(接近单频)、频率十分稳定、相位非常恒定,否则无法进行混频与差频。此外,本振光和从光纤传输来的光载波必须具有良好的匹配,这就要求光纤应该是偏振保持光纤。

3. 超长波长光纤通信

为了实现越来越大的信息容量和超长距离传输,必须使用低损耗和低色散的单模光纤。目前石英光纤的损耗已接近理论极限值,再无多大潜力可挖。

研究发现,氟化物光纤在波长 3.4 μm 处的损耗理论极限,可低至 10^{-3} dB/km;而金属卤化物光纤的损耗理论极限可低至 10^{-2}～10^{-5} dB/km,若真的实现光纤损耗小于 10^{-3} dB/km,中继距离可达 3 万多千米,那么实现全球无中继的光纤通信就会成为现实。

4. 光集成技术

它和电子技术中的集成电路相类似,是把许多微型光学元件(如光源器件、光检测器件、光透镜、光滤波器、光栅等)集成在一块很小的芯片上,构成具有复杂性能的光器件;还可以和集成电路等电子元件集成在一起形成功能更复杂的光电部件,如光发送机与光接收机等。采用光集成技术,不仅使设备的体积、重量大大减少,而且提高了稳定性与可靠性。

5. 光孤子通信

通信容量越大,要求光脉冲越窄,如 2.5 Gbit/s 系统的光脉冲宽度约为400 ps。窄光脉冲经光纤传输后,因光纤的色散作用出现脉冲展宽现象而引起码间干扰,因此脉冲展宽一直是制约大容量、长距离传输的关键因素。

经研究发现,当注入光强密度足够大时,会引起光脉冲变窄的奇特现象,其光脉冲宽度可低达几皮秒,即所谓光孤子脉冲。因此用光孤子脉冲可以实现超大容量的光纤通信。

6. 实现超大容量通信的近期趋势

社会的不断进步和发展对通信提出了越来越高的需求,光纤通信的容量在不断地扩大、再扩大,而技术难题也在不断地出现。

(1) 时分复用(TDM)

TDM 方式是提高光纤容量的有效手段。据测算,速率每提高一个等级,TDM 每比特的成本会下降 30%～40%。但码速率越高,光纤色散的影响也越严重,因此必须采用色散补偿技术。目前,国际上 TDM 实验室水平已达到 40 Gbit/s。

(2)波分复用(WDM)

WDM 方式因配置灵活、扩容方便,又可以节省光纤,所以其发展前景看好。但是国际上在以 2.5 Gbit/s 还是 10 Gbit/s 作为 WDM 的基群的问题上出现了分歧。此外,由于 G.653 光纤在开放 WDM 应用时会出现四波混频效应(FWM),所以最适合于 WDM 方式的光纤是 G.655 光纤。目前国际上 WDM 最高实验室水平为 2 640 Gbit/s。

(3)光时分复用(OTDM)

OTDM 方式和传统的 TDM 的区别是:光/电和电/光转换在系统中的位置不同。

现在采用的 TDM 方式,是把光/电和电/光转换放在高速率信道上。例如,先对线路信号进行光/电转换,然后对电信号进行解复用。而 OTDM 则是直接对高速率光信号进行复用和解复用,然后再对分支光路信号进行光/电和电/光转换。目前,OTDM 最高实验室水平为 200 Gbit/s。

(4)光放大技术

对光信号直接进行放大一直是人们追求的目标。光纤放大器,尤其是 EDFA(掺铒光纤放大器),已经成熟并商品化,其工作波长为 1 550 nm。它具有高增益(最高 50 dB)、高速率(10 Gbit/s)、低噪声和失真小等优点。此外,还有 NDFA(掺钕光纤放大器)和 PDFA(掺镨光纤放大器),其工作波长为 1 310 nm,但性能不如半导体激光放大器(SOA)。SOA 的工作波长为 1 310 nm,它具有体积小、易驱动、高增益(20 dB)等优点,发展前景十分乐观。

(5)色散补偿技术

当码速率极高,出现色散受限的情况下,如 10 Gbit/s 应用在 G.652 光纤时,色散补偿技术是必不可少的。目前色散补偿光纤(DCF)已经达到商用化水平,其色散补偿范围可达 -50~-800 ps/km·nm。此外,光纤光栅补偿技术也日益受到人们的重视。

总之,光纤通信技术虽然已经成熟并成为现代通信的主要传输手段,但它并没有停滞不前,而是向更高水平、更深层次发展,并引发了许多新课题,形成了许多新学科,从而促进了其他科学分支的发展。

复习思考题

1. 简述光纤通信的优点。
2. 简述光纤通信系统基本组成中各部分的主要作用。

第 2 章

光纤和光缆

    光纤是光纤通信系统中最基础的传输物理媒质。光纤和光通信器件(有源和无源器件)是影响光纤通信系统最重要的两个因素,光纤通信系统及其新技术的发展必须借助于光纤和光通信器件的研究和发展。深刻把握光纤的传输原理和传输特性,正确合理地选择光纤产品,对优化光纤通信系统设计有着极其重要的意义。

    本章主要介绍光纤的结构与分类、光纤的传输原理及传输特性、光缆的结构与分类以及光纤主要参数的测量方法。

2.1　光纤的结构和分类

2.1.1　光纤的结构

    光纤(Optical Fiber)是由中心的纤芯和外围的包层所构成的光的传输介质,一般为双层或多层的同心圆柱形细丝,为轴对称结构,光纤的外形如图 2-1 所示。

    纤芯用来导光,包层为光的传输提供反射面和光隔离(同时起到一定的机械保护作用),实用的光纤还采用涂覆层(塑料护套)进一步确保光纤的机械和传输性能。设纤芯和包层的折射率分别为 n_1 和 n_2,光在光纤中传输的必要条件是 $n_1 > n_2$。纤芯和包层的相对折射率差,即 $\Delta = (n_1 - n_2)/n_1$ 的典型值,一般单模光纤(SMF)为 $0.3\% \sim 0.6\%$,多模光纤(MMF)为 $1\% \sim 2\%$。Δ 越大,光纤把光束缚在纤芯中的能力越强,但信息传输容量却相对减小。通信

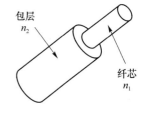

图 2-1　光纤的外形

用光纤的标称外径(包层直径)为 $125\ \mu\mathrm{m}$,MMF 纤芯的标称直径为 $50\ \mu\mathrm{m}$ 或 $62.5\ \mu\mathrm{m}$,SMF 纤芯的标称模场直径为 $9 \sim 10\ \mu\mathrm{m}$。

2.1.2　光纤的分类

    光纤种类很多,根据不同的分类方法和标准,同一根光纤将会有不同的名称。常用的分类方法如下。

1. 按光纤的制造材料分类

    按照光纤制造材料的不同,光纤可分为玻璃(石英)光纤和塑料光纤。

    玻璃光纤一般是指由掺杂石英芯和掺杂石英包层构成的光纤。这种光纤有很低的传输损

耗和中等程度的传输色散。目前通信用光纤绝大多数为玻璃光纤。

塑料光纤是一种通信用新型光纤,尚处于研制、试用阶段。塑料光纤具有传输损耗大、纤芯粗(直径 $100\sim600\,\mu m$)、数值孔径(NA)大(一般为 $0.3\sim0.5$,可与光斑较大的光源耦合使用)及制造成本低等优点。目前,塑料光纤适用于短距离使用,如计算机联网和船舶内通信等。

2. 按光纤剖面折射率分布分类

按照光纤剖面折射率分布的不同,光纤可分为突变型光纤(SIF,Step-Index Fiber)和渐变型光纤(GIF,Graded-Index Fiber)。

SIF 的纤芯和包层的折射率为均匀分布,呈现阶跃形状,如图 2-2(a)所示。这种光纤的脉冲发生展宽,目前,MMF 一般不采用这种折射率分布形式。由于 SMF 中只有一个传输模式,不存在这种由于入射角度不同带来的脉冲展宽,因此仍然采用这种折射率分布形式。

GIF 纤芯的折射率分布如图 2-2(b)所示。由于 GIF 具有如同透镜那样的"自聚焦"作用,对光脉冲的展宽比 SIF 小得多,因此光信号传输距离较长。目前使用的 MMF 均采用这种折射率分布形式。

3. 按光纤传输模式分类

按照光纤传输的模式数量,光纤可分为多模光纤(MMF)和单模光纤(SMF)。在一定的工作波长上,当有多个模式在光纤中传输时,则这种光纤称为多模光纤。按照多模光纤截面折射率的分布可分为突变型多模光纤(MMF/SIF)和渐变型多模光纤(MMF/GIF)。

单模光纤是只传输一种模式的光纤,如图 2-2(c)所示。单模光纤只能传输基模(最低阶模),不存在模间时延差,具有比多模光纤大得多的传输带宽,这对于高码速传输极其重要。单模光纤纤芯的直径仅几微米,其带宽一般比渐变型多模光纤的带宽高很多,因此,它适用于大容量、长距离通信。

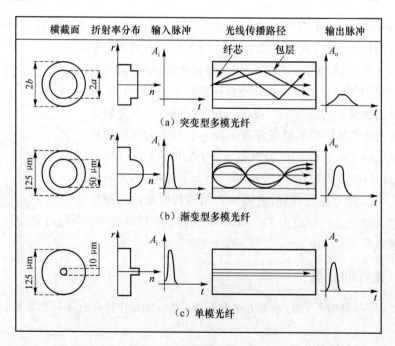

图 2-2　三种基本类型的光纤

按照传输模式的数量和光纤剖面的折射率分布,实用光纤主要有三种基本类型:突变型多模光纤(MMF/SIF)、渐变型多模光纤(MMF/GIF)和单模光纤。

实际应用中,根据需要,可以设计折射率介于 SIF 和 GIF 之间的各种准渐变光纤。为调整工作波长或改变色散特性,可以在如图 2-2(c)所示常规单模光纤的基础上,设计许多结构复杂的特种单模光纤。最常用的典型特种单模光纤的横截面结构和折射率分布如图 2-3 所示。

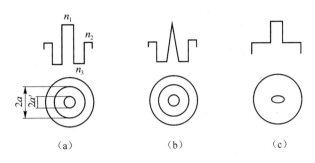

图 2-3　典型特种单模光纤

① 双包层光纤。如图 2-3(a)所示,折射率分布呈 W 形,又称为 W 形光纤。这种光纤有两个包层,内包层外直径 $2a'$,与纤芯直径 $2a$ 的比值 $a'/a \leqslant 2$。适当选择纤芯、外包层和内包层的折射率 n_1、n_2 和 n_3,调整 a 值,可以得到在 $1.3 \sim 1.6 \ \mu m$ 之间色散变化很小的色散平坦光纤(DFF,Dispersion-Flattened Fiber),或把零色散波长移到 $1.55 \ \mu m$ 的色散位移光纤(DSF,Dispersion-Shifted Fiber)。

② 三角芯光纤。如图 2-3(b)所示 ,纤芯折射率分布呈三角形,这是一种改进的色散位移光纤。这种光纤在 $1.55 \ \mu m$ 有微量色散,有效面积大,适合于密集波分复用(DWDM)和孤子传输的长距离系统使用,康宁公司称它为长距离系统光纤,这是一种非零色散光纤。

③ 椭圆芯光纤。如图 2-3(c)所示,纤芯折射率分布呈椭圆形,这种光纤具有双折射特性,即两个正交偏振模的传输常数不同。强双折射特性能使传输光保持其偏振状态,因此又称为双折射光纤或偏振保持光纤。

4. 按照 ITU-T 建议分类

为了使光纤具有统一的国际标准,国际电信联盟-电信标准化机构(ITU-T)制定了统一的光纤标准(G 标准)。按照 ITU-T 关于光纤的建议,可以将光纤分为 G.651 光纤(又称为渐变型多模光纤)、G.652 光纤(又称为常规单模光纤)、G.653 光纤(又称为色散位移光纤——DSF)、G.654 光纤(又称为 1550 nm 性能最佳单模光纤)、G.655 光纤(又称为非零色散位移光纤——NZDSF)等,关于光纤的标准、性能和选用这部分的内容,将在 2.4.4 节作具体介绍。

2.2　光纤传输原理

研究光纤中光的传播特性(即光纤传输原理,又称为光纤的导光原理)的主要方法有光射线分析法(又称几何光学法、光射线追踪法)和波动理论分析法(又称圆波导的模式理论、电磁波分析法)。为了获得光纤中光功率传播机理的详尽描述,必须在光纤中并且在满足纤芯和包层圆柱形界面的边界条件下求解麦克斯韦方程,这称为波动理论分析法。但在光纤的半径与波长之比很大时,即在短波长极限(波数 $k=2\pi/\lambda$ 非常大,波长 $\lambda\rightarrow 0$)条件下,用几何光学的射线方程作近似分析,可以得到光纤导波特性的很好的近似结果,这就是光射线分析法。尽管光射线分析法仅在零波长极限时才严格成立,但对于多模光纤这样包含大量导波模式的非零波长系统,光射线分析法仍可以提供相当精确的结果,而且是极有价值的。与严格的电磁波(模式)分析比较,光射线分析法的优点是可以给出光纤中光传播特性的更直观的物理解释。不管是射线方程还是波动方程,数学推演都很复杂,关于它们的完整描述,请读者参考相关的书籍,本书只侧重选取其中的主要部分和有重要价值的结果。

2.2.1 光射线分析法

用光射线分析法分析光纤传输原理,重点关注的是光束在光纤中传播的时空分布(空间分布和时间分布),由此得到对认识和分析光纤有重要意义的数值孔径(NA)和传输时延($\Delta\tau$)的概念。本节用射线光学理论对阶跃型及渐变型多模光纤的传输特性进行分析。

1. 突变型多模光纤

(1) 数值孔径(NA)

全反射现象是光纤传输的基础。光纤的导光特性基于光射线在纤芯和包层界面上的全反射,使光线限制在纤芯中传输。光纤中有两种光线,即子午光线和斜射光线。子午光线是位于子午面(过光纤轴线的平面)上的光线,而斜射光线是不经过光纤轴线传输的光线。为简化分析,以子午光线为例,分析光纤的传输条件。如图 2-4 所示的阶跃型光纤,纤芯折射率为 n_1,包层折射率为 n_2,空气折射率 $n_0=1$,纤芯中心轴线与 z 轴一致。光线在光纤端面以小角度 θ 从空气入射到纤芯($n_0<n_1$),折射角为 θ_1,折射后的光线在纤芯直线传播,并在纤芯与包层的分界面以角度 $\varPsi_1$ 入射到包层($n_2<n_1$)。改变角度 θ,不同 θ 对应的光线将在纤芯与包层的分界面发生反射和折射。根据全反射原理,存在一个临界角度 θ_c,当 $\theta<\theta_c$ 时,相应的光线将在纤芯与包层的分界面发生全反射返回纤芯,并以折线形状向前传播,如图中的光线 1。根据折射定律(Snell 定律),有

$$n_0 \sin\theta = n_1 \sin\theta_1 = n_1 \cos\varPsi_1 \tag{2-1}$$

当 $\theta=\theta_c$ 时,相应的光线将以 $\varPsi_c$ 入射到分界面,并沿分界面向前传播(折射角为 90°),如图中的光线 2。当 $\theta_c<\theta$ 时,相应的光线将在分界面折射进入包层并逐渐消失,如图中的光线 3。因此只有在半锥角为 $\theta\leqslant\theta_c$ 的圆锥内入射的光束才能在光纤中传播。根据这个传输条件,定义临界角 θ_c 的正弦为数值孔径(NA)。根据定义和 Snell 定律有

$$NA = n_0 \sin\theta_c = n_1 \cos\varPsi_c, \quad n_1 \sin\theta_c = n_2 \sin 90° \tag{2-2}$$

$n_0=1$,由式(2-2)并经过简单的推导,有

$$\theta_c = \arcsin\left(\frac{n_1}{n_2}\right) \tag{2-3}$$

$$NA = \sqrt{n_1^2 - n_2^2} \tag{2-4}$$

纤芯和包层的相对折射率差,定义为 Δ,则有

$$\Delta = \frac{n_1^2 - n_2^2}{2n_1^2} \approx \frac{n_1 - n_2}{n_1} \tag{2-5}$$

则光纤的数值孔径(NA)可以表示为

$$NA = \sqrt{n_1^2 - n_2^2} = n_1 \sqrt{2\Delta} \tag{2-6}$$

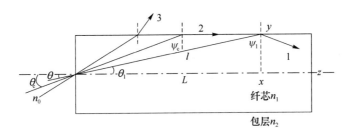

图 2-4　突变型多模光纤的光线传播理论

NA 是表示光纤波导特性的重要参数,它反映光纤与光源或探测器等元件耦合时的耦合效率。应注意,光纤的数值孔径仅决定于光纤的折射率,而与光纤的几何尺寸无关。在多模阶跃折射率光纤中,满足全反射但入射角不同的光线的传输路径是不同的,结果使不同的光线所携带的能量到达终端的时间不同,从而产生了光脉冲展宽,这就限制了光纤的传输容量。NA 越大,纤芯对光能量的束缚能力越强,光纤抗弯曲的性能越好,但 NA 越大,经过光纤传输后产生的光脉冲展宽越严重,信号的畸变越大,光纤的传输容量越小。所以应该根据实际应用的需要,合理地选择光纤的 NA。

（2）时间延迟（τ）

下面主要分析光线在光纤中的传播时间。根据图 2-4,入射角为 θ 的光线在长度为 $L(Ox)$ 的光纤中传播,所经历的光程为 $l(Oy)$,在 θ 不大的条件下,其传播时间即时间延迟为

$$\tau = \frac{n_1 l}{c} = \frac{n_1 L}{c} \sec \theta_1 \approx \frac{n_1 L}{c}\left(1 + \frac{\theta_1^2}{2}\right) \tag{2-7}$$

式中,c 为真空中的光速。由式（2-7）得到最大入射角（$\theta = \theta_c$）和最小入射角（$\theta = 0$）的光线之间的时间延迟差近似为

$$\Delta\tau = \frac{L}{2n_1 c}\theta_c^2 = \frac{L}{2n_1 c}(NA)^2 \approx \frac{n_1 L}{c}\Delta \tag{2-8}$$

单位长度光纤的最大群时延差为

$$\Delta\tau_d = \frac{n_1 \Delta}{c} \tag{2-9}$$

这种时间延迟差在时间域会产生光脉冲展宽,或称为信号畸变,群时延差限制了光纤的传输带宽。由此可见,突变型多模光纤的信号畸变是由于不同入射角的光线经过光纤传播后,其时间延迟不同而产生的。假设光纤的 NA=0.20,$n_1 = 1.50$,$L = 1$ km,根据式（2-8）得到的脉冲展宽 $\Delta\tau = 44$ ns,相当于 10 MHz·km 左右的带宽。为了减少多模阶跃折射率光纤的脉冲展宽,人们制造了多模渐变折射率光纤。

2. 渐变型多模光纤

渐变折射率光纤的折射率在纤芯中连续变化。适当选择折射率的分布形式,可以使不同入射角的光线有大致相同的光程,从而大大减小群时延差。光学特性决定于它的折射率分布。渐变型光纤的折射率分布可以表示为

$$n(r) = \begin{cases} n_0\left[1 - \Delta\left(\dfrac{r}{a}\right)^g\right] & r \leqslant a \\ n_2 & r > a \end{cases} \tag{2-10}$$

式中,g 是折射率变化的参数;a 是纤芯半径;r 是光纤中任意一点到轴心的距离;Δ 是渐变折射率光纤的相对折射率差,即

$$\Delta = \frac{n_0 - n_a}{n_0} \tag{2-11}$$

阶跃折射率光纤也可以认为是 $g = \infty$ 的特殊情况。使群时延差减至最小的最佳的 g 在 2 左右,称为抛物线分布。下面用射线光学理论分析渐变折射率光纤中子午光线的传输性质。光线在介质中的传输轨迹应该用射线方程表示为

$$\frac{\mathrm{d}}{\mathrm{d}s}\left(n \frac{\mathrm{d}\boldsymbol{r}}{\mathrm{d}s}\right) = \nabla n \tag{2-12}$$

式中,$\boldsymbol{r}$ 是轨迹上某一点的位置矢量;s 为射线的传输轨迹;$\mathrm{d}s$ 是沿轨迹的距离单元;∇n 表示折射率的梯度。将射线方程应用到光纤的圆柱坐标中,讨论平方律分布的光纤中的近轴子午光线,即和光纤轴线夹角很小,可近似认为平行于光纤轴线(z 轴)的子午光线。由于光纤中的折射率仅以径向变化,沿圆周方向和 z 轴方向是不变的,因此,对于近轴子午光线,射线方程可简化为

$$\frac{\mathrm{d}^2 r}{\mathrm{d}z^2} = \frac{1}{n}\frac{\mathrm{d}n}{\mathrm{d}r} \tag{2-13}$$

式中,r 是射线离开轴线的径向距离。由平方律分布,有

$$\frac{\mathrm{d}n}{\mathrm{d}r} = -2r\frac{n_0 \Delta}{a^2} \tag{2-14}$$

将式(2-14)代入式(2-13),得

$$\frac{\mathrm{d}^2 r}{\mathrm{d}z^2} = -\Delta\frac{2n_0 r}{na^2} \tag{2-15}$$

对近轴光线,$n_0/n \approx 1$,因此式(2-15)可近似为

$$\frac{\mathrm{d}^2 r}{\mathrm{d}z^2} \approx -\Delta\frac{2r}{a^2} \tag{2-16}$$

设 $z = 0$ 时,$r = r_0$,$\frac{\mathrm{d}r}{\mathrm{d}z} = r_0'$,式(2-16)的解为

$$r = r_0 \cos\left(\frac{z\sqrt{2\Delta}}{a}\right) + r_0'\frac{a}{\sqrt{2\Delta}}\sin\left(\frac{z\sqrt{2\Delta}}{a}\right) \tag{2-17}$$

这就是平方律分布的光纤中近轴子午光线的传输轨迹。从光纤端面上同一点发出的近轴子午光线经过适当的距离后又重新汇集到一点。也就是说,它们有相同的传输时延,有自聚焦性质。

如果不作近轴光线的近似,分析过程就会变得比较复杂,但从射线方程同样可以证明,当折射率分布取双曲正割函数时,所有的子午光线具有完善的自聚焦性质。自聚焦光纤的折射率分布为

$$n(r) = n_0 \operatorname{sech}(\alpha r) = n_0\left[1 - \frac{1}{2}\alpha^2 r^2 + \frac{5}{24}\alpha^4 r^4 + \cdots\right] \tag{2-18}$$

式中,$\alpha = \frac{\sqrt{2\Delta}}{a}$,可见平方律分布(抛物线分布)是 $\operatorname{sech}(\alpha r)$ 分布忽略高次项的近似。由以上分析可知,要想子午线聚焦,折射率分布可用 $n(r) = n_0 \operatorname{sech}(\alpha r)$ 的形式或用 $n(r) = n_0\left[1 - \Delta\left(\frac{r}{a}\right)^2\right]$ 的形式。$g = 2$ 的平方律分布(抛物线分布)是目前通行的分布形式。

渐变型多模光纤具有自聚焦效应,不仅不同入射角相应的光线会聚集在同一点上,而且这些光线的时间延迟也近似相等。这是因为光线传播速度 $v(r) = c/n(r)$(c 为光速),入射角大的光线

经历的路程长,但大部分路程远离中心轴线,$n(r)$ 较小,传播速度快,补偿了较长的路程。入射角小的光线情况正好相反,其路程越短,传播速度越慢。所以这些光线的时间延迟近似相等。

如图 2-5 所示,假设在光线传播轨迹上任意一点 (z,r) 的速度为 $v(r)$,其径向分量为

$$\frac{\mathrm{d}r}{\mathrm{d}t} = v(r)\sin\theta \tag{2-19}$$

那么光线从 O 点到 P 点的时间延迟为

$$\tau = 2\int \mathrm{d}t = 2\int_0^m \frac{\mathrm{d}r}{v(r)\sin\theta} \tag{2-20}$$

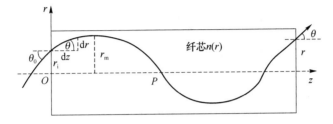

图 2-5　渐变型多模光纤的光线传播理论

由图 2-5 可以得到 $n(0)\cos\theta_0 = n(r)\cos\theta = n(r_m)\cos\theta$,又 $v(r) = c/n(r)$(c 为光速),利用这些条件,再把渐变型多模光纤折射率分布公式代入式(2-20),可以得到

$$\tau = \frac{2an(0)}{c\sqrt{2\Delta}}\int_0^m \frac{\left(1 - 2\Delta\dfrac{r^2}{a^2}\right)}{\sqrt{r_m^2 - r^2}}\mathrm{d}r = \frac{a\pi n(0)}{c\sqrt{2\Delta}}\left(1 - \Delta\frac{r_m^2}{a^2}\right) \tag{2-21}$$

和突变型多模光纤的处理相似,取 $\theta_0 = \theta_c(r_m = a)$ 和 $\theta_0 = 0(r_m = 0)$ 的时间延迟差为 $\Delta\tau$,由式(2-21)得到

$$\Delta\tau = \frac{a\pi n(0)}{c\sqrt{2\Delta}}\Delta \tag{2-22}$$

假设 $a = 25\ \mu\mathrm{m}$,$n(0) = 1.5$,$\Delta = 0.01$,则由式(2-22)求得的 $\Delta\tau \approx 0.03\ \mathrm{ps}$。

2.2.2　波动理论分析法

用射线光学理论分析法虽然可简单直观地得到光线在光纤中传输的物理图像,但由于忽略了光的波动性质,不能了解光场在纤芯、包层中的结构分布以及其他许多特性。尤其是对单模光纤,由于芯径尺寸小,射线光学理论不能正确处理单模光纤的问题。因此,在光波导理论中,更普遍地采用波动光学的方法,即把光作为电磁波来处理,研究电磁波在光纤中的传输规律,得到光纤中的传播模式、场结构、传输常数及截止条件。本节先用波动光学的方法求解波动方程,而后引入模式理论得到光纤的一系列重要特性。

1. 圆柱坐标系中的波导方程式

对于圆柱形光纤,采用圆柱坐标系更合适,如图 2-6 所示。

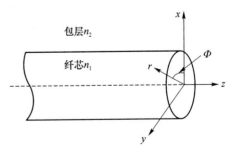

图 2-6　光纤中的圆柱坐标

（1）圆柱坐标系中横向场方程式

在圆柱坐标系中用纵向场 E_z、H_z 分量表示的横向场 E_r、E_φ、H_r、H_φ 分量为

$$E_r = -\frac{j}{k^2-\beta^2}\left(\beta\frac{\partial E_z}{\partial r}+\frac{\omega\mu}{r}\frac{\partial H_z}{\partial\varphi}\right) \tag{2-23}$$

$$E_\varphi = -\frac{j}{k^2-\beta^2}\left(\beta\frac{\partial E_z}{\partial\varphi}-\omega\mu\frac{\partial H_z}{\partial r}\right) \tag{2-24}$$

$$H_r = -\frac{j}{k^2-\beta^2}\left(\beta\frac{\partial H_z}{\partial r}-\frac{\omega\varepsilon}{r}\frac{\partial E_z}{\partial\varphi}\right) \tag{2-25}$$

$$H_\varphi = -\frac{j}{k^2-\beta^2}\left(\frac{\beta}{r}\frac{\partial H_z}{\partial\varphi}+\omega\varepsilon\frac{\partial E_z}{\partial r}\right) \tag{2-26}$$

式中，$k=nk_0$，而 $k_0=\omega/c$ 为自由空间的波数，$n^2=\varepsilon/\varepsilon_0$，$n$ 为介质的折射率。

（2）圆柱坐标系中的波动方程

均匀波导中纵向场 E_z、H_z 的波动方程为

$$\nabla^2 E_z+k^2 E_z=0 \tag{2-27}$$

$$\nabla^2 H_z+k^2 H_z=0 \tag{2-28}$$

在圆柱坐标系中纵向场 E_z、H_z 的波动方程表示为

$$\frac{\partial^2 E_z}{\partial r^2}+\frac{1}{r}\frac{\partial E_z}{\partial r}+\frac{1}{r^2}\frac{\partial^2 E_z}{\partial\varphi^2}+\frac{\partial^2 E_z}{\partial z^2}+k_0^2 n^2 E_z=0 \tag{2-29}$$

$$\frac{\partial^2 H_z}{\partial r^2}+\frac{1}{r}\frac{\partial H_z}{\partial r}+\frac{1}{r^2}\frac{\partial^2 H_z}{\partial\varphi^2}+\frac{\partial^2 H_z}{\partial z^2}+k_0^2 n^2 H_z=0 \tag{2-30}$$

式中，$k_0=\omega/c=2\pi/\lambda$ 为自由空间的波数，$n^2=\varepsilon/\varepsilon_0$，$n$ 为介质的折射率。其中

$$n=\begin{cases}n_1 & r\leqslant a \\ n_2 & r>a\end{cases} \tag{2-31}$$

2. 阶跃折射率光纤中波动方程的解

用分离变量法求解式（2-29）和式（2-30）E_z、H_z 波动方程，令

$$E_z(r,\varphi,z)=E_0 R(r)\Phi(\varphi)Z(z) \tag{2-32}$$

$$H_z(r,\varphi,z)=H_0 R(r)\Phi(\varphi)Z(z) \tag{2-33}$$

$Z(z)$ 表示导波沿光纤轴向的变化规律应为行波，用 $e^{-j\beta z}$ 来表示其传播的相位常数，则

$$Z(z)=e^{-j\beta z} \tag{2-34}$$

$\Phi(\varphi)$ 表示沿 φ 方向（圆周方向）的变化规律，应是以 2π 为周期的函数，则

$$\Phi(\varphi)=e^{jm\varphi}, m=0,1,2,\cdots \tag{2-35}$$

由式（2-29）～式（2-34），可得

$$\frac{d^2 R(r)}{dr^2}+\frac{1}{r}\frac{dR(r)}{dr}+\left(k^2-\beta^2-\frac{m^2}{r^2}\right)R(r)=0 \tag{2-36}$$

式（2-36）是贝塞尔方程，在特定的边界条件下求解 $R(r)$，便可得到阶跃折射率光纤的模式情况。

（1）解的形式

求解式（2-36）的过程，实际上就是根据边界条件选择适当的贝塞尔函数的过程。

① 在纤芯中（$r\leqslant a$），$k=k_1=n_1 k_0$。

对于传输导模，在纤芯中沿径向应呈驻波分布，式（2-36）应有振荡形式的解。为此，应满足 $k_0^2 n_1^2-\beta^2>0$ 的条件，同时，纤芯包含了 $r=0$ 的点，在这一点，光场分量应为有限值，所以只

能采用第一类贝塞尔函数 J_m，令

$$u^2 = (k_0^2 n_1^2 - \beta^2) a^2 \tag{2-37}$$

可得到

$$\begin{bmatrix} E_{z1} \\ H_{z1} \end{bmatrix} = \begin{bmatrix} A \\ B \end{bmatrix} J_m \left(\frac{ur}{a} \right) e^{jm\varphi} e^{-j\beta z} \tag{2-38}$$

式(2-38)中，A、B 为常系数。

② 在包层里($r > a$)，$k = k_2 = n_2 k_0$

对于传输导模，在包层里场分量应迅速衰减，因此，应满足 $\beta^2 - k_0^2 n_2^2 > 0$ 的条件，才能得到变形贝塞尔方程的解。此外，包层包括无穷远处，所以不能采用第一类贝塞尔函数，而只能用第二类变形的贝塞尔函数 K_m。令

$$w^2 = (\beta^2 k_0^2 n_2^2) a^2 \tag{2-39}$$

可得到

$$\begin{bmatrix} E_{z2} \\ H_{z2} \end{bmatrix} = \begin{bmatrix} C \\ D \end{bmatrix} K_m \left(\frac{wr}{a} \right) e^{jm\varphi} e^{-j\beta z} \tag{2-40}$$

式(2-40)中，C、D 为常系数。结合参量 u 和 w，可以定义光纤重要的结构参量 V 为

$$V^2 = u^2 + w^2 = k_0^2 a^2 (n_1^2 - n_2^2) = \left(\frac{2\pi a}{\lambda_0} \right)^2 (n_1^2 - n_2^2) \tag{2-41}$$

V 一方面与波导尺寸(芯径 a)成正比，另一方面又与真空中的波数 k_0 成正比，而 $k_0 = \omega / c$(c 为真空中的光速)，因此 V 称为光纤的归一化频率。V 是决定光纤中模式数量的重要参数。从以上的求解过程也可以得出导模的传输条件。为了得到纤芯里振荡、包层里迅速衰减的解的形式，必须满足

$$k_0^2 n_1^2 - \beta^2 > 0 \text{ 和 } \beta^2 - k_0^2 n_2^2 > 0 \tag{2-42}$$

因此，导模的传输常数的取值范围为

$$k_2 n_2 < \beta < k_0 n_1 \tag{2-43}$$

若 $\beta < k_0 n_2$，则 $w_2 < 0$，这时包层里也得到振荡形式的解，这种模称为辐射模。$\beta = k_0 n_2$ 表示一种临界状态，称为模式截止状态，模式截止时的一些性质往往通过 $w \to 0$ 时的特征方程式来讨论。相反地，$\beta \to 0$ 或 $u \to 0$ 的情况是一种远离截止的情况，模式远离截止时其电磁场能量很好地封闭在纤芯中。

(2) 光纤中的各种导模

首先分析阶跃折射率光纤中存在哪些模式。对应 $m = 0$ 有两套波型，TE_{0n} 模和 TM_{0n} 模，这里的 m 表示圆周方向的模数，n 表示径向的模数，$n = 1, 2, \cdots$。由波导方程式可知，对于 TM_{0n} 模，仅有 E_z、E_y 和 H_φ 分量，$H_z = H_r = E_\varphi = 0$；而对于 TE_{0n} 模，仅有 E_φ、H_z 和 H_r 分量，$E_z = E_y = H_\varphi = 0$。$m = 0$ 意味着 TE 模和 TM 模的场分量沿圆周方向没有变化。当 $m \neq 0$ 时，E_z 和 H_z 分量都不为零，为混合模。根据理论分析可以知道，HE_{11} 模式是光纤的主模，这种模式对于任意的光波长都能在光纤中传输，它的截止频率为零。如果光纤的归一化频率 $V < 2.405$，TE_{01}、TM_{01}、HE_{21} 模式还没有出现时，光纤只有 HE_{11} 模，因此

$$V = \frac{2\pi a \sqrt{n_1^2 - n_2^2}}{\lambda} = \frac{2\pi a n_1 \sqrt{2\Delta}}{\lambda} < V_c = 2.40483 \approx 2.405 \tag{2-44}$$

式中，a 为纤芯半径，n_1 为纤芯的折射率，n_2 为包层的折射率，λ 为工作光波长。式(2-44)就是阶跃折射率光纤单模传输的条件。

因此,当进入光纤中的信号归一化频率 V 大于某种模式的截止频率 V_c 时,该信号可在光纤中传输;反之,若 $V < V_c$,相应的模式将被截止,不能在光纤中传输。对于远离截止时的传输特性,其特征值 u 随归一化频率 V 而变化,因此远离截止时的特征方程可简化为 $J_m(u) = 0$,从而远离截止时的特征方程 u 等于 m 阶贝塞尔函数的第 n 个根。表 2-1 给出了光纤中几个低次 LP_{mn} 模截止时的 u_c 值和远离截止时的 u 值。

表 2-1　几种 LP_{mn} 模的 u_c 值和 u 值

截止时 LP_{mn} 模的 u_c 值			
n ＼ m	0	1	2
0	0	2.404 83	3.831 71
1	3.831 71	5.520 08	7.015 59
2	7.105 59	8.653 73	10.173 47
远离截止时 LP_{mn} 模的 u 值			
0	2.404 83	3.831 71	5.135 62
1	5.520 08	7.015 59	8.417 24
2	8.653 73	10.173 47	11.619 84

对于一组 m、n 值,有一确定的 u 值,从而对应一个模式,它有自己的场分布和传输特性,这种标量模称为线性偏振模,用 LP_{mn} 表示,下标 m、n 有明确的物理意义,它们表示相应模式在光纤截面上的分布规律,m 表示沿圆周方向光场出现最大值的个数,n 表示沿半径方向光场出现最大值的个数。必须指出,线性偏振模 LP_{mn} 是弱导近似下得到的标量模,表示弱导波光纤中的电磁场基本上是一个线性极化波。实际上,LP_{mn} 是由矢量叠加而成的线性偏振模,是矢量模的简并模式。矢量模包括横电模 TE_{0n}、横磁模 TM_{0n}、混合模 EH_{mn} 和 HE_{mn} 四套模式。例如,LP_{01} 模 HE_{11} 模相对应;次低模 LP_{11} 模包括了 TE_{01}、TM_{01}、HE_{21} 三个矢量模,为这三个矢量模的简并模;LP_{11} 模为 TE_{02}、TM_{02}、HE_{22} 模的简并模。

在多模阶跃光纤中,多个导模同时传输,光纤的归一化频率 V 愈大,导模数愈多,导模数 m 可按式(2-45)计算:

$$m = \frac{V^2}{2} \tag{2-45}$$

在多模渐变光纤中,当 $g = 2$ 时,导模总数为

$$m = \frac{V^2}{4} \tag{2-46}$$

(3) 模功率分布

导模在光纤中传输时,功率集中在纤芯和包层中。对于不同模式,光功率在纤芯和包层的分配比例不同,包层中的光功率易受各种因素的影响而失掉。在弱导近似下,LP 模的横向场只有 E_y 和 H_z 分量,所以导模携带的光功率在纤芯和包层中分别为 $P_芯$ 和 $P_包$,即

$$\frac{P_包}{P_总} = 1 - \eta \tag{2-47}$$

式中,$P_总 = P_芯 + P_包$ 为光纤传输的总功率;η 称为波导效率。在远离截止时,功率主要集中在纤芯中,且大部分在高阶模。在接近截止时,功率向包层转移,对于低阶模($m = 0$ 或 1),在截止时功率完全转移到包层中;对于 $m > 1$ 的高阶模,纤芯中仍保留较大的比例。通常认为单

模光纤基模 HE_{11} 的电磁场分布近似为高斯分布,定义单模光纤的模场直径为高斯分布 $1/e$ 点的全宽度,实际单模光纤的模场直径是采用测量的办法来确定的。

2.3　单模光纤

单模光纤是在给定的工作波长上,只传输单一模式（LP_{01} 模,或称基模 HE_{11}）的光纤。其在光传输性能方面大大优于多模光纤,在长距离、大容量通信系统获得了极其广泛的应用。本节主要介绍单模光纤的单模传输条件、特征参数和双折射现象。

2.3.1　单模传输条件

根据 2.2.2 节波动理论分析法关于光纤传输原理的相关分析可知,光纤重要的结构参量,即光纤的归一化频率（V）是决定光纤中传输模式数量的重要参数。

$$V^2 = u^2 + w^2 = k_0^2 a^2 (n_1^2 - n_2^2) = \frac{(2\pi a)^2}{\lambda_0^2}(n_1^2 - n_2^2) \tag{2-48}$$

V 一方面与波导尺寸（芯径 a）成正比,另一方面与真空中的波数 k_0 成正比,而 $k_0 = \omega/c$（c 为真空中的光速）。

HE_{11} 模是光纤的主模,这种模式对于任意的光波长都能在光纤中传输,它的截止频率为零。LP_{01} 模的归一化截止频率为 $V_c = 2.404\,83 \approx 2.405$,如果光纤的归一化频率 $V < V_c(2.405)$,TE_{01}、TM_{01}、HE_{21} 模式还没有出现时,光纤只有 HE_{11} 模,因此

$$V = \frac{2\pi a \sqrt{n_1^2 - n_2^2}}{\lambda} = \frac{2\pi a n_1 \sqrt{2\Delta}}{\lambda} < V_c = 2.404\,83 \approx 2.405 \tag{2-49}$$

式中,a 为纤芯半径,n_1 为纤芯的折射率,n_2 为包层的折射率,λ 为工作光波长。式(2-49)就是单模光纤的单模传输条件。

由此可知,单模光纤的单模传输条件取决于工作光频、光纤芯径和光纤的折射率。当光纤的结构参数 a、Δ 一定时,根据式(2-49)可以求出光纤的截止波长 λ_c。

2.3.2　单模光纤的特征参数

光纤的基本参数主要有几何尺寸、截面形状误差、相对折射率差（Δ）、数值孔径（NA）、截止波长和模场直径（MFD）,其中单模光纤的特征参数主要为截止波长和模场直径。

1. 截止波长

(1) 截止波长的定义

截止波长是单模光纤所特有的参数,它给出了保证单模传输的光波长范围,是单模光纤的本征参数,也是单模光纤最基本的参数。

根据波动理论的分析可知,光纤中传导模的数量与光纤的归一化频率（V）有关,光纤实现单模传输的条件是光纤的归一化频率（V）小于归一化截止频率（$V_c \approx 2.405$）。

$$V_c = \frac{2\pi a (n_1^2 - n_2^2)^{\frac{1}{2}}}{\lambda_{ct}} = \frac{2\pi a n_1 (2\Delta)^{\frac{1}{2}}}{\lambda_{ct}} = 2.404\,83 \approx 2.405 \tag{2-50}$$

λ_{ct} 表示次低阶模得以传输的最大波长,称为理论截止波长,可以通过式(2-51)求得:

$$\lambda_{ct} = 2\pi a \frac{\sqrt{n_1^2 - n_2^2}}{V_c} = \frac{2\pi a n_1 \sqrt{2\Delta}}{V_c} = \frac{2\pi a NA}{V_c} \tag{2-51}$$

如果光纤的工作波长 λ 大于光纤的理论截止波长 λ_{ct}，则只有基模 HE_{11} 在光纤中传输，从而实现单模传输。

（2）实际光纤的截止波长

上面所述的 λ_{ct} 是光纤的理论截止波长。理论和实践均表明，实际光纤的截止波长还与光纤的长度、弯曲状态及光纤的传输特性有关。下面主要介绍实际应用中通常所说的几种截止波长。

① 2 m 预涂覆光纤的截止波长 λ_c。λ_c 是 ITU-T 规定的两种有用的截止波长之一。根据原 CCITT 规定，大于 λ_c 的波长 λ 可沿弯有一个圈（Φ60 mm）的 2 m 长度光纤单模传输，λ_c 可看作相应于 2 m 长光纤的截止波长。λ_c 具有很大的实用价值。

② 成缆光纤的截止波长 λ_{cc}。λ_{cc} 是保证光缆单模传输的最直接有效的参数。原 CCITT 规定为在 22 m 长的光缆上进行相应的弯曲后，所测得的 LP_{11} 模的截止波长。在维修工作中，在断点处插入一段维修光缆，考虑模式噪声等的影响，要求插入的光缆段不短于 20 m，因此，为保证光缆的单模传输状态，必须使系统的工作波长 λ 大于 λ_{cc}。

③ 有效截止波长 λ_{ce}。λ_{ce} 是指经过一个制造长度或一个中继段的光缆的光纤后，LP_{11} 模的截止波长。

实际上，λ_c、λ_{cc}、λ_{ce} 都要受到弯曲和微弯曲的影响，四种截止波长的关系为

$$\lambda_{ct} > \lambda_c > \lambda_{cc} > \lambda_{ce} \tag{2-52}$$

λ_{ct} 只具有理论研究价值，实际应用中决定光纤性能的主要是 λ_c 或 λ_{cc}，所以实用的单模光纤产品一般只标 λ_c 或 λ_{cc}。对 λ_c 和 λ_{cc} 两个参数，只要选用其中之一，而不需要同时提出要求。

2. 模场直径(MFD)

在考查单模光纤的性能参数时，十分重要的内容是光纤中传输模场（而不是纤芯直径和 NA）的几何分布。所以单模光纤的一个主要的特征参数便是模场直径(MFD)。模场直径可以由主模 LP_{01} 模的模场分布决定，单模光纤的模场直径一般不等于纤芯直径，这是因为单模光纤中并非所有的光都由纤芯承载并局限于纤芯内传播。单模光纤中模场的分布如图 2-7 所示。

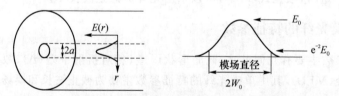

图 2-7　单模光纤中工作波长超过截止波长时的光功率分布

（对于高斯分布，MFD 由光功率降为 $1/e^2$ 的宽度）

单模光纤的模场分布近似遵循高斯型分布，即

$$E(r) = E_0 \exp(-r^2/W_0^2) \tag{2-53}$$

式中，r 为光纤截面的圆半径，$E(r)$ 为 r 处的模场强度（光的强度），E_0 是光纤中心（$r=0$）处的模场强度，W_0 是模场分布的半宽度。因此定义式(2-54)中的全宽 $2W_0$ 为 MFD，也就是场强降至中心处的 $1/e$ 时的半径的 2 倍（这个半径等价于光功率降至中心处的 $1/e^2$ 时的半径）。LP_{01} 模的 MFD 的宽度 $2W_0$ 可以定义为

$$2W_0 = 2\left[\frac{2\int_0^\infty r^3 E^2(r)\,\mathrm{d}r}{\int_0^\infty r E^2(r)\,\mathrm{d}r}\right]^{-2} \tag{2-54}$$

式中，$E(r)$ 为 LP$_{01}$ 模的场分布。同时应注意，一般模场分布会随折射率剖面的变化而变化，因此会偏离高斯型分布。

2.3.3 单模光纤的双折射

任何常规的单模光纤中，实际上都存在两个独立的简并传播模。这两个模式极其相似，但其偏振面相互正交。这两个模式可以任意地取水平（H）方向偏振，或取垂直（V）方向偏振，这两种偏振状态如图 2-8 所示。

理想的光纤，即光纤具有完美的圆形横截面和理想的圆对称折射率分布，而且沿光纤轴向不发生改变。HE_{11}（LP$_{01}$）模的 x 方向偏振

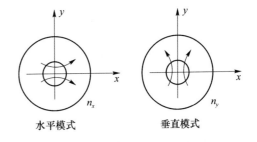

图 2-8 单模光纤主模式 HE_{11} 模的两种偏振状态

模 HE_{11}^x（$E_y = 0$）和 y 方向偏振模 HE_{11}^y（$E_x = 0$）具有相同的传输常数（$\beta_x = \beta_y$），两个偏振模完全简并，因而任意偏振态的光波注入光纤以后，其偏振态在传播过程中不会发生改变。实际的光纤总会有不完善性，如非对称的横向应力、非圆纤芯以及折射率分布的变化等，这些不完善性破坏了理想光纤的圆对称性，并降低了这两个正交模式的简并特性。在这种情况下，两个正交的模式以不同的相速率传播，因此它们具有不同的有效折射率（$n_x \neq n_y$），这就是所谓的光纤中的双折射，即

$$B_f = n_y - n_x \tag{2-55}$$

与式（2-55）等价，也可以定义双折射为

$$\beta = k_0(n_y - n_x) \tag{2-56}$$

式中，$k_0 = 2\pi/\lambda$ 是自由空间传播常数。

如果光波在注入光纤的同时激励起两个模式，则在传播过程中二者之间将会产生一个相位差。如果这相位差为 2π 的整数倍，则这两个模式在该点出现所谓的"拍"（beat），其偏振态与入射点不同，产生"拍"的长度就是单模光纤的拍长，即

$$L_p = \frac{2\pi}{\beta} = \frac{2\pi}{k_0(n_y - n_x)} \tag{2-57}$$

因存在双折射，传播速度不等，模场的偏振方向将沿光纤的传播方向随机变化，从而会在光纤的输出端产生偏振模色散（PMD），因而限制了系统的传输容量。许多单模光纤传输系统都要求尽可能减小或消除双折射（特别是高速光纤通信系统，如 DWDM 系统），以便将偏振模色散（PMD）限制在容许的范围内，这就是偏振保持光纤产生的原因。

2.4 光纤的传输特性

光纤的传输特性指的是光信号在光纤中传输所表现出来的特性。主要有损耗特性、色散特性和非线性效应等。

2.4.1 光纤的损耗特性

光信号在光纤内传播,随着距离的增大,能量会越来越弱,其中一部分能量在光纤内部被吸收,一部分可能突破光纤纤芯的束缚,辐射到了光纤外部,这叫作光纤的传输损耗(或传输衰减)。

光纤传输总损耗(或总衰减)定义为

$$A(\lambda) = 10\lg \frac{P_1(\lambda)}{P_2(\lambda)} \quad (\text{dB}) \tag{2-58}$$

$P_1(\lambda)$ 和 $P_2(\lambda)$ 分别为入射光功率和出射光功率(mW 或 W)。总损耗与光纤长度 L 的比值定义为光纤的损耗(衰减)系数,即

$$\alpha_{\mathrm{f}}(\lambda) = \frac{A(\lambda)}{L} = \frac{10}{L}\lg \frac{P_1(\lambda)}{P_2(\lambda)} \quad (\text{dB/km}) \tag{2-59}$$

损耗系数是光纤很重要的一个传输参量,是光纤传输系统中限制光信号中继传输距离的重要因素之一。

光纤损耗的大小与波长有密切的关系。损耗与波长的关系曲线叫作光纤的损耗谱(或衰减谱),在谱线上,损耗值比较高的地方,叫作光纤的吸收峰,较低的损耗所对应的波长,叫作光纤的工作波长(或工作窗口)。石英光纤的衰减谱如图 2-9 所示,根据该图可知,光纤通信上常用的工作窗口主要有三个波长,即

$$\lambda_1 = 0.850\ \mu\text{m}(850\ \text{nm}), \lambda_2 = 1.310\ \mu\text{m}(1\,310\ \text{nm}), \lambda_3 = 1.550\ \mu\text{m}(1\,550\ \text{nm})$$

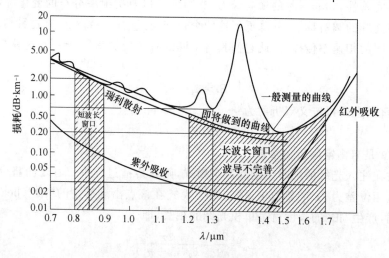

图 2-9 光纤总损耗谱

光纤损耗特性产生的原因有很多,主要有吸收损耗、散射损耗和辐射损耗。其中,吸收损耗与光纤本身的材料组分有关,散射损耗与光纤的结构缺陷、非线性效应等有关。吸收损耗和散射损耗都属于光纤的本征损耗。辐射损耗则与光纤的几何形状波动有关。

1. 光纤的吸收损耗

光纤的吸收损耗主要由紫外吸收、红外吸收和杂质吸收等构成。由于这些损耗都是由光纤材料本身的特征引起的,故称为光纤的本征损耗。另外,本征损耗还包括瑞利散射损耗等因素。

(1)紫外吸收损耗

对于石英系光纤,当波长处于紫外区域时,石英材料对光能量产生强烈的吸收,一直将吸收峰拖到 $0.8 \sim 1.6\ \mu\text{m}$ 的通信波段内。在组成光纤的原子中,一部分处于低能级的电子会吸

收光能量而跃迁到高能级状态,从而造成了信号能量的损失。

（2）红外吸收损耗

在红外波段内,石英材料的 Si-O 键因为振动而吸收能量,造成光纤的分子键振动损耗。这种损耗值在 9 μm 附近变化非常大,可达到 10^{10} dB/km,构成了光纤通信波长的上限。红外吸收峰也拖到了通信波段内,不过比紫外吸收损耗的影响要小,可以忽略不计。

（3）杂质吸收损耗

杂质吸收损耗是由光纤材料的不纯造成的。主要有 OH⁻ 离子吸收损耗、金属离子吸收损耗等。在石英材料系的光纤中,OH⁻ 键的基本谐振波长为 2.73 μm,与 Si-O 键的谐振波长互相影响,形成了一系列的吸收峰,其中影响比较大的波长主要有 1.39 μm、1.24 μm 和 0.95 μm等。正是这些吸收峰之间的低损耗区域形成了光纤通信的三个低损耗窗口。金属离子吸收损耗是由于某些金属离子的电子结构而产生边带吸收峰。随着光纤制造工艺的改进,这些金属离子的含量已经降到其吸收损耗可以忽略不计的水平。

2. 光纤的散射损耗

（1）波导散射损耗

波导散射损耗是由于光纤的不圆度过大造成的,若光纤制成后沿轴线方向结构不均匀,就会产生波导散射损耗。目前这项损耗已经降低到可以忽略的程度。

（2）瑞利散射损耗

任何材料的内部组分结构都不可能是完全均匀的。由于光纤材料的内部组分不均匀,产生了瑞利散射,造成了光能量的损耗,它属于光纤的本征损耗。在光纤的制造过程中,光纤材料在加热时,材料的分子结构受到热骚动,致使材料的密度出现起伏,进而造成了折射率不均匀。光在不均匀的媒质中传播时,将由于上述因素产生散射。如果材料结构的不均匀级别达到了分子级别的大小,这种由于媒质材料不均匀而产生的散射就称为瑞利散射。瑞利散射损耗与光波长的四次方成反比,瑞利散射对短波长比较敏感,随着波长的变短,散射系数将很快增大。研究表明,在 1.3 μm 附近,这项损耗可达 0.3 dB/km,是光纤通信系统工作时光纤本征损耗中最重要的损耗之一。

3. 光纤的辐射损耗

光纤在使用过程中不可避免地会产生弯曲,若弯曲部分的曲率半径小到一定程度时,就会产生辐射损耗。原因是,当光线进入到弯曲部分时,原来的入射光线在弯曲部位入射角增大,可能会破坏光纤的纤芯与包层界面处的全反射条件,造成传输光线的折射或者泄漏,形成损耗。这里光纤的弯曲主要有两种情况,一种是光纤的弯曲半径远远超出光纤的直径,可以叫作宏弯;另一种是光纤在制作成光缆的过程中或者在使用的过程中,沿轴向产生的微观弯曲,可以叫作微弯。定量地分析宏弯或者微弯产生的损耗是十分困难的,一般可以认为光纤弯曲的时候,曲率半径 R 越小,损耗越大。

2.4.2 光纤的色散特性

色散是光纤重要的传输特性,指的是光信号沿着光纤传输的过程中,由于不同成分的光的时间延迟不同而产生的一种物理效应。由于光源发出的光不是单色光,不同波长光脉冲在光纤中具有不同的传播速度,因此,色散反映了光脉冲沿光纤传播时的展宽。光纤的色散现象对光纤通信极为不利。光纤数字通信传输的是一系列脉冲码,光纤在传输中的脉冲展宽,导致了脉冲与脉冲相重叠的现象,即产生了码间干扰,从而形成传输码的失误,造成差错。为避免误码出现,就要拉长脉冲间距,导致传输速率降低,从而减少了通信容量。另外,光纤脉冲的展宽程度随着传输距离的增长而越来越严重。因此,为了避免误码,光纤的传输码速率要降低,距离也要缩短。

光纤的色散主要有模式色散、色度色散和偏振模色散等。

1. 模式色散

模式色散指的是即使是同一波长的光,若其模式不同,则传播速率也不同,从而引起色散,又称为模间色散。光纤的模式色散只存在于多模光纤中,每一种模式到达光纤终端的时间先后不同,造成了脉冲的展宽,从而出现色散现象。

2. 色度色散

色度色散主要是光源的光谱中不同波长成分的光在传输过程中发生群延时,引起光脉冲展宽,它主要包括材料色散和波导色散。

$$D = -\frac{2\pi}{\lambda^2}\frac{d}{d\omega}\left(\frac{1}{v_g}\right) = -\frac{2\pi}{\lambda^2}\left(2\frac{d\bar{n}}{d\omega} + \omega\frac{d^2\bar{n}}{d\omega^2}\right) \tag{2-60}$$

$$D = D_M + D_W \tag{2-61}$$

$$D_W = -\frac{2\pi\Delta}{\lambda^2}\left[\frac{d_{2g}^2}{n_{2g}}\frac{Vd^2(Vb)}{dV^2} + \frac{dn_{2g}}{d\omega}\frac{d(Vb)}{dV}\right] \tag{2-62}$$

$$D_M = -\frac{2\pi}{\lambda^2}\frac{dn_{1g}}{d\omega} = \frac{1}{c}\frac{dn_{1g}}{d\lambda} \tag{2-63}$$

式中,D 为色度色散,D_M 为材料色散,D_W 为波导(结构)色散。

普通单模光纤中的色度色散曲线如图 2-10 所示。

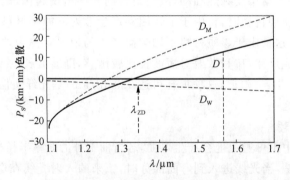

图 2-10 普通单模光纤的色度色散

(1) 材料色散

含有不同波长的光脉冲通过光纤传输时,不同波长的电磁波会导致玻璃折射率不相同,传输速度不同就会引起脉冲展宽,导致色散。

$$n^2(\omega) = 1 + \sum_{j=1}^{M}\frac{B_j\omega_j}{\omega_j^2 - \omega^2}, D_M = 122\left(1 - \frac{\lambda_{ZD}}{\lambda}\right) \tag{2-64}$$

材料色散引起的脉冲展宽与光源的谱线宽度和材料色散系数成正比。这就要求尽可能选择谱线宽度窄的光源和材料色散系数较小的光纤。事实证明,有些材料在某一波长附近,D 为零,从而时延差为零,这时没有脉冲展宽,通常称这个波长为零色散波长 λ_0(或 λ_{ZD})。石英单模光纤的零色散波长 λ_0 在 1.29 μm 附近。

(2) 波导色散

波导色散又称结构色散。它是由光纤的几何结构决定的色散,其中光纤的横截面积尺寸起主要作用。光在光纤中通过纤芯与包层界面时,受全反射作用,被限制在纤芯中传播。但是,如果横向尺寸沿光纤轴发生波动,除导致模式间的模式变换外,还有可能引起一少部分高频率的光线进入包层,在包层中传输,而包层的折射率低、传播速度大($V=c/n$),这就会引起光脉冲展宽,从而导致色散。波导色散的大小与光纤芯径 $2a$、相对折射率差 Δ、归一化频率等因素有关。

3. 偏振模色散(PMD)

如图 2-11 所示,光纤中的光信号传输可以描述为沿 x 轴和 y 轴振动的两个偏振模。根据 2.3.3 节的分析,因光纤中存在双折射现象,即 x 和 y 方向的折射率不同,会造成沿 x 轴和 y 轴振动的两个偏振模的传输时延不同,从而产生偏振模色散(PMD)或双折射色散。从实际含义上看,这也应该属于模式色散的范畴。

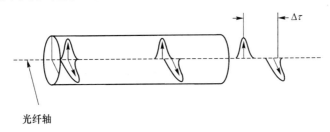

图 2-11 光纤偏振模色散

偏振模色散具有随机性,在短距离内,PMD 与传输距离成正比,但在距离上,由于会有模式耦合而减轻 PMD 的影响,因而根据计量 PMD 的大小与传输距离的平方根成正比。

ITU-T 建议的 PMD 值不大于 $0.5~\mathrm{ps}/\sqrt{\mathrm{km}}$,不同速率的系统对 PMD 值的要求也不同。

造成单模光纤中 PMD 的内因是纤芯的不圆度和残余应力,它们改变了光纤的折射率分布,引起相互垂直的本征偏振以不同速度传输,从而造成光脉冲展宽;外因则是成缆和敷设时的各种作用力,即压力、弯曲、扭转及光缆接续甚至环境温度等都会引起 PMD。

通常对于多模光纤,其色散有模式色散和色度色散,这些色散都会对光传输脉冲展宽产生影响,但以模式色散为主。对于单模光纤,其色度色散中对光脉冲展宽产生影响的主要因素是材料色散。因单模光纤的色度远小于多模光纤的色度,所以单模光纤的带宽远大于多模光纤的带宽。

2.4.3 光纤的非线性效应

1. 光纤的非线性机理

所有的介质从本质上讲都是非线性的。一般情况下,媒质的非线性效应都是存在的,只不过有些媒质的非线性非常小,难以在常规情况下表现出来。在强电场作用下,任何介质都呈现非线性,光纤同样如此。当传输介质受到光场的作用时,组成介质的原子或分子内部的电子相对于原子核发生微小的位移或振动,使介质极化。也就是说,光场的存在,尤其是强光场的作用使得介质的特性发生了变化。随着损耗很低的单模光纤的使用和激光器的输出光功率越来越大,光纤中的非线性效应的影响就越来越明显。在使用常规单模光纤的系统中,光纤的传输特性成线性特性。当光功率增大到一定程度时,光纤的非线性效应就开始表现出来。特别是近年来,光纤通信系统的传输速率不断增加,传输距离因为低损耗而大大延长,以及波分复用系统的应用和光纤放大器的使用,光纤非线性效应的影响越来越大。

光纤通信系统工作在常规条件下的时候,其非线性效应的影响很小。非线性效应会引起信号产生附加损耗、信道之间产生串扰、信号频率产生搬移等后果。但也可以根据光纤的非线性效应来开发新的光通信产品。

光纤的非线性效应主要有两类:受激散射和非线性折射。

2. 受激散射

受激散射发生的非线性现象主要有受激喇曼散射和受激布里渊散射两种。

(1) 受激喇曼散射(SRS)

当一个光信号强度很大时,它就会在光纤中引发分子共振,产生受激喇曼散射。它也可以看作光纤介质中分子产生振动,结果是入射光被调制,产生了散射。入射信号光的一个光子消失,产生一个频率下移的光子,形成了频率搬移的光波。这样原来的系统信号光波产生了变化,造成了能量损失,也就是光信号的能量因此衰减的原因。

SRS 效应将导致光纤中长波长信号的能量向短波长信号转移。SRS 效应是一种带宽效应,短波长信道可以逐次泵浦许多较长波长信道,而且这种信道间能量转移和放大作用还与比特图形有关,并以光功率串扰的方式降低信号的信噪比,损害系统性能。另外,利用受激喇曼散射效应,人们制成了喇曼光纤激光器和喇曼光纤放大器。

(2) 受激布里渊散射(SBS)

受激布里渊散射就是当一个窄线宽、高功率信号沿着光纤传输时,将产生一个与输入光信号同向的声波,这个声波的波长是光波长的一半,且以声速传输。

SBS 效应不仅会给系统带来噪声,而且会造成信号的一种非线性损耗,限制入纤功率的提高,并降低系统的光信噪比,严重限制传输系统性能的提高。SBS 效应是一种窄带效应,一般由光信号中的载波分量引起,可采用载波抑制或展宽载波光谱进行抑制。

3. 非线性折射(kess 效应)

非线性折射是光强度波动引起光纤折射率的变化,即

$$n = n_0 + \frac{N_2 P}{A_{\text{eff}}} \tag{2-65}$$

式中,n_0 是光纤的正常折射率,N_2 是非线性系数,P 为光功率,A_{eff} 是光纤的有效通光面积。折射率指数对光强度的依赖性引起多种非线性效应(称为克尔效应),这些非线性效应主要有自相位调制(SPM)、交叉相位调制(XPM)和四波混频(FWM)三种。

(1) 自相位调制(SPM)

自相位调制是指传输过程中光脉冲由于自身相位变化,导致光脉冲频谱扩展的现象。自相位调制与"自聚焦"现象有密切关系。

光脉冲在光纤中的传播过程中相位改变为

$$\Phi = \bar{n} k_0 L = (n + n_2 |E|^2) k_0 L = \Phi_s + \Phi_{\text{NL}} \tag{2-66}$$

式中,$k_0 = 2\pi/\lambda$;L 是光纤长度;$\Phi_s = nk_0 L$ 是相位变化的线性部分;$\Phi_{\text{NL}} = n_2 k_0 L |E|^2$ 与光场强度的平方成正比,是在非线性的作用下,由于光场自身引起的相位变化,所以称为自相位调制。从原理上讲,自相位调制可用来实现调相。但实现调相需要很强的光强,且必须选择 n_2 大的材料。自相位调制的真正应用是在光纤中产生光孤子通信,这是光纤非线性特性的重要应用。

(2) 交叉相位调制(XPM)

当两个或多个不同波长的光波在光纤中同时传播时,它们将通过光纤的非线性而相互作用。此时有效折射率不仅与该波长光的强度有关,也与其他波的强度有关。交叉相位调制就

是指光纤中某一波长的光场 E_1 由同时传输的另一不同波长的光场 E_2 所引起的非线性相移。光场 E_1 的相移 $\Phi_{NL}=n_2k_0L(|E_1|^2+2|E_2|^2)$，前一项由自相位调制引起，后一项即为交叉相位调制项。交叉相位调制使共同传输的光脉冲的频谱不对称地展宽。定义相位调制引入了波之间的耦合，在光纤中产生了多种非线性效应。它包括不同频率、相同偏振的波之间以及同频率但不同偏振的波之间的耦合。

（3）四波混频（FWM）

四波混频就是当两个或几个不同波长的光波混合后产生了新的波长的光波。原因是入射光中的某一个波长上的光会使光纤的折射率发生改变，则在不同的频率上产生了光波相位的变化，从而产生了新的波长的光波。四波混频产生的新波长数量与原始波长数量呈几何递增，即 $N=N_0^2(N_0-1)/2$（其中，N_0 为原始波长数）；而且四波混频与信道间隔关系密切，信道间隔越小，FWM 越严重。

当今光纤通信系统多采用 WDM 系统，朝着大容量、多信道、高速率的方向发展。多信道传输的 WDM 系统容易产生四波混频效应。当这些混频产物落在信道内，将会引起信道间的串扰，导致信噪比降低。当混频产物落在信道外时，也会给系统带来噪声。FWM 效应的产生需要满足相位匹配条件，因此在 G.653 光纤中更为明显，常见的抑制方法是降低入纤光功率、采用不等信道间隔等。

2.4.4　光纤的标准和应用

制定光纤标准的国际组织主要有 ITU-T（国际电信联盟-电信标准化机构），即原 CCITT（国际电报电话咨询委员会）和 IEC（国际电工委员会）。我国光纤型号命名等效采用了 IEC 规定。光纤类别按 ITU-T 的规定分为 G.651、G.652（A、B、C）、G.653、G.654、G.655（A、B）；按 IEC 的规定分为 A（A1a、A1b、A1c）、B1.1、B1.3、B2、B1.2、B4。

ITU-T 和 IEC 关于光纤标准的对照如表 2-2 所示。

表 2-2　光纤标准对照表

ITU-T(2000) G.65X		IEC 60793-2 (1998)	
多模光纤	G.651	A1a	渐变折射率
		A1b	
		A1c	阶跃折射率
单模光纤	G.652 (A、B、C)	B1.1（常规）、B1.3（全波）	
	G.653	B2（零色散位移）	
	G.654	B1.2（截止波长位移）	
	G.655（A、B）	B4（非零色散位移）	

1. 单模光纤的标准和应用

IEC60793-2:2001 和国标 GB/T9771.1～GB/T9771.5-2000 对单模光纤规定的技术指标基本上与 ITU-T 建议 G.652、G.653、G.654 和 G.655 的规定是协调一致的，因此下面仅介绍 ITU-T 建议的主要内容及常用的单模光纤。

（1）G.652 标准单模光纤

标准单模光纤是指零色散波长在 $1.3\,\mu m$ 窗口的单模光纤，国际电信联盟把这种光纤规范为 G.652 光纤。其特点是当工作波长在 1.3 μm 时,光纤色散很小,系统的传输距离只受光纤衰减所限制。但这种光纤在 1.3 μm 波段的损耗较大,为 0.3~0.4 dB/km;在 1.55 μm 波段的损耗较小,为 0.2~0.25 dB/km。色散在 1.3 μm 波段为 3.5 ps/(nm·km),在 1.55 μm 波段的损耗较大,约为 20 ps/(nm·km)。这种光纤可支持用于在 1.55 μm 波段的 2.5 Gbit/s 的干线系统,但由于在该波段的色散较大,若传输 10 Gbit/s 的信号,传输距离超过 50 km 时,就要求使用价格昂贵的色散补偿模块。

(2) G.653(DSF)色散位移光纤

针对衰减和零色散不在同一工作波长上的特点,20 世纪 80 年代中期,人们开发成功了一种把零色散波长从 1.3 μm 移到 1.55 μm 的色散位移光纤(DSF,Dispersion Shifted Fiber)。ITU 把这种光纤的规范编为 G.653。然而,色散位移光纤在 1.55 μm 色散为零,不利于多信道的 WDM 传输,用的信道数较多时,信道间距较小,这时就会发生四波混频(FWM),导致信道间发生串扰。如果光纤线路的色散为零,FWM 的干扰就会十分严重;如果有微量色散,FWM 干扰反而还会减小。针对这一现象,人们研制了一种新型光纤,即非零色散光纤(NZDF)——G.655。

(3) G.654 衰减最小光纤

为了满足海底缆长距离通信的需求,人们开发了一种应用于 1.55 μm 波长的纯石英芯单模光纤,它在该波长附近上的衰减最小,仅为 0.185 dB/km。G.654 光纤在 1.3 μm 波长区域的色散为零,但在 1.55 μm 波长区域色散较大,为 17~20 ps/(nm·km)。ITU 把这种光纤规范为 G.654。

(4) G.655 非零色散位移光纤

针对色散位移光纤在 1.55 μm 色散为零,会产生四波混频,导致信道间发生串扰,不利于多信道的 WDM 系统的问题,如果有微量色散,FWM 干扰反而还会减小。针对这一特点,人们研制了非零色散位移光纤(NZDSF)。非零色散光纤实质上是一种改进的色散位移光纤,其零色散波长不在 1.55 μm 处,而是在 1.525 μm 或 1.585 μm 处。非零色散光纤削减了色散效应和四波混频效应,而标准光纤和色散移位光纤都只能克服这两种缺陷中的一种,所以非零色散光纤综合了标准光纤和色散位移光纤最好的传输特性,既能用于新的陆上网络,又可对现有系统进行升级改造,特别适合于高密度 WDM 系统的传输,所以非零色散光纤是新一代光纤通信系统的最佳传输介质。

(5) 全波光纤(AWF)

由朗讯公司发明的全波光纤(All Wave Fiber)消除了常规光纤在 1 385 nm 附近由于 OH 离子造成的损耗峰,损耗从原来的 2 dB/km 降到 0.3 dB/km,这使光纤的损耗在 1 310~1 600 nm 都趋于平坦。其主要方法是改进光纤的制造工艺,基本消除了光纤制造过程中引入的水分。全波光纤使光纤可利用的波长增加 100 nm 左右,相当于 125 个波长通道 100 GHz 通道间隔。全波光纤的损耗特性是很诱人的,但它在色散和非线性方面没有突出表现。

(6) 色散补偿光纤(DCF)

色散补偿光纤(DCF,Dispersion Compensating Fiber)是具有大的负色散的光纤。它是针对现已敷设的 1.3 μm 标准单模光纤而设计的一种新型单模光纤。为了使现已敷设的 1.3 μm 光纤系统采用 WDM/EDFA 技术,就必须将光纤的工作波长从 1.3 μm 转为 1.55 μm,而标准光纤在 1.55 μm 波长的色散不是零,而是正的 17～20 ps/(nm·km),并且具有正的色散斜率,所以必须在这些光纤中加接具有负色散的色散补偿光纤,进行色散补偿,以保证整条光纤线路的总色散近似为零,从而实现高速度、大容量、长距离的通信。

2. 多模光纤的标准和应用

多模光纤标准版本有:ITU-T 建议 G.651:1998《50/125 μm 多模渐变型折射率光纤光缆特性》;IEC 60793-2:2001《光纤第 2 部分:产品规范》,该标准包括 A1、A2、A3、A4 类多模光纤,其中 A1a 相应于 G.651 光纤;国标 GB/T 12357—90《通信用多模光纤系列》。因多模光纤的主要发展方向在塑料光纤方面,所以这里主要介绍塑料多模光纤。塑料光纤(POF)的主要性能和应用归纳于表 2-3 中。

表 2-3　塑料多模光纤的主要性能和应用

指　标	低 NA 塑料光纤	梯度塑料光纤	改进的 PC 塑料光纤	梯度全氟塑料光纤
损耗系数	0.2 dB/m	0.5 dB/m	0.3 dB/m	0.05 dB/m
带　宽	20 MHz·km	1.25 GHz·km	20 MHz·km	2 GHz·km
传输速率	155 Mbit/s	1.25 Gbit/s	155 Mbit/s	1.25 Gbit/s
传输距离	100 m	100 m	100 m	200 m
光　源	660 nm LED	660 nm LED	780 nm LED	1 300 nm LED
耐热温度	85 ℃	85 ℃	125 ℃	—
光纤价格	低	中	中	高
链路投资	中	大	小	大
主要应用	LAN	LAN	汽车通信	汽车通信

2.5　光　缆

2.5.1　光缆的种类和结构

1. 光缆的种类

光缆的种类较多,其分类的方法就更多,它的很多分类,不如电缆分类那样明确。下面介绍一些习惯的分类方法。

(1)根据传输性能、距离和用途,光缆可分为市话光缆、长途光缆、海底光缆和用户光缆。

(2)按光纤的种类可分为多模光缆、单模光缆;按光纤套塑方法可分为紧套光缆、松套光缆、束管式光缆和带状多芯单元光缆。

(3)按光纤芯数多少可分为单芯光缆、双芯光缆、四芯光缆、六芯光缆、八芯光缆、十二芯光缆、二十四芯光缆等。

(4)按加强件配置方法可分为中心加强构件光缆(如层绞光缆、骨架光缆等)、分散构件光缆(如束管两侧加强光缆和扁平光缆)、护层加强构件光缆(如束管钢丝轻铠光缆和 PE 护外层加一定数量的细钢丝,即 PE 细钢丝综合外护层光缆)。

(5)按敷设方式可分为管道光缆、直埋光缆、架空光缆和水底光缆。

(6) 按护层材料性质可分为聚乙烯护层普通光缆、聚氯乙烯护层足燃光缆和尼龙防蚁防鼠光缆。

(7) 按传输导体、介质状况可分为无金属光缆、普通光缆(包括有铀铜导线作远供或联络用的金属加强构件、金属护层光缆)和综合光缆(指用于长距离通信的光缆和用于区间通信的对称四芯组综合光缆,它主要用于铁路专用网通信线路)。

(8) 按结构方式可分为扁平结构光缆、层绞式结构光缆、骨架式结构光缆、铠装结构光缆(包括单、双层铠装)和高密度用户光缆等。

(9) 目前通信用光缆可分为:

① 室(野)外光缆——用于室外直埋、管道、槽道、隧道、架空及水下敷设的光缆;

② 软光缆——具有优良的曲挠性能的可移动光缆;

③ 室(局)内光缆——用于设备内布放的光缆;

④ 设备内光缆——用于设备内布放的光缆;

⑤ 海底光缆——用于跨海洋敷设的光缆;

⑥ 特种光缆——除上述几类之外,作特殊用途的光缆。

2. 光缆的结构

光缆的基本结构一般由缆芯、加强构件、填充物和护层等几部分构成,除了这些基本结构之外,根据实际需要,还要有防水层、缓冲层、绝缘金属导线等构件。

(1) 缆芯

为了进一步保护光纤,增加光纤的强度,一般将带有涂覆层的光纤再套上一层塑料层,通常称为套塑,套塑后的光纤称为光纤芯线。将套塑后且满足机械强度要求的单根或者多根光纤芯线以不同的形式组合起来,就组成了缆芯。多芯光缆一般由紧结构或者松结构为单位组成单元式结构,或者在松结构的套管中放入多芯光纤组成。紧结构光缆的主要形式是绞合型光缆,将光纤以一定的节距绞合成光缆,并被包围在塑料之中,以中心的强度元件来承受张力。松结构光缆中光纤具有较大的活动空间。光缆缆芯的基本结构(基本缆芯组件)大体上有层绞式、骨架式、束管式和带状式四种,如图 2-12 所示。

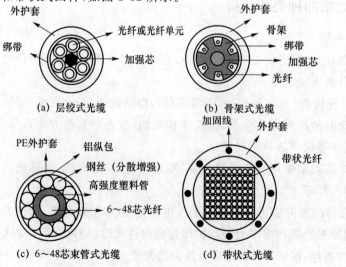

图 2-12 光缆缆芯的基本结构

① 层绞式结构

层绞式结构光缆中央部位是加强构件,外部是光缆外护套。松套结构的光纤围绕在加强芯周围。层绞结构的优点是可以很好地保护光纤,在施工敷设的过程中引起的损耗较小。但由于结构限制,只适合制作芯数比较小的光缆,从几芯到几十芯。

② 骨架式结构

骨架式结构光缆是先按照一定结构制作出光纤骨架槽,将一次涂覆的光纤放置于骨架槽中,这种结构的光缆,芯数组合灵活,对光缆中纤芯的保护较好,可以很好地抵抗各种外力的影响。

③ 束管式结构

束管式结构光缆加强结构在光缆中央,将几根或者几十根光纤制作成缆芯,然后将几个缆芯绞合成光缆。

④ 带状式结构

带状结构光缆多芯构成带状的光纤带,然后由光纤带构成光缆,适合制作高密度的光缆,如 100 芯以上。

(2) 加强构件

加强构件的作用是增加光缆的抗拉强度,提高光缆的机械性能。光缆中的加强构件一般应该具有以下条件:

① 高场式模量;

② 加强构件的屈服应力大于光缆的给定应力;

③ 单位长度的重量较小;

④ 抗弯曲性能要好。

一般光缆的加强构件采用镀锌钢丝、钢丝绳、不锈钢丝或者高强度塑料加强构件等。

加强构件一般位于光缆的中心,也有位于护层的,称为护层加强构件。表面经常要包有一层塑料,保证加强构件与光纤接触的表面光滑并具有一定的弹性。

(3) 护层结构

护层的主要作用是保护缆芯,提高机械性能和防护性能。不同的护层结构适合不同的敷设条件。光缆的护层分为外护层和护套两部分。护套用来防止钢带、加强构件等金属构件损伤光纤;外护层进一步增强光缆的保护作用。

(4) 填充结构

填充结构用来提高光缆的防潮性能,在光缆缆间空隙中注入填充物,以防止水汽进入光缆。

常用光缆的典型类型如图 2-13 所示。

3. 光缆型号命名(YD/T908—2000)

光缆的种类较多,有具体的型式和规格,目前光缆型号由它的型式代号和规格代号构成。

(a) 6芯紧套层绞式光缆

(b) 12芯松套层绞式光缆

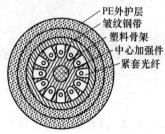

(c) 12芯骨架式光缆

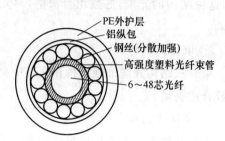

(d) 6～48芯束管式光缆

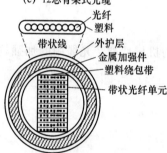

(e) 108带状光缆

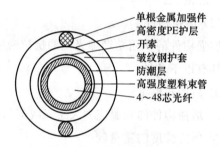

(f) LEX束管式光缆

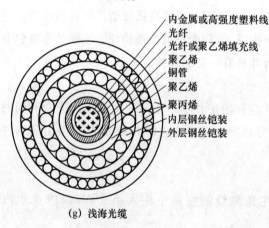

(g) 浅海光缆

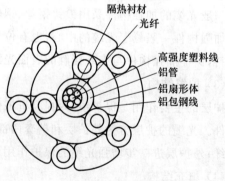

(h) 架空地线复合光缆(OPGW)

图 2-13 光缆类型的典型实例

(1) 光缆型式代号(由五个部分组成,见表 2-4)。

表 2-4 光缆型式代号

I	II	III	IV	V
分类代号	加强构件	派生(形状、特征等)	护层	外护层

① 分类代号及其意义

GY——通信用室(野)外光缆

GR——通信用软光缆

GJ——通信用室(局)内光缆

GS——通信用设备内光缆

GH——通信用海底光缆

GT——通信用特种光缆

② 加强构件的代号及其意义

无符号——金属加强构件

F——非金属加强构件

G——金属重型加强构件

H——非金属重型加强构件

③ 派生特征的代号及其意义

D——光纤带状结构

G——骨架槽结构

B——扁平式结构

Z——自承式结构

T——填充式结构

④ 护层的代号及其意义

Y——聚乙烯护层

V——聚氯乙烯护层

U——聚氨酯护层

A——铝-聚乙烯粘接护层

L——铝护套

G——钢护套

Q——铅护套

S——钢-铝-聚乙烯综合护套

⑤ 外护层的代号及其意义

外护层是指铠装层及其铠装层外边的外被层,光缆外护层的代号及其意义如表 2-5 所示。

表 2-5　光缆外护层的代号及其意义

代号	铠装层(方式)	代号	外被层(材料)
0	无	0	无
1	无	1	纤维层
2	双钢带	2	聚氯乙烯套
3	细圆钢丝	3	聚乙烯套
4	粗圆钢丝	—	—
5	单钢带皱纹纵包	—	—

(2)光纤规格代号

光纤的规格由光纤数和光纤类别构成。如果同一根光缆含有两种或两种以上的规格,中间应该用"＋"号连接。

① 光纤数目代号

光纤的数目用光缆中同类别光纤的实际有效数目来表示。

② 光纤类别代号

依据 IEC60793-2(2001)(光纤第二部分:产品规范)等标准,用大写字母 A 代表多模光纤,如表 2-6 所示;大写字母 B 代表单模光纤,如表 2-7 所示;接着以数字和小写字母表示不同种类和类别的光纤。

表 2-6　多模光纤

分类代号	特　性	纤芯直径/μm	包层直径/μm	材　料
A1a	渐变折射率	50	125	二氧化硅
A1b	渐变折射率	62.5	125	二氧化硅
A1c	渐变折射率	85	125	二氧化硅
A1d	渐变折射率	100	140	二氧化硅
A2a	突变折射率	100	140	二氧化硅

表 2-7　单模光纤

分类代号	名　　称	材　料
B1.1	非色散位移型	二氧化硅
B1.2	截止波长位移型	二氧化硅
B2	色散位移型	二氧化硅
B4	非零色散位移型	二氧化硅

(3)光缆型号示例

例 2.1　光缆型号为　　　　　　　GYTA53-12A1

其含义为:松套层绞结构、金属加强件、铝-塑粘接护层、单钢带皱纹纵包式铠装、聚乙烯外护套,通信用室外光缆,内装 12 根石英系渐变多模光纤。

例 2.2　光缆型号为　　　　　　　GYDXTW-216B1

其含义为:中心束管式结构、带状光纤、金属加强件、石油膏填充式、夹带增强聚乙烯护套,通信用室外光缆,内装 216 根石英系常规单模光纤(G.652)。

2.5.2　光缆的机械性能和环境性能

光缆的性能主要由传输性能、机械性能和环境性能构成。

光缆的传输性能主要由光缆中的光纤决定,光缆的环境性能对光纤的传输也将产生一定的影响。光缆的机械性能和环境性能决定光缆的使用寿命,光缆在实际线路中使用时,必须具有一定强度的机械特性和环境特性(特别是温度特性),以方便施工敷设。下面就以 IEC-794(1996)相关文件为依据,对光缆的机械性能和环境性能作一简单介绍。

1. 光缆的机械性能

根据 IEC-794(1996)相关标准,光缆机械性能试验的有关规定见表 2-8。

表 2-8 光缆机械性能试验

试验方法	适用的性能	测试参数	观察现象
拉伸	抗拉	光纤衰减变化、光纤强度	外护套开裂与否
磨损	耐磨损		外护套、标志磨损与否
压扁	抗压	衰减变化	外护套开裂与否
冲击	抗冲击	衰减变化	外护套开裂与否
枪击	抗枪击		外护套弹着点数
反复弯曲	耐反复弯曲	衰减变化	外护套开裂与否
扭转	抗扭转	衰减变化	外护套开裂与否
弯折	抗弯折		外护套弯折、光纤断裂与否
曲挠	耐反复屈挠	衰减变化	外护套开裂与否
钩挂	抗瞬时负荷	衰减变化	光纤断裂与否

（1）拉伸试验。拉伸试验是在指定拉伸负荷范围内对光缆进行试验，其目的是测试施加在光缆上的拉伸负荷的衰减变化或光纤应变特性，为非破坏性试验。

（2）磨损试验。磨损试验的目的是检验光缆护套和标志的耐磨损特性。光缆护套经过磨损试验后，应无穿孔现象，并保持光学连续性。光缆标志经过磨损试验后，仍应清晰可辨。

（3）压扁试验。压扁试验的目的是检验光缆的抗压性能。该试验要求试验后光缆内光纤不被破坏，外护套无任何可见开裂，光纤衰减变化数值应在有关标准规定值内。

（4）冲击试验。冲击试验的目的是测试光缆抗冲击性能，主要检验光纤的抗物理损伤能力和光纤衰减变化。

（5）反复弯曲试验。反复弯曲试验的目的是检验光缆的抗反复弯曲能力，其试验目的同冲击试验。

（6）扭转试验。扭转试验的目的是检验光缆的抗扭转性能。

（7）曲挠、钩挂、弯折试验。曲挠、钩挂、弯折试验的目的见表 2-8。

（8）猎枪击伤试验。猎枪击伤试验的目的是确定架空光缆抗猎枪击伤性能。试验方法是将长度为 3 m 的光缆试样安装在可以自由摆动的支架上，采用铅弹或钢弹在 20 m 距离内对光缆试样射击，要求光缆可见弹着点数应小于 3。

2. 光缆的环境性能

根据 IEC794-1(1996)的有关标准，光缆的环境性能试验见表 2-9。

（1）温度循环试验。检验光缆经受温度变化时，光纤衰减的稳定性。

（2）护套完整性试验。对于非填充式室外光缆外护套，检查外护套是否连续和有无小的孔洞；对于非防潮型护套，检查经受一定气压（$50 \sim 100$ kPa 的内部气压）时，持续一段时间（2 h），其内部气压会不会泄漏。对于防潮型护套，应该能够在电火花（8 kV 交流电压或 12 kV 直流电压）击穿测试中不破损。

（3）渗水试验。渗水测试检查全填充型室外光缆阻止水渗透的性能。

（4）滴流试验。滴流测试检查光缆内填充油膏的防水性能。

（5）阻燃试验。检查光缆在遭受火焰燃烧时的性能。光缆在火焰中燃烧时，火焰的蔓延应仅在限定的范围内,残焰或残灼在限定的时间内能自行熄灭,光缆在一定时间内仍能保证正常通信。

表 2-9 光缆环境性能试验

试验方法	适用的性能	测试参数	观察现象
温度循环	温度特性	衰减变化	衰减是否超标
火焰燃烧	阻燃	烧损长度	试样碳化长度
护套完整性	护套完整	加压、电击穿	泄漏和击穿与否
渗水	阻水	渗水	渗水与否
填充油膏滴流	耐温	油膏滴流量	滴流与否

2.6 光纤测量

光纤的特性参数很多,基本上分为几何特性、光学特性和传输特性三类。几何特性主要包括纤芯与包层的直径、偏心度和不圆度;光学特性主要包括折射率分布、NA、MFD 和截止波长;传输特性主要包括损耗(衰减)、带宽和色散。每个特性参数均有许多不同的测量方法,国际标准和国家标准对每个特性参数规定了基准测量法(RTM)和替代测量法(ATM)。在光纤通信系统的应用中,当使用条件发生变化时,几何特性和大多数的光学特性基本上是稳定的,一般可以借鉴厂家的测量数据。损耗、带宽(色散)和截止波长,不同程度地受到使用条件的影响,直接影响到光纤传输系统的性能,也是大家特别关注的性能指标。

本节主要介绍光纤损耗(衰减)、带宽、色散和截止波长的相关测量原理和测量方法。这些特性参数测量的共同特点是使用特定波长的光通过光纤,然后测出输出端相对于输入端的光功率、幅度和相位等物理量的变化,再经过相关的数据处理和信息分析来实现的。测量系统一般包括光源、注入装置、接收装置和数据处理及显示装置。测量仪器要求稳定、可靠,并有足够的精确度。测量的具体技术规范由国际标准(如 ITU-T 等)和国家标准(GB)确定。

2.6.1 光纤损耗特性测量

光纤损耗测量的方法有剪(切)断法、插入法和背向散射法三种。

1. 剪断法

光纤传输总损耗定义为

$$A(\lambda) = 10\lg \frac{P_1(\lambda)}{P_2(\lambda)} \quad (\mathrm{dB}) \tag{2-67}$$

式中,$P_1(\lambda)$ 和 $P_2(\lambda)$ 分别为入射光功率和出射光功率(mW 或 W)。总损耗与光纤长度的比值定义为光纤的损耗系数,即

$$\alpha_f(\lambda) = \frac{A(\lambda)}{L} = \frac{10}{L}\lg \frac{P_1(\lambda)}{P_2(\lambda)} \quad (\mathrm{dB/km}) \tag{2-68}$$

由此可知,只要测量长度为 L_2 的长光纤的输出光功率 $P_2(\lambda)$,保持注入条件不变,在注入装置附近剪断光纤,保留长度为 L_1(一般为 2～3 m)的短光纤,测量其输出光功率(即长度为 L_2-L_1 这段光纤的输入光功率)$P_1(\lambda)$,根据式(2-68)就可以计算出光纤的损耗系数。但是由于高阶

模式的损耗大于低阶模式的损耗,在光纤中传输的光功率的对数 $\lg P$ 与光纤长度 L 的关系为非线性,如图 2-14 所示,测得的 α_f 值与注入条件和光纤长度有关,因此不能唯一代表光纤的本征特性。由图可知,只有在稳态模式分布(注入光束的数值孔径 NA_i 和被测光纤的数值孔径 NA_f 相匹配)的注入条件下,$\lg P$ 与 L 的关系才是线性关系。在满注入($NA_i>NA_f$)或欠注入($NA_i<NA_f$)的条件下,被测短光纤的长度要大于或等于光纤的耦合长度($L_1\geqslant L_C$),能获得稳态模式分布。只有在稳态模式分布的条件下,才能得到唯一代表光纤本征特性的传输损耗系数。

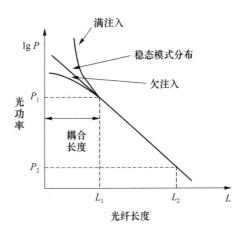

图 2-14 光功率与光纤长度的关系

获得稳态模式分布的方法有三种。

(1) 建立 $NA_i\approx NA_f$ 的光学系统。

(2) 建立稳态模式模拟器,一般由扰模器、滤模器和包层模消除器三部分组成。

(3) 用一根性能和被测光纤相同或相似的辅助光纤代替光纤耦合长度的作用,这种手段在工程实际中应用广泛。

扰模器(scrambler)是一种根据模耦合机理,采用强烈几何扰动加速光纤中各种模式迅速达到稳态分布的器件。图 2-15 为常用的两种扰模器。

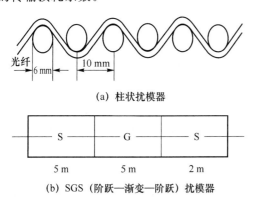

(a) 柱状扰模器

(b) SGS(阶跃—渐变—阶跃)扰模器

图 2-15 扰模器

滤模器(modefilter)是一种用来选择保证建立稳态模式分布所需要的模,同时又能够抑制其他模的器件。该器件可以采用芯轴环绕的形式,将被测光纤低张力地绕在一根 20 mm 长的芯轴上,如图 2-16 所示。

包层模消除器(cladding stripper)是一种用来消除包层模的器件。当光纤一次涂覆材料的折射率比石英包层的折射率低时,光纤耦合过程中激励起的辐射模会在包层和涂覆层的界面产生全反射,从而形成包层模。消除包层模的办法比较简单,只需将光纤的涂覆层去掉,浸在折射率稍微大于包层折射率的匹配液(如甘油、CCl_4)中便可。具有高折射率涂覆层的光纤不会形成包层模,不需要使用包层模消除器。

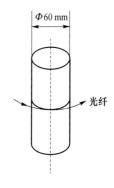

图 2-16 滤模器

扰模器、滤模器和包层模消除器三部分组装在一起构成光纤测量中常用的稳态模式模拟器。

剪断法测量光纤衰减的装置图和测量光纤衰减中 $P_1(\lambda)$ 的图分别如图 2-17 和图 2-18 所示。对于损耗谱的测量要求采用谱线宽度很宽的光源(如卤灯或发光管)和波长选择器(如单色仪或滤光片)。

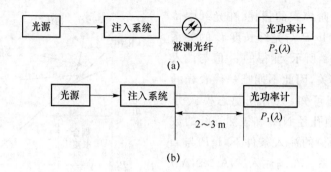

图 2-17　剪断法测量光纤衰减的装置图

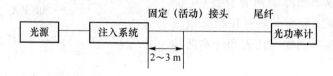

图 2-18　测量光纤衰减中 $P_1(\lambda)$ 的图

剪断法是根据损耗系数的定义,通过直接测量光功率来实现的,所用仪器简单,测量结果准确,因此被确定为基准法。但这种方法有破坏性,不利于多次重复测量。在工程实际中,一般采用不带破坏性的插入法和后向散射法作为替代法。

2. 插入法

插入法与剪断法的不同点在于,插入法用带活动连接器的光纤软线来代替剪断法中短光纤进行参考测量,其测量装置如图 2-19 所示。

插入法测量过程为:首先将注入系统的光纤与接收系统的光纤连接,测出光功率 $P_1(\lambda)$,如图 2-19(a)所示。然后将待测光纤连接到注入系统和接收系统之间,测出光功率 $P_2(\lambda)$,如图 2-19(b)所示。

被测光纤段的总衰减 $A(\lambda)$ 可通过式(2-69)计算:

$$A(\lambda)=10\lg\frac{P_1(\lambda)}{P_2(\lambda)}+C_0-C_1-C_2 \quad (\mathrm{dB}) \tag{2-69}$$

其中,C_0、C_1、C_2 是连接器0、连接器1、连接器2的标称平均损耗值。计算出 $A(\lambda)$ 后,除以被测光纤段的长度,便可以求得光纤的传输损耗系数 α_f。插入法因受操作水平和连接器质量的影响,测量结果不如剪断法准确,所以只能作为替代法。

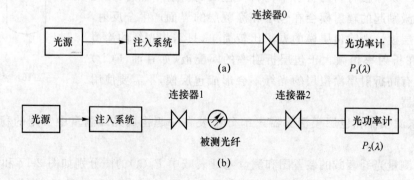

图 2-19　插入法测试光纤损耗装置图

3. 背向散射法

瑞利散射光功率与传输光功率成正比。借助瑞利散射原理和菲涅耳原理利用与传输光相反方向的瑞利散射光功率来确定光纤损耗系数的方法,称为背向散射法。背向散射法又名后向散射法、OTDR 法。

设在光纤中正向传输光功率为 P,经过 L_1 和 L_2 点($L_1 < L_2$)时分别为 P_1 和 P_2($P_1 > P_2$),从这两点返回输入端($L=0$)。光检测器的后向散射光功率分别为 $P_d(L_1)$ 和 $P_d(L_2)$,经过分析推导得到的正向和反向平均损耗系数为

$$\alpha = \frac{10}{2(L_2 - L_1)} \lg \frac{P_d(L_1)}{P_d(L_2)} \quad (\text{dB/km}) \tag{2-70}$$

式中,右边分母中的因子 2 是光经过正向和反向两次传输产生的结果。

后向散射法不仅可以测量损耗系数,还可以利用光在光纤中传输的时间来确定光纤的长度 L。经过分析,有

$$L = \frac{ct}{2n_1} \quad (\text{m}) \tag{2-71}$$

式中,c 为真空中的光速,n_1 为光纤纤芯的折射率,t 为光脉冲发出到返回的时间。

图 2-20 示出后向散射法光纤损耗测量系统的框图。光源应采用特定波长稳定的大功率 LD 光源,调制的脉冲宽度和重复频率应与所要求的长度分辨率相适应。

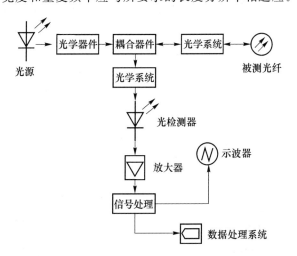

图 2-20 后向散射法光纤损耗测量系统框图

耦合元件把光脉冲注入被测光纤,又把后向散射光注入光检测器。光检测器应具有很高的灵敏度。

图 2-21 是后向散射功率曲线的示例,图中:

(a)输入端反射区;

(b)恒定斜率区,用来确定损耗系数;

(c)连接器、接头或者局部缺陷造成的损耗;

(d)介质缺陷(如气泡)引起的反射;

(e)输出端反射区,用来确定光纤长度。

用后向散射法的原理设计制造的测量仪器

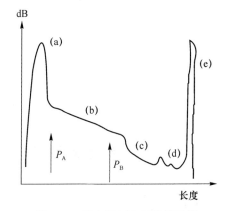

图 2-21 后向散射功率曲线示例

称为光时域反射仪(OTDR)。这种仪器采用单端输入和输出,不破坏光纤,使用非常方便,在光纤通信工程实际中获得了十分广泛的应用。OTDR 不仅可以测量光纤的损耗系数和光纤长度,还可以测量连接器和接头损耗,观察光线沿线的均匀性和确定故障点的位置,因此在光纤通信工程现场测量中获得了极其广泛的应用。

2.6.2 多模光纤带宽的测量

光纤带宽测量有时域法和频域法两种基本方法。时域法是测量通过光纤的光脉冲产生的脉冲宽度,又称脉冲法;频域法是测量通过光纤的频率响应,又称扫频法。两种方法是等效的,这里主要介绍扫频法,此种方法主要用于多模光纤带宽的测量。

设在测量系统中接入一段短光纤时,测出的频率响应为 $H_1(f)$,接入被测光纤时,测出的频率响应为 $H_2(f)$,则光纤频率响应 $H(f)$ 和光带宽 $f_{3\,dB}$ 应满足

$$|H(f_{3\,dB})| = \frac{|H_2(f)|}{|H_1(f)|} = \frac{1}{2}$$

写成对数形式:

$$T(f) = 10\lg|H(f_{3\,dB})| = 10[\lg|H_2(f) - \lg H_1(f)|] = -3 \tag{2-72}$$

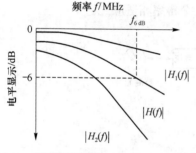

图 2-22 光纤频率响应 $H(f)$ 和 6 dB 电带宽

注意:由于经光检测器后,光功率按比例转换为电流(或电压),因此 3 dB 光带宽相应于 6 dB 电带宽。图 2-22 示出用对数电平显示的频率响应 $H_1(f)$、$H_2(f)$ 及由两曲线相减得到的光纤频率响应 $H(f)$ 和 6 dB 电带宽。

图 2-23 示出扫频法光纤带宽测量系统框图。扫频仪输出各种频率的正弦信号,对光源进行直接光强度调制,输出光经光纤传输和光检测后,由选频表直接获得频率响应。光源应采用线性良好、功率和频率稳定的 LD 光源,其调制频率上限应大于光纤带宽。光检测器应采用高速光电二极管,其频率响应要与光源调制频率相适应。频谱分析仪应具有良好的幅频特性。

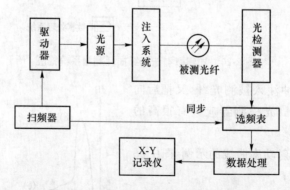

图 2-23 扫频法光纤带宽测量系统框图

2.6.3 单模光纤色散的测量

光纤色散测量有相移法、脉冲时延法和干涉法等。这里主要介绍相移法,它是测量单模光纤色散的基准法。

用角频率为 ω 的正弦信号调制光源,经长度为 L 的单模光纤传输后,其时延 τ 取决于光波长 λ。不同的时延 τ 会产生不同的相位 Φ。用波长为 λ_1 和 λ_2 的受调制光波,分别通过被测光纤,由 $\Delta\lambda=\lambda_2-\lambda_1$ 产生的时延差为 $\Delta\tau$,相移为 $\Delta\Phi$。经简单推导可以得到,长度为 L 的光纤总色散为

$$D(\lambda)L=\frac{\Delta\tau}{\Delta\lambda}$$

用 $\Delta\tau=\Delta\Phi/\omega$ 代入上式,得到光纤色散系数

$$D(\lambda)=\frac{\Delta\Phi}{L\omega\Delta\lambda} \tag{2-73}$$

图 2-24 为相移法光纤色散测量系统框图。用高稳定度振荡器产生的正弦信号调制光源,输出光经光纤传输和光检测器放大后,由相位计测出相位 Φ。可变波长的光源可以由 LED 光源和波长选择器构成,也可以由不同中心波长的 LD 光源组成。为避免测量误差,一般要测量一组 λ_i-Φ_i 值,再计算出 $D(\lambda)$。

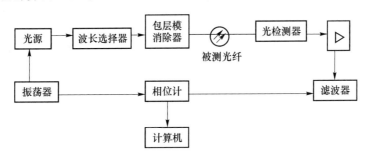

图 2-24　相移法光纤色散测量系统框图

2.6.4　单模光纤截止波长的测量

根据 2.3.2 节中的分析,单模光纤的截止波长为

$$\lambda_c=\frac{2\pi a\sqrt{n_1^2-n_2^2}}{2.405} \tag{2-74}$$

对常规单模光纤,通过对折射率分布的测量,确定纤芯半径 a、纤芯折射率 n_1 和包层折射率 n_2,由式(2-74)就可以计算出理论截止波长 λ_c。

实际测量截止波长的方法有:在弯曲状态下,测量损耗-波长函数的传输功率法;改变波长,观察 LP_{01} 模和 LP_{11} 模产生的两个脉冲变为一个脉冲的脉冲时延法;改变波长,观察近场图由环形变为高斯型的近场法。这里主要介绍传输功率法,这种方法是测量单模光纤截止波长的基准方法。

LP_{11} 模在接近截止波长时,其传输功率对光纤弯曲十分灵敏,而基模 LP_{01} 模在接近 LP_{11} 模的截止波长时,其传输功率对光纤弯曲不很灵敏。利用这个特点,测量在弯曲状态下的传输功率随波长的变化,就可以确定截止波长。用 2 m 的被测光纤,接入测量系统的注入装置和光检测器之间,把光纤弯曲成 $\Phi 280$ 的圆圈,测量输出光功率 $P_1(\lambda)$;保持注入条件不变,把被测光纤弯曲成 $\Phi 60$ 的圆圈,这时消除了次低阶模 LP_{11},只有基模 LP_{01} 存在,测量输出光功率 $P_2(\lambda)$。由此得到弯曲状态下损耗-波长函数:

$$R(\lambda)=10\lg\frac{P_1(\lambda)}{P_2(\lambda)} \tag{2-75}$$

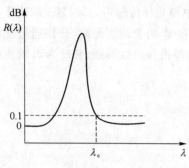

图 2-25 弯曲损耗-波长函数 $R(\lambda)$

图 2-25 示出 $R(\lambda)$ 曲线,0.1 dB 平行线与 $R(\lambda)$ 交点,确定为截止波长 λ_c。一般实测截止波长稍小于理论截止波长。

图 2-26 为传输功率法截止波长测量系统框图,这个系统和损耗谱测量系统完全相同。由卤灯输出的稳定白光,经斩波器变为矩形光脉冲,单色仪选择的波长一般可以在 $0.6 \sim 1.8~\mu\text{m}$ 范围变化,经光检测器后进行放大和数据处理。

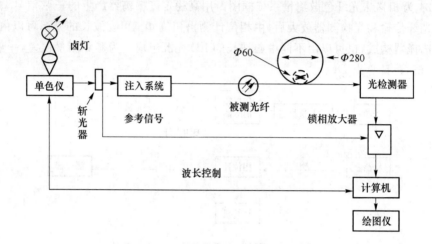

图 2-26 传输功率法截止波长测量系统框图

复习思考题

1. 突变光纤纤芯和包层的折射率分别为:$n_1 = 1.465, n_2 = 1.460$,试计算:

(1) 相对折射率差(Δ);

(2) 光纤的数值孔径(NA);

(3) 在 2 km 长的光纤上,由子午线的光程差造成的最大时迟差($\Delta\tau_{\max}$)。

2. 已知突变光纤纤芯折射率 $n_1 = 1.468$,相对折射率差 $\Delta = 0.012$,芯半径 $a = 4.96~\mu\text{m}$。

(1) 计算 LP_{01}、LP_{02}、LP_{11} 和 LP_{12} 模的截止波长;

(2) 如果 $\lambda = 1.3~\mu\text{m}$,计算光纤的归一化频率(V)和传输的模式数量。

3. 试说明光纤损耗的产生原因及其危害。

4. 光纤色散产生的原因及其危害是什么?

5. 目前光纤通信为何采用 $0.850~\mu\text{m}$、$1.310~\mu\text{m}$ 和 $1.550~\mu\text{m}$ 三个工作波长?

6. 突变折射率光纤中 $n_1 = 1.466, n_2 = 1.460$。

(1) 光纤放置在水中($n_0 = 1.330$),求光从水中入射到光纤端面的最大接收角度;

(2) 光纤放置在空气中,求数值孔径(NA)。

7. 一突变光纤,纤芯半径 $a = 4.8~\mu\text{m}$,折射率 $n_1 = 1.462, \Delta = 1\%, L = 1~\text{km}$。求:

(1) 光纤的数值孔径(NA);

（2）子午光线的最大时延差。

8. 从光频率和光波长的角度说明单模光纤如何实现单模传输。

9. 阶跃折射率光纤的相对折射率差 $\Delta = 0.005$，当波长分别为 $0.850\ \mu m$、$1.310\ \mu m$ 和 $1.550\ \mu m$ 时，要实现单模传输，纤芯半径 a 应小于多少？

10. 一根阶跃折射率光纤纤芯和包层的折射率分别为：$n_1 = 1.448$，$n_2 = 1.444$，该光纤工作在 $1.310\ \mu m$ 和 $1.550\ \mu m$ 两个波长上。求该光纤为单模光纤时的最大纤芯直径。

11. 试说明光纤中的非线性及其危害。

12. 光纤中 PMD 对高速光纤通信有哪些不利影响？

13. 如何合理选择通信光纤？

14. GYDXTW-144B1 的含义是什么？

15. 选用光缆时应考虑哪些因素？

16. 单模光纤特性参数测量时，如何实现稳态模分布？

17. 工程实际中如何测量光纤的损耗？

第 3 章

通信用光器件

光纤通信中所用的光器件可分成有源光器件和无源光器件两大类。两者的主要区别在于器件在实现本身功能的过程中,其内部是否发生光电能量转换。若发生光电能量转换,则称其为有源光器件,主要有光源和光电检测器,由于体积小、重量轻、效率高及耗电少等特点,现在光纤通信系统中均使用半导体光源和半导体光电检测器;若未发生光电能量转换,即便也需要一些电信号的介入,也称为无源光器件。根据器件实现的功能不同,无源光器件主要包括光纤连接器、光耦合器、光隔离器、光衰减器、光开关、光波分复用器、光波长转换器、光放大器等。本章主要介绍这些光器件的结构、工作原理及主要特性。

3.1 光 源

光源是光纤通信系统中的重要器件之一,它的作用是将电信号转换为光信号,并将此光信号送入光纤线路中进行传输。对通信用光源的要求是:发光波长与光纤的低损耗窗口相符,有足够的光输出功率,可靠性高、寿命长,温度特性好,光谱宽度窄,调制特性好,与光纤的耦合效率高,体积小、重量轻等。

目前普遍采用的光源是半导体激光器(LD)与半导体发光二极管(LED)。在高速率、远距离传输系统中均采用光谱宽度很窄的分布反馈式激光器(DFB-LD)和量子阱激光器(MQW-LD)。

3.1.1 基础知识

1. 能级与能带

(1) 原子能级

由物理学知识知道,物质由原子构成,原子由原子核及围绕原子核旋转的电子构成,这些电子只能在某些一定的、不连续的轨道上围绕原子核运动。电子沿不同轨道运行时就会具有不同的能量,这些不同的离散的能量值称为原子的能级,如图 3-1 所示。

(2) 半导体的能带

由于半导体材料是一种单晶体,其内部原子是紧密地按一定规律排列在一起的,并且各原子最外层的轨道又互相重叠,从而使它们的能级重叠成能带,如图 3-2 所示。

满带——能级最低的能带,被电子占满,满带中的电子很稳定,电子数一般不受外界激励的影响,也不影响半导体器件的外部特性。

导带——半导体内部自由运动的电子所填充的能带,在绝对零度时导带基本上是空的,只有在一定温度下,由于热激发、光的照射或掺杂等原因,导带中才会出现电子。

价带——价电子所填充的能带。它可能被占满,也可能被占据一部分。

禁带——导带底与价带顶之间不允许电子填充的这段能带宽度,用 E_g 表示。

图 3-1 原子的能级

图 3-2 半导体能带分布图

（3）半导体的 P-N 结

没有任何外来杂质和晶格缺陷的理想半导体称为本征半导体。若向本征半导体材料中掺入提供电子的杂质,则形成 N 型半导体,N 型半导体材料中电子浓度高,空穴浓度很低,属于电子导电型。向本征半导体材料中掺入提供空穴的杂质,则形成 P 型半导体,P 型半导体材料中空穴浓度高,电子浓度很低,属于空穴导电型。对单独的 N 型或 P 型材料,仍是电中性。当 N、P 两种半导体材料结合后,由于它们存在浓度差,必然出现电子、空穴从浓度高向浓度低的地方扩散的现象,即 N 型材料中的电子向 P 型材料扩散;P 型材料中的空穴向 N 型材料中扩散。

当 P 区中的空穴扩散到 N 区后,在 P 区就留下带负电的离子;当 N 区中的电子扩散到 P 区后,在 N 区就留下带正电的离子。结果在两种材料结合的 P 侧出现一个负电荷区,N 侧出现一个正电荷区,即空间电荷区。由于空间电荷的存在,出现了一个 N 指向 P 的电场,称为内建电场。在内建电场的作用下,P 区中的电子向 N 区漂移;N 区中的空穴向 P 区漂移。这种漂移运动和扩散运动相反,当达到动态平衡时,就形成了稳定的内建电场,这时的空间电荷区内没有自由移动的带电粒子,不导电,称为 P-N 结。

2. 光与物质的相互作用

光的一个基本性质是它既具有波动性,又具有粒子性。一方面,光是电磁波,有确定的波长和频率,具有波动性;另一方面,光是由大量光子构成的光子流,每个光子都有一定的能量 E,具有粒子性。光子的能量与光波频率之间的关系是

$$E = hf \tag{3-1}$$

式中,f 为光子频率,h 称为普朗克常数,$h = 6.626 \times 10^{-34}$ J·s（焦耳·秒）。

光可以被物质吸收,物质也可以发光。光的吸收和发射与物质内部能量状态的变化有关。研究发现,光和物质的相互作用存在着三种不同的基本过程,即自发辐射、受激辐射和受激吸收。

（1）自发辐射

处于高能级的电子不稳定,在没有外界条件影响下,自发地从高能级 E_2 跃迁到低能级 E_1,同时,多余的能量以发光的形式释放出来,这个过程就称为自发辐射。半导体发光二极管是按照这种原理工作的。

自发辐射的特点是:发光过程是自发的,辐射出的光子频率、相位及方向都是随机的,输出的光是非相干光,光谱范围较宽。

辐射出的光子能量等于发生跃迁的两个能级差,即 $hf = E_2 - E_1$。

（2）受激辐射

处于高能级的电子,在外来光子的激励下,从高能级 E_2 跃迁到低能级 E_1,同时释放出一个与外来光子全同的光子,这个过程称为受激辐射。半导体激光器是按照这种原理工作的。

受激辐射的特点是:发光过程不是自发的,而是受外来光激发引起的。辐射出的光子是与外来光子同频、同相、同偏振方向、同传播方向的全同光子,可实现光放大,输出的光是相干光,光谱范围较窄。

（3）受激吸收

在外来光子的激励下,低能级 E_1 上的电子吸收外来光子的能量跃迁到高能级 E_2 上,这个过程称为受激吸收。半导体光电检测器是按照这种原理工作的。

受激吸收的特点是:不是自发的,必须在外来光子的激励下才会产生。外来光子的能量等于电子跃迁的能级差,$hf = E_2 - E_1$。

3. 粒子数反转分布状态

根据物理学知识可知,在热平衡状态下,高能级上的电子数(N_2)总是比低能级上的电子数(N_1)少,称这种电子数的分布状态为粒子数的正常分布状态。

在同一物质内,光和物质相互作用的三个过程是同时存在的。为了使物质发光,就必须使其内部的自发辐射或受激辐射的几率大于受激吸收的几率,这就要求高能级上的电子数多于低能级上的电子数,这种现象称为粒子数反转分布状态。

研究发现,在只有二个能级的物质中,能级间不会形成粒子数反转分布状态。要在能级间实现粒子数反转分布状态,物质中必须存在三个能级或三个以上的能级。

实现能级之间粒子数反转分布状态的方法有多种,包括光激励法、电激励法等。

3.1.2 激光器的工作原理

1. 激光器的构成和工作原理

构成一个激光器应具有的先决条件是:工作物质、激励源和光学谐振腔。

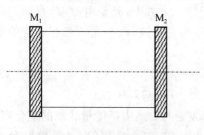

图 3-3 光学谐振腔的结构

工作物质是能够发光的介质,可以是气体、液体或固体。激励源是保证工作物质形成粒子数反转分布状态的能源,光学谐振腔是一个谐振系统,提供正反馈和选择频率的功能。最简单的光学谐振腔就是:在工作物质两端适当的位置,放置两个互相平行的反射镜 M_1 和 M_2。其中一个能全反射,反射系数为 $r_1 = 1$,另一个为部分反射,反射系数 $r_2 < 1$,产生的激光由此射出,如图 3-3 所示。

工作物质在泵浦源的激发下,实现粒子数反转分布。由于高能级上的粒子不稳定,会自发跃迁到低能级上,并放出一个光子,即产生自发辐射,自发辐射的光子方向任意。这些自发辐射光在运动过程中,又会激发高能级上的粒子,从而引起受激辐射,放出与激发光子全同的光子,使光得到放大,当达到一定强度后,就从部分反射镜透射出来,形成一束笔直的激光。

目前常用半导体材料作工作物质,称为半导体激光器。在半导激光器中通常采用外加正向电压作为激励源。半导体 P-N 结构成光学谐振腔,由半导体材料的天然解理面抛光形成两个反射镜。

当 P-N 结上外加的正向偏压足够大,使注入结区(也称为有源区)的电子足够多时,出现了粒子数反转分布状态,在 P-N 结区内出现自发辐射,并引起受激辐射。产生的光子在经 P-N 结构成的光学谐振腔来回反射,光强不断增加,经谐振腔选频,从而形成激光。

2. 激光的产生条件

一个激光器并不是在任何情况下都可以发出激光的,它还要满足一定的振幅平衡条件和相位平衡条件。

(1) 阈值条件

阈值条件即是振幅平衡条件,是光的增益与损耗间应满足的平衡条件。受激辐射可以使光放大,即光波有增益。但由于工作物质不均匀造成光波散射;谐振腔反射镜不是理想的全反射,而有透射和吸收;或由于光波偏离腔体轴线而射到腔外等原因,都会造成光波的损耗。显然,只有当光波在谐振腔内往返一次的增益大于或等于损耗时,激光器才能产生自激振荡。可以将激光器能产生激光振荡的最低限度称为激光器的阈值条件,即

$$G_t = \alpha_i + \frac{2}{2L} \ln \frac{1}{r_1 r_2} \tag{3-2}$$

式中,G_t 为阈值增益系数。

由式(3-2)可见,激光器的阈值条件决定于光学谐振腔的固有损耗 α_i。损耗越小,激光器就越容易起振。

(2) 相位平衡条件

相位平衡条件是指光在光学谐振腔内形成正反馈的相位条件,并不是所有的受激辐射的光都能形成正反馈,只有那些与谐振腔轴平行,且往返一次的相位差等于 2π 的整数倍的光才能形成正反馈,产生谐振,使光波加强,不满足这个条件的光波则会因损耗而消失,即

$$\Delta\Phi(\text{相位差}) = 2\pi \cdot q \tag{3-3}$$

设谐振腔长为 L,光在工作物质中传播时的波长为 λ_q,则有

$$\Delta\Phi = \frac{2\pi}{\lambda_q} \cdot 2L \tag{3-4}$$

当工作物质的折射指数为 n 时,折算到真空的光学谐振腔的谐振波长 λ_{0q} 和谐振频率 f_{0q} 为

$$\lambda_{0q} = n \cdot \lambda_q = \frac{2nL}{q} \tag{3-5}$$

$$f_{0q} = \frac{c}{\lambda_{0q}} = \frac{cq}{2nL} \tag{3-6}$$

由式(3-5)和式(3-6)可见:随着 q 的一系列的分立取值,对应于 λ_{0q} 和 f_{0q} 也有一系列不连续的值,存在多个频率。但也只有那些有增益,且增益系数大于损耗系数的光波才存在。不同的 q 值对应于沿谐振腔纵方向(轴向)不同的电磁场分布状态,一种分布就是一个激光器的纵模。

3.1.3　激光器的特性

1. 激光器的 $P\text{-}I$ 特性

激光器的 $P\text{-}I$ 特性曲线如图 3-4 所示。

它表明了激光器输出光功率随注入电流变化的关系。当注入电流小于某一值时,激光器输出荧光,功率很小,且随电流增加缓慢;当注入电流达到某一值时,激光器开始振荡,光功率将急剧增加,输出激光,这个使激光器发生振荡的电流值称为阈值电流,用 I_{th} 表示。为了使光

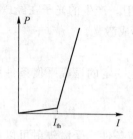

图 3-4　激光器的 P-I 特性

纤通信系统稳定可靠地工作,希望阈值电流越小越好。从 P-I 特性曲线还可以得到另外两个重要参数。

(1) 微分量子效率(η_d)

微分量子效率是用来衡量激光器的电/光转换率高低的一个参量,其定义是:激光器输出光子数的增量与注入电子数的增量之比,即

$$\eta_d = \frac{\dfrac{\Delta P}{hf}}{\dfrac{\Delta I}{e}} = \left(\frac{e}{hf}\right) \cdot \left(\frac{\Delta P}{\Delta I}\right) \tag{3-7}$$

式中,$\dfrac{\Delta P}{\Delta I}$ 就是 P-I 曲线的斜率。曲线越陡,微分量子效率越大。有时并不希望微分量子效率很大,而是选取一个适当值。因为当微分量子效率过大时,器件会产生不稳定工作现象,如自脉动或自脉冲现象,一般室温下 GaAlAs 激光器的 η_d 为 40%~50%。

(2) 功率转换效率(η_p)

功率转换效率是用来衡量激光器的电/光转换率高低的另一个参量,其定义是:激光器的输出光功率与器件消耗的电功率之比,即

$$\eta_p = \frac{P_0}{I^2 R_S + IV} \tag{3-8}$$

式中,P_0 是在电流为 I 时的发射光功率;V 是 P-N 结的正向电压;R_S 是激光器的串联电阻。从功率转换效率的角度看,器件电阻不能太大,同时,由于发热的原因,串联电阻太大也将会影响到器件的工作寿命。一般要求器件的串联电阻不大于 0.5 Ω。通常,半导体激光器的功率转换效率为 40%~50%。

2. 光谱特性

所谓光谱特性是指激光器输出的光功率随波长的变化情况,一般用光源谱线宽度来表示,光谱宽度取决于激光器的纵模数,对于存在多个纵模的激光器,可画出输出光功率的包络线,其谱线宽度定义为输出光功率峰值下降 3 dB 时的半功率点对应的宽度。对于单纵模激光器,则以光功率峰值下降 20 dB 时的功率点对应的宽度评定。一般要求多纵模激光器光谱特性包络内含有 3~5 个纵模,即 $\Delta\lambda$ 值为 3~5 nm;较好的单纵模激光器 $\Delta\lambda$ 值约为 0.1 nm,甚至更小,$\Delta\lambda$ 越小越好。

半导体激光器的光谱宽度还随着注入电流而变化。当 $I < I_{th}$ 时,发出的是荧光,光谱很宽,可达数百埃;当 $I > I_{th}$ 时,发出的是激光,光谱变窄,谱线中心强度急剧增加。

3. 调制特性

在对激光器进行直接调制时,其输出光功率与调制信号频率的关系为

$$P(f) = \frac{P(0)}{\sqrt{1 - \left(\dfrac{f}{f_r}\right)^2 + 4\zeta^2\left(\dfrac{f}{f_r}\right)^2}} \tag{3-9}$$

式中,$P(0)$ 是频率为 0 时 LD 的输出光功率;$P(f)$ 是频率为 f 时 LD 的输出光功率;f_r 是 LD 的共振频率;ζ 是 LD 的阻尼因子。由于 f_r 可以很大,所以 LD 具有非常大的带宽,一般在几百兆赫兹到几十吉赫兹,通常用于高速的光纤通信系统中。

4. 温度特性

激光器的阈值电流和输出光功率随温度变化的特性称为温度特性。阈值电流会随温度的

升高而加大，一般温度每升高 10 ℃，I_{th} 就会增大 5%～25%，P-I 特性曲线随温度升高向右平移，其变化情况如图 3-5 所示。可见温度对激光器的影响很大，为了使光纤通信系统稳定、可靠地工作，一般都要采用自动温度控制电路来稳定激光器的阈值电流和输出光功率。

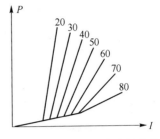

图 3-5　激光器的温度特性曲线

另外，激光器的阈值电流也和使用时间有关，随着使用时间的增加，阈值电流会逐渐加大。当上升到开始启动时的阈值电流的 1.5 倍时，就认为激光器寿命终止。目前国产激光器的寿命可达 10^5 小时以上。

3.1.4　分布反馈激光器

在长距离、大容量的光纤通信系统中，为了降低色散的影响，希望激光器工作在单纵模状态，以降低光谱宽度。分布反馈激光器是目前比较成熟的一种单纵模激光器。

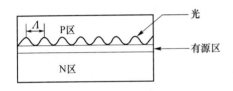

图 3-6　分布反馈半导体激光器结构

分布反馈激光器（DFB-LD）的结构如图 3-6 所示。

在普通激光器中，只有有源区，且光的反馈仅由其端面提供。但在 DFB 激光器内，除有源区外，还在其上并紧靠着它增加了一层导波区，即一层波纹状的周期的布拉格光栅。光的反馈不仅仅在端面上，而是分布在整个腔体长度上。布拉格光栅的工作原理跟镜子类似，但它仅选择性地反射一个波长为 λ_B 的光。这个波长可以根据布拉格相长干涉条件得出：

$$\lambda_B = \frac{2\Lambda n}{m} \tag{3-10}$$

式中，Λ 是光栅间距（衍射周期），n 是介质折射率，整数 m 代表布拉格衍射阶数。

分布反馈激光器的这种工作方式，使得它具有极强的波长选择性，从而实现动态单纵模工作。

3.1.5　发光二极管

在光纤通信中使用的光源，除了半导体激光器外，还有半导体发光二极管（LED）。它除了没有光学谐振腔外，其他方面和激光器相同，它是无阈值器件，它的发光源于自发辐射，输出的是荧光。

1. 发光二极管的结构

按照器件输出光方式不同，发光二极管可分为面发光型和边发光型两种。面发光二极管输出的光束方向垂直于有源区；边发光二极管输出的光束方向平行于有源区，其结构如图 3-7 所示。

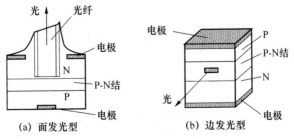

(a) 面发光型　　　　　(b) 边发光型

图 3-7　发光二极管的结构

面发光二极管是在电极部分开孔,光通过透明窗口自孔中射出,发光面大小与多模光纤芯径差不多,一般为 $35\sim75\ \mu m$,为了提高与光纤的耦合效率,大多采用透镜。

边发光二极管发光的方向性比面发光二极管好,与光纤的耦合效率比面发光二极管高,发光亮度也高,但由于它的发光面积小,所以输出的光功率只比面发光二极管稍高一些。

为了增大入射光纤的光能量,发光二极管必须做成高亮度的光源。因此,发光二极管的驱动电流要比激光器的高。

2. 发光二极管的特性

(1) P-I 特性

由于 LED 是无阈值器件,加上电流后,即有光输出;且随着注入电流的增加,输出光功率近似呈线性增加,其 P-I 曲线如图 3-8 所示。因此,在进行调制时,其动态范围大,信号失真小,最适于模拟通信。

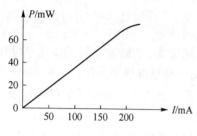

图 3-8 发光二极管的 P-I 曲线

(2) 光谱特性

由于 LED 属于自发辐射发光,因此,其谱线宽度要比 LD 宽得多。谱线宽度对系统性能有很大的影响,谱宽 $\Delta\lambda$ 越大,与波长相关的色散就越大,系统所能传输的信号速率也就越低。在短波长范围,$\Delta\lambda$ 的典型值为 $25\sim40$ nm;在长波长 $1.31\sim1.55\ \mu m$ 波段,$\Delta\lambda$ 的典型值为 $50\sim100$ nm。

(3) 调制特性

LED 在调制过程中,其输出光功率受调制频率和有源区中载流子寿命时间的限制。它们的关系如下:

$$P(\omega)=\frac{P(0)}{\sqrt{1+(\omega\tau)^2}} \tag{3-11}$$

式中,$P(0)$ 是频率为 0 时 LED 的输出光功率;$P(\omega)$ 是频率为 ω 时 LED 的输出光功率;τ 是有源区中载流子的寿命时间,一般 LED 的调制带宽为 100 MHz 以下,通常用于低速的光纤通信系统中。

(4) 温度特性

温度特性主要影响 LED 的平均发送光功率、P-I 特性的线性及工作波长。当温度上升时,LED 的平均发送光功率会下降;线性工作区变窄,导致光发送电路噪声增加,系统性能下降;峰值工作波长向长波长方向漂移,附加衰减增大。

实际上,温度对 LED 工作状态的影响比对 LD 的影响要小得多,LED 的温度特性很好,一般不需要加温控电路。

3.2　光电检测器

光电检测器是光纤通信系统的另一个核心器件,主要完成光信号到电信号的转换功能,具有灵敏度高、响应时间短、噪声小、功耗低、可靠性高等优点。目前,能较好地满足这些要求的是由半导体材料做成的光电检测器。在实际应用中,光电检测器有两种类型:一种是 PIN 光电二极管(PIN-PD);另一种是雪崩光电二极管(APD)。PIN 光电二极管主要应用于短距离、小容量的光纤通信系统中；APD 主要应用于长距离、大容量的光纤通信系统中。

3.2.1　光电检测器的工作原理

光电二极管(PD)由半导体 P-N 结组成，利用光电效应原理完成光电转换。当有光照射到 P-N 结上时，若光子能量(hf)大于或等于半导体禁带宽度(E_g)，则占据低能级(价带)中的电子吸收光子能量，而跃迁到较高能级(导带)，在导带中出现电子，在价带中出现空穴，这种现象称为半导体的光电效应。这些光生电子-空穴对，称为光生载流子。

如果这些光生载流子是在 P-N 结耗尽区内产生，则它们在内建电场的作用下，电子向 N 区漂移，空穴向 P 区漂移，于是 P 区有过剩的空穴，N 区有过剩的电子积累，即在 P-N 结两边产生光生电动势，如果把外电路接通，就会有光生电流流过。在耗尽区内，由于有内建电场的作用，响应速度快。若是在耗尽区外产生，则没有内建电场的加速作用，运动速度慢，响应速度低；而且容易被复合，使光电转换效率差。

为了提高转换效率和响应速度，希望耗尽区加宽。采取的措施，一是外加负偏压，即 P 接负，N 接正；二是改变半导体的掺杂浓度。这就导致了 PIN 光电二极管和雪崩光电二极管的出现。

3.2.2　PIN 光电二极管

PIN 光电二极管是在光电二极管的基础上改进而成的，结构如图 3-9 所示。它是在 P 型材料和 N 型材料之间加一层掺杂很轻的 N 型材料或不掺杂的本征材料，称为 I 区。由于 I 区的存在，使耗尽区的宽度增加，几乎占领整个 P-N 结的宽度。同时，为了减小 P-N 结两端的接触电阻，以便与外电路连接，P 区和 N 区均做成重掺杂。

当光照射到 PIN 光电二极管的光敏面上时，会在整个耗尽区及其附近产生受激吸收现象，从

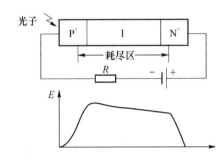

图 3-9　PIN 光电二极管结构

而产生电子-空穴对。其中在耗尽区内产生的电子-空穴对，在外加负偏压和内建场的共同作用下，加速运动，当外电路闭合，就会有电流流过，响应速度快，转换效率高。而在耗尽区外产生的电子-空穴对，因掺杂很重，会很快复合掉，到耗尽区边缘的粒子数很少，因而其作用可忽略不计。

在光电二极管中，为了获得较高的量子效率，希望耗尽区宽；但耗尽区宽，光生载流子的运动时间会加长，响应速度慢，所以又希望耗尽区窄。所以在实际设计中，要兼顾量子效率和响应速度，合理选择耗尽区宽度。一般 I 区厚度为 $70\sim100~\mu m$，而 P 区和 N 区厚度均为数微米。

3.2.3　APD 光电二极管

在长途光纤通信系统中，仅有毫瓦数量级的光功率从光发射机输出后，经过几十千米光纤衰减，到达光接收机处的光信号将变得十分微弱，如果采用 PIN 光电二极管，则输出的光电流仅几个纳安。为了使数字光接收机的判决电路正常工作，就需要采用多级放大。但放大的同时会引入噪声，从而使光接收机的灵敏度下降。

如果能使电信号进入放大器之前，先在光电二极管内部进行放大，则可克服 PIN 光电二

极管的上述缺点。这就引出了一种光电二极管，即 APD 雪崩光电二极管。这种光电二极管是应用光生载流子在其耗尽区内的碰撞电离效应而获得光生电流的雪崩倍增。

1．雪崩光电二极管的结构

常用的 APD 雪崩光电二极管结构包括拉通型 APD 和保护环型 APD，如图 3-10 所示。由于实现电流放大作用需要很高的电场，因此只能在图中所示的高场区发生雪崩倍增效应。拉通型 APD 容易发生极间现象，从而使器件损坏；由于保护环型 APD 在极间边缘设置了保护环，因此不会发生击穿现象。

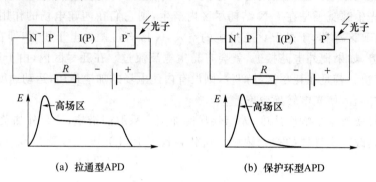

(a) 拉通型APD   (b) 保护环型APD

图 3-10　APD 光电二极管的结构

由图 3-10 可知，APD 雪崩光电二极管仍然是一个 P-N 结的结构形式，只不过其中的 P 型材料由三部分构成，即重掺杂的 P^+ 区、轻掺杂的 I 区和普通掺杂的 P 区。

2．雪崩倍增原理

当光照射到 APD 的光敏面上时，由于受激吸收作用产生电子-空穴对，这些光生载流子在很强的反向电场作用下被加速，从而获得足够的能量，它们在高场区中高速运动，与晶体的原子相碰撞，使晶体中的原子电离而释放出新的电子-空穴对，这个过程称为碰撞电离。新产生的电子-空穴对在高场区中再次被加速，又可以碰撞其他的原子，产生新的电子-空穴对。如此反复碰撞电离的结果，使载流数迅速增加，光生电流急剧倍增放大，产生雪崩现象。雪崩光电二极管使用时，需要几十伏以至数百伏的高反向电压，且反向偏压对环境温度变化敏感，使用较不方便。但由于有内部电流放大作用，可以提高接收机灵敏度，因此广泛用于中、长距离的光纤通信系统。

3.2.4　光电检测器的特性

1．响应度和量子效率

响应度和量子效率都是描述光电检测器光电转换能力的一种物理量。

（1）响应度

在一定波长的光照射下，光电检测器的平均输出电流与入射的平均光功率之比称为响应度，可以表示为

$$R_0 = \frac{I_P}{P_0}$$

(3-12)

式中，I_P 为光电检测器的平均输出电流值（单位：A）；P_0 为平均入射光功率值（单位：W）。光电检测器的响应度一般在 0.3～0.7 A/W 范围。

（2）量子效率

响应度是器件在外部电路中呈现的宏观灵敏特性,量子效率是器件在内部呈现的微观灵敏特性。量子效率定义为光电检测器输出的光生电子-空穴对数与入射的光子数之比,常用符号 η 表示:

$$\eta = \frac{\text{输出的光生载流子数}}{\text{入射光子数}} = \frac{I_P/e}{P_0/hf} = R_0 \cdot \frac{hf}{e} \tag{3-13}$$

式中,e 是电子电荷,$e = 1.6 \times 10^{-19}$ C(库仑);h 为普朗克常数,$h = 6.626 \times 10^{-34}$ J·s(焦耳·秒);f 为光波频率(Hz)。

2. 响应速度或响应时间

响应速度是指光电检测器的光电转换速度,一般用响应时间来描述,即从器件接收到光子时起到能够有光生电流输出的这段时间。响应时间越短,响应速度越快。响应时间直接影响系统的传输速率,是反映调制频率的主要指标。限制响应时间的因素有:

（1）从光入射光敏面到发生受激吸收的时间;

（2）耗尽区中的光生载流子的漂移时间;

（3）P^+ 区和 N^+ 区中(零场区)的光生载流子的扩散时间;

（4）结电容和负载电阻的电路时间常数(RC);

（5）雪崩倍增的建立时间(只对 APD)。

光电检测器要具有快速响应的特性,在结构上首先要减薄零场区,其次是减小结电容。

3. 暗电流

在理想条件下,当没有光照射时,光电检测器应无光电流输出。但是,实际上由于热激励、宇宙射线或放射性物质的激励,在无光情况下,光电检测器仍有电流输出,这种电流称为暗电流,用 I_D 表示。暗电流主要由体内暗电流和表面暗电流组成。

在 PIN 光电二极管中,由于体内暗电流不会受到倍增作用且检测器本身处于反向偏置状态,所以其值要比表面暗电流小得多。因此,PIN 光电二极管的暗电流大小主要决定于其表面暗电流。

在 APD 中,由于体内暗电流有倍增,其值远大于表面暗电流,所以 APD 的暗电流主要是指体内暗电流。由于倍增作用,APD 的暗电流要比 PIN-PD 的暗电流大得多。随温度上升,暗电流将会急剧增加。

暗电流会引起光接收机的噪声增大,因此,希望器件的暗电流越小越好。

4. APD 的倍增因子

APD 的倍增因子实际上是电流增益系数,定义为有倍增时光电流的平均值与无倍增时光电流的平均值之比,可用米勒公式表示为

$$G = \frac{I_g}{I_P} = \frac{1}{1 - \left(\dfrac{V - I_P R}{V_B}\right)^n} \tag{3-14}$$

式中,G 为光电倍增因子;I_g 是有倍增时的电流;I_P 是无倍增时的电流值;V 是外加负偏压;R 是 APD 的内阻;V_B 是击穿电压;n 是雪崩电压指数(它与半导体材料、掺杂浓度分布和入射光波长有关,一般取 1~3)。

当 $(V - I_P R) \to V_B$ 时,G 有最大值,即

$$G \approx \sqrt{\frac{V_B}{n I_P R}} \tag{3-15}$$

可见,要获得较大的 G 值,可以减小 I_P 和 R 值或增大击穿电压。一般 APD 的倍增因子 G 在 40~100 之间。PIN 光电二极管没有雪崩增益作用,所以 $G = 1$。

5. 倍增噪声和倍增噪声系数

对 PIN 而言,其噪声源主要是"散粒噪声",即由入射到光电检测器光敏面上的光子产生电子-空穴对的随机性引起的噪声;对 APD 而言,其雪崩过程中会对初始电流的"散粒噪声"产生倍增作用,因此称为雪崩倍增噪声。雪崩倍增噪声是 APD 独有的,雪崩是半导体内电子-空穴对的多次反复碰撞电离产生的,而每一电子-空穴对的碰撞电离是随机的,这种随机性引起输出光电流起伏增加从而产生附加噪声。倍增噪声可用倍增噪声系数 $F(G)$ 描述。

由实验可得,采用 APD 光电检测器时,信号功率是按 $<G>^2$ 的比例增加,$<G>$ 为倍增因子的平均值;因倍增的随机性,噪声功率是按 $<G>^{2+X}$ 的比例增加,比信号功率多倍增了 $<G>^X$ 倍。$<G>^X$ 即为倍增噪声系数 $F(G)$,X 为倍增噪声指数。理想情况下,$X=0$,即 $<G>^X=1$。

X 值与 APD 的材料和结构有关。对于 Si-APD,X 值在 $0.3\sim0.5$ 之间;对于 Ge-APD,X 值在 $0.8\sim1.0$ 之间;对于 InGaAsP-APD,X 值在 $0.5\sim0.7$ 之间。

由于倍增噪声系数 $F(G)$ 表示 APD 因倍增作用而增加的噪声系数,所以选 APD 时,X 的值越小越好。

3.3 光纤连接器

3.3.1 光纤连接器的基本结构和种类

光纤连接器又称光纤活动连接器,俗称活动接头。它用于设备(如光端机、光测试仪表等)与光纤之间的连接或光纤与其他无源器件的连接。它是组成光纤通信系统和测量系统不可缺少的一种重要无源器件。

1. 光纤连接器的基本结构

光纤连接器基本上采用某种机械和光学结构,使两根光纤的纤芯对准并接触良好,保证 90% 以上的光能够通过,目前有代表性并且正在使用的光纤连接器主要有以下几种结构。

(1) 套管结构

套管结构的连接器由插针和套筒组成。插针为一精密套管,光纤固定在插针里面。套筒也是一个加工精密的套管,两个插针在套筒中对接并保证两根光纤对准,如图 3-11 所示。由于这种结构设计合理,加工技术能够达到要求的精度,因而得到了广泛应用。

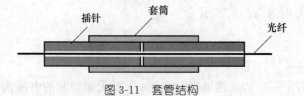

图 3-11 套管结构

(2) 双锥结构

双锥结构连接器是利用锥面定位。插针的外端面加工成圆锥面,套管的内孔也加工成双圆锥面。两个插针插入套管的内孔实现纤芯对接,如图 3-12 所示。插针和套管的加工精度极高,锥面与锥面的结合既要保证纤芯地对准,还要保证光纤端面间的间距恰好符合要求。它的插针和套管采用聚合物压制成型,精度和一致性都很好。

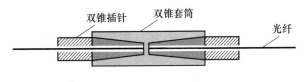

图 3-12　双锥结构

（3）V 形槽结构

V 形槽结构光纤连接器是将两个插针放入 V 形槽基座中，再用盖板将插针压紧，利用对准原理使纤芯对准，如图 3-13 所示。这种结构可以达到较高的精度。其缺点是结构复杂，零件数量多。

（4）透镜耦合结构

透镜耦合结构又称远场耦合，它分为球透镜耦合和自聚焦透镜耦合两种，其结构如图 3-14 和图 3-15 所示。

这种结构经过透镜来实现光纤地对准。用透镜将一根光纤的出射光变成平行光，再由另一透镜将平行光聚焦导入另一光纤中。其优点是降低了对机械加工的精度要求，使耦合更容易实现；缺点是结构复杂、体积大、调整元件多、接续损耗大。

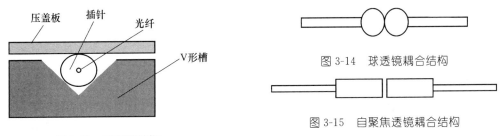

图 3-13　V 形槽结构

图 3-14　球透镜耦合结构

图 3-15　自聚焦透镜耦合结构

2. 光纤连接器的种类

光纤活动连接器的品种、型号很多，在我国使用最多的活动连接器是 FC 系列连接器，它是干线系统中采用的主要型号，在今后一段较长时间内仍是主要品种；SC 型连接器是光纤局域网、CATV 和用户网的主要品种。此外，ST 型连接器也有一定数量的应用。

（1）FC 系列连接器

FC 系列连接器是一种用螺旋连接，外部零件采用金属材料制作的连接器，它是我国电信网采用的主要品种，我国已制定了 FC 型连接器的国家标准。

目前，光纤活动连接器的插针与套筒均采用与石英光纤膨胀系数相近的氧化锆陶瓷，具有极大的耐磨性和一定的韧性及稳定的尺寸，以保证插拔次数达 1 000 次以上无磨损、不变形、精确对准。

FC 型是单芯光纤连接器的一个标准型号，具有插头-连接器-插头式结构。

FC/PC 型光纤连接器的特点是具有外径为 2.5 mm 的圆柱形对中套管和采用 M8 螺纹式锁紧机构。FC/PC 型光纤连接器的插针端面为球面，降低了对灰尘、污染物的敏感性。

（2）SC 型连接器

SC 型活动连接器由高强度工程塑料压制而成，外形为矩形的插拔式连接结构，其特点是工艺简单，生产成本低，插拔操作简便，占用空间位置小，可以密集安装，可以做成多芯连接器。缺点是易变形，连接可靠性较差，一般用于非重要光线路连接或光路测量连接。

(3) ST 型连接器

ST 型连接器是单芯光缆连接器的一种,其主要特征是有一个卡口锁紧机构和一个直径为 2.5 mm 圆柱形套筒对中机构,具有插头-连接器-插头/插座结构。ST 型连接器设计是一种卡口旋转锁紧连接耦合方式,可适用现场装配。该结构特点是具有良好的重复性、体积小、重量轻。其适用于通信网和本地网。

3.3.2　光纤连接器的特性

评价一个连接器的主要指标有插入损耗、回波损耗、重复性、互换性和稳定性等。

1. 插入损耗

插入损耗是指光信号通过活动连接器时,活动连接器的输入光功率与输出光功率之比的分贝数,其值越小越好。如输入光功率为 P_1,输出光功率为 P_2,其表达式为

$$\alpha_c = 10 \lg \frac{P_1}{P_2} \quad (\text{dB}) \tag{3-16}$$

2. 回波损耗

回波损耗又称为后向反射损耗。它是指光纤连接处后向反射光功率与输入光功率之比的分贝数,其值越大越好,以减小反射光对光源和系统的影响。其表达式为

$$\alpha_r = 10 \lg \frac{P_1}{P_r} \quad (\text{dB}) \tag{3-17}$$

式中,P_1 为输入光功率;P_r 为后向反射光功率。

3. 重复性、互换性和稳定性

重复性是指光纤活动连接器多次插拔后插入损耗的变化。互换性是指连接器各部件互换时插入损耗的变化。稳定性是指连接器连接后,插入损耗随时间、环境温度的变化,都用 dB 表示。希望插入损耗的变化越小越好。

3.4　光耦合器

在光纤通信系统或光纤测试中,经常遇到需要从光纤的主传输信道中取出一部分光用作监测、控制等;有时也需要把两个不同方向来的光信号合起来送入一根光纤中传输。这都需要光耦合器来完成。

光耦合器是将光信号进行分路或合路、插入及分配的一种器件。光耦合器按其结构不同可分为棱镜式和光纤式两类。其中,光纤式耦合器体积较小,工作稳定可靠,与光纤连接比较方便,是目前较常使用的一种。

目前,光耦合器已形成一个多功能、多用途的系列产品,从功能上看,它可分为光功率分配耦合器和光波长分配耦合器;从端口形式上划分,它包括 X 型(2×2)耦合器、Y 型(1×2)耦合器、星形(N×N)耦合器和树形(1×N,N>2)耦合器等;从工作带宽的角度划分,有单工作窗口的窄带耦合器、单工作窗口的宽带耦合器和双工作窗口的宽带耦合器;从光纤型号分,有多模耦合器和单模耦合器。

3.4.1　光耦合器的结构与原理

光纤耦合器的基本结构如图 3-16 所示。下面以 X 型为例介绍耦合器的工作原理。X 型

耦合器是由两根紧密耦合的光纤,通过光纤界面的衰减场相互重叠而实现光的耦合的一种器件。其有四个端口,从端口 1 输入的光信号向端口 2 方向传输,可由端口 3 耦合出一部分光信号,端口 4 无光信号输出。从端口 3 输入的光信号向端口 4 方向传输,可由端口 1 耦合出一部分光信号,而端口 2 无光信号输出。另外,由端口 1 和端口 4 输入的光信号,可合并为一种光信号,由端口 2 或端口 3 输出,或反之。

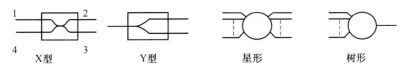

图 3-16　光纤耦合器的基本结构

3.4.2　光耦合器的特性

1. 插入损耗(α_c)

插入损耗表示了耦合器损耗的大小,定义为输出光功率之和相对全部输入光功率的减少值,该值通常以分贝为单位。如由端口 1 输入光功率 P_1,由端口 2 和端口 3 输出的光功率为 P_2 和 P_3,则插入损耗为

$$\alpha_c = -10\lg \frac{P_2 + P_3}{P_1} \quad (\text{dB}) \tag{3-18}$$

一般情况下,要求 $\alpha_c \leqslant 0.5$ dB。

2. 分光比(T)

分光比是光耦合器所特有的技术术语,它定义为各输出端口的光功率之比。如从端口 1 输入光信号,从端口 2 和端口 3 输出光信号,则分光比为

$$T = \frac{P_3}{P_2} \tag{3-19}$$

一般情况下,光耦合器的分光比为 $1:1 \sim 1:10$,由需要来决定。

3. 隔离度(A)

隔离度是指某一光路对其他光路中的信号的隔离能力。隔离度越高,意味着线路之间的"串话"越小。

如 X 型,由端口 1 输入光信号功率为 P_1,应从端口 2 和端口 3 输出,端口 4 理论上应无光信号输出。但实际上端口 4 还是有少量光信号输出(P_4),则端口 4 输出光功率与端口 1 输入光功率之比的分贝值即为 1,4 两个端口的隔离度。其表达式为

$$A_{1,4} = -10\lg \frac{P_4}{P_1} \quad (\text{dB}) \tag{3-20}$$

一般情况下,要求 $A > 20$ dB。

3.5　光隔离器

光隔离器是保证光信号只能正向传输的器件。某些光器件,特别是激光器和光放大器,对线路中由于各种原因而产生的反射光非常敏感。因此,通常要在最靠近这种光器件的输出端

放置光隔离器,以消除反射光的影响,使系统工作稳定。

光隔离器几乎都是用法拉第磁光效应原理制成的,主要由两个偏振器和一个法拉第旋转器组成,如图 3-17 所示。

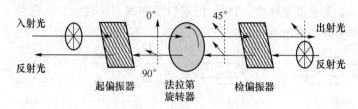

图 3-17　光隔离器结构

偏振器的作用是从入射光中取出某一形式的偏振光。在光隔离器中使用的是线偏振器,线偏振器输出的是线偏振光。线偏振器中有一个透光轴,当入射光的偏振方向与透光轴完全一致时,则光全部通过,否则将只有一部分光通过,或全部不能通过。

法拉第旋转器由某种旋光性材料制成,它的外面套上产生磁场的电流线圈,借助磁光效应,使光的偏振状态发生一定程度的旋转。在晶体中,具有旋光性能的材料,有钇铁石榴石(YIG),它在 $\lambda=1.1\sim1.7\ \mu m$ 波长范围内有良好的旋光性和较小的吸收损耗。在光学玻璃中,费尔德常数大的石英玻璃是比较理想的旋光材料,由它可以制作出光纤型法拉第效应的旋转器(FFR)。

如图 3-17 中起偏振器透光轴为 0°,检偏振器的透光轴为 45°,则输出光的偏振方向分别为 0°和 45°。当有 0°的垂直线偏振光入射时,该光的偏振方向与起偏振器透光轴一致,所以全部通过。经法拉第旋转介质后,其偏振方向按顺时针方向旋转了 45°,正好与检偏振器透光轴一致。这样,入射光便以很小的衰减通过隔离器。当有反射光出现时,进入光隔离器的光只是偏振方向与检偏振器透光轴一致的那一部分光。这部分光经过法拉第旋转介质后,被顺时针旋转 45°,变成水平线偏振光,正好与起偏振器透光轴垂直,所以不能通过。因此,反射光全隔离。

光隔离器的主要参数和指标是:对正向光的插入损耗越小越好;对反向反射光的隔离度越大越好。隔离度的大小用隔离衰减 α_i 表示:

$$\alpha_i=10\lg\frac{P_r}{P_{out}}\quad(dB)\tag{3-21}$$

式中,P_r 是隔离方向上的入射光功率(即与传输方向相反的方向),P_{out} 是隔离方向上的输出光功率。

3.6　光衰减器

光衰减器是光纤通信线路或测试技术中不可缺少的光器件,主要作用是对输入的光信号功率进行一定程度的衰减,以满足各种需要。

根据光衰减器的工作原理,可将光衰减器分为耦合器型光衰减器、位移型光衰减器和衰减片型光衰减器。按其衰减量的变化方式不同可分为固定式光衰减器和可变式光衰减器。固定式光衰减器引入的是一个预定损耗,具体规格有 3 dB、5 dB、10 dB、15 dB、20 dB、30 dB、40 dB 等标准衰减量,衰减误差<10%。其优点是尺寸小和价格低,适用于接线板和配线盒。可变式

光衰减器允许网络安装人员和操作人员依据要求改变衰减量,通过调整衰减片的角度,改变反射光与透射光的比例来改变光衰减的大小。可变式光衰减器有步进式和连续可调式两种。光衰减器的结构如图 3-18 所示。

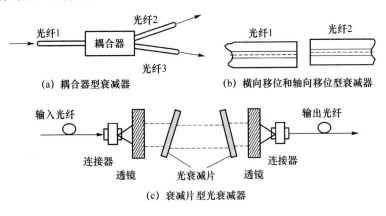

（a）耦合器型衰减器　　　（b）横向移位和轴向移位型衰减器

（c）衰减片型光衰减器

图 3-18　光衰减器的结构

1. 位移型光衰减器

众所周知,当两段光纤进行连接时,必须达到相当高的对中精度,才能使光信号以较小的损耗传输过去;反过来,如果将光纤的对中精度作适当调整,就可以控制其衰减量。位移型光衰减器就是依据这个原理,有意让光纤在对接时发生一定错位,使光能量损失一些,从而达到控制衰减量的目的。

位移型光衰减器包括横向位移光衰减器和轴向位移光衰减器。位移型光衰减器比较传统,目前仍有较大市场,它的优点是回波损耗很高。

2. 衰减片型光衰减器

衰减片型光衰减器是直接将具有吸收特性的衰减片固定在光纤的端面上或光传输通路中,达到衰减信号的目的,可制成固定光衰减器,也可制成可变光衰减器。具体制作方法是通过机械装置将衰减片直接固定于准直光路中,当光信号经过四分之一节距自聚焦透镜准直后,通过衰减片时,光能量即被衰减,再被第二个自聚焦透镜耦合进光纤中。使用不同衰减量的衰减片,就可得到相应衰减值的光衰减器。

3.7　光开关

光开关是光纤通信系统重要的光器件之一,具有一个或多个可选择的传输端口,可对光传输线路或集成光路中的光信号进行相互转换或逻辑操作。光开关可用于光纤通信系统、光纤网络系统、光纤测量系统及光纤传感系统中,起到切换光路的作用。

3.7.1　光开关的种类

根据输入和输出端口数不同,光开关可分为 1×1、1×2、$1 \times N$、2×2、$M \times N$ 等多种,它们在不同的场合有不同的用途。

（1）1×1 光开关:主要应用于光纤测试技术中,控制光源的接通和断开。

（2）1×2 光开关:其典型应用是光环路中的主备倒换,在光纤断裂或传输发生故障时,可通过光开关改变业务的传输路径,实现对业务的自动保护。

(3) $1 \times N$ 光开关:可用于光网络监控和光纤通信的测试中,在远端光纤测试点通过此种开关把多根光纤接到一个光时域反射仪(OTDR),通过光开关倒换,实现对所有光纤监测,或者插入网络分析仪实现网络在线分析。当 $1 \times N$ 光开关应用于光传感系统时,可实现空分复用和时分复用。

(4) 2×2 光开关:利用此开关可以组成 $M \times N$ 光开关矩阵,这种开关矩阵是 OXC 的核心部件。OXC 主要实现动态的光路径管理、光网络的故障保护,并可灵活增加新业务。

根据其工作原理不同,光开关可分为机械式和非机械式两大类。

机械式光开关是依靠光纤或光学元件移动,使光路发生改变。这类光开关技术比较成熟,其优点是插入损耗低,隔离度高,不受偏振和波长的影响,也不受调制速率和调制方式的限制。不足之处是开关时间较长,一般为毫秒数量级,开关尺寸较大,而且不易集成,有的还存在回跳抖动和重复性较差等问题。

非机械式光开关是依靠物理效应来改变波导折射率,使光路发生改变,完成开关功能。这类光开关的优点是开关时间短,达到毫微秒数量级甚至更低;体积小,便于光集成或光电集成。缺点是插入损耗大,隔离度低。

1. 机械式光开关

机械式光开关有移动光纤式和移动光学元件式,下面仅介绍移动光纤式光开关。在移动光纤式光开关的输入或输出端中,其中一端的光纤是固定的,而另一端的光纤是活动的。通过移动活动光纤,使之与固定光纤中的不同端口相耦合,从而实现光路的切换。典型机械式光开关示意图如图 3-19 所示。

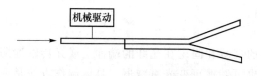

图 3-19　典型机械式光开关示意图

这类光开关需要解决的问题是:采用什么方式使移动光纤与固定光纤之间实现低损耗的耦合,如何提高开关速度。目前采用的方式主要有:①"V"形槽定位方式,利用电磁铁使活动光纤在"V"形槽内移动并定位;②导杆定位方式,用两个导杆和基片来固定光纤,活动光纤在导杆内移动,靠导杆定位;③将光纤固定在金属簧片上,簧片在外磁场的作用下动作并带动光纤移动,从而与固定光纤实现耦合;④压电陶瓷式,利用压电陶瓷在电场作用下的电致伸缩效应使光纤移动。

在移动光纤的方式上,如果不依靠电驱动仅靠外力拨动,则不会产生回跳抖动;如果是依靠电磁铁吸引移动光纤,则会产生回跳抖动。因此,在这类系统中注意采取措施增加阻力,以便减小回跳抖动;应尽可能采用双稳态电路结构,以便在不加电的情况下,维持自保状态。

2. 非机械式光开关

非机械式光开关是利用一些材料具有电光、声光、磁光和热光效应,采用波导结构做成的,所以非机械式光开关又称为波导光开关。

(1) 电光开关

电光开关是利用材料的电光效应原理制成的,通过电场来改变材料的折射率,从而改变光的路径达到开关的目的。在利用电光效应做成的光开关中,使用最多的是 M-Z 干涉仪,如图 3-20 所示。其中图(a)为 1×1 光开关;图(b)为 2×2 光开关。

在图 3-20(a)中,理想情况下,输入光功率在 A 点平均分配到两个分支传输,在 B 输出端干涉,其输出幅度与两个分支光通道的相位差有关。当两分支的相位差 $\Phi = 0$ 时,输出功率最大,当 $\Phi=\pi/2$ 时,两分支的光场相互抵消,使输出光功率最小,理想情况下为零。相位差的改变由外加电信号控制。

在图 3-20(b)中,当电极加了电压后,在两个波导内将分别产生大小相等、方向相反的电场分量,它们改变了波导的折射率,使一个波导的传播常数增大,另一个减小,出现相位差,导致波导间传播的光功率在水平面内发生转换,从而实现对光的开关。

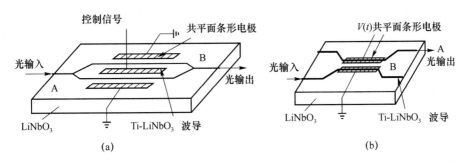

图 3-20 电光开关原理图

（2）热光开关

热光开关是利用热光效应制成的光开关。在电光波导开关中,用一个薄膜加热器代替加控制电压的电极,就可构成热光开关,结构如图3-21所示。其包含两个 3 dB 定向耦合器和两个长度相等的波导臂,每个臂上有 Cr 薄膜加热器,宽 50 μm,长 5 mm。该器件不加热时,器件处于交叉连接状态;但在加热 Cr 薄膜时,引起它下面波导的折射率和相位发生变化,从而实现光开关的功能。

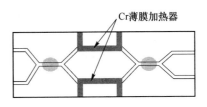

图 3-21 热光开关示意图

（3）声光开关

声光开关是利用声光效应制成的光开关。声光效应是指声波通过材料时,使材料产生机械应变,引起材料的折射率变化,形成周期与波长相关的布拉格光栅,输入光波在沿内部有声波的波导传播时,将发生衍射现象,如图 3-22所示。

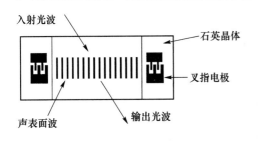

图 3-22 声光开关原理示意图

通过电极在压电晶体上加上射频调制信号后,将在晶体表面产生应力,从而在表面产生超声波,该超声波信号通过材料传输时引起材料的折射率发生变化,形成相位光栅,光栅的作用,使波导中光波的强度和传播方向都发生变化,从而实现开关作用。

（4）磁光开关

磁光开关是利用磁光效应制成的光开关。这种光开关由三只耦合透镜、磁光效应开关元件和单模光纤组成。

在磁光效应开关元件中,通过旋光介质改变光的偏振方向,通过棱镜反射合成来选择光的传播方向,从而实现光开关作用。

3.7.2 光开关的特性参数

光开关的特性参数主要有插入损耗、回波损耗、隔离度、开关时间等。

1. 插入损耗

插入损耗是指系统接入光开关后所产生的附加损耗。它包括两个方面：一个是器件本身存在的固有损耗；另一个是由于器件的接入在光纤线路连接点上产生的连接损耗，这个值越小越好，一般用输入与输出之间光功率减少的分贝值表示。插入损耗与开关的工作状态有关：

$$\alpha_c = 10\lg \frac{P_i}{P_o} \quad (dB) \tag{3-22}$$

式中，P_i 是输入端的光功率；P_o 是输出端的光功率。

2. 回波损耗

回波损耗是指从输入端返回的光功率与输入光功率的比值，以分贝表示，回波损耗与开关的工作状态有关：

$$\alpha_r = 10\lg \frac{P_i}{P_r} \quad (dB) \tag{3-23}$$

式中，P_i 是输入端的光功率；P_r 是输入端返回的光功率。

3. 隔离度

隔离度是指两个相隔离输出端口光功率的比值，以分贝表示：

$$A = 10\lg \frac{P_{in}}{P_{im}} \quad (dB) \tag{3-24}$$

式中，m、n 为开关的两个隔离端口($m \neq n$)，P_{in} 是光从 i 端口输入时 n 端口输出的光功率；P_{im} 是光从 i 端口输入时 m 端口输出的光功率。

4. 开关时间

开关时间是指开关端口从某一初始状态转换为通或断所需要的时间，从开关上施加或撤去转换能量的时刻算起。

3.8 光波分复用器

3.8.1 光波分复用器的种类和工作原理

光波分复用器的功能就是把多个不同波长的光信号复合在一起，并注入到一根光纤中传输。解复用器的功能与波分复用器正好相反，它是把一根光纤输出的多个波长的复合光信号，用解复用器还原成单个不同波长的光信号。其特性的好坏在很大程度上决定了整个系统的性能。根据其制造方法不同，波分复用器件可以分为四种类型：角色散型、介质薄膜干涉型、光纤耦合型和集成光波导型。

1. 角色散型波分复用器

角色散型波分复用器就是利用角色散元件来分离和合并不同波长的光信号，从而实现波分复用功能的器件。角色散元件有棱镜和光栅，但实际中使用的主要是光栅，特别是衍射光栅。根据被衍射的光是反射还是透射，光栅可分为反射光栅和透射光栅。最常用的光栅是平面反射光栅,最流行的是反射型闪烁光栅。

闪烁光栅是在玻璃衬底上沉积环氧树脂,然后再在环氧树脂上刻槽而成,形状如图3-23所示。当含有 $\lambda_1 \cdots \lambda_n$ 多个波长的光信号入射照射到光栅上后,由于光栅的角色散作用,不同波长的光信号以不同的角度反射,然后经透镜汇聚到不同的输出光纤上,从而完成波长选择功能;相反过程也同样可行。闪烁光栅的优点是具有良好的波长选择性,波长的间隔可以很小;它能够在特定的波长上,使入射光的能量在某一方向集中且有最大的光强。

光栅型波分复用器主要由光栅、自聚焦透镜和光纤阵列组成,如图 3-23 所示。

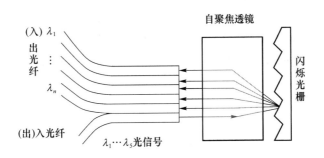

图 3-23　光栅型波分复用器

2. 介质薄膜干涉型波分复用器

介质薄膜干涉型波分复用器是由多个介质薄膜干涉滤波器构成的器件。介质薄膜干涉滤波器是由若干层不同材料、不同折射率的介质薄膜按照设计要求交替叠加而成,每层的厚度为 $\lambda_0 / 4$,如图 3-24 所示。在单层薄膜中,如果薄膜的光学厚度为 $\lambda/2$,则不管薄膜的折射率如何,该波长的光都能完全透过,就像这个膜层不存在一样。由图可见,中间层 LL 为 $\lambda_0/2$,对波长为 λ_0 的光不起作用,可以略去不计,剩下的中间层为 HH,同样可以略去不计,依此类推,可以看出,当多波长的光信号入射到滤波器的介质薄膜上时,可以使波长为 λ_0 的光透射,而偏离 λ_0 的光透射率很小,大部分发生反射。典型的多层介质薄膜干涉型波分复用器如图 3-25 所示。

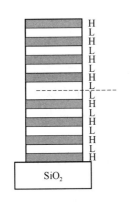

图 3-24　介质薄膜滤波器

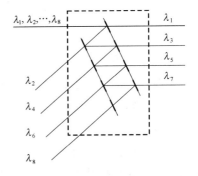

图 3-25　介质薄膜干涉型波分复用器

这种波分复用器的主要特点是信号通带平坦,且与极化无关,插入损耗低,通路间隔离度好。缺点是通路数不能太多,装配调试较为困难。

3. 光纤耦合型波分复用器

光纤耦合型波分复用器也称为熔锥型波分复用器,如图 3-26 所示。它是将两根或多根除

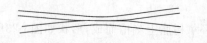

图 3-26　光纤耦合型波分复用器的结构

去涂覆层的裸光纤以一定方式靠近,在高温下加热熔融,同时向两侧拉伸而成。这种波分复用器可以通过控制融合段的长度和不同光纤之间的互相靠近程度,实现不同波长的复用或解复用。在传统的 1 310 nm/1 550 nm波分复用系统中多采用两纤的波分复用器,其优点是插入损耗小,无须波长选择器件,工艺简单,适合于批量生产。缺点是相邻信道的隔离度较差,且外形尺寸稍大。

4. 集成光波导型波分复用器

集成光波导型波分复用器是以光集成技术为基础的平面波导型器件。它由输入波导、输出波导、两个星形耦合器和波导阵列光栅组成,典型的制造过程是在硅晶片上沉积一层薄薄的二氧化硅玻璃,并利用光刻技术形成所需的图案,腐蚀成型,其结构如图 3-27 所示。

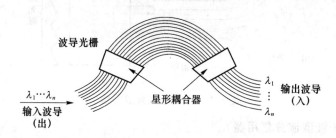

图 3-27　集成光波导型波分复用器

输入光从第一个星形耦合器入,该耦合器把光功率几乎平均地分配到波导阵列中的每一个端口,由于波导阵列中的波导长度不等,所以输出端口与波长有一一对应的关系。不同光波长组成的入射光束经阵列波导光栅传输后,依波长的不同分别出现在不同的波导口上。

这种波分复用器具有波长间隔小、信道数多、易于批量生产、通带平坦、重复性好等优点,非常适合于超高速、大容量 WDM 系统使用。

3.8.2　光波分复用器的主要特征参数

1. 插入损耗

插入损耗是指系统接入光波分复用器件后所产生的附加功率损耗。它包括两个方面:一个是器件本身存在的固有损耗;另一个是由于器件的接入在光纤线路连接点上产生的连接损耗,这个值越小越好。目前光波分复用器的插入损耗可以做到 0.5 dB 以下。

2. 信道隔离度

在光波分复用传输系统中,由于是在单根光纤中传输两个或两个以上的多个光信号,因此在各个信道间存在串扰是十分明显的问题。

串扰是指某一信道中的信号耦合到了另一个信道中。这个耦合进来的信号对该信道形成噪声,并使该信道传输质量劣化。信道之间的串扰程度通常用隔离度 L_{ij} 来描述,它表示 i 信道和 j 信道之间最大串扰信号功率的大小。信道之间的串扰可分为近端串扰和远端串扰。与之对应用近端隔离度和远端隔离度来表示。

（1）远端隔离度

远端串扰是指串扰信号在被串扰信道中的传输方向与该信道的信号传输方向相同。如图 3-28(a)所示。P_1 和 P_2 分别表示 λ_1 和 λ_2 两个波长输入的信号功率，$P_1{}'$ 和 $P_2{}'$ 分别表示其输出信号功率，N_1 和 N_2 表示被串扰信道接收的串扰功率，串扰的功率越小越好。

（2）近端隔离度

近端串扰是指串扰信号在被串扰信道中的传输方向与该信道的信号传输方向相反。这种串扰主要发生在双向光波分复用器件中。在双工器件中，各信道的信号可以在两个相反的方向传输而不是单向的，如图 3-28(b)所示，该器件接收由传输光纤送来的波长为 λ_2 的光信号，并同时把波长为 λ_1 的光信号反向送入传输光纤，这时该波分复用器同一端的发送信号的部分功率 $N_2(\lambda_1)$ 可以耦合到 λ_2 的信道中成为一个串扰信号，这时 λ_2 信道的输出端除了输出信号功率 $P_2{}'(\lambda_2)$ 外还附加一个串扰功率为 $N_1(\lambda_1)$。这种串扰即为近端串扰。

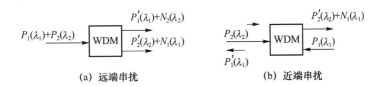

（a）远端串扰   （b）近端串扰

图 3-28   波分复用器串扰示意图

近端串扰主要来自近端反射，包括波分复用器、接点等产生的菲涅尔反射和来自光纤的瑞利后向散射，这种反射把本端发送信道发射的光信号串扰到同端的另一接收信道的接收机而成为一种噪声。

（3）串扰与光源和信道间距的关系

当几个不同波长的光信号通过光波分复用器时，串扰与每个光源的谱宽及信道间隔有很大关系。为了避免两信道间的串扰，要求通信系统的光源应具有较窄的谱线宽度及保持光源有恒定的环境温度；为减小串扰也可适当加大两个光源的信道间隔，但加大信道间隔，对波长资源是一种浪费，因此，在系统设计中采用一个合理的间隔非常重要。

3.8.3   几种常用波分复用器的比较

几种常用波分复用器主要特性比较如表 3-1 所示。

表 3-1   几种常用波分复用器性能的比较

器件类型	机理	批量生产	通道间隔/nm	通道数	串音/dB	插入损耗/dB	主要缺点
衍射光栅型	角色散	一般	0.5～10	4～131	≤−30	3～6	温度敏感
介质薄膜型	干涉/吸收	一般	1～100	2～32	≤−25	2～6	通路数较少
熔锥型	波长依赖型	较容易	10～100	2～6	≤−45～10	0.2～0.5	通路数小
集成光波导型	平面波导	容易	1～5	4～32	≤−25	6～11	插入损耗大

3.9 光波长转换器

3.9.1 光波长转换器的工作原理

光波长转换器是把光信号从一个波长转换为另一个波长的器件。依据波长变换的原理不同,波长变换器可分为光电再生型、增益饱和型、相位调制型和四波混频型等,分别如图 3-29(a)~(d)所示。下面简单介绍波长变换器的工作原理。

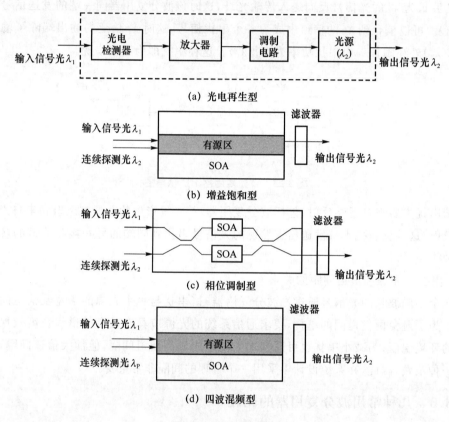

(a) 光电再生型

(b) 增益饱和型

(c) 相位调制型

(d) 四波混频型

图 3-29 波长变换器

1. 光电再生型波长变换器

光电再生型波长变换器是将光信号转换为电信号,再用该电信号调制所需波长的激光器,从而实现波长变换。光/电/光变换技术已经很成熟,对信号具有再生能力,且具有输入动态范围较大、不需要光滤波器、对输入偏振不敏感等许多优点,是目前唯一一种非常成熟的波长变换器。其缺点是对比特速率和数据格式不透明,速度由电子器件所限制,成本较高。

2. 增益饱和型波长变换器

增益饱和型波长变换器是利用半导体光放大器(SOA)的交叉增益调制特性来实现波长变换。它利用半导体光放大器的增益饱和特性,将波长为 λ_1 的输入信号光和波长为 λ_2 的连续探测光同时耦合进 SOA(λ_2 为需要转换的目的波长),当输入信号光为高电平时,使 SOA 增益发生饱和,从而使连续的探测光受到调制,这样,就把输入光的信号变换到了目的光上了。

这种波长变换器的优点是工作速率可高达 20 Gbit/s,并能提供净增益,几乎也与偏振状态无关;其缺点是消光比较低,长波长和短波长变换时不对称。

3. 相位调制型波长变换器

相位调制型波长变换器是利用半导体光放大器(SOA)的交叉相位调制特性来实现波长变换。由于 SOA 中有源区载流子密度变化将引起入射光的相位发生变化,所以将两个 SOA 用在 M-Z 干涉器的两个臂上。波长为 λ_1 的输入信号光与波长为 λ_2 的连续探测光同时在两臂上传输,当信号为“1”码时,引入额外的相移,设计 M-Z 干涉器按照该相移,使两个波长相长干涉或相消干涉。结果就可以把波长为 λ_1 的信号光变换到波长为 λ_2 上。这种波长变换器的优点是容易在 SiO_2/Si 或 InGaAsP/InP 波导集成,而且对信号的畸变较小,可在高比特速率下工作(10 Gbit/s 以上)。主要缺点是输入光功率动态范围窄。

4. 四波混频型波长变换器

四波混频型波长变换器是利用半导体光放大器作为非线性介质,利用四波混频效应来实现波长变换的一种全光波长变换器。它要求将连续探测光和输入信号光同时耦合进 SOA 中,设 λ_1 为输入信号光波长,λ_2 为转换后输出的信号光波长,选择探测光的波长为 $\lambda_P = (\lambda_1 + \lambda_2)/2$,由于四波混频,则在放大器输出端,在载波波长为 λ_2 上就复制了输入信号。这种波长变换器的优点是工作速率高达 100 Gbit/s,而且对比特速率和数据格式透明,其缺点是变换效率较低。

3.9.2　光波长转换器的应用

光波长转换器主要应用于 DWDM 系统中。在光纤的 $1.55~\mu m$ 波长窗口,波长数目很大,然而受诸多因素的限制,可用的波长数有限,不足以支持大量节点的应用。当有相同波长的信道选择同一输出端时,由于可能的波长竞争而出现阻塞。为克服这种限制,可采用波长转换器将波长进行转换。使用波长转换器后可以节约资源(光纤、节点规模、波长等),灵活调整波长,简化网络管理并降低网络互联的复杂性。

3.10　光放大器

光放大器是可对微弱的光信号直接进行放大的器件,其主要功能是提供光信号的增益,以补偿光信号在传输过程中的衰减,增加传输系统无中继距离。光放大器的研制成功是光纤通信发展史上的重要突破,解决了全光通信的关键问题,是现代和未来光纤通信系统中必不可少的重要器件。

3.10.1　光放大器的分类

光放大器按原理不同,大体上分为以下三种类型。

(1) 半导体光放大器(SOA),它是由半导体材料制成的,可看成是没有反馈的半导体激光器。SOA 的主要优点是体积小、结构简单、功耗低、便于光电集成;缺点是插入损耗大、工作稳定性较差、噪声大、增益小、对串扰和偏振态敏感等。

(2) 光纤喇曼放大器(FAR),它是利用石英光纤的非线性效应而制成。在合适波长的强光作用下,石英光纤会出现受激喇曼散射(SRS)效应,当光信号沿着这受激发的一段光纤中传输时,可以使其实现光放大。FRA具有频带宽、增益高、输出功率大、响应快等优点;其缺点是需要大功率的半导体激光器作泵浦源(约数瓦)。

(3)掺铒光纤放大器(EDFA),铒(Er)是一种稀土元素,将它注入到纤芯中,即形成了一种特殊光纤,它在泵浦光的作用下可直接对某一波长的光信号进行放大。

EDFA的主要优点是:

- 工作波长处在1 530~1 560 nm范围,与光纤最小损耗窗口一致;
- 对掺铒光纤进行激励的泵浦功率低,仅需几十毫瓦;
- 连接损耗低,耦合效率高,因为它是光纤型放大器,因此易于与光纤耦合连接,且连接损耗可低至0.1 dB;
- 增益高且特性稳定、噪声低、输出功率大,增益可达40 dB,且在100 ℃内增益特性保持稳定,也与偏振无关,噪声系数可低至3~4 dB,输出功率可达14~20 dBm;
- 对各种类型、速率与格式的信号传输透明。

EDFA的缺点是:

- 波长固定,只能放大1 550 nm左右的光波,可调节的波长有限;
- 增益带宽不平坦,在WDM系统中需要采用特殊的手段来进行增益谱补偿。

鉴于以上优点,掺铒光纤放大器在各种光大器中倍受重视。

3.10.2 掺铒光纤放大器的工作原理

1. 掺铒光纤放大器(EDFA)的基本结构

掺铒光纤放大器主要由掺铒光纤(EDF)、泵浦光源、光耦合器、光隔离器以及光滤波器等组成,如图3-30所示。

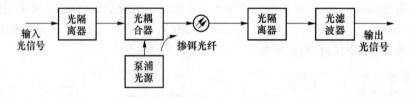

图3-30　掺铒光纤放大器结构

光隔离器是防止反射光影响光放大器稳定工作,保证光信号只能正向传输的器件。

光滤波器的作用是滤除光放大器的噪声,降低噪声对系统的影响,提高系统的信噪比。光耦合器是将输入光信号和泵浦光源输出的光波混合起来的无源光器件,一般采用波分复用器。

掺铒光纤是一段长度为10~100 m的石英光纤,将稀土元素铒离子注入到纤芯中,浓度约为25 mg/kg。

泵浦光源为半导体激光器,输出的光功率为10~100 mW,工作波长约为980 nm或1 480 nm。按照泵浦光源的泵浦方式不同,EDFA又可有三种不同的结构方式。

(1)同向泵浦结构

在同向泵浦方案中,泵浦光与信号光从同一端注入掺铒光纤。在掺铒光纤的输入端,泵浦光较强,故粒子反转激励也强,其增益系数大,信号一进入光纤即得到较强的放大。但由于吸收的原因,泵浦光将沿光纤长度衰减,使在一定的光纤长度上达到增益饱和从而使噪声迅速增加,如图3-30所示。其优点是构成简单,缺点是噪声性能差。

（2）反向泵浦结构

在反向泵浦方案中，泵浦光与信号光从不同的方向输入掺铒光纤，两者在掺铒光纤中反向传输。其优点是：当光信号放大到很强时，泵浦光也强，不易达到饱和，因而噪声性能较好，如图 3-31 所示。

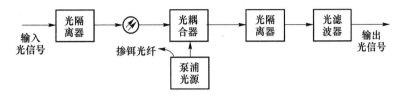

图 3-31　反向泵浦式掺铒光纤放大器结构

（3）双向泵浦结构

在双向泵浦方案中，有两个泵浦光源，其中一个泵浦光与信号光以同一方向注入掺铒光纤，另一个泵浦光从相反方向注入掺铒光纤。这种方式结合了同向泵浦和反向泵浦的优点，使泵浦光在光纤中均匀分布，从而使其增益在光纤中均匀分布，如图 3-32 所示。

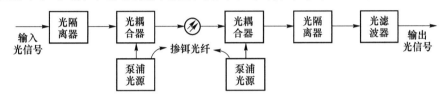

图 3-32　双向泵浦式掺铒光纤放大器结构

2. 掺铒光纤放大器的工作原理

掺铒光纤放大器的工作原理与半导体激光器的工作原理相同，它之所以能放大光信号，简单地说，是在泵浦光源的作用下，在掺铒光纤中出现了粒子数反转分布，产生了受激辐射，从而使光信号得到放大。由于 EDFA 具有细长的纤形结构，使得有源区的能量密度很高，光和物质的作用区很长，这样可以降低对泵浦光源功率的要求。

由物理学知识可知，铒的原子序数为 68，原子量 167.2，价电子 3，属于镧系元素。它是以三价离子的形式参与工作的。掺杂的铒离子分散于基质之中，属于分立能级。但由于光纤基质结构产生的本地场的影响，对铒离子产生微扰，使其谱线分离开来，这叫斯塔克效应。这些分离的能级间能级差很小，于是形成了准能带，如图 3-33 所示。参与激光放大过程的有三个准能带，E_1 能级最低，为基态；E_2 能级为亚稳态；E_3 能级最高，为激发态。

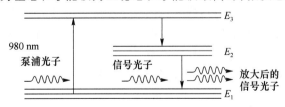

图 3-33　掺铒光纤放大器的工作原理

E_r^{+3} 在未受到任何光激励的情况下，处在最低能级 E_1 上，当用泵浦光源的激光不断地激发光纤时，处于基态的粒子获得了能量就会向高级跃迁。通常泵浦光源的泵浦作用发生在 E_3 和 E_1 两能级之间，选择泵浦光源的波长为 $\lambda = \dfrac{hc}{E_3 - E_1} = 980 \text{ nm}$。在泵浦光源不断激发下，基

态 E_1 上的粒子吸收泵浦光源的能量而跃迁到 E_3 能级上。由于粒子在 E_3 能级上寿命较短，它将迅速以无辐射跃迁过程落到亚稳态 E_2 上。而粒子在 E_2 能级上寿命较长，则 E_2 能级上的粒子数就会不断增加，同时 E_1 上的粒子数不断减少。这样，在 E_2 和 E_1 两能级之间就形成粒子数反转分布状态，具备了实现光放大的条件。

当输入光信号的光子能量 $E=hf$ 正好等于 E_2 和 E_1 两能级差时，则亚稳态 E_2 上的粒子将以受激辐射的形式跃迁到基态 E_1 上，并辐射出和输入光信号中的光子一样的全同光子，从而大大增加光子数量，使得输入光信号在掺铒光纤中变为一个强的输出光信号，实现对光信号的直接放大。

3.10.3 掺铒光纤放大器的特性

1. 功率增益

功率增益反映掺铒光纤放大器的放大能力，定义为输出信号光功率 P_{out} 与输入信号光功率 P_{in} 之比，一般用分贝（dB）来表示。

$$G=10\lg\frac{P_{\text{out}}}{P_{\text{in}}}\quad(\text{dB})\tag{3-25}$$

功率增益的大小与铒离子浓度、掺铒光纤长度和泵浦功率有关，如图 3-34 所示。

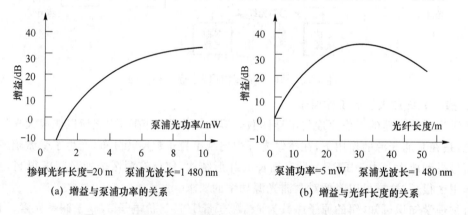

图 3-34　掺铒光纤放大器增益与泵浦功率、光纤长度的关系

由图 3-34(a)可见，放大器的功率增益随泵浦功率的增加而增加，但当泵浦功率达到一定值时，放大器增益出现饱和，即泵浦功率再增加，增益也基本保持不变。

由图 3-34(b)可见，对于给定的泵浦功率，放大器的功率增益开始时随掺铒光纤长度的增加而上升，当光纤长度达到一定值后，增益反而逐渐下降。可见，当光纤为某一长度时，可获得最大增益，这个长度称为最佳光纤长度。例如，采用 1 480 nm 泵浦光源，当泵浦功率为 5 mW，掺铒光纤长度为 30 m 时，可获得 35 dB 的增益。

因此，在给定掺铒光纤的情况下，应选择合适的泵浦功率和光纤长度，以达到最大增益。

2. 增益饱和特性

在光纤长度固定不变时，随泵浦功率的增加，增益迅速增加，但泵浦功率增加到一定值后，增益随泵浦功率的增加变得缓慢，甚至不变，这种现象称为增益饱和。这是泵浦功率导致的 EDFA 出现增益饱和的缘故。

在泵浦功率一定的情况下，输入信号功率较小时，放大器增益不随输入光信号的增加而变化，表现为恒定不变；当输入信号功率增大到一定值后，增益开始随信号功率的增加而下降，这是输入信号导致 EDFA 出现增益饱和的缘故,如图 3-35 所示。

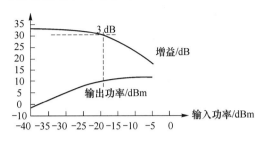

图 3-35　掺铒光纤放大器的输出特性和增益饱和特性曲线

掺铒光纤放大器的最大输出功率常用 3 dB 饱和输出功率来表示,即当饱和增益下降 3 dB 时所对应的输出光功率值,它表示了掺铒光纤放大器的最大输出能力。

3. 噪声特性

掺铒光纤放大器的噪声主要来自它的自发辐射。在激光器中,自发辐射是产生激光振荡所不可缺少的,而在放大器中它却成了有害噪声的来源。它与被放大的信号在光纤中一起传播、放大,在检测器中检测时便得到下列几种形式的噪声:①自发辐射的散弹噪声;②自发辐射的不同频率光波间的差拍噪声;③信号光与自发辐射光间的差拍噪声;④信号光的散弹噪声。本身产生的噪声使放大后信号的信噪比下降,造成对传输距离的限制,因而是放大器的一项重要指标。

衡量掺铒光纤放大器噪声特性可用噪声系数 F 来表示,它定义为放大器的输入信噪比与输出信噪比之比:

$$F = \frac{(\text{SNR})_{\text{in}}}{(\text{SNR})_{\text{out}}} \qquad (3-26)$$

$(\text{SNR})_{\text{in}}$ 和 $(\text{SNR})_{\text{out}}$ 分别代表输入信噪比和输出信噪比,一般噪声系数越小越好。

3.10.4　掺铒光纤放大器的应用

掺铒光纤放大器在光纤通信系统中的主要作用是延长中继距离,当它与波分复用技术、光孤子技术相结合时,可实现超大容量、超长距离的传输。掺铒光纤放大器在光纤通信系统中的应用主要有以下几种形式。

1. 作前置放大器

对于光接收机的前置放大器,一般要求是高增益、低噪声的放大器。由于 EDFA 的低噪声特性,将它用作接收机的前置放大器时,可提高光接收机灵敏度,如图 3-36 所示。

图 3-36　EDFA 作前置放大器

2. 作功率放大器

若将掺铒光纤放大器接在光发射机的输出端,则可用来提高输出功率,增加入纤光功率,延长传输距离,如图 3-37 所示。

图 3-37　EDFA 作功率放大器

3. 作光中继器

这是 EDFA 在光纤通信系统中的一个重要应用,它可代替传统的光/电/光中继器,对线路中的光信号直接进行放大,得以实现全光通信,如图 3-38 所示。

图 3-38　EDFA 作光中继器

复习思考题

1. 什么是粒子数反转分布?
2. 光与物质的相互作用有哪几种方式?
3. 在光纤通信系统中,光源为什么要加正向电压?
4. 构成激光器必须具备什么条件?
5. 光电检测器是在什么偏置状态下工作的? 为什么要工作在这样的状态下?
6. 在 PIN 光电二极管中,I 区半导体材料的主要作用是什么?
7. 在 APD 中,一般雪崩倍增作用只能发生在哪个区域?
8. APD 的倍增因子是否越大越好? 为什么?
9. 光纤连接器的作用是什么?
10. 我国常用的光纤连接器有哪些类型?
11. 光纤连接器的结构有哪些种类? 分析各自的优缺点。
12. 光纤耦合器的作用是什么?
13. 光纤耦合器常用的特性参数有哪些?
14. 简述光隔离器的工作原理。
15. 光开关的种类有哪些?
16. 波分复用器的主要功能是什么?
17. 波长转换器的作用是什么? 有哪些种类?
18. 光放大器的种类包括哪些?
19. 掺铒光纤放大器的主要优点是什么?
20. EDFA 有哪些泵浦方式?
21. EDFA 在光纤通信系统中主要的应用形式有哪些?
22. 光衰减器在光线路中的作用是什么?

第4章

SDH传输网

4.1 概 述

4.1.1 SDH 的产生

当今社会,人们对信息化的要求越来越高,因此希望通信网能够提供多种多样的电信业务,因而通过通信网传输、交换、处理的信息量将不断增大,这就要求现代化的通信网向数字化、综合化、智能化和个人化方向发展。

传输系统是通信网的重要组成部分,传输系统的好坏直接制约着通信网的发展。世界各国大力发展的信息高速公路,其中一个重点就是组建大容量的光纤通信网络,以不断提高信号传输速率,拓宽传输带宽。

传统的准同步数字体系(PDH)应用了四十多年,其技术也相当成熟,但随着社会对信息化的不断需求,准同步数字体系存在的一些固有弱点也暴露出来,具体表现如下。

(1) 北美、欧洲和日本三种数字体系彼此互不兼容,造成国际互通的困难。三种数字体系的电接口速率等级如图 4-1 所示。

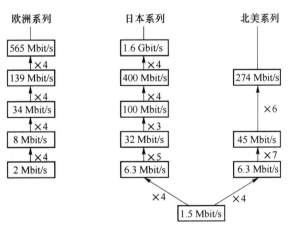

图 4-1 电接口速率等级图

(2) 没有世界性的标准光接口规范,导致不同厂家生产的设备无法在光路上互通和调配,只能通过光/电转换转换成标准电接口才能互通,限制了联网应用的灵活性,增加了网络复杂性和运营成本。

（3）采用的准同步复用技术难以从高速信号中识别和提取低速支路信号，复用结构复杂，缺乏灵活性，硬件数量大，上下业务费用高。例如，从 140 Mbit/s 的信号中分/插出 2 Mbit/s 低速信号要经过如图 4-2 所示的过程。从图中看出，在将 140 Mbit/s 信号分/插出 2 Mbit/s 信号的过程中，使用了大量的"背靠背"设备。通过三级解复用设备从 140 Mbit/s 的信号中分出 2 Mbit/s 低速信号；再通过三级复用设备将 2 Mbit/s 的低速信号复用到 140 Mbit/s 信号中。一个 140 Mbit/s 信号可复用进 64 个 2 Mbit/s 信号，若在此处仅仅从 140 Mbit/s 信号中上下一个 2 Mbit/s 的信号，也需要全套的三级复用和解复用设备。这样不仅增加了设备的体积、成本、功耗，还增加了设备的复杂性，降低了设备的可靠性。

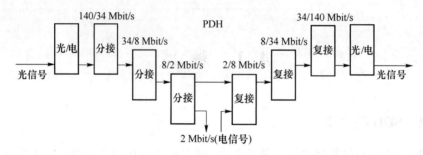

图 4-2　从 140 Mbit/s 信号分/插出 2 Mbit/s 信号示意图

（4）在复用信号的帧结构中，由于开销比特的数量很少，不能提供足够的操作、维护和管理（OAM）功能，因而不能满足现代通信网对监控和网管的要求。

（5）由于建立在点对点的传输基础上的复用结构复杂，缺乏网络拓扑灵活性，无法提供最佳路由，选择上下话路困难，难以实现数字交叉连接功能。

PDH 所存在的上述这些固有弱点，制约了电信网向"网络化、智能化、综合化"方向发展，而要想完满地在原有的技术体制和技术框架上来修改完善，解决这些问题已无济于事，于是一个更为先进的体制——同步数字体系（SDH）——应运而生。最初，由美国贝尔通信研究所首先提出了用一整套分等级的标准数字传递结构组成同步网络（SONET）体制，国际电信联盟标准化部门（ITU-T）（即原国际电报电话咨询委员会（CCITT））于 1988 年接受了 SONET 概念，并重命名为同步数字体系（SDH），使其成为不仅适用于光纤传输，也适用于微波和卫星传输的通用技术体制。

4.1.2　SDH 的基本概念和特点

1. SDH 的基本概念

SDH 是由一些基本网络单元（NE）组成，在光纤上可以进行同步信息传输、复用、分/插和交叉连接的传送网络，它具有全世界统一的网络节点接口（NNI），从而简化了信号的互通以及信号的传输、复用、交叉连接和交换过程；有一套标准化的信息结构等级，称为同步传送模块 STM-N（$N=1,4,16,64,\cdots$）。帧结构为页面式，具有丰富的用于维护管理的比特，所有网络单元都有统一的标准光接口。还有一套特殊灵活的复用结构和指针调整技术，现存准同步数字体系、同步数字体系和 B-ISDN 等信号都能进入其帧结构，因而有着广泛的适应性，还大量采用软件进行网络配置和控制，使得新功能和特性的增加比较方便，适用于将来的不断发展。

SDH 的基本网络单元有终端复用设备（TM）、分/插复用设备（ADM）、再生中继设备（REG）和同步数字交叉连接设备（SDXC）等。下面以 STM-1 等级为例，说明各网络单元的主要功能。

终端复用设备的主要任务是将低速支路电信号和 155 Mbit/s 电信号纳入 STM-1 帧结构，并经过电/光转换为 STM-1 光线路信号，其逆过程正好相反。其功能如图 4-3 所示。

同步数字交叉连接设备具有多个准同步数字体系或同步数字体系信号端口，可对任意信号端口间进行 VC 级的可控连接和再连接。其功能如图 4-4 所示。

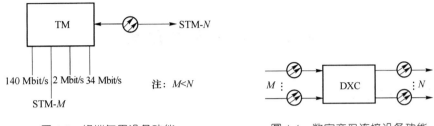

图 4-3　终端复用设备功能　　　　　　图 4-4　数字交叉连接设备功能

分/插复用设备将同步复用和数字交叉连接功能综合于一体，具有灵活的分/插任意支路信号的能力，在网络设计上有很大灵活性。其功能如图 4-5 所示。

而再生中继设备的主要任务是将接收到的幅度衰减、波形失真的信号进行再生整形和放大，还原出与原发端一模一样的信号。其功能如图 4-6 所示。

图 4-5　分/插复用设备功能　　　　　　图 4-6　再生中继设备功能

2. SDH 的主要特点

SDH 是完全不同于 PDH 的新一代全新的传输网体制，它主要具有以下特点。

（1）把北美、日本和欧洲、中国 PDH 的 1.5 Mbit/s 和 2 Mbit/s 两种数字传输体制融合在统一的标准之中，即在 STM-1 等级上得到统一，第一次真正实现了数字传输体制上的世界性标准。

（2）采用同步复用方式和灵活的复用映射结构，使低阶信号和高阶信号的复用/解复用一次到位，大大简化了设备的处理过程。

（3）能与现有的 PDH 网实现完全兼容，同时还可以容纳各种新的数字业务信号。

（4）具有全世界统一的网络节点接口，并对各网络单元的光接口提出严格的规范要求，从而使得任何网络单元在光路上得以互联互通，实现了横向兼容性。

（5）帧结构中安排了丰富的开销比特，使网络的运行、管理、维护与指配（OAM&P）能力大大加强，促进了先进的网络管理系统和智能化设备的发展。

（6）采用先进的分/插复用设备（ADM）、数字交叉连接设备（DXC）等传输设备，使组网能力和网络自愈能力大大增强，同时也降低了网络的维护管理费用。

归纳起来，SDH 最为核心的特点是同步复用、强大的网络管理能力和统一的光接口及复用标准。

当然，任何一种技术体制都不可能是尽善尽美的，SDH 也不例外，也有它的不足之处。

（1）频带利用率低。以 2.048 Mbit/s 为例，PDH 的 139.264 Mbit/s 系统可容纳 64 个 2.048 Mbit/s，而 SDH 的 155.520 Mbit/s 系统只能容纳 63 个 2.048 Mbit/s。可以说，SDH

的高可靠性和灵活性,是以牺牲频带利用率为代价的。

(2) 指针调整机理复杂,并且产生指针调整抖动。

(3) 软件的大量应用,使系统易受误操作、软件故障或计算机病毒的危害。

综上所述,光同步数字体系(SDH)尽管也有不足之处,但毕竟比传统的准同步传输有着明显的优越性,因此,它必将最终取代 PDH 传输体制。

4.2 速率与帧结构

4.2.1 速率等级

1. 网络节点接口(NNI)

从原理上讲,传输网络由传输系统设备和完成多种传送功能的网络节点构成。传输系统设备可以是光缆传输系统,也可以是数字微波系统或卫星通信系统。网络节点有多种,如 64 kbit/s 电路节点、宽带节点等。网络节点所要完成的功能包括信道终结、复用、交叉连接和交换等多种功能。简单节点可以只具有部分功能,如仅有复用功能,而复杂节点则通常包括交叉连接、复用和交换全部的网络节点功能。

所谓网络节点接口(NNI)表示网络节点之间的接口。在实际中也可看成是传输设备与网络节点之间的接口。图 4-7 给出了一种可能的网络配置,用以说明网络节点接口的位置。规范一个统一的 NNI 标准,其基本出发点在于,应使它不受限于实际的传输媒质,不受限于网络节点所完成的功能,同时对局间通信或局内通信的应用场合也不加以限定。因此 NNI 的标准化不仅可以使 3 种地区性 PDH 系列在 SDH 网中实现统一,而且在建设 SDH 网和开发应用新设备产品时可使网络节点设备功能模块化、系列化,并能根据电信网络中心规模大小和功能要求灵活地进行网络配置,从而使 SDH 网结构更加简单、高效和灵活,并在将来需要扩展时具有很强的适应能力。

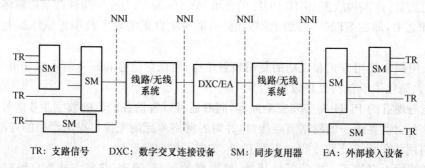

TR: 支路信号　　DXC: 数字交叉连接设备　　SM: 同步复用器　　EA: 外部接入设备

图 4-7　NNI 在网络中的位置

建立一个统一网络节点接口是实现 SDH 网的关键,同步数字系列的网络节点接口 NNI 的基本特征是具有国际标准化的接口速率和信号帧结构。

2. SDH 的速率

SDH 传输网所传输的信号由不同等级的同步传送模块(STM-N)信号组成,其中 N 为正整数。最基本的同步传送模块是 STM-1,其信号速率为 155.520 Mbit/s,相应的光接口线路信号只是 STM-1 信号经扰码后的电/光转换的结果,因而线路速率不变。更高等级的 STM-N 模块是将 N 个 STM-1 以字节间插同步复用获得,因此 STM-N 信号的速率为 155.520 Mbit/s 的 N 倍。目前,国际标准化 N 的取值为 $N=1,4,16,64$。因而,同步数字系列信号在网络节点接口处的速率即得以确定,其规定见表 4-1。

表 4-1　SDH 信号的标准速率

SDH 等级	速率/kbit·s^{-1}
STM-1	155 520
STM-4	622 080
STM-16	2 488 320
STM-64	9 953 280

4.2.2　帧结构

SDH 网应实现的一个关键功能是对 STM-N 信号进行同步的数字复用、交叉连接和交换,因而要求帧结构必须能适应所有这些功能。为此,SDH 中采用的帧结构是与 PDH 信号的条形帧结构完全不同的矩形块状结构。如图 4-8 所示,它是以字节为基础的(每个字节含 8 bit),由纵向 9 行字节和横向 $270×N$ 列组成,N 为传送模块的等级($N=1,4,16,64,\cdots$)。信号传输的原则是由左到右、由上而下一字节一字节(一比特一比特)地顺序排成串行码流

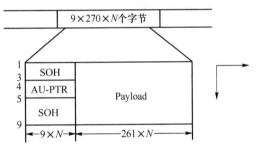

图 4-8　STM-N 帧结构

依次传输,传输一帧的时间为 125 μs,每秒共传 8 000 帧,因此对 STM-1 而言,传输速率共为 $8\,000×9×270×8=155.520$ Mbit/s。

在 STM-N 帧结构中的每字节及每字节中的每比特是根据它在帧中的位置来加以区分的,而每字节的速率均为 64 kbit/s,这正好等于数字化的话音信号传输速率,从而为灵活上下电路和支持各种业务打下了基础。SDH 的帧结构大致分 3 个主要区域,即信息净负荷(Payload)、管理单元指针(AU-PTR)和段开销(SOH)三个区域。

1. STM-N 信息净负荷区域

信息净负荷区域是帧结构中存放各种信息业务容量的地方。在如图 4-8 所示的 STM-N 帧结构中,信息净负荷区位于纵向第 1~9 行、横向第 $(9×N+1)$~$270×N$ 列,共 $9×261×N=2\,349×N$ 字节。从图 4-8 可以看到,当 N 个 STM-1 信号通过字节间插复用成 STM-N 信号时,仅仅是将 STM-1 信号的列按字节间插复用,行数恒定为 9 行。

在信息净负荷中,还存放着少量用于通道性能监视、管理和控制的通道开销(POH)字节。通道开销是作为信息净负荷的一部分与信息码一起在网络中传送的。

2. 管理单元指针区域

管理单元指针主要是用来指示信息净负荷的第 1 个字节在 STM-N 帧内的准确位置,以便在接收端正确地分解。在如图 4-8 所示的 STM-N 帧结构中,管理单元指针(AU-PTR)位于纵向第 4 行、横向第 1~$9×N$ 列,共 $9×N$ 字节。

采用指针调整技术是 SDH 复用方法的一重要特点。利用指针调整技术可以解决网络节点间的时钟偏差,因而在 SDH 系统接口处,就能从码流中正确地分离出信息净负荷。还有利于实现从 SDH 的各等级传送模块中直接取出(或接入)低速支路信号(即上、下电路灵活方便),便于向更高速率(超过 Gbit/s 级)同步复用扩展。与以往 PDH 多路复接方式比较,不仅可以同步复用从低速率到高速率的信号,简化设备,而且可以解决 PDH 系统中的滑码问题,并缩短复接处理时间,解决了延时等问题。另外,主要是利用软件来实现 SDH 的网络功能,可以有效、快捷、方便地满足传送网运行时所需要的各种灵活性,从而使得建设具有高性能的传输网络成为可能。

3. 段开销区域

段开销是指在 STM-N 帧结构中保证信息净负荷正常灵活地传送所必须供网络运行管理和维护的附加字节。它的主要作用是提供帧同步和提供网络运行、管理和维护使用的字节。在如图 4-8 所示的 STM-N 帧结构中,SOH 位于纵向第 1~3 行、横向第 1~9×N 列和纵向第 5~9 行、横向第 1~9×N 列,共 8×9×N=72×N 字节。

4.2.3 开销功能

SDH 体系的开销字节包括段开销和通道开销两种。分别用于对段层和通道层的运行、维护和管理。

1. 段开销

段开销可以进一步划分为再生段开销(RSOH)和复用段开销(MSOH)。RSOH 可提供帧同步及用于再生段的运行、维护和管理,可终结在再生中继设备和复用设备上。RSOH 位于纵向第 1~3 行、横向第 1~9×N 列,共 3×9×N=27×N 字节。MSOH 用于复用段的运行、维护和管理,只能终结在复用设备上,对于中继设备则是透明传送。MSOH 位于纵向第 5~9 行、横向第 1~9×N 列,共 5×9×N=45×N 字节。

RSOH 和 MSOH 的区别在于监管的范围不同。例如,假设在光纤上传输的是速率等级为 STM-16 的 SDH 信号,那么,RSOH 监控的是 STM-16 整体的传输性能情况,而 MSOH 则是监控 STM-16 信号中每一个 STM-1 的传输性能情况。

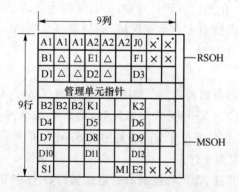

△ 为与传输媒质有关的特征字节 (暂用)
× 为国内使用保留字节
× 为不扰码字节
所有未标记字节将来国际标准确定(与媒质有关的应用,附加国内使用和其他用途)

图 4-9　STM-1 SOH 字节安排

段开销在 STM-1 帧结构中的字节安排如图 4-9 所示。

各字节的定义和功能描述如下。

(1)帧定位字节:A1 和 A2

① 该字节的作用是用来识别一帧的起始位置。接收端通过检测 A1、A2 字节,可以从信息流中定位、分离出 STM-N 帧,再通过指针进行定位、分离出帧中的某一个低速信号。

② A1 和 A2 的二进制码分别为:11110110(f6H)和 00101000(28H),对 STM-1 而言,帧内有 3 个 A1 和 3 个 A2 共 6 个帧定位字节,选择这一帧定位长度的目的是为了既能减少伪同步出现的概率又能尽量缩短同步建立的时间。

③ A1 和 A2 不经扰码,全透明传送。当收

信正常时,再生器直接转发该字节;当收信故障时,再生器重新产生该字节。

（2）再生段踪迹字节:J0

① 该字节被用来重复发送"段接入点识别符",以便让接收机能据此确认其与预定的发送机是否处于持续的连接状态。

② 在国内网,该"识别符"可以是一个单字节(包含 0～255 个码)或 ITU-T G.831 建议中第三节规定的接入点标识符格式;在国际边界或不同运营者的网络边界,除已有安排外,均应采用 G.831 第三节中所规定的格式。

③ 以前采用 C1 字节(STM 识别符)的老设备与采用 J0 字节的新设备之间的互通问题,可通过 J0 为"00000001"来专门表示"再生段踪迹未规定"加以解决。

④ J0 不经扰码,全透明传送。

（3）比特间插奇偶校验 8 位码(BIP-8):B1

① 该字节用作再生段误码监测。

② 误码监测的原理如下。

发送端对前一帧(STM-N)扰码后的所有比特按 8 比特(1 字节)一组分成一系列的 8 比特序列码组。信息码组内的第 1 个比特与 B1 的第 1 个比特组成第 1 监视码组,进行偶校验(即若信息码组内的第 1 个比特位中"1"的个数总和是奇数,则令 B1 的第 1 个比特位为"1",否则令 B1 的第 1 个比特位为"0",目标使监视码组中"1"的个数总和为偶数),并将计算结果置于本帧 B1 的第 1 个比特位(b1)位置,依此类推,形成本帧扰码前的 B1(b1～b8)数值。

接收端将收到的前一帧解扰前的码组作偶校验,将校验结果与收到的解扰后的本帧 B1字节的值进行异或比较,若这两个值不一致,则使异或后有"1"出现,根据出现多少个"1",则可监测出该帧在传输中出现了多少个误码块。

③ 该方式简单易行,但若在同一监视码组内恰好发现偶数个误码的情况,则无法检出。当然,这种情况出现的可能性很小,因而,总的误码检出概率还是较高的。

（4）比特间插奇偶校验 $N\times24$ 位码(BIT-$N\times24$):B2

① B2 字节用作复用段误码监测。

② 误码监测的原理与 BIP-8(B1)类似,只不过计算的范围是对前一个 STM-N 帧中除了RSOH 以外的所有比特进行计算,并将结果置于扰码前的 B2 位置上。

（5）公务联络字节:E1 和 E2

① 这两个字节用于提供公务联络语音通路。

② E1 属于 RSOH,提供速率为 64 kbit/s 公务联络的语音通路,用于再生段再生器之间提供公务联络。

③ E2 属于 MSOH,提供速率为 64 kbit/s 公务联络的语音通路,用于复用段终端之间提供直达公务联络。

（6）使用者通路字节:F1

该字节留给使用者(通常为网络提供者)专用,主要为特殊维护目的而提供临时的速率为64 kbit/s 的数据/语音通路连接。

（7）数据通信通路(DCC):D1～D12

① 这些字节提供所有 SDH 网元都可接入的通用数据通信通路,作为嵌入式控制通路(ECC)的物理层,在网元之间传输操作、管理、维护(OAM)信息,构成 SDH 管理网(SMN)的传送通路。

② D1~D3 字节(共 192 kbit/s)称为再生段 DCC,用于再生端终端间传送 OAM 信息。

③ D4~D12 字节(共 576 kbit/s)称为复用段 DCC,用于复用段终端间传送 OAM 信息。

④ DCC 字节(共 768 kbit/s)为 SDH 网管提供了强大的数据通信基础结构,便于实现快速的分布式控制。

(8) 自动保护倒换(APS)通路字节:K1 和 K2(b1~b5)

① 这两个字节用作自动保护倒换(APS)指令。其中 K1 作为倒换请求字节,K2(b1~b5)作为证实字节。

② 通过这两个专用字节实现保护倒换,响应时间较快。

(9) 复用段远端缺陷指示(MS-RDI)字节:K2(b6~b8)

① 利用该字节的后 3 比特向发送端回送一个指示信号,表示接收端已检测到上游段缺陷或收到复用段告警指示信号(MS-AIS)。

② 当收到解扰后 K2 的 b6~b8 为"110",则表示收到复用段远端缺陷指示 MS-RDI。

(10) 同步状态字节:S1(b5~b8)

① 该字节表示同步状态消息。

② 各网元(NE)的 S1(b5~b8)由它跟随的时钟信号等级来定义。

③ S1(b5~b8)这 4 个比特有 $2^4 = 16$ 种不同编码,可表示 16 种不同的同步质量等级。具体定义在"SDH 网同步"一节中介绍。

(11) 复用段远端差错指示(MS-REI)字节:M1

该字节用来传送 BIP-$N \times 24$(B2)所检出的差错(误块)数。

N 个 STM-1 帧通过字节间插复用成 STM-N 帧,字节间插复用时各 STM-1 帧的 AU-PTR 和 Payload 的所有字节原封不动地按字节间插复用方式复用,而段开销的复用方式则有所区别。段开销的复用规则是 N 个 STM-1 以字节间插复用成 STM-N 帧时,只有段开销中的 A1、A2、B2 字节、指针和净负荷按字节交错间插复用进入 STM-N,各 STM-1 中的其他开销字节作终结处理。例如,4 个 STM-1 复用成 STM-4 帧的段开销结构如图 4-10 所示,16 个 STM-1 复用成 STM-16 帧的段开销结构如图 4-11 所示。

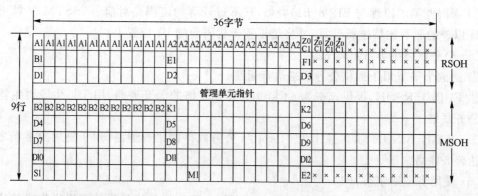

注: × 为国内使用保留字节
　× 为不扰码字节
所有未标记字节待将来国际标准确定(与媒质有关的应用,附加国内使用和其他用途)
Z0待将来国际标准确定

图 4-10　STM-4 SOH 字节安排

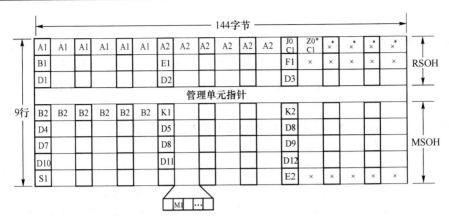

注：× 为国内使用保留字节
　　* 为不扰码字节
　　所有未标记字节待将来国际标准确定(与媒质有关的应用,附加国内使用和其他用途)
　　Z0待将来国际标准确定

图 4-11　STM-16 SOH 字节安排

2. 通道开销

段开销负责段层的运行、维护和管理工作,而通道开销负责通道层的运行、维护和管理工作。

通道开销分高阶通道开销(HPOH)和低阶通道开销(LPOH)两种(所谓高阶是指高速的信号,低阶是指低速的信号)。

(1) 高阶通道开销

HPOH 共有 9 字节,占据 VC-3/VC-4/VC-4-Xc 帧结构的第 1 列,依次为 J1、B3、C2、G1、F2、H4、F3、K3、N1,如图 4-12 所示。其中前 4 个字节与净负荷无关,主要用作端到端的通信;H4、F2、F3 与净负荷有关;K3 和 N1 主要用于管理。

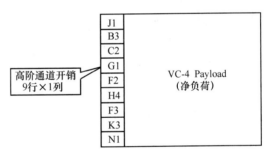

图 4-12　高阶通道开销的位置

下面介绍这些字节的功能。

① 通道踪迹字节:J1

J1 是虚容器中第 1 个字节,其位置由相关的指针来指示,该字节被用来重复发送高阶通道接入识别符(HO APID),使通道接收端能够据此确认与指定的光发送端是否处于持续的连接状态。J1 格式有专门规定,应符合 ITU-T 建议(G.831)。

② 通道 BPI-8 字节:B3

该字节用作高阶通道误码监测。误码监测原理与 SOH 中 B1 类似,只不过计算范围是扰码前上一帧中 VC-3/VC-4/VC-4-Xc 所有字节进行计算,并将结果置于 B3。

③ 信号标记字节:C2

该字节用来指示 VC 帧内的复接结构和信息净负荷的性质。例如,等效十六进制码字为"00"表示未装载信号,"01"表示装载非特定净负荷,"02"表示 TUG 结构,"03"表示锁定的TU,"04"表示 34 M 和 45 M 信号异步映射进 C-3,"12"表示140 M信号异步映射进 C-4,"13"表示为 ATM 映射等。

④ 通道状态字节：G1

该字节用来将通道终端的状态和性能情况回送给高阶 VC 通道的源设备，实现双向通道的状态和性能监视。G1 字节中的各比特安排如下：G1(b1～b4)为高阶通道远端误块指示(HP-REI)，G1(b5～b7)为高阶通道远端缺陷指示(HP-RDI)，G1(b8)备用。

⑤ 通道使用者通路字节：F2 和 F3

这两个字节为使用者提供与净荷有关的通道单元之间的通信。

⑥ 位置指示字节：H4

该字节为净负荷提供一般的位置指示，也可指示特殊净负荷的位置。例如，作为 TU-1/TU-2 复帧指示字节或 ATM 信元净负荷进入一个 VC-4 时的信元边界指示器。

只有当 2 Mbit/s PDH 信号复用进 VC-4 时，H4 字节才有意义。因为 2 Mbit/s 的信号装进 C-12 时是以 4 个基帧组成一个复帧的形式装入的，那么在收端为正确定位分离出 E1 信号就必须知道当前帧是复帧中的第几个基帧。H4 字节就是指示当前的 TU-12(VC-12 或 C-12)是当前复帧的第几个基帧，起着位置指示的作用。

⑦ 自动保护倒换(APS)通路：K3(b1～b4)

这些比特用作高阶通道级保护的 APS 指令。K3(b5～b8)留作将来使用，尚未规定具体数值。

⑧ 网络操作者字节：N1

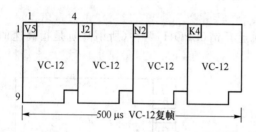

图 4-13　低阶通道开销的位置

该字节用于高阶通道的串联连接监视功能(HP-TCM)。

（2）低阶通道开销(LPOH)

VC-12 POH 由 V5、J2、N2 和 K4 字节组成。其位置如图 4-13 所示。低阶通道开销的这 4 个字节位于每个 VC-12 基帧的第一个字节。

① 通道状态和信号标记字节：V5

该字节是复帧的首字节，其位置由 TU-12 指针指示。该字节具有误码检测、信号标记和 VC-12 通道状态表示等功能。V5 字节的结构如图 4-14 所示。

误码检测 (BIP-2)		远端误块指示 (REI)	远端故障指示 (RFI)	信号标记 (Signal Lable)			远端接收失效指示 (RDI)
1	2	3	4	5	6	7	8
误码检测： 传送比特间插奇偶校验码 BIP-2： 第一个比特的设置应使上一个 VC-12 复帧内所有字节的全部奇数比特的奇偶校验为偶数。第二比特的设置应使全部偶数比特的奇偶校验为偶数		远端误块指示 (之前叫作 FEBE)： BIP-2 检测到误码块就向 VC-12 通道源发 1，无误码则发 0	远端故障指示： 有故障发 1， 无故障发 0	信号标记： 表示净负荷装载情况和映射方式。3 比特共 8 个二进制值： 000　未装备 VC 通道 001　已装备 VC 通道，但未规定有效负载 010　异步浮动映射 011　比特同步浮动 100　字节同步浮动 101　保留 110　O.181 测试信号 111　VC-AIS			远端接收失效指示（之前叫作 FERF）： 接收失效则发 1，成功则发 0

图 4-14　VC-12 POH(V5)的结构

② 通道踪迹字节:J2

该字节被用来重复发送低阶通道接入点识别符,所以通道接收端可据此确认与所预定发送端是否处于持续的连接状态。该字节格式应满足 ITU-T 建议(G.831)所规定的 16 字节帧格式。

③ 网络操作者字节:N2

该字节提供低阶通道的串联连接监视(LO-TCM)功能。

④ 自动保护倒换(APS)通道:K4(b1~b4)

这些比特用于低阶通道级的 APS 指令。

⑤ 增强型远端缺陷指示(RDI):K4(b5~b7)

当接收端收到 TU12 通道 AIS 或信号缺陷条件,VC-12 就将 RDI 送回到通道源端(其功能与高阶通道的 G1(b5~b7)相类似)。K4(b8)为备用比特。

4.3 映射与同步复用

4.3.1 基本复用映射结构

映射和同步复用是 SDH 最有特色的内容之一,它使数字复用由 PDH 的僵硬的大量硬件配置转变为灵活的软件配置。

一个完整的 SDH 同步复用映射(映射是指将支路信号适配装入 VC 的过程)结构及各类复用单元之间的关系,ITU-T 在 G.709 建议中做出了规范。ITU-T 规范的是最一般也是最完整的复用与映射结构,它适应于各国的各种不同情况。各个国家和地区根据自己的实际情况对之进行简化,制定出符合本国国情的复用与映射结构。为简单起见,这里只介绍我国制定的复用与映射结构。

我国于 1994 年制定了自己的复用与映射结构,后又根据 ITU-T 新建议进行了修改,如图 4-15 所示。

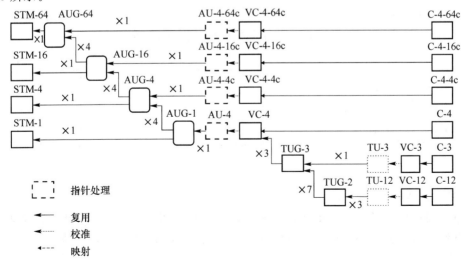

图 4-15 我国制定的复用与映射结构

在我国规定的复用与映射结构中,不允许有 PDH 的二次群,即 8.448 Mbit/s 支路信号出现,但其他 2.048 Mbit/s、34.368 Mbit/s、44.736 Mbit/s 和 139.264 Mbit/s 支路信号可以进入到 STM-N 的帧结构之中;也不允许出现管理单元 AU-3。

另外,伴随 SDH 技术的不断发展,TDM 方式的 10 G 系统已经商用化,所以与 1994 年制定的复用与映射结构相比,出现了一些新的信息单元,如 VC-4-4c、VC-4-16c、VC-4-64c、AU-4-4c、AU-4-16c、AU-4-64c 等。而将来伴随 TDM 方式的 40 G 系统的出现,复用与映射结构还会作相应的修改。

4.3.2 复用单元

1. 信息容器(C,Container)

信息容器是净负荷的信息结构。它们可以装载目前 PDH 系统中最常用的所有支路信号,如 2 Mbit/s、34 Mbit/s、140 Mbit/s(注意不含 8 Mbit/s)以及北美制式的 1.5 Mbit/s、6.3 Mbit/s、45 Mbit/s 和 100 Mbit/s。但不同等级的 PDH 支路信号要装入相应阶的信息容器,在装入时要进行频率调整。

目前,ITU-T 建议的信息容器共有 5 种,即 C-11、C-12、C-2、C-3、C-4。但我国规定仅使用其中的 3 种,即 C-12、C-3、C-4。

(1) C-12

容器 C-12 只可装载 2.048 Mbit/s 支路信号。它是 9 行×4 列－2 的带缺口的块状结构,其速率为 2 000×(9×4－2)×8×4＝2.176 Mbit/s。

将 2.048 Mbit/s 的 PDH 信号经过速率适配装载到对应的标准容器 C-12 中,为了便于速率的适配,采用了复帧的概念,即将 4 个 C-12 基帧组成一个复帧。C-12 的基帧帧频也是 8 000 帧/秒,那么 C-12 复帧的帧频就成了 2 000 帧/秒。C-12 复帧结构如图 4-16 所示。

(2) C-3

容器 C-3 既可装载 34.368 Mbit/s 支路信号,也可装载 44.736 Mbit/s 支路信号。它是 9 行×84 列的块状结构,其速率为 8 000×9×84×8＝48.384 Mbit/s,如图 4-17 所示。

(3) C-4

容器 C-4 只可装载 139.264 Mbit/s 支路信号。它是 9 行×260 列的块状结构,其速率为 8 000×9×260×8＝149.760 Mbit/s。C-4 的帧结构如图 4-18 所示。

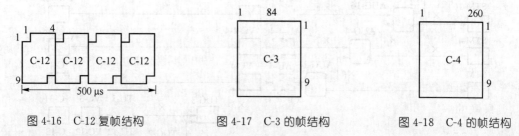

图 4-16 C-12 复帧结构　　　图 4-17 C-3 的帧结构　　　图 4-18 C-4 的帧结构

2. 虚容器(VC,Virtual Container)

虚容器由信息容器 C 加上相应的通道开销(POH)构成。这里的通道开销即前面介绍过的通道开销。虚容器是 SDH 系列中最重要的信息结构,它可以用来支持 SDH 通道层的连接。

VC 可以装载各种不同速率的 PDH 支路信号,除了在 VC 的组合点与分解点,整个 VC 在传输过程中保持速率不变。因此 VC 可以作为一个整体独立地在通道层提取或接入，也可以独立地进行复用和交叉连接，十分灵活方便。

目前,ITU-T 建议的虚容器共有 5 种,即 VC-11、VC-12、VC-2、VC-3、VC-4。根据我国规定,只使用其中 3 种,即 VC-12、VC-3 和 VC-4。

(1) VC-12

虚容器 VC-12 由信息容器 C-12 加上一字节的通道开销构成。

虚容器 VC-12 的结构为 9 行×4 列－1 的块状结构,共计 $9×4-1=35$ 字节,其速率为 $2\,000×(9×4-1)×8×4=2.240$ Mbit/s。它只能装载速率为 2.048 Mbit/s 的支路信号。

与容器 C-12 一样,虚容器 VC-12 也以复帧形式出现,一个复帧由 4 个基帧组成。为此,VC-12 的复帧的帧频就成了 2 000 帧/秒。

(2) VC-3

虚容器 VC-3 由信息容器 C-3 加上一列 9 字节的通道开销构成。

虚容器 VC-3 结构为 9 行×85 列的块状结构,共计 $9×85=765$ 字节,其速率为 $8\,000×9×85×8=48.960$ Mbit/s。它既可装载 34.368 Mbit/s 支路信号,又可装载 44.736 Mbit/s 支路信号。

(3) VC-4

虚容器 VC-4 的组成与 VC-12、VC-3 不同,它有两种结构方式,即信息容器 C-4 加上一列通道开销,或者 3 个 TUG-3 加上一列通道开销和两列填充字节(R1、R2)。

虚容器 VC-4 的结构为 9 行×261 列的块状结构,共计 $9×261=2\,349$ 字节,其速率为 $8\,000×9×261×8=150.336$ Mbit/s。

需要注意的是,虽然虚容器 VC-4 具有两种结构方式,但可以装载三种 PDH 支路信号。当结构为 C-4 加一列,它装载的是一个 139.264 Mbit/s 支路信号;当结构为 3 个 TUG-3 加上一列 POH 和两列填充字节(R1、R2)时,若每个 TUG-3 装载 1 个 34.368 Mbit/s 支路信号,则此时它装载的是 3 个 34.368 Mbit/s 支路信号;若每个 TUG-3 装载 7×TUG-2(每个 TUG-2 可装载3 个 2.048 Mbit/s 支路信号),则此时它装载的是 63 个 2.048 Mbit/s 支路信号。

因此虚容器 VC 与信息容器 C 不同,某阶的信息容器 C 只允许装载相应的 PDH 支路信号,而高阶虚容器(如 VC-4)则不然,它可以根据需要装载多种业务支路信号。

(4) VC-4-Xc

在实际应用中可能需要传送多个 VC-4 容量的净负荷,如高清晰度电视的数字信号或 IP 信号等。可以把多个 VC-4 级联在一起,于是就构成了 VC-4-Xc,其中 $X=4,16,64$。

所谓级联实际上是一种组合过程,即把 X 个 VC-4 首尾依次组合在一起,使组合后的容量可作为单个实体使用,如进行复用、交叉连接与传送等。

级联有两种方式,即相邻级联和虚级联。所谓相邻级联就是级联的 VC-4 是相邻的;而虚级联则级联的 VC-4 可以是不相邻的。

级联后的 VC-4-Xc 只保留第一个 VC-4 的一列通道开销,为整个 VC-4-Xc 提供支持,其他 VC-4 通道开销的位置改为填充字节 R。

伴随 SDH 技术的不断发展(如 TDM 方式的 10 G、40 G)和 IP 技术的崛起,采用 VC-4-Xc 来承载业务的应用也会越来越广泛。

3. 支路单元(TU,Tributary Unit)

支路单元是在低阶通道层与高阶通道层之间(低阶 VC 与高阶 VC)提供适配的信息结构。

它是由低阶 VC 加上相应的支路单元指针 TU-PTR 组成的。

目前,ITU-T 建议中规定的支路单元共有 4 种,即 TU-11、TU-12、TU-2、TU-3。根据我国规定,只允许使用其中的两种,即 TU-12 与 TU-3。

(1) TU-12

支路单元 TU-12 由虚容器 VC-12 加上单字节的支路单元指针(PTR)构成。其结构为 9 行×4 列的块状结构,共计 9×4=36 字节,速率为 2 000×36×8×4=2.304 Mbit/s。指针位于 TU-12 帧内第一个字节的位置。

与容器 C-12 一样,支路单元 TU-12 也以复帧形式出现。如 500 μs 复帧,一个复帧由 4 个基帧组成,1~4 基帧的支路单元指针(TU-PTR)分别为 V1、V2、V3、V4,它们各有不同的用途。为此,TU-12 的重复频率为 2 000 Hz。

(2) TU-3

支路单元 TU-3 由虚容器 VC-3 加上三个字节的支路单元指针(H1、H2、H3)构成。其结构为 9 行×85 列+3 字节的块状结构,共计 9×85+3=768 字节,速率为 8 000×768×8=49.1520 Mbit/s。指针位于 TU-3 帧内第一列的头三个字节位置(第一列仅此 3 个字节,其余 6 个字节悬空)。

4. 支路单元组(TUG,Tributary Unit Gronp)

几个支路单元经过复用就组成了所谓支路单元组。

目前,ITU-T 建议规定了两种支路单元组,即 TUG-2、TUG-3,我国皆可使用。

(1) TUG-2

支路单元组 TUG-2 是由三个支路单元 TU-12 以字节间插方式复用而成,它是一个 9 行×12 列的块状结构,共计 9×12=108 字节,其速率为 8 000×108×8=6.912 Mbit/s。它能装载 3 个 TU-12。

(2) TUG-3

支路单元组 TUG-3 是一个 9 行×86 列的块状结构,共计 9×86=774 字节,其速率为 8 000×774×8=49.536 Mbit/s。它有两种组成形式:可以由一个支路单元 TU-3 组成,也可以由 7 个支路单元组 TUG-2 复用而成。

当支路单元组 TUG-3 由一个支路单元 TU-3 组成时,由于支路单元 TU-3 的第一列仅有 3 个字节的支路单元指针 H1、H2、H3,为构成 9 行×86 列的标准 TUG-3 块状标准结构,所以在第一列剩余的 6 个字节中用填充字节(R)来补足;当支路单元组 TUG-3 由 7 个支路单元组 TUG-2 复用而成时,由于支路单元组 TUG-2 的结构为 9 行×12 列,复用后仅为 9 行×84 列,为形成 9 行×86 列的标准 TUG-3 块状结构,则在复用块前边加两列字节:第一列的前 3 个字节为无效指示(NPI),其余的 6 个字节和第二列用填充字节(R)来补足。

这样,只要用软件查看支路单元组 TUG-3 第一列的前三个字节,就可以知道 TUG-3 的组成形式。若前三个字节为指针 H1、H2、H3 字节,则说明支路单元组 TUG-3 是由 1 个支路单元 TU-3 组成,其成分是 1 个 34.368 Mbit/s 支路信号;若前三个字节为无效指针(NPI),则说明支路单元组 TUG-3 是由 3 个支路单元组 TUG-2 组成,其成分是 21 个 2.048 Mbit/s 支路信号。

5. 管理单元(AU,Administration Unit)

管理单元是在高阶通道层和复用段之间提供适配的信息结构。它由高阶虚容器(VC)加上管理单元指针(AU-RTR)组成。

目前,ITU-T 建议中规定的管理单元共有两种,即 AU-3 和 AU-4。根据我国规定,只允许使用 AU-4。

管理单元 AU-4 是由虚容器 VC-4 加上 1 行 9 列共 9 个字节的管理单元指针(AU-PTR)组成。因此,AU-4 的结构是 9 行×261 列＋9 字节,共计 9×261＋9＝2 358 字节,速率为 8 000×2 358×8＝150.912 Mbit/s,如图 4-19 所示。

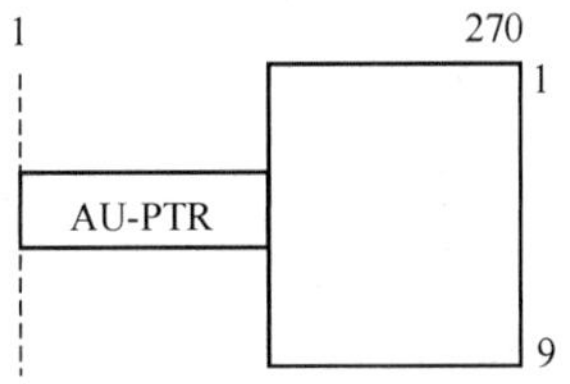

与 VC-4 相类似,AU-4 也会以级联方式出现,如 AU-4-4c、AU-4-16c 和 AU-4-64c。

图 4-19　AU-4 的帧结构

6. 管理单元组(AUG,Administration Unit Group)

根据 ITU-T 的新规定(2000 年),AUG 分为 AUG-1、AUG-4、AUG-16 与 AUG-64。

管理单元组 AUG-1 可由一个 AU-4 组成,也可由 3 个 AU-3 组成,但根据我国规定,不允许有 AU-3 出现,所以对我们来讲,AUG-1 就是 AU-4。

4 个 AUG-1 以字节间插方式复用后就组成了 AUG-4。与之类似,4 个 AUG-4 以字节间插方式复用后便组成 AUG-16,4 个 AUG-16 以字节间插方式复用后便组成 AUG-64。

管理单元组 AUG 在 STM-N 中占据固定位置,不能浮动。

4.3.3　映射方法

1. 映射的基本概念(Mapping)

所谓映射,就是在 SDH 网络边界把各种业务信号适配进相应虚容器的过程。因此,映射的实质是使各种业务信号和相应的虚容器同步。

被映射的各种业务信号包括 PDH 系统中的各种支路信号,如 PDH 一次群2.048 Mbit/s、三次群 34.368 Mbit/s、四次群 139.264 Mbit/s,还有 ATM 信元、IP 信号等。

2. 映射的种类

映射的分类是比较烦琐的,如按净负荷在高阶虚容器中是浮动的还是锁定的,可分为浮动与锁定两大类模式;按净负荷是否与网络同步,可以分为异步映射与同步映射,其中同步映射又可分为比特同步映射与字节同步映射等。总的来讲,映射共有三类五种方式,如表 4-2 所示。

表 4-2　映射的种类

类型	浮动模式	锁定模式
异步方式	异步映射	不存在
字节同步	浮动的字节同步映射	锁定的字节同步映射
比特同步	浮动的比特同步映射	锁定的比特同步映射

所谓浮动模式是指信息净负荷在帧内的位置是可以浮动的,其起点位置可由指针来确定的一种工作模式。

由于采用了指针处理来容纳 VC 净负荷与 STM-N 帧的频差与相位差,所以无须使用滑动缓存器就可以实现同步,且引入的信号延时较小(约 10 μs)。

因此,浮动模式对被映射信号的速率没有限制,它可以是与网络同步的同步信号,也可以是与网络不同步的异步信号。这就是浮动模式既可以包括异步映射方式又可以包括同步映射方式(字节同步与比特同步)的原因。

而所谓锁定模式是指信息净负荷必须与网络同步,且其位置固定从而不需要指针的一种工作模式。

由于在锁定模式中信息净负荷在帧结构之中的位置固定,所以可以直接从中提取或接入其支路信号。另外,净负荷指针(如果有)已经失去作用,可以用来传送负荷信息,提高了传输效率。这是锁定模式的两大优点。

锁定模式要求信息净负荷必须是与网络同步的信号,这就是锁定模式只能适用于同步映射方式(字节同步与比特同步)的原因。

因此,锁定模式的缺点是不能传送异步信号,从而限制了它的应用范围;需要使用 $125\ \mu s$ 的滑动缓存器来容纳 VC 净负荷与 STM-N 帧的频差与相位差,引入的信号延时较大(约 $150\ \mu s$)。

(1) 异步映射

所谓异步映射是指用码速调整方法来实现与网络同步或不同步的信号的映射方式。

异步映射采用净负荷指针调整的办法来容纳映射信号的速率不同步和相位差,即具有频率调整能力;而且也不必用 $125\ \mu s$ 缓存器来实现同步,避免了滑动损伤,其信号延时最小。

异步映射对映射信号没有任何限制性要求。在信号结构方面,映射信号可以具有一定的帧结构,也可以不具有帧结构。在信号速率方面,映射信号的速率可以与网络同步,如 64 kbit/s 或 $N\times 64$ kbit/s 信号等;也可以不与网络同步,如 ATM 信元等。

异步映射的优点其一是可以适用于多种信号,即同步的和异步的信息净负荷,具有最大的通用性与灵活性;其二是接口简单,信号延时最小(复用与解复用仅各延时约 $10\ \mu s$);其三是异步映射可以提供 TU 通道性能的端对端监测。

异步映射的是不能从净负荷信号中直接提取或接入的支路信号。例如,在 VC-4 信号中含有 63 个 2 Mbit/s 信号,因为每个 2 Mbit/s 信号是先映射进 VC-12,然后经过一系列复用过程而形成了 VC-4,所以可以直接对之进行提取或接入,即所谓一步复用特性。但如果把含有 64 个 2 Mbit/s 信号的 PDH 140 Mbit/s 信号通过映射处理进入到虚容器 VC-4 中,则不能对其中的 2 Mbit/s 信号直接提取或接入。

(2) 字节同步映射

所谓字节同步映射,是一种要求映射信号具有块状帧结构,且必须与网络同步,从而无须码速调整就可以实现适配的映射方法。

因此,字节同步映射要求映射信号的速率不仅应和网络同步,而且映射信号应仅包括 64 kbit/s 或 $N\times 64$ kbit/s 支路信号。

字节同步映射的最大优点是可以从 TU 帧内直接提取或接入 64 kbit/s 或 $N\times 64$ kbit/s 信号,而且还允许对 VC-12 进行独立的交叉与连接。

字节同步映射的缺点是对净负荷信号速率有较严格限制;引入的延时较大,如复用器要引入约 $150\ \mu s$ 的延时(解复用器仍为 $10\ \mu s$);其硬件接口比较复杂。

浮动字节同步映射与锁定字节同步映射的区别是:信息净负荷在帧内的位置是浮动的还是锁定的。浮动的字节同步映射,其信息净负荷在帧内的位置是可以浮动的,它采用净负荷指针来指示映射信号在帧内的位置。而锁定的字节同步映射,信息净负荷在帧内的位置是锁定的,因位置固定,所以不需要净负荷指针,但需要使用 $125\ \mu s$ 滑动缓存器。

(3) 比特同步映射

所谓比特同步映射是一种对映射信号结构无任何限制,但必须与网络同步,从而无须码速调整就可以实现适配的映射方法。

它要求信息净负荷可以是也可以不是仅包括 64 kbit/s 或 $N \times 64$ kbit/s 的信号,但信号的速率必须与网络同步。该方式的硬件接口相当复杂,与传统的 PDH 方式相比,并无明显的优越性,所以目前尚无人采用。

经过以上讨论,可以得出如下结论。

第一,浮动模式应用灵活。就浮动模式与锁定模式而言,浮动模式具有很大的网络应用灵活性,在绝大多数场合都可以取代锁定模式。

第二,异步映射应用最广。异步映射可以适用于多种信号即同步的和异步的净负荷信号,具有最大的通用性与灵活性,且其接口简单,信号延时最小。它是 SDH 映射的首选方式。异步映射的缺点是不能从净负荷信号中直接提取或接入支路信号,所以在有些应用场合显得不方便。例如,有时需要从 2 Mbit/s 信号中直接提取或接入 64 kbit/s 或 $N \times 64$ kbit/s 信号,但异步映射无法做到这一点。

第三,字节同步映射尽管其接口比较复杂,但可以从 TU 帧内直接提取或接入 64 kbit/s 或 $N \times 64$ kbit/s 信号,解决了异步映射方式不能解决的难题,而且还允许对 VC-12 进行独立的交叉连接,所以字节同步映射在 SDH 中也得到了应用。

第四,比特同步映射无明显的优越性,所以目前尚无人采用。

在 SDH 系统中,139.264 Mbit/s 信号映射进 VC-4 和 34.368 Mbit/s 信号映射进 VC-3,全部采用异步映射方式;2.048 Mbit/s 信号映射进 VC-12,大部分也采用异步映射方式。但当异步映射方式不能满足某些应用场合的要求时,如需要从 2.048 Mbit/s 或 STM-1 信号中直接提取或接入 64 kbit/s 或 $N \times 64$ kbit/s 信号,以及需要对 VC-12 进行独立的交叉连接,则应采用字节同步映射方式,尽管其接口比较复杂。

ATM 信元可以以异步映射的方式映射进高阶虚容器 VC-4,也可以以同样的方式映射进低阶虚容器 VC-12。

目前,SDH 还支持 IP 业务,IP Over SDH 的基本方法是:首先把 IP 数据通过点到点协议(PPP 协议)封装进 PPP 分组,然后利用高级数据链路控制规程(HDLC)按照一定的规程组帧,最后再以字节同步方式映射进 SDH 的帧结构中。

4.3.4　指　针

SDH 中指针主要有以下作用。

(1) 当网络处于同步工作状态时,指针用来进行同步信号间的相位校准。

(2) 当网络失去同步时,指针用作频率和相位校准;当网络处于异步工作时,指针用作频率跟踪校准。

(3) 指针还可以用来容纳网络中的频率抖动和漂移。

简单地说,指针的主要作用就是定位,通过定位使收端能正确地从 STM-N 中分离出相应的 VC,进而通过拆解 VC、C 的包封分离出 PDH 低速信号,也就是说,实现从 STM-N 信号中直接下低速支路信号的功能。具体的操作是通过附加在 VC 上的指针指示,确定 VC 帧的起点在 TU 或 AU 的净负荷中的准确位置。在发生相对帧相位偏差使 VC 帧起点"浮动"时,指针值亦随之调整,从而始终保证指针值准确指示 VC 帧起点位置的过程。

指针有两种:管理单元指针(AU-PTR)和支路单元指针(TU-PTR)。

1. 管理单元指针

设置 AU-4 指针可以为 VC-4 在 AU 帧内的定位提供一种灵活和动态的方法,使 VC-4 可以在 AU 帧内位置“浮动”。

(1) AU-4 指针的位置

AU-PTR 的位置在 STM-1 帧的第 4 行 1～9 列共 9 字节,用以指示 VC-4 的首字节 J1 在 AU-4 净负荷的具体位置,以便收端能据此正确分离 VC-4,如图 4-20 所示。

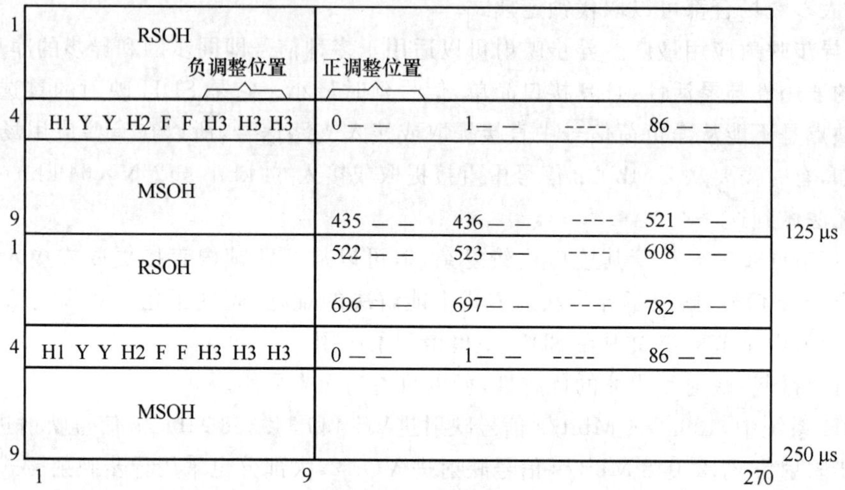

图 4-20　AU-4 指针在 STM 帧中的位置

从图 4-20 中可看到,AU-PTR 由 H1、Y、Y、H2、F、F、H3、H3、H3 9 个字节组成,Y=1001SS11,S比特未规定具体的值,F=11111111。指针的值位于 H1、H2 两个字节中,H3 为负调整位置字节。

(2) AU-4 指针值

H1、H2 两个字节结合使用构成 AU-4 指针值,用来指示 VC-4 的起始位置。其中利用 H1、H2 字节中的最后 10 个比特(即第 7～16 比特)携带具体的指针值,如图 4-21 所示。

H1								H2							
1	2	3	4	5	6	7	8	9	10	11	12	13	14	15	16
N	N	N	N	S	S	I	D	I	D	I	D	I	D	I	D

图 4-21　AU-4 指针编码

AU-4 指针值是二进制数,用十进制数表示的指针偏移范围为 0～782(VC-4 共 9×261=2 349字节,将 3 个字节定义为一个调整单位,得 2 349÷3=783,所以有效范围为 0～782,当 AU-PTR 的值不在 0～782 内时,定为无效指针值。AU-4 指针中的第 7、9、11、13、15 比特称为 I 比特(增加比特),第 8、10、12、14、16 比特称为 D 比特(减少比特)。I、D 比特起的作用留在“频率调整”中介绍。AU-4 指针中的前 4 个比特(N 比特)为新数据标识(NDF),用来表示所载净负荷容量有变化,其详细说明留在“新数据标识”中介绍。AU-4 指针中的第 5、6 比特为 AU/TU 类别标识,对于 AU-4 的 SS 值为“10”。

指针字节 H1、H2 的 16 比特还可作为级联指示(CI)。当传送大于单个 C-4 容量的净负荷时,可将多个 C-4 级联在一起组成一个容量 VC-4-Xc。级联的第一个 AU-4 指针仍然具有正常的指针功能,其后所有的 AU-4 的 H1、H2 设为级联指示:“1001SS1111111111”。

（3）频率调整

① 当 VC-4 的速率低于 AU-4 速率时，需提高 VC-4 的帧速率，此时可以在 VC-4 前插入 3 个填充伪信息的空闲字节（即正调整字节），从而增加 VC-4 的帧速率。但由于插入了正调整字节，实际的 VC-4 在时间上向后推移 3 个字节，将 3 个字节定义为一个调整单位，此时即向后推移了一个调整单位，因而用来指示 VC-4 起始位置的指针值要加 1。进行这一操作的指示是将指针码字中的 5 个 I 比特（增加比特）反转，在接收时按 5 比特多数判决法进行判决，即只要检测出有 3 个或 3 个以上 I 比特反转，则判为系统做出了正码速调整的操作。在接收时，将在 AU-4 帧内最后一个 H3 字节后的 3 个字节判定为是填充了伪信息字节。

② 当 VC-4 的速率高于 AU-4 速率时，需降低 VC-4 的帧速率，此时可以利用 AU-4 指针区中的 3 个 H3 字节来存放实际的信息（即负调整字节），从而相当于降低了 VC-4 的帧速率。但由于 VC-4 信息起始的 3 个字节存入了 AU-4 指针区中，实际 VC-4 在时间上向前推移 3 个字节，即向前推移了一个调整单位，因而用来指示 VC-4 起始位置的指针值要减 1。进行这一操作的指示是将指针码字中的 5 个 D 比特（减少比特）反转，在接收时按 5 比特多数判决法进行判决，即只要检测出有 3 个或 3 个以上 D 比特反转，则判为系统做出了负码速调整的操作。在接收时，将在 AU-4 帧内 3 个 H3 字节判定为有用的信息字节。

③ 不管是正调整或负调整都会使 VC-4 在 AU-4 的净负荷中的位置发生改变，也就是说，VC-4 第一个字节在 AU-4 净负荷中的位置发生了改变。这时 AU-PTR 也会做出相应的正、负调整。为了便于定位 VC-4 中的各字节在 AU-4 净负荷中的位置，给每个调整单位（3 字节定义为一个调整单位）赋予一个位置值。位置值是将紧跟 H3 字节的那个 3 字节单位设为 0 位置，然后依次后推。这样一个 AU-4 净负荷区就有 $261×9/3＝783$ 个位置，而 AU-PTR 指的就是 J1 字节所在 AU-4 净负荷的某一个位置的值。显然，AU-PTR 的范围是 0～782，否则为无效指针值，当收端连续 8 帧收到无效指针值时，设备产生 AU-LOP 告警（AU-4 指针丢失），并往下插 AIS 告警信号——TU-AIS。

指针调整是以 3 字节为一个调整单位，如果不足 3 字节，在多级缓存器中先存储，待积累到一个调整单位时才调整一次。在实际的 SDH 网络中，指针调整是很少发生的，大部分时间都处于同步状态，不需作频率调整。当频率偏移较大，需要连续多次指针调整操作时，相邻两次的操作必须至少分开 3 帧，两次操作之间的指针值保持为常数不变。

（4）新数据标识（NDF）

NDF 表示允许由净负荷变化所引起的指针值的任意变化。NDF 由指针码字的第 1～4 比特位的 N 比特携带。

当净负荷无变化时，NNNN 为正常值“0110”。在净负荷有变化的那一帧，NNNN 反转为“1001”，即表示 NDF。NDF 出现的那一帧指针值随之改变为指示 VC 新位置的新值称为新数据。若净负荷不再变化，下一帧 NDF 又返回到正常值“0110”并至少在 3 帧内不作指针值增减操作。

新数据标识（NDF）反转表示 AU-4 净负荷有变化，此时指针值会出现跃变，即指针增减的步长不为 1。若收端连续 8 帧收到 NDF 反转，则此时设备出现 AU-LOP 告警。

（5）指针调整规则

① 在正常工作时，指针值确定了 VC-4 在 AU-4 帧内的起始位置。NDF 设置为“0110”状态。

② 如果需要正调整，则送出的当前指针值中的 I 比特反转，其后的正调整字节用伪信息

填充。随后的指针值是先前指针值加 1。如果先前的指针值处于最大值，则其后的指针设置为 0，而且其后至少 3 帧内不允许进行任何指针增减操作。

③ 如果需要负调整，则送出的当前指针值中的 D 比特反转，其后的负调整字节用实际信息填写。随后的指针值是先前指针值减 1。如果先前的指针值为 0，则其后的指针设置为最大值，而且其后至少 3 帧内不允许进行任何指针增减操作。

④ 当 NDF 出现更新值"1001"，表示净负荷容量有变，指针值也要作相应的增减，然后 NDF 回归正常值"0110"。同样，其后至少 3 帧内不允许进行任何指针增减操作。

例 4-1 设前一帧 VC-4 的第一个字节（J1）在编号为"3"的位置，若当前 AUG 帧速率＞VC-4 帧速率（数据不足），写出至少三帧的指针值。

```
      N N N N S S I D I D I D I D I D I D
第 0 帧 0 1 1 0 1 0 0 0 0 0 0 0 0 0 1 1
第 1 帧 0 1 1 0 1 0 1 0 1 0 1 0 1 0 0 1
第 2 帧 0 1 1 0 1 0 0 0 0 0 0 0 0 1 0 0
第 3 帧 0 1 1 0 1 0 0 0 0 0 0 0 0 1 0 0
第 4 帧 0 1 1 0 1 0 0 0 0 0 0 0 0 1 0 0
第 5 帧  可  以  进  行  下  一  次  调  整
```

2. TU-3 指针

设置 TU-3 指针可以为 VC-3 在 TU-3 帧内的定位提供一种灵活和动态的方法，使 VC-3 可以在 TU-3 帧内位置"浮动"。

（1）TU-3 指针的位置

TU-3 指针位于 TU-3 帧内第一列的头三个字节 H1、H2 和 H3 位置（第一列仅此 3 个字节，其余 6 个字节悬空），如图 4-22 所示。

（2）TU-3 指针值

TU-3 指针值与 AU-4 指针一样，位于 H1、H2 两个字节中，H3 为负调整位置字节。其中利用 H1、H2 字节中的最后 10 个比特（即第 7～16 比特）携带具体的指针值。TU-3 指针值是二进制数，用十进制数表示的指针偏移范围为 0～764（VC-3 共 9×85＝765 字节，一个字节为一个调整单位，所以有效范围为 0～764），当 TU-PTR 的值不在 0～764 内时，定为无效指针值。若连续 8 帧收到无效指针或 NDF，则收端出现 TU-LOP（支路单元指针丢失）告警，并下插 AIS 告警信号。

与 AU-4 指针一样，TU 指针中的第 7、9、11、13、15 比特称为 I 比特（增加比特），第 8、10、12、14、16 比特称为 D 比特（减少比特）。TU 指针中的前 4 个比特（N 比特）为新数据标识（NDF），用来表示所载净负荷容量有变化。TU 指针中的第 5、6 比特为 TU/TU 类别标识，对于 TU-3 的 SS 值为 10。

（3）频率调整

① 当 VC-3 的速率低于 TU-3 速率时，需提高 VC-3 的帧速率，此时可以在 VC-3 前插入 1 个填充伪信息的空闲字节（即正调整字节），从而增加 VC-3 的帧速率。但由于插入了正调整字节，实际的 VC-3 在时间上向后推移 1 个字节，将 1 个字节定义为一个调整单位，此时即向后推移了一个调整单位，因而用来指示 VC-3 起始位置的指针值要加 1。进行这一操作的指示是将指针码字中的 5 个 I 比特（增加比特）反转，在接收时按 5 比特多数判决法进行判决，即只要检测出有 3 个或 3 个以上 I 比特反转则判为系统做出了正码速调整的操作。在接收时，将

在 TU-3 帧内 H3 字节后的 1 个字节判定为填充了伪信息的字节。

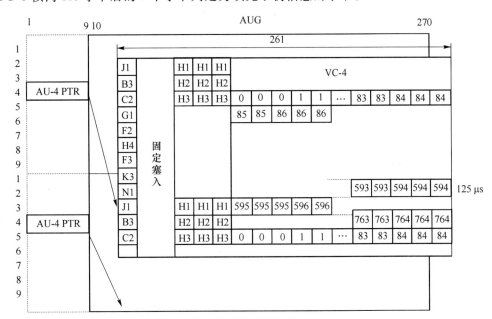

图 4-22　TU-3 指针的位置和偏移编号

② 当 VC-3 速率高于 TU-3 速率时,需降低 VC-3 的帧速率,此时可以利用 TU 指针区中的 H3 字节来存放实际的信息(即负调整字节),从而相当于降低了 VC-3 的帧速率。但由于 VC-3 信息起始的 1 个字节存入了 TU 指针区中,实际 VC-3 在时间上向前推移 1 个字节,即向前推移了一个调整单位,因而用来指示 VC-3 起始位置的指针值减 1。进行这一操作的指示是将指针码字中的 5 个 D 比特(减少比特)反转,在接收时按 5 比特多数判决法进行判决,即只要检测出有 3 个或 3 个以上 D 比特反转则判为系统做出了负码速调整的操作。在接收时,将在 TU-3 帧内的 H3 字节判定为有用的信息字节。

③ 不管是正调整或负调整,都会使 VC-3 在 TU-3 的净负荷中的位置发生改变,也就是说,VC-3 第一个字节在 TU-3 净负荷中的位置发生了改变。这时 TU-PTR 也会做出相应的正、负调整。为了便于定位 VC-3 中的各字节在 TU-3 净负荷中的位置,给每个调整单位(1 个字节定义为一个调整单位)赋予一个位置值,如图 4-22 所示。位置值是将紧跟 H3 字节的那个字节单位设为 0 位置,然后依次后推。与 AU-4 指针一样,相邻两次的操作必须至少分开 3 帧,即每个第 4 帧才能进行指针调整操作,两次操作之间的指针值保持为常数不变。

(4) 新数据标识(NDF)

与 AU-4 指针一样,在 TU-3 指针内也设置了 NDF,表示允许由净负荷 VC-3 变化所引起的指针值的任意变化。

(5) 指针调整规则

指针调整规则与 AU-4 的指针调整规则类似。

3. TU-12 指针

TU-12 指针用以指示 VC-12 的首字节 V5 在 TU-12 净负荷中的具体位置,以便收端能正确分离出 VC-12。TU-12 指针为 VC-12 在 TU-12 复帧内的定位提供了灵活动态的方法。

(1) TU-12 指针的位置

TU-PTR 的位置位于 TU-12 复帧的 V1、V2、V3、V4 处,如图 4-23 所示。

70	71	72	73	105	106	107	108	0	1	2	3	35	36	37	38
74	75	76	77	109	110	111	112	4	5	6	7	39	40	41	42
78			81	113			116	8			11	43			46
82			85	117			120	12			15	47			50
86	第一个 C-12		89	121	第二个 C-12		124	16	第三个 C-12		19	51	第四个 C-12		54
90	基帧结构		93	125	基帧结构		128	20	基帧结构		23	55	基帧结构		58
94			97	129			132	24			27	59			62
98			101	133			136	28			31	63			66
102	103	104	V1	137	138	139	V2	32	33	34	V3	67	68	69	V4

图 4-23　TU-12 指针位置和偏移编号

(2) TU-12 指针值

TU-12 PTR 由 V1、V2、V3 和 V4 4 个字节组成。V1 相当于 AU-4 指针的 H1,V2 相当于 AU-4 指针的 H2,V3 相当于 AU-4 指针的 H3,V4 为保留字节。TU-12 PTR 中的 V3 字节为负调整单位位置,其后的那个字节为正调整字节。指针值在 V1、V2 字节的后 10 个比特,V1、V2 字节的 16 个比特的功能与 AU-PTR 的 H1、H2 字节的 16 个比特功能相同。

在 TU-12 净负荷中,从紧邻 V2 的字节起,以 1 个字节为一个调整单位,依次按其相对于最后一个 V2 的偏移量给予偏移编号,如"0"、"1"等。总共有 0～139 个偏移编号(VC-12 共 4×(9×4−1)＝140 字节,所以有效范围为 0～139)。VC-12 复帧的首字节 V5 字节位于某一偏移编号位置,该编号对应的二进制值即为 TU-12 指针值。

TU-PTR 的调整单位为 1,可知指针值的范围为 0～139,若连续 8 帧收到无效指针或 NDF,则收端出现 TU-LOP(支路单元指针丢失)告警,并下插 AIS 告警信号。

(3) 频率调整

频率调整类似于 AU-PTR。

(4) 新数据标识(NDF)

与 AU-4 指针一样,在 TU-12 指针内也设置了 NDF,表示允许由净负荷 VC-12 变化所引起的指针值的任意变化。

(5) 指针调整规则

指针调整规则与 AU-4 的指针调整规则类似。

4.3.5　复用方法

1. 复用基本原理

(1) 复用的概念

对 PDH 系统而言,所谓复用,就是把几个相同等级的较低速率支路信号按一定规则组合成更高等级速率的信号;其逆过程被称为解复用。参与复用的支路信号有 2 Mbit/s、8 Mbit/s、34 Mbit/s、140 Mbit/s 等。例如,可以把 4 个 2 Mbit/s 支路信号复用成一个 8 Mbit/s支路信号;4 个 8 Mbit/s 支路信号复用成一个 34 Mbit/s 支路信号;4 个 34 Mbit/s 支路信号复用成一个 140 Mbit/s 支路信号等。对 PDH 系统而言,复用也被称为复接。

对 SDH 系统而言,复用就是把几个相同等级的支路单元(TU)、支路单元组(TUG)、管理单元(AU)、管理单元组(AUG)按一定规则组合成更高等级速率的支路单元组(TUG)、虚容器(VC)、管理单元(AU)、管理单元组(AUG)或同步传送模块(STM-N)等。例如,可以把 3 个 TU-12 复用成一个 TUG-2;把 7 个 TUG-2 复用成一个 TUG-3;把 3 个 TUG-3 复用成一个 VC-4 等。但其复用方法与 PDH 系统不同。

(2) 传统的复用方法

将低速率支路信号复用成更高等级速率的支路信号,有两种传统的复用方法。

① 异步复用——码速调整法

它又可分为正码速调整法与负码速调整法。PDH 系统通常采用正码速调整法,即先把低速支路信号进行码速调整,调整成具有相同速率的信号,然后按比特或按字节或按帧组合在一起,形成具有较高等级速率的信号。为把低速支路信号进行码速调整,需要在一些固定位置插入调整码速率的码元(插入码),当需要调整时就在固定位置上插入"调整码";当不需要调整时就在固定位置插入"信息码"。此外,还需要在另外一些固定位置插入一组"标志码",以表明在复用时哪些固定位置上插入的是"调整码",哪些固定位置上插入的是"信息码",以便在接收端进行"消插"。

码速调整法的优点是允许被复用低速支路信号的码速率有较大的差异,因为其差异可以通过码速调整来弥补。

码速调整法的缺点是因为插入码既可能是"调整码",也可能是"信息码",所以无法从高速信号中直接提取或接入低速支路信号。

② 固定位置映射法

它用一个高稳定度的主时钟来控制多个低速支路信号,使它们的码速率统一在主时钟频率上,并以 125 μs 缓存器进行相位校正或频率校正,所以易产生信号延时和滑动损伤;此外,一旦主时钟出现故障,会出现全网瘫痪。

(3) SDH 的复用方法

SDH 采用的复用方法是最具有特色的同步复用方法,它比较圆满地吸收了传统异步复用和同步复用的优点,但又巧妙地避开了它们的缺点。

SDH 的复用方法采用了净负荷指针技术,可以进行频率调整,从而允许低速支路信号的速率有一定的差异,但由于未使用 125 μs 缓存器,所以避免了传统同步复用方法的弊病——产生信号延时和滑动损伤。另外,它采用了字节间插复用方法,使被复用的低速支路信号在高速率信号中的相对位置固定;而净负荷指针又可以指示净负荷在帧中的位置,所以可从高速率信号中直接提取或接入低速支路信号,故避开了传统异步复用的缺点。

SDH 同步复用方法所付出的代价是必须设置和处理指针。

2. 复用与映射过程

PDH 支路信号等必须经过映射、指针调整、复用等处理过程才能纳入到 STM-N 的帧结构之中。前面介绍了参加映射、复用的一些基本单元,如虚容器(VC)、支路单元(TU)、支路单元组(TUG)、管理单元(AU)、管理单元组(AUG)等概念。

下面主要介绍三种 PDH 支路信号的复用与映射过程。

(1) 139.264 Mbit/s 支路信号的复用与映射过程

① 139.264 Mbit/s 支路信号适配进 C-4

C-4 信号的帧结构有 260 列×9 行,信号速率为 8 000×9×260×8＝149.760 Mbit/s。

139.264 Mbit/s 支路信号(即 E4 信号)的速率范围是 139.264 Mbit/s$\pm15\times10^{-6}$(G.703 规范标准)=139.262~139.266 Mbit/s,那么就需通过速率适配将这个速率范围的 E4 信号调整成标准的速率为 149.760 Mbit/s 的 C-4 信号,也就是说适配装入 C-4 容器。

可将 C-4 的基帧(9 行×260 列)划分为 9 个子帧,每个子帧占一行。每个子帧又可以 13 个字节为一个单位,分成 20 个单位(20 个 13 字节块)。每个子帧的 20 个 13 字节块的第 1 个字节依次为:W、X、Y、Y、Y、X、Y、Y、X、Y、Y、Y、X、Y、Y、Y、X、Y、Z,共 20 个字节,每个 13 字节块的第 2 到第 13 字节放的是 140 Mbit/s 的信息比特,如图 4-24 所示。

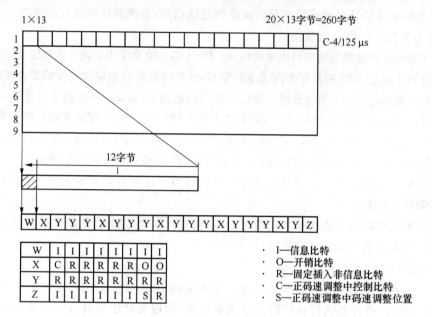

图 4-24 C-4 的基帧结构

E4 信号的速率适配就是通过 9 个子帧的共 180 个 13 字节块的首字节来实现的。一个子帧中每个 13 字节块的后 12 个字节均为 W 字节,再加上第一个 13 字节的第一个字节也是 W 字节,共 241 个 W 字节、5 个 X 字节、13 个 Y 字节、1 个 Z 字节。各字节的比特内容如图 4-24 所示。那么一个基帧的组成是:

C-4 基帧=241 W+13 Y+5 X+1 Z=260 字节=(1 934 I+S)+5 C+130 R+10 O=2 080 bit。

一个 C-4 基帧总计有 8×260=2 080 bit,其分配如下。

信息比特 I:1934;固定塞入比特 R:130;开销比特 O:10;调整控制比特 C:5;调整机会比特 S:1。

C 比特主要用来控制相应的调整机会比特 S,当 CCCCC=00000 时,S=I;当 CCCCC=11111 时,S=R。为了防范因 C 比特误码而导致系统误判,采用 5 比特多数判决准则决定调整与否,以提高可靠性。即当检测到 3 个或 3 个以上 C 比特为 1 时,则判 C 为 1,令相应的 S 为 I,否则为 0。分别令 S 为 I 或 S 为 R,可算出 C-4 容器能容纳的信息速率的上限和下限:

- 当 S=I 时,C-4max=(1 934+1)×9×8 000=139.320 Mbit/s;
- 当 S=R 时,C-4min=(1 934+0)×9×8 000=139.248 Mbit/s。

也就是说,C-4 容器能容纳的 E4 信号的速率范围是 139.248~139.32 Mbit/s,符合G.703 规范的 E4 信号的速率范围要求,这样,C-4 容器就可以装载速率在一定范围内的 E4 信号,也就是可以对符合 G.703 规范的 E4 信号进行速率适配,适配后为标准 C-4 速率——149.760 Mbit/s。

② C-4 映射进 VC-4

装载 139.264 Mbit/s 支路信号的信息容器 C-4,加上一列 9 字节的通道开销 VC-4 POH,映射进具有 9 行×261 列块状结构的虚容器 VC-4。

③ VC-4→AU-4(AUG-1)

虚容器 VC-4 经定位校准后加上一行 9 字节的管理单元指针 AU-PTR,便构成管理单元 AU-4。

虚容器 VC-4 在管理单元 AU-4 帧内的位置是可以浮动的,其具体位置即它的第一个字节相对于 AU-PTR 最后一个字节的偏移量,该偏移量由指针 AU-PTR 给出。

对于我国规定的复用与映射结构来讲,AU-4 就是管理单元组 AUG-1。

④ 1 个 AUG-1→STM-1

管理单元组 AUG-1 加上 5 行 9 列的复用段开销 MSOH 及 3 行 9 列的再生段开销 RSOH,便构成 STM-1。

⑤ 4 个 AUG-1 复用成 AUG-4→STM-4

4 个管理单元组 AUG-1 可以以字节间插方式复用成 AUG-4,再加上 5 行 9×4 列的复用段开销 MSOH 及 3 行 9×4 列的再生段开销 RSOH,便构成 STM-4。

⑥ 4 个 AUG-4 复用成 AUG-16→STM-16

4 个管理单元组 AUG-4 可以以字节间插方式复用成 AUG-16,再加上 5 行 9×16 列的复用段开销 MSOH 及 3 行 9×16 列的再生段开销 RSOH,便构成 STM-16。

⑦ 4 个 AUG-16 复用成 AUG-64→STM-64

4 个管理单元组 AUG-16 可以以字节间插方式复用成 AUG-64,再加上 5 行 9×64 列的复用段开销 MSOH 及 3 行 9×64 列的再生段开销 RSOH,便构成 STM-64。

(2) 34.368 Mbit/s 支路信号的复用与映射过程

① 34.368 Mbit/s 支路信号适配进 C-3

C-3 的基帧结构是 9 行×84 列,信号速率为 8 000×9×84×8＝48.384 Mbit/s。C-3 基帧又分成 3 个子帧,每个子帧为 3 行×84 列,如图 4-25 所示。每个子帧含 8×84×3＝2 016 bit,其分配如下。

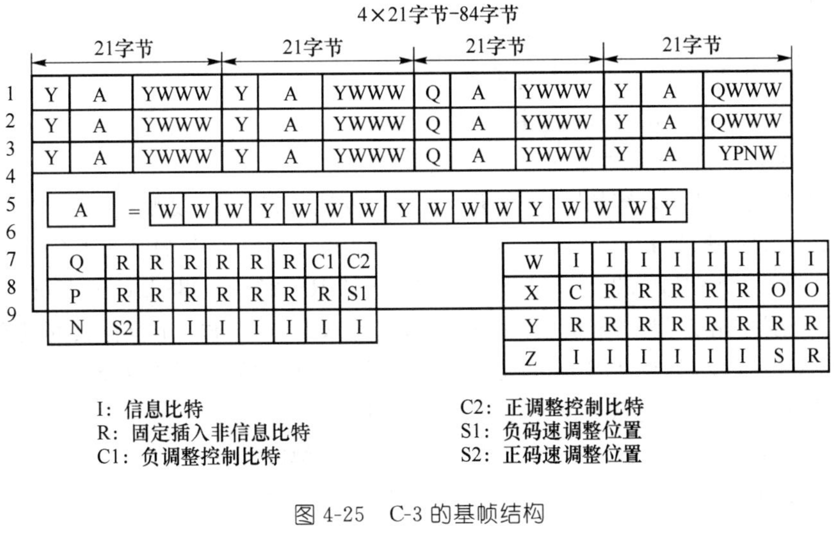

图 4-25　C-3 的基帧结构

信息比特 I:1431;固定塞入比特 R:573;负调整控制比特 C1:5;正调整控制比特 C2:5;负调整机会比特 S1:1;正调整机会比特 S2:1。

其中负、正调整控制比特 C1、C2 分别控制负、正调整机会 S1、S2。当 C1C1C1C1C1＝00000 时,S1 位存放的是有效信息比特 I,而 C1C1C1C1C1＝11111 时,S1 位存放的是塞入比特 R,C2 以同样方式控制 S2。

那么 C-3 帧可容纳有效信息负荷的允许速率范围是:

- C-3max＝(1 431＋1＋1)×3×8 000＝34. 392 Mbit/s
- C-3min＝(1 431＋0＋0)×3×8 000＝34. 344 Mbit/s

由于 34. 368 Mbit/s 支路信号(即 E3 信号)的速率范围是 34. 368 Mbit/s±20×10⁻⁶(G.703规范标准)＝33. 367～34. 369 Mbit/s,也就是说符合 G. 703 规范的 E3 信号的速率范围要求,可以将其装载进标准的 C-3 容器中,也就是说可以经过码速调整将其频率调整成标准的 C-3 速率——48. 384 Mbit/s。

② C-3 映射进 VC-3

装载 34. 368 Mbit/s 支路信号的信息容器 C-3,加上一列 9 字节的通道开销 VC-3 POH,映射进具有 9 行×85 列块状结构的虚容器 VC-3。

③ VC-3→TU-3

虚容器 VC-3 经定位校准后加上 3 字节的支路单元指针 TU-3 PTR(H1、H2、H3)便构成了具有 9 行×85 列＋3 字节结构的支路单元 TU-3。

④ TU-3→TUG-3

支路单元 TU-3 加上 6 个填充字节 R,构成具有 9 行×86 列块状结构的支路单元组 TUG-3。

⑤ 3×TUG-3 同步复用成 VC-4

三个支路单元组 TUG-3 以字节间插方式进行复用,复用的结果是形成了 9 行×258 列的块状结构,然后再附加上两列固定填充字节 R1、R2 和一列通道开销 VC-4 POH,最后组成了具有 9 行×261 列块状结构的虚容器 VC-4。

所谓字节间插,是指在新的 VC-4 帧结构内把 3 个 TUG-3 的相应序号字节以字节为单位进行间插式的顺序排列。

⑥ VC-4→AU-4→STM-N

该过程在前面已有描述,此处不再重复。

(3) 2. 048 Mbit/s 支路信号的复用与映射过程

① 2. 048 Mbit/s 支路信号适配进 C-12

C-12 复帧中各字节的内容如图 4-26 所示。一个复帧共有 C-12 复帧＝4×(9×4－2)＝136 字节,C-12 信号的速率为 136×8×2 000＝2. 176 Mbit/s。C-12 复帧＝136 字节＝127 W＋5 Y＋2 G＋1 M＋1 N＝(1 023 I＋S1＋S2)＋3 C1＋49 R＋80＝1 088 bit,其中负、正调整控制比特 C1、C2 分别控制负、正调整机会 S1、S2。当 C1C1C1＝000 时,S1 位存放的是有效信息比特 I,而 C1C1C1＝111 时,S1 位存放的是塞入比特 R,C2 以同样方式控制 S2。

那么复帧可容纳有效信息负荷的允许速率范围是:

- C-12 复帧 max＝(1 023＋1＋1)×2 000＝2. 050 Mbit/s
- C-12 复帧 min＝(1 023＋0＋0)×2 000＝2. 046 Mbit/s

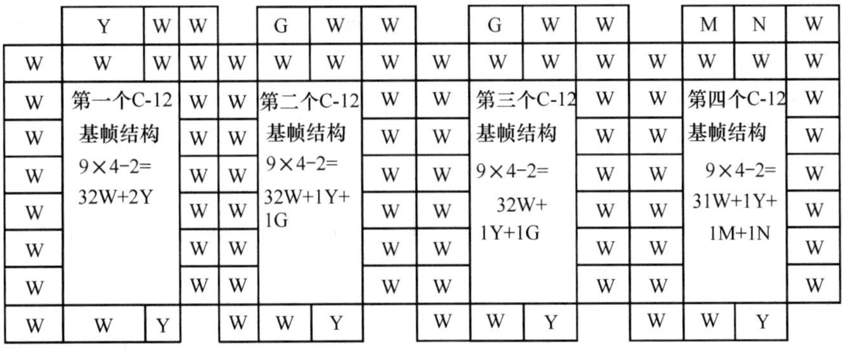

Y	W	W		G	W	W		G	W	W		M	N	W
W	W	W	W	W	W	W	W	W	W	W	W	W	W	W
W	第一个C-12	W	W	第二个C-12	W	W	第三个C-12	W	W	第四个C-12	W			
W	基帧结构	W	W	基帧结构	W	W	基帧结构	W	W	基帧结构	W			
W	9×4-2=	W	W	9×4-2=	W	W	9×4-2=	W	W	9×4-2=	W			
W	32W+2Y	W	W	32W+1Y+	W	W	32W+	W	W	31W+1Y+	W			
W		W	W	1G	W	W	1Y+1G	W	W	1M+1N	W			
W		W	W		W	W		W	W		W			
W	W	Y	W	W	Y	W	W	Y	W	W	Y			

每格为 1 字节（8 bit），各字节的比特类别：

W＝IIIIIIII　　　　　　　Y＝RRRRRRRR　　　　　　　G＝C1C20000RR

M＝C1C2RRRRRS1　　　　　　N＝S2IIIIIII

I：信息比特　　　　　　　R：塞入比特　　　　　　　O：开销比特

C1：负调整控制比特　　　　S1：负调整位置（当 C1＝0 时，S1＝I；当 C1＝1 时，S1＝R＊）

C2：正调整控制比特　　　　S2：正调整位置（当 C2＝0 时，S2＝I；当 C2＝1 时，S2＝R＊）

R＊ 表示调整比特，在收端去调整时，应忽略调整比特的值，复帧周期为 $125×4＝500\ \mu s$

图 4-26　C-12 复帧结构和字节安排

由于 2.048 Mbit/s 支路信号（即 E1 信号）的速率范围是 2.048 Mbit/s$±50×10^{-6}$（G.703 规范标准）＝2.0479～2.0481 Mbit/s，也就是说符合 G.703 规范的 E1 信号的速率范围要求，可以将其装载进标准的 C-12 容器中，也就是说可以经过码速调整将其频率调整成标准的C-12 速率——2.176 Mbit/s。

② C-12 映射进 VC-12

装载 2.048 Mbit/s 支路信号的信息容器 C-2，加上一个字节的通道开销 VC-2 POH，映射进具有 9 行×4 列－1 字节结构的虚容器 VC-12。

③ VC-12→TU-12

虚容器 VC-12 经定位校准后加上 1 字节的支路单元指针 TU-12 PTR 便构成了具有 9 行×4 列结构的支路单元 TU-12。

④ 3×TU-12→TUG-2

3 个支路单元 TU-12 以字节间插方式进行复用，复用的结果形成了 9 行×12 列块状结构的支路单元组 TUG-2。

⑤ 7×TUG-2 同步复用成 TUG-3

7 个支路单元组 TUG-2 以字节间插方式进行复用，复用的结果形成了 9 行×84 列的块状结构，然后再附加上一列填充字节和前三个为无效指示（NPI）、后 6 个为填充的一列字节，最后组成了具有 9 行×86 列块状结构的支路单元组 TUG-3。

这种结构的 TUG-3 和由一个 TU-3 组成的 TUG-3，区别是第一列的头三个字节。若头三个字节为无效指示（NPI），表明 TUG-3 装载的是 7×TUG-2，即为 21×2.048 Mbit/s 支路信号；若头三个字节为指针 H1、H2、H3，则表明 TUG-3 装载的是 1×TU-3，即为 1×34.368 Mbit/s 支路信号。

⑥ 3×TUG-3 同步复用成 VC-4

三个支路单元组 TUG-3 以字节间插方式进行复用，复用的结果形成了 9 行×258 列的块状结构,然后再附加上两列填充字节 R1、R2 和一列通道开销 VC-4 POH,最后组成了具有 9 行×261 列块状结构的虚拟容器 VC-4。

⑦ VC-4→AU-4→STM-N

该过程在前面已有描述,此处不再重复。

3. 扰码

在网络节点处,为了便于定时恢复,要求 STM-N 信号有足够的比特定时含量。为此,采用扰码器来防止长连"0"或长连"1"序列的出现。

SDH 系统的线路码型采用加扰的 NRZ 码。ITU-T 规范了对 NRZ 码的加扰方式,采用标准的 7 级扰码器。扰码生成多项式为 $1+X^6+X^7$,扰码序列长为 $2^7-1=127$(位),如图 4-27 所示。

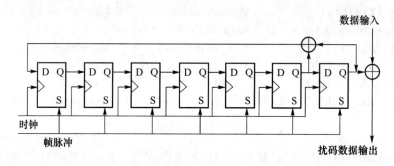

图 4-27 扰码器功能图

由图 4-27 可知,扰码器由 7 级 D 触发器组成的反馈移位寄存器来实现,其反馈结构由生成多项式决定。STM-N 时钟加到每一级触发器的时钟输入端上,扰码器输出即为充分随机化的信号,在统计特性上已十分接近白噪声。

这种方式的优点是:码型最简单,不增加线路信号速率,没有光功率代价,无须编码,发端需一个扰码器即可,收端采用同样标准的解扰器即可接收发端业务,实现多厂家设备环境的光路互联。

4. AU 与 TU 的编号方案

SDH 由于采用了字节间插复用方法,使被复用的各低速信号在 STM 帧中的位置相对固定;再加上 AU 指针可以指示净负荷在 STM-N 中的准确位置,从而可以从 STM-N 帧中用软件直接提取或接入低速支路信号,这就需要对各种支路信号,如 TU-3(34 Mbit/s)和TU-12(2 Mbit/s)进行统一编号。

一个 STM-1 帧由 270 列组成,其中前 9 列为 SOH,余下的 261 列才是净负荷。净负荷可以用 3 位数 K、L、M 来编址。

- K:表示 TUG-3 的序号,所以 K=1~3(一个 VC-4 含 3 个 TUG-3);
- L:表示 TUG-2 的序号,所以 L=1~7(一个 TUG-3 含 7 个 TUG-2);
- M:表示 TU-12 的序号,所以 M=1~3(一个 TUG-2 含 3 个 TU-12)。

(1) AU-4(VC-4)的编号

由于在我国制定的同步复用结构中不允许 AU-3 出现,所以 AU-4 就是 VC-4,其编号十分简单。

因在 STM-N 信号中可包括 N 个 AU-4(VC-4),其编号如下。

AU-4(VC-4)♯1:由 STM-N SOH 的第一个指针指示;

AU-4(VC-4)♯2：由 STM-N SOH 的第二个指针指示；

……

AU-4(VC-4)♯N：由 STM-N SOH 的第 N 个指针指示。

（2）TU-3(VC-3)的编号

一个 VC-4 可由 3 个 TUG-3 组成，而 TUG-3 可由一个 TU-3 组成，其编号如下。

- $K=1\sim3$（一个 VC-4 含 3 个 TUG-3）；
- $L=0$（因 TU-3 信号中不含 TUG-2）；
- $M=0$（因 TU-3 信号中不含 TU-12）。

所以一个 VC-4 中的 3 个 TUG-3 的编号为：(1,0,0)；(2,0,0)；(3,0,0)。

一个 TU-3 在 VC-4 中所占列的序号由下式给出：

$$X(列)=4+(K-1)+3\times(X-1)$$

其中，$K=1\sim3$（一个 VC-4 含 3 个 TUG-3）；$X=1\sim86$（因一个 TUG-3 含有 86 列）。

由上式可得出每个 TU-3 在 VC-4 中的列号（共计 86 列）。

TU-3♯1：位于 VC-4 的第 4,7,10,…,259 列；

TU-3♯2：位于 VC-4 的第 5,8,11,…,260 列；

TU-3♯3：位于 VC-4 的第 6,9,12,…,261 列。

（3）TU-12(VC-12)的编号

当 VC-4 是由 63 个 2 Mbit/s 组成的时候，每个 TUG-3 由 7 个 TUG-2 组成，而每个 TUG-2 又由 3 个 TU-12(VC-12)以字节间插方式复用成一个 TUG-2，然后 7 个 TUG-2 以字节间插方式再复用成一个 TUG-3，所以一个 TUG-3 包含 21 个 TU-12，如表 4-3 所示。

表 4-3　各种 TU 的编号

TU-3	TU-12	TS♯	TU-3	TU-12	TS♯	TU-3	TU-12	TS♯
100	111	1	200	211	2	300	311	3
	112	22		212	23		312	24
	113	43		213	44		313	45
	121	4		221	5		321	6
	122	25		222	26		322	27
	123	46		223	47		323	48
	131	7		231	8		331	9
	132	28		232	29		332	30
	133	49		233	50		333	51
	141	10		241	11		341	12
	142	31		242	32		342	33
	143	52		243	53		343	54

续 表

TU-3	TU-12	TS#	TU-3	TU-12	TS#	TU-3	TU-12	TS#
	151	13		251	14		351	15
	152	34		252	35		352	36
	153	55		253	56		353	57
	161	16		261	17		361	18
	162	37		262	38		362	39
	163	58		263	59		363	60
	171	19		271	20		371	21
	172	40		272	41		372	42
	173	61		273	62		373	63

注:TS# 是 TU-12 的时隙编号,其值为 1~63。

一个 TU-12(VC-12)在 VC-4 中所占列的序号由下式给出:

$$X(列)=10+(K-1)+3\times(L-1)+21\times(M-1)+63\times(X-1)$$

其中,$K=1\sim3$(因一个 VC-4 含 3 个 TUG-3);$L=1\sim7$(因一个 TUG-3 含 7 个 TUG-2);$M=1\sim3$(因一个 TUG-2 含 3 个 TU-12);$X=1\sim4$(因一个 TU-12 含 4 列)。

TU-12 的编号方案如图 4-28 所示。

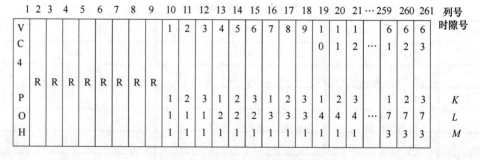

图 4-28　TU-12 的编号方案

4.4　SDH 网元设备

4.4.1　SDH 设备的功能块描述

为了使不同厂家的 SDH 产品实现横向兼容,这就必然会要求 SDH 设备的实现要按照标准的规范。ITU-T 采用功能参考模型的方法对 SDH 设备进行规范,它将设备所应完成的功能分解为各种基本的标准功能块,功能块的实现与设备的物理实现无关,不同的设备由这些基本的功能块灵活组合而成,以完成设备不同的功能。通过基本功能块的标准化,来规范设备的标准化,同时也使规范具有普遍性,叙述清晰简单。

下面以一个 TM 设备的典型功能块组成为例,来讲述各个基本功能块的作用(如图 4-29 所示)。

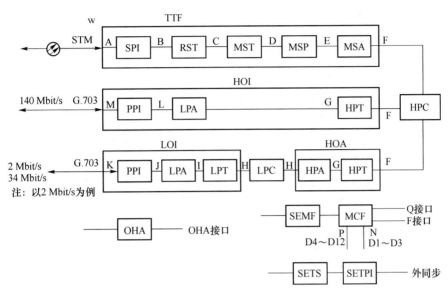

图 4-29　SDH 设备的逻辑功能构成

为了更好地理解图 4-29,对图中出现的功能块名称说明如下。

SPI:SDH 物理接口　　　　TTF:传送终端功能　　　　RST:再生段终端

HOI:高阶接口　　　　　　MST:复用段终端　　　　　LOI:低阶接口

MSP:复用段保护　　　　　HOA:高阶组装器　　　　　MSA:复用段适配

HPC:高阶通道连接　　　　PPI:PDH 物理接口　　　　OHA:开销接入功能

LPA:低阶通道适配　　　　SEMF:同步设备管理功能　LPT:低阶通道终端

MCF:消息通信功能　　　　LPC:低阶通道连接　　　　SETS:同步设备定时源

HPA:高阶通道适配　　　　SETPI:同步设备定时物理接口　HPT:高阶通道终端

图 4-29 为一个 TM 的功能块组成图,其信号流程(以设备的接收方向为例)是线路上的 STM-N 信号从设备的 A 参考点进入设备依次经过 A→B→C→D→E→F→G→L→M 拆分成 140 Mbit/s 的 PDH 信号;经过 A→B→C→D→E→F→G→H→I→J→K 拆分成 2 Mbit/s 或 34 Mbit/s 的 PDH 信号。相应的设备发送方向就是沿这两条路径的反方向将 140 Mbit/s 和 2 Mbit/s、34 Mbit/s 的 PDH 信号复用到线路上的 STM-N 信号帧中。设备的这些功能是由各个基本功能块共同完成的。

1. SPI:SDH 物理接口功能块

SPI 是设备和光路的接口,主要完成光/电变换、电/光变换,提取线路定时,以及相应告警的检测。

(1) 接收方向——信号流从 A 到 B

实现光/电转换,同时提取线路定时信号并将其传给 SETS(同步设备定时源功能块)锁相,锁定频率后由 SETS 再将定时信号传给其他功能块,以此作为它们工作的定时时钟。当 A 点的 STM-N 信号失效(如无光或光功率过低,传输性能劣化使 BER 劣于 10^{-3}),SPI 产生 R-LOS 告警(接收信号丢失),并将 R-LOS 状态告知 SEMF(同步设备管理功能块)。

（2）发送方向——信号流从 B 到 A

实现电/光转换，同时将定时信息附着在线路信号中。

2. RST：再生段终端功能块

RST 是 RSOH 开销的源和宿，也就是说，RST 功能块在构成 SDH 帧信号的过程中产生 RSOH（发送方向），并在相反方向（接收方向）处理（终结）RSOH。

（1）接收方向——信号流 B 到 C

STM-N 的电信号及定时信号或 R-LOS 告警信号（如果有的话）由 B 点送至 RST，若 RST 收到的是 R-LOS 告警信号，即在 C 点处插入全"1"（AIS）信号。

若在 B 点收到的是正常信号流，那么 RST 开始搜寻 A1 和 A2 字节进行定帧，帧定位就是不断检测帧信号是否与帧头位置相吻合。若连续 5 帧以上无法正确定位帧头，设备进入帧失步状态，RST 功能块上报接收信号帧失步告警 R-OOF。在帧失步时，若连续两帧正确定帧则退出 R-OOF 状态。R-OOF 持续了 3 ms 以上设备进入帧丢失状态，RST 上报 R-LOF（帧丢失）告警，并使 C 点处出现全"1"信号，整个业务中断。在 R-LOF 状态下，若收端连续 1 ms 以上恢复定帧状态，那么设备回到正常状态。

RST 对 B 点输入的信号进行了正确帧定位后，RST 检测 J0 字节，以便让接收机能据此确认其与预定的发送机是否处于持续的连接状态。然后对 STM-N 帧中除 RSOH 第一行字节外的所有字节进行解扰，解扰后提取 RSOH 并进行处理。RST 校验 B1 字节，若检测出有误码块，则本端产生 RS-BBE；RST 同时将 E1、F1 字节提取出传给 OHA（开销接入功能块）处理公务联络电话及提供 64 kbit/s 的使用者通道；将 D1～D3 提取传给 SEMF，处理 D1～D3 上的再生段 OAM 命令信息。

（2）发送方向——信号流从 C 到 B

RST 写 RSOH，计算 B1 字节，并对除 RSOH 第一行字节外的所有字节进行扰码。

3. MST：复用段终端功能块

MST 是复用段开销的源和宿，在接收方向处理（终结）MSOH，在发送方向产生 MSOH。

（1）接收方向——信号流从 C 到 D

MST 校验 B2 字节，检测复用段信号的传输误码块，若有误块检测出，则本端设备在 MS-BBE 性能事件中显示误块数，向对端发送远端误块指示信息 MS-REI，由 M1 字节向对端回告接收到的误块数。

若检测到 MS-AIS 或 B2 检测的误码块数超越门限（此时 MST 上报一个 B2 误码越限告警 MS-EXC），则在点 D 处使信号全"1"，并通过置 K2 字节的 b6～b8 比特为"110"，向对端复用段远端失效指示（MS-RDI）。

MST 提取 K1、K2 字节中的 APS（自动保护倒换）协议送至 SEMF，以便 SEMF 在适当的时候（如故障时）进行复用段倒换。

若 C 点收到的 K2 字节的 b6～b8 比特连续 3 帧为"111"，则表示从 C 点输入的信号为全"1"信号，MST 功能块产生 MS-AIS（复用段告警指示）告警信号。若在 C 点的信号中 K2 为"110"，则判断为这是对端设备回送回来的对告信号：MS-RDI（复用段远端失效指示），表示对端设备在接收信号时出现 MS-AIS、B2 误码过大等劣化告警。

另外，MST 将同步状态信息 S1（b5～b8）恢复，将所得的同步质量等级信息传给 SEMF。同时 MST 将 D4～D12 字节提取传给 SEMF，供其处理复用段 OAM 信息；将 E2 提取出来传给 OHA，供其处理复用段公务联络信息。

（2）发送方向——信号流从 D 到 C

MST 写入 MSOH：从 OHP 来的 E2；从 SEMF 来的 D4～D12；从 MSP 来的 K1、K2；通过校验统计写入相应 B2 字节并写入 S1 字节、M1 等字节。若 MST 在接收方向检测到 MS-AIS 或 MS-EXC(B2)，那么在发送方向上将 K2 字节 b6～b8 比特置为"110"。

4．MSP：复用段保护功能块

MSP 用以在复用段内保护 STM-N 信号，防止随路故障，它通过对 STM-N 信号的监测、系统状态评价，将故障信道的信号切换到保护信道上去（复用段倒换）。ITU-T 规定保护倒换的时间控制在 50 ms 以内。

复用段倒换的故障条件是 R-LOS、R-LOF、MS-AIS 和 MS-EXC(B2)，要进行复用段保护倒换，设备必须要有冗余（备用）的信道。

（1）接收方向——信号流从 D 到 E

若 MSP 收到 MST 传来的 MS-AIS 或 SEMF 发来的倒换命令，将进行信息的主备用倒换，正常情况下信号流从 D 点透明地传送到 E 点。

（2）发送方向——信号流从 E 到 D

E 点的信号流透明地传送至 D 点，E 点处信号波形同 D 点。

5．MSA：复用段适配功能块

MSA 的功能是处理和产生 AU-PTR，即将 AUG(AU-4)分解为 VC-4 或将 VC-4 组合成 AUG(AU-4)。

（1）接收方向——信号流从 E 到 F

MSA 处理 AU-4 的 AU-4 指针，若 AU-PTR 的值连续 8 帧为无效指针值或 AU-PTR 连续 8 帧为 NDF，此时 MSA 上相应的 AU-4 产生 AU-LOP 告警，并使信号在 F 点相应的通道上（VC-4）输出为全"1"。若 MSA 连续 3 帧检测出 H1、H2、H3 字节全为"1"，则认为 E 点输入的为全"1"信号，此时 MSA 使信号在 F 点相应的 VC-4 上输出为全"1"，并产生相应 AU-4 的 AU-AIS 告警。

（2）发送方向——信号流从 F 到 E

F 点的信号经 MSA 定位和加入标准的 AU-PTR 成为 AU-4，传送至 E 点。

6．TTF：传送终端功能块

前面讲过多个基本功能经过灵活组合，可形成复合功能块，以完成一些较复杂的工作。

SPI、RST、MST、MSA 一起构成了复合功能块 TTF，它的作用是在接收方向对 STM-N 光线路进行光/电变换(SPI)、处理 RSOH(RST)、处理 MSOH(MST)、对复用段信号进行保护(MSP)、处理指针 AU-PTR，最后输出 N 个 VC-4 信号；发送方向与此过程相反，进入 TTF 的是 VC-4 信号，从 TTF 输出的是 STM-N 的光信号。

7．HPC：高阶通道连接功能块

HPC 实际上相当于一个交叉矩阵，它完成对高阶通道 VC-4 进行交叉连接的功能，除了信号的交叉连接外，信号流在 HPC 中是透明传输的（所以 HPC 的两端都用 F 点表示）。

HPC 是实现高阶通道 DXC 和 ADM 的关键，其交叉连接功能仅指选择或改变 VC-4 的路由，不对信号进行处理。

8．HPT：高阶通道终端功能块

从 HPC 中出来的信号分成了两种路由：一种进 HOI 复合功能块，输出 140 Mbit/s 的

PDH 信号;另一种进 HOA 复合功能块,再经 LOI 复合功能块最终输出 2 Mbit/s 的 PDH 信号。不过不管走哪一种路由,都要先经过 HPT 功能块,两种路由 HPT 的功能是一样的。

HPT 是高阶通道开销的源和宿,形成和终结高阶虚容器。

(1) 接收方向——信号流从 F 到 G

终结 POH,检验 B3,若有误码块,则在本端性能事件中 HP-BBE 显示检出的误块数,同时在回送给对端的信号中,将 G1 字节的 b1~b4 比特设置为检测出的误块数,以便发端在性能事件 HP-REI 中显示相应的误块数。

HPT 检测 J1 和 C2 字节,若失配(应收的和所收的不一致)则产生 HP-TIM、HP-SLM 告警,使信号在 G 点相应的通道上输出为全"1",同时通过 G1 的 b5 往发端回传一个相应通道的 HP-RDI 告警。若检查到 C2 字节的内容连续 5 帧为 00000000,则判断该 VC-4 通道未装载,于是使信号在 G 点相应的通道上输出为全"1",HPT 在相应的 VC-4 通道上产生 HP-UNEQ 告警。

H4 字节的内容包含有复帧位置指示信息,HPT 将其传给 HOA 复合功能块的 HPA 功能块(因为 H4 的复帧位置指示信息仅对 2 Mbit/s 有用,对 140 Mbit/s 的信号无用)。

(2) 发送方向——信号流从 G 到 F

HPT 写入 POH,计算 B3,由 SEMF 传相应的 J1 和 C2 给 HPT 写入 POH 中。

G 点的信号形状实际上是 C-4 信号帧,这个 C-4 信号一种情况是由 140 Mbit/s 适配成的;另一种情况是由 2 Mbit/s 信号经 C-12→VC-12→TU-12→TUG-2→TUG-3→C-4 这种结构复用而来的。若是由 140 Mbit/s 的 PDH 信号适配成 C-4,则 HPT 的下一步进入 LPA 功能块。

9. LPA:低阶通道适配功能块

LPA 的作用是通过映射和去映射将 PDH 信号适配进 C,或把 C 信号去映射成 PDH 信号,此处的 PDH 信号是指 140 Mbit/s。

(1) 接收方向——信号流从 G 到 L

LPA 将 G 点的 C-4 去映射成 140 Mbit/s,传送至 L 点。140 Mbit/s 信号码型为设备内部码(NRZ 码),不满足远距离传送的条件。

(2) 发送方向——信号流从 L 到 G

LPA 将 L 点的 140 Mbit/s 适配成 C-4,传送至 G 点。

10. PPI:PDH 物理接口功能块

PPI 的功能是作为 PDH 设备和携带支路信号的物理传输媒质的接口,主要功能是进行码型变换和支路定时信号的提取。

(1) 接收方向——信号流从 L 到 M

将 L 点的设备内部码转换成便于支路传输的 PDH 线路码型,如 HDB_3(2 Mbit/s、34 Mbit/s)、CMI(140 Mbit/s),传送至 M 点。

(2) 发送方向——信号流从 M 到 L

将在 M 点接收到的 PDH 线路码转换成便于设备处理的 NRZ 码,传送至 L 点,同时提取支路信号的时钟将其送给 SETS 锁相,锁相后的时钟由 SETS 送给各功能块作为它们的工作时钟。

当 PPI 检测到无输入信号时,会产生支路信号丢失告警 T-ALOS(2 Mbit/s)或 EXLOS(34 Mbit/s、140 Mbit/s),表示设备支路输入信号丢失。

11. HOI：高阶接口

此复合功能块由 HPT、LPA、PPI 三个基本功能块组成。完成的功能是将 140 Mbit/s 的 PDH 信号映射成 VC-4 或将 VC-4 去映射成 140 Mbit/s 信号。

若是由 2 Mbit/s 的 PDH 信号适配成 C-4，则 HPT 的下一步进入 HPA 功能块。

12. HPA：高阶通道适配功能块

此时，G 点处的信号实际上是由 TUG-3 通过字节间插而成的 C-4 信号，而 TUG-3 又是由 TUG-2 通过字节间插复合而成的，TUG-2 又是由 TU-12 复合而成的，TU-12 是由 VC-12 加上 TU-PTR 组成的。

HPA 的作用类似 MSA，只不过进行的是通道级的处理/产生 TU-PTR，将 C-4 这种信息结构拆/分成 63 个 TU-12（对 2 Mbit/s 的信号而言）。

（1）接收方向——信号流从 G 到 H

首先将 C-4 进行消间插成 63 个 TU-12，然后处理 TU-PTR，进行 VC-12 在 TU-12 中的定位、分离，从 H 点流出的信号是 63 个 VC-12 信号。

HPA 若连续 3 帧检测到 V1、V2、V3 全为"1"，则判定为相应通道的 TU-AIS 告警，在 H 点使相应 VC-12 通道信号输出全为"1"。若 HPA 连续 8 帧检测到 TU-PTR 为无效指针或 NDF，则 HPA 产生相应通道的 TU-LOP 告警，并在 H 点使相应 VC-12 通道信号输出全为"1"。

HPA 根据从 HPT 接收到的 H4 字节做复帧指示，将 H4 的值与复帧序列中单帧的预期值相比较，若连续几帧不吻合，则上报 TU-LOM 支路单元复帧丢失告警；若 H4 字节的值为无效值，在 01H～04H 之外，则也会出现 TU-LOM 告警。

（2）发送方向——信号流从 H 到 G

HPA 先对输入的 VC-12 进行标准定位——加上 TU-PTR，然后将 63 个 TU-12 通过字节间插复用：TUG-2→TUG-3→C-4。

13. HOA：高阶组装器

高阶组装器的作用是将 2 Mbit/s 和 34 Mbit/s 的 POH 信号通过映射、定位、复用，装入 C-4 帧中，或从 C-4 中拆分出 2 Mbit/s 和 34 Mbit/s 的信号。

14. LPC：低阶通道连接功能块

与 HPC 类似，LPC 也是一个交叉连接矩阵，不过它是完成对低阶 VC（VC-12/VC-3）进行交叉连接的功能，可实现低阶 VC 之间灵活的分配和连接。一个设备若要具有全级别交叉能力，就一定要包括 HPC 和 LPC。信号流在 LPC 功能块处是透明传输的（所以 LPC 两端参考点都为 H）。

15. LPT：低阶通道终端功能块

LPT 是低阶 POH 的源和宿，对 VC-12 而言就是处理和产生 V5、J2、N2、K4 四个 POH 字节。

（1）接收方向——信号流从 H 到 I

LPT 处理 LP-POH，通过 V5 字节的 b1～b2 进行 BIP-2 的检验，若检测出 VC-12 的误码块，则在本端性能事件 LP-BBE 中显示误块数，同时通过 V5 的 b3 回告对端设备，并在对端设备的性能事件 LP-REI（低阶通道远端误块指示）中显示相应的误块数。检测 J2 和 V5 的 b5～b7，若失配（应收的和实际所收的不一致）则在本端产生 LP-TIM（低阶通道踪迹字节失配）、

LP-SLM（低阶通道信号标识失配），此时 LPT 使 I 点处相应通道的信号输出为全"1"，同时通过 V5 的 b8 回送给对端一个 LP-RDI（低阶通道远端失效指示）告警，使对端了解本接收端相应的 VC-12 通道信号时出现劣化。若连续 5 帧检测到 V5 的 b5～b7 为 000，则判定为相应通道来装载，本端相应通道出现 LP-UNEQ（低阶通道未装载）告警。

I 点处的信号实际上已成为 C-12 信号。

（2）发送方向——信号流从 I 到 H

LPT 写入 V5、J2、N2、K4 四个 POH 字节，将 I 点的 C-12 信号映射成 H 点的 VC-12 信号。

16. LPA：低阶通道适配功能块

低阶通道适配功能块的作用与前面所讲的一样，就是将 PDH 信号（2 Mbit/s）装入 C-12 容器，相当于将货物打包的过程，将 2 Mbit/s 适配进 C-12 或作反变换处理将 C-12 拆包 2 Mbit/s 信号。此时 J 点的信号实际上已是 PDH 的 2 Mbit/s 信号。

17. PPI：PDH 物理接口功能块

与前面讲的一样，PPI 主要完成码型变换的接口功能，以及提取支路定时供系统使用的功能。

18. LOI：低阶接口功能块

低阶接口功能块主要完成将 VC-12 信号拆包成 PDH 的 2 Mbit/s 信号（接收方向），或将 PDH 的 2 Mbit/s 信号打包成 VC-12 信号，同时完成设备和线路的接口功能——码型变换；PPI 完成映射和去映射功能。

设备组成的基本功能块就是这些，不过通过它们灵活的组合，可构成不同的设备，例如组成 REG、TM、ADM 和 DXC，并完成相应的功能。

设备还有一些辅助功能块，它们携同基本功能块一起完成设备所要求的功能，这些辅助功能块是 SEMF、MCF、OHA、SETS、SETPI。

19. SEMF：同步设备管理功能块

它的作用是收集其他功能块的状态信息，进行相应的管理操作。这就包括了本站向各个功能块下发命令，收集各功能块的告警、性能事件，通过 DCC 通道向其他网元传送 OAM 信息，向网络管理终端上报设备告警、性能数据以及响应网管终端下发的命令。

DCC（D1～D12）通道的 OAM 内容是由 SEMF 决定的，并通过 MCF 在 RST 和 MST 中写入相应的字节，或通过 MCF 功能块在 RST 和 MST 提取 D1～D12 字节，传给 SEMF 处理。

20. MCF：消息通信功能块

MCF 功能块实际上是 SEMF 和其他功能块和网管终端的一个通信接口，通过 MCF，SEMF 可以和网管进行消息通信（F 接口、Q 接口），以及通过 N 接口和 P 接口分别与 RST 和 MST 上的 DCC 通道交换 OAM 信息，实现网元和网元间的 OAM 信息的互通。

MCF 上的 N 接口传送 D1～D3 字节（DCCR），P 接口传送 D4～D12 字节（DCCM），F 接口和 Q 接口都是与网管终端的接口，通过它们可使网管能对本设备及至整个网络的网元进行统一管理。

21. SETS：同步设备定时源功能块

数字网都需要一个定时时钟以保证网络的同步，使设备能正常运行。而 SETS 功能块的作用就是提供 SDH 网元乃至 SDH 系统的定时时钟信号。

SETS 时钟信号的来源有 4 种：由 SPI 功能块从线路上的 STM-N 信号中提取的时钟信号；由 PPI 从 PDH 支路信号中提取的时钟信号；由 SETPI（同步设备定时物理接口）提取的外部时钟源，如 2 MHz 方波信号；当这些时钟信号源都劣化后，为保证设备的定时，由 SETS 的内置振荡器产生时钟。

SETS 对这些时钟进行锁相后，选择其中一路高质量的时钟信号，传给设备中除 SPI 和 PPI 外的所有功能块使用。同时，SETS 通过 SETPI 功能块向外提供 2 Mbit/s 和 2 MHz 的时钟信号，可供其他设备——交换机、SDH 网元等，作为外部时钟源使用。

22. SETPI：同步设备定时物理接口

作用 SETS 与外部时钟源的物理接口，SETS 通过它接收外部时钟信号或提供外部时钟信号。

23. OHA：开销接入功能块

OHA 的作用是从 RST 和 MST 中提取或写入相应 E1、E2、F1 公务联络字节，进行相应的处理。

前面讲述了组成设备的基本功能块，以及这些功能块所监测的告警性能事件及其监测机理。深入了解各个功能块上监测的告警、性能事件以及这些事件的产生机理，是以后在维护设备时能正确分析、定位故障的关键所在，希望读者能将这部分内容完全理解和掌握。由于这部分内容较零散，现将其综合起来，以便能找出其内在的联系。

以下是 SDH 设备各功能块产生的主要告警维护信号以及有关的开销字节。

- SPI：LOS
- RST：LOF（A1、A2），OOF（A1、A2），RS-BBE（B1）
- MST：MS-AIS（K2[b6~b8]）、MS-RDI（K2[b6~b8]），MS-REI（M1），MS-BBE（B2），MS-EXC（B2）
- MSA：AU-AIS（H1、H2、H3），AU-LOP（H1、H2）
- HPT：HP-RDI（G1[b5]），HP-REI（G1[b1~b4]），HP-TIM（J1），HP-SLM（C2），HP-UNEQ（C2），HP-BBE（B3）
- HPA：TU-AIS（V1、V2、V3），TU-LOP（V1、V2），TU-LOM（H4）
- LPT：LP-RDI（V5[b8]），LP-REI（V5[b3]），LP-TIM（J2），LP-SLM（V5[b5~b7]），LP-UNEQ（V5[b5~b7]），LP-BBE（V5[b1~b2]）

图 4-30 是一个较详细的 SDH 设备各功能块的告警流程图，通过它可看出 SDH 设备各功能块告警维护信号的相互关系。

前面讲过 SDH 的几种常见网元，现在从功能块的组成去了解每个网元所能完成的功能。

4.4.2　SDH 复用设备

SDH 复用设备有两种类型，即 TM：终端复用器和 ADM：分/插复用器。

1. TM：终端复用器

TM 的作用是将低速支路信号 PDH、STM-M（$M<N$）交叉复用成高速线路信号 STM-N。因为有 HPC 和 LPC 功能块，所以 TM 有高、低阶 VC 的交叉复用功能。其示意图见图 4-31。

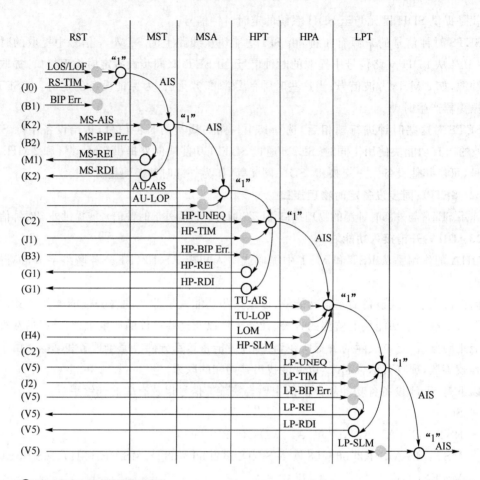

○ 表示产生出相应的告警或信号
● 表示检测出相应的告警

图 4-30　SDH 各功能块告警流程图

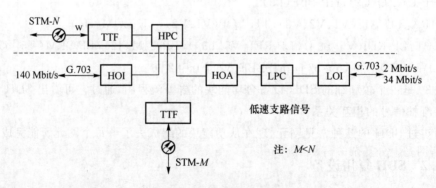

图 4-31　TM 功能示意图

2. ADM:分/插复用器

ADM 的作用是将低速支路信号(PDH、STM-M)交叉复用到东/西向线路的 STM-N 信号中,以及东/西线路的 STM-N 信号间进行交叉连接。其示意图见图 4-32。

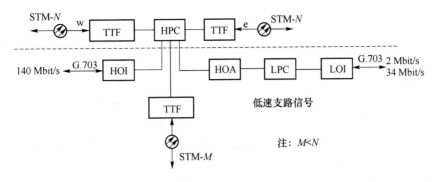

图 4-32　ADM 功能示意图

4.4.3　SDH 再生器

REG 再生中继器的作用是完成信号的再生整形,将东/西侧的 STM-N 信号传到西/东侧线路上去。注意:此处不用交叉能力。其示意图见图 4-33。

图 4-33　REG 功能示意图

4.4.4　数字交叉连接设备

数字交叉连接设备(DXC)逻辑结构类似于 ADM,只不过其交叉矩阵的功能更强大,能完成多条线路信号和多条支路信号的交叉连接(比 ADM 的交叉能力要强大得多)。其示意图见图 4-34。

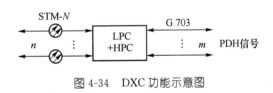

图 4-34　DXC 功能示意图

4.5　SDH 传送网

4.5.1　SDH 传送网的分层与分割

1. 传送网的基本概念

电信网是十分复杂的网络。一个电信网有两类基本功能:一类是传送功能,它可以将任何通信信息从一个点传到另一些点;另一类是控制功能,它可以实现各种辅助服务的操作维护。所谓网络,可以泛指提供通信服务的所有实体及其逻辑配置。从信息传递的角度看,网络就是传送网,传送网主要是指逻辑功能意义上的网络,即网络的逻辑功能的集合。因而传送网就是指完成信息传送功能的手段,当然,在完成传送功能的过程中,也必须能传递各种网络控制信息,因为传送网是一个庞大的复杂网络,由众多的元件组成。为了网络设计和管理的方便,有必要规范一个合适的网络模型,它具有规定的功能实体,并采用分层和分割概念,从而使网络结构更加简洁、灵活、规范化。不难想象,对于一个包括终端、传输、交换全部设备、设施和逻辑配置的庞大的电信网络，如果完全用具体的物理设备实体来描述，那将是十分复杂的，而且还要看到，具体设备构成的某一具体网络往往具有局限性，不如传送网那样具有一般性和科学性。正因为这样，我们有必要了解网络结构。

2. 网络结构元件

网络结构元件是用来描述传送网结构的基本元件，如果把网络比喻成为一座大楼，那么结构元件犹如建筑大楼的预制体和砖块一样，这就使得可以用少量的结构元件和抽象的方式来描述网络的功能，通常结构元件按它们在信息处理中执行的功能来规定或者按它们描述的与结构元件间的关系来规定。结构元件的功能作用于输入端的信息，并将处理过的信息传送给输出端，其定义和特征全表现在输入、输出间的信息过程。结构单元以特定的方式联系在一起即形成网络单元（NE）。网络单元再按规定互连即构成网络。结构元件按功能可分拓扑元件、传送实体、传送处理功能和参考点四类，这四类结构元件即可构成整个 SDH 网络。

（1）拓扑元件

拓扑元件是以同类型参考点之间拓扑关系的角度来描述传送网的结构元件，共分以下三类。

① 层网络。层网络又称传送层网络，它是将一组完全同类型的接入点连在一起传送信息的逻辑实体。传送网垂直划分为三层，即电路层、通道层和传输媒质层，各相邻层间构成顾主/服务者关系，每一层与其他层之间交互方式的规范也由此提供。对每一层网络而言，它所能产生和传递的仅仅是一种类型的"特征信号"，而且具有自己的管理能力和管理目的。"特征信号"指的是有特定速率和格式的信号，通常指用户信息和一些监视开销。

② 子网。子网是指对层网络在横向进行功能分割产生的子集，由一组完全的同类型连接点规定。子网可以进一步由较低等级的子网和子网间链路所组成，较低等级的子网还可以继续细分。

③ 链路。链路代表了一对子网之间的拓扑关系，用来描述两子网间作为选择自由目的的固定关系，链路不能再分割，对链路分解的最低级别是传输媒质。

（2）传送实体

传送实体是指能将信息透明地从一点传送到另一点的功能手段，信息透明传送意味着从传送实体的输入端输入至输出端输出，除了可能产生传输质量的恶化外，信息本身没有发生任何变化。传送实体可分成以下两类。

① 连接。可在连接点之间透明地传送信息，但信息完整性是不受监视的。按隶属的拓扑元件，又可细分成网络连接、子网连接和链路连接。

② 路径。可在接入点之间透明地传送信息，路径是服务层网络中的传送实体，有近端路径终端功能、网络连接功能和远端路径终端功能。处于电路层网络的路径称为电路，处于通道层网络的路径称为通道，处于段层网络的路径称为段。

（3）传送处理功能

在描述层网络结构时需要用到以下两个一般传送处理功能，在层网络的边界上它们是一起出现的。

① 适配功能。将某一层网络上的特征信息进行适配处理，以便适合于在服务层网络上传送。常见适配功能有复用、编码、速率变换、VC 的组合与分解，以及模拟转换等。

② 路径终端功能。产生层网络上的特征信息，并确保其完整性。它又可分为路径终端源和路径终端宿。因此，路径终端功能就是产生和终结用于 OAM 的路径开销。

（4）参考点

参考点是指层网络上的参考点即传送处理功能或传送实体的输入与另一个输出相结合的

点,所谓结合指直接关系,不含中间介入点,代表了 NE 内的静态连接,绝不会扩展到 NE 之外,它分为以下三类。

① 连接点(CP)。连接点是一种连接类型的输出与另一种连接类型的输入相结合的点,特征信息流过层网络上的连接点,基本功能是连接功能和连接监视功能。对于电路层,CP 位于交换机;对于通道层,CP 位于 DXC;对于传输媒质层,CP 位于再生器。

② 终端连接点(TCP)。终端连接点是指在路径终端源功能输出与网络连接输入相结合的点,以及网络连接输出与路径终端宿功能输入相结合的点,将形成单向 TCP;当两个单向 TCP 结合在一起时,就形成双向 TCP。

③ 接入点(AP)。接入点是指在适配源功能输出的与路径终端源功能的输入相结合的点,或者路径终端宿功能的输出与适配宿功能的输入相结合的点形成接入点。AP 的主要功能是适配。对于电路层,AP 位于网络终端设备;对于通道层,AP 位于复用设备;对于传输媒质层,AP 位于线路终端设备。

3. 分层和分割

(1) 分层和分割概念

传送网可以从垂直方向分解为三个独立的层网络,即电路层、通道层和传输媒质层。每一层网络在水平方向又可以按照该层内部结构分割为若干分离的部分,组成适于网络管理的基本骨架,如图 4-35 所示。

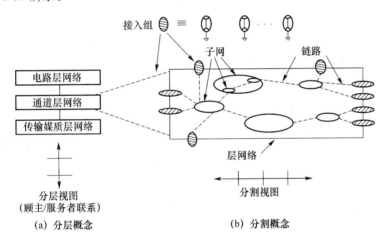

图 4-35　分层和分割概念

(2) 分层模型

如图 4-36 所示,从上至下依次为电路层、通道层和传输媒质层。

① 电路层。电路层直接面向通信业务,设备包括各种交换机和用于租用线业务的交叉连接设备。电路层向用户提供端到端之间的电路连接,一般由交换机建立。

② 通道层。通道层支持一个或多个电路层网络,为其提供传送通道,可分成高阶 VC 和低阶 VC 组成的两种通道层。SDH 网的一个重要特点是能够对通道网络的连接进行管理和控制,因此,网络应用十分灵活和方便。

③ 传输媒质层。传输媒质层与传输媒质(如光缆或微波)有关,支持一个或多个通道层网络,提供通道层两个节点之间的信息传递的完整性。它可划分成段层(包括再生段和复用段)和物理层(如传输媒质为光缆)。其中段应涉及保证它为通道层网络节点(如 DXC)提供合适

的通道容量,STM-N 就是传输媒质层网络的标准传送容量,该层主要面向跨接线路系统的点到点传递。

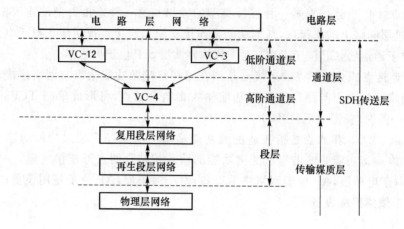

图 4-36 分层模型

对网络分层的好处是:a. 单独设计和运行每一层网络要比将整个网络作为单个实体简单得多;b. 有助于规定 TMN 的管理目标;c. 每一层网络有各自独立的 OAM&P,减少彼此影响;d. 使网络规范与具体实施方法无关,使规范保持较长时间的稳定,不会随技术换代而轻易更改。

（3）分割模型

分层之后,每一层网络仍显复杂,因此需进一步对每一层网络分割。

① 子网的分割。即实现子网＝较小子网＋链路＋拓扑,并进行递归分解,直至披露所要看到的最小细节为止,所能看到的最小细节恰好就是 NE 内实现交叉连接矩阵的设备。

② 网络连接的分割。与子网的分割一样,对网络连接也可以按同样方法进行分割,即实现网络连接＝TCP＋子网连接＋链路连接＋TCP,并进行递归分解。

③ 子网连接的分割。每个子网连接可以进一步分割成一系列子网连接和链路连接的结束,在这种情况下,分割必须以子网连接开始和子网连接结合,即实现子网连接＝CP＋较小子网连接＋链路连接＋CP,并进行递归分解。

分割的好处是:a. 便于管理;b. 便于改变网络组成,使之最佳化。

（4）光传送网的分层

光传送网的开销和传送功能也是分层的,不同的层网络有不同的开销和传送功能,如图 4-37 所示。

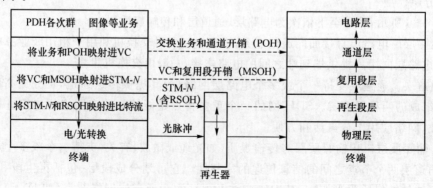

图 4-37 具有光接口的 SDH 设备之间的分层通信

（5）再生段、复用段和通道

实际系统组成的再生段、复用段和通道定义见图 4-38。

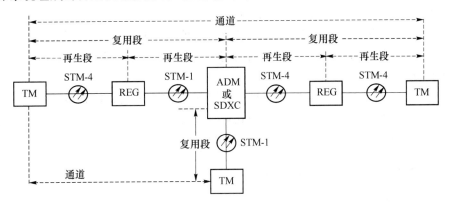

图 4-38　再生段、复用段和通道示意图

4.5.2　传送网的物理拓扑

网络的物理拓扑泛指网络的形态，即网络节点和传输线路的几何排列，反映了物理上的连接性。网络拓扑对于 SDH 网的应用十分重要，特别是网络的功能、可靠性和经济性在很大程度上与具体物理拓扑有关。如果通信只涉及两个点时，即为点到点拓扑，传统的 PDH 系统和早期应用的 SDH 系统，就是基于这种物理拓扑。除此简单情况外，网络的基本物理拓扑还有线形、星形、树形、环形和网孔形五种类型，如 4-39 所示。

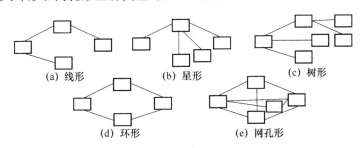

(a) 线形　　(b) 星形　　(c) 树形

(d) 环形　　(e) 网孔形

图 4-39　基本物理拓扑类型

1. 线形

把涉及通信的每个点串联起来，使首尾两点开放，这样即构成线形拓扑，为了使两个非相邻点之间实现连接，则要求其间的所有点都应具有连接的功能，这是一种较为经济的拓扑结构。

2. 星形

把涉及通信的所有点中有一个特殊的点与其余的所有点直接相连，而其余点之间互相不能直接相连，该特殊点应具有连接和路由调度功能，这样即构成星形拓扑，也称枢纽型拓扑。这种网络拓扑可以将特殊点的多个光纤终端统一为一个，并具有综合的带宽分配的灵活性，使投资的运营成本降低，但存在特殊点的潜在瓶颈问题和失效问题。星形连接适合终端设备分布在相对较大区域范围而业务流量少的场合。

3. 树形

把点到点拓扑单元的末端点连接到几个特殊点，这样即构成树形拓扑，这种结构可以看成是线形拓扑和星形拓扑的结合，这种结构存在瓶颈问题，因此不适于提供双向通信业务。

4. 环形

把涉及通信的所有点串联起来,而且首尾相连,没有任何点开放,这样即构成了环形拓扑。将线形结构中的首、尾两点相连,就变成了环形网。在环形网中,为了完成两个非相邻点之间的连接,这两点之间的所有点都应完成连接功能。这种拓扑的最大优点是具有很高的生存性,这对现代大容量光纤网络是至关重要的,因而它在 SDH 网中受到特别的重视。

5. 网孔形

把涉及通信的许多点直接互连,这样即构成了网孔形拓扑,也称格状形拓扑。如果将所有点都直接互连,则构成理想的网孔形。在网孔形拓扑结构中,各节点之间具有高度的互连,有多条路由的选择,可靠性极高,但结构复杂,成本高,因此适用于业务量很大的地区。

4.5.3 SDH 自愈网与网络保护

1. 自愈环保护

所谓自愈是指网络具有在极短时间内,对其局部所出现的故障无须人为进行干预就能自动选择替代传输路由,重新配置业务,并重新建立通信的能力。自愈网的概念只涉及重建通信,而不管具体失效元件的修复和更换,后者仍需人工干预才能完成。自愈环不仅能提供光缆切断的保护,而且能提供节点设备失效的有效保护,从而进一步提高网络的生存性。自愈环上的节点设备可以是 DXC,也可以是 ADM,但通常主要由 ADM 构成。利用 ADM 的分/插接入和智能,在业务疏导方面可以部分取代 DXC 功能,从而带来网络应用的灵活性和经济性。

实际中常用的自愈环有二纤单向通道倒换环、二纤单向复用段倒换环、四纤双向复用段倒换环和二纤双向复用段倒换环 4 种结构。倒换环的倒换时间均不超过 50 ms。下面以 4 个节点组成的环为例来说明。

(1) 二纤单向通道倒换环

其结构和原理示意如图 4-40 所示。图中 A、B、C、D 代表环中的 4 个节点;S 代表用于传送业务信号的光纤,P 代表用于传送保护信号的光纤,即业务信号和保护信号分别由光纤 S_1 和 P_1 携带。单向通道倒换环采用"首端桥接、末端倒换"的结构,参见图 4-40(a)。

由节点 A 至 C 的支路信号(A-C)在节点 A 处进入环,同时经由光纤 S_1 的顺时针方向和光纤 P_1 的逆时针方向传送,并同时到达节点 C,在节点 C 处,按照通道信号的优劣确定选择其中一路作为分路信号。正常情况下,是以 S_1 光纤携带的 A-C 信号为主信号在节点 C 分路。由节点 C 至 A 的支路信号(C-A)由节点 C 处进入环,并且按上述方式到达 A,同样是以光纤 S_1 携带的 C-A 信号为主信号,在接收端节点 A 分路。由此可见,在正常情况下,实现 A、C 节点之间的双向通信,信号均沿着 S_1 光纤传送,构成所谓的单向环传送。

当 B、C 节点间光缆被切断时,如图 4-40(b)所示,在节点 C,由于 S_1 光纤传输的 A-C 信号丢失,按通道择优准则,倒换开关由 S_1 光纤转至 P_1 光纤,接收由 P_1 光纤传来的 A-C 信号作为分路信号,使 A-C 间业务信号得以维持。故障排除后,开关返回原位。由 C 至 A 的信号 C-A 仍经 S_1 光纤到达 A 接收和分路,不受影响。

(2) 二纤单向复用段倒换环

环中每一节点的支路信号在分/插功能前的每一高速线路上都有一保护倒换开关。正常情况下,信号仅在 S_1 光纤中传输,而 P_1 光纤是空闲的。例如在图 4-41(a)中,不论是 A 至 C (A-C)信号还是 C 至 A(C-A)信号都是只经 S_1 光纤按相同旋转方向(图中为顺时针方向)到达各自的接收目的地进行分路。

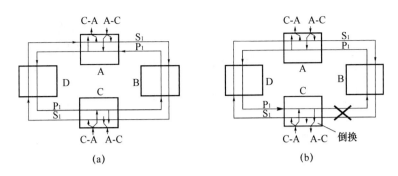

图 4-40　二纤单向通道倒换环

当 B、C 节点间的光缆被切断，如图 4-41(b)所示，这时与光缆切断点相连接的 B、C 两节点将启动 APS 协议执行环回功能，即在 B 节点，由 S_1 光纤携带的 A-C 信号经保护倒换开关由 S_1 倒向 P_1 光纤返回，以逆时针方向经节点 A 和 D 到达节点 C，并由节点 C 中的倒换开关将信号由 P_1 环回到 S_1 光纤后落地分路，而 C-A 信号仍利用 S_1 光纤由 C 节点传输到 A 节点。可见，在故障情况下仍然保持环的连续性，不会使业务信号中断。故障排除后，倒换开关返回原来位置。

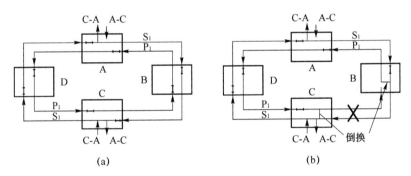

图 4-41　二纤单向复用段倒换环

（3）四纤双向复用段倒换环

其工作原理如图 4-42 所示。它有两根业务光纤（S_1，S_2）和两根保护光纤（P_1，P_2）。由 S_1 和 S_2 分别形成顺时针和逆时针方向传输的两个业务环，正常运行情况下，它们是作为双向传输（一发一收）来作用的，参见图 4-42(a)。而由 P_1 和 P_2 分别形成与 S_1 和 S_2 反方向传输的两个保护环，它们将在故障情况下部分代替 S_1 和 S_2，以便构成双向倒换环。在每根光纤上都有一个倒换开关，起保护倒换作用。正常情况下，从节点 A 进入环到 C 的低速支路信号按顺时针方向沿光纤 S_1 传输，而由节点 C 进入环到 A 的低速支路信号则按逆时针方向沿光纤 S_2 传输。此时，P_1、P_2 是空闲的。

当 B、C 节点间光缆被切断时，则 B 和 C 节点中各有两个倒换开关按 APS 协议执行环回功能，从而保持环的连续性，如图 4-42(b)所示。在 B 节点，光纤 S_1 和 P_1 连通，光纤 S_2 和 P_2 连通；C 点也完成同样功能。于是 A-C 信号先沿 S_1 顺时针到达 B 节点，在 B 节点通过开关将信号由 S_1 倒向 P_1，逆时针方向沿 P_1 到达 C 节点，在 C 节点再次经过开关倒换将信号由 P_1 倒向 S_1 进行信号落地；而 C-A 信号则在 C 节点就首先通过开关将信号由 S_2 倒向 P_2，沿 P_2 顺时针到达 B 节点，在 B 节点通过开关将信号由 P_2 倒向 S_2，再经 S_2 逆时针传送到 A 节点进行信号落地。故障排除后，倒换开关返回原位。

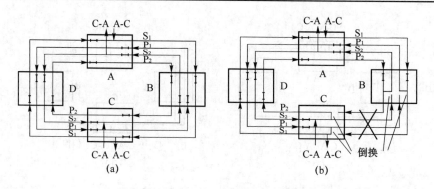

图 4-42 四纤双向复用段倒换环

（4）二纤双向复用段倒换环

从图 4-43 看出，信号在光纤 S_1 和 P_2 上的传输方向完全相同，而信号在光纤 S_2 和 P_1 上的传输方向也完全相同。因此，利用时隙交换技术可以将 S_1 和 P_2 上的信号都置于一根光纤（称为 S_1/P_2 光纤），在 S_1/P_2 光纤中，可将其一半时隙用于传送业务信号，另一半时隙留作保护信号，以同样方式将 S_2 和 P_1 上的信号置于一根光纤（称 S_2/P_1 光纤）。这样，S_1/P_2 光纤上的保护信号时隙可用来保护 S_2/P_1 光纤上的业务信号，而 S_2/P_1 光纤上的保护信号时隙可用来保护 S_1/P_2 光纤的业务信号，从而使四纤环简化为二纤环，如图 4-43 所示。

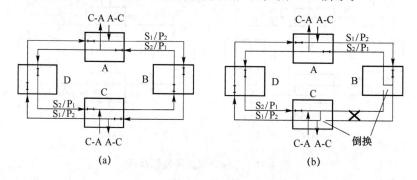

图 4-43 二纤双向复用段倒换环

当 B、C 节点间光缆被切断时，在 B 和 C 节点中通过倒换开关将 S_1/P_2 光纤与 S_2/P_1 光纤连通，如图 4-43(b)所示。A-C 信号先沿 S_1/P_2 光纤中的 S_1 时隙顺时针到达 B 节点，在 B 节点通过开关倒换将信号由 S_1/P_2 光纤中的 S_1 时隙倒向 S_2/P_1 光纤中的 P_1 时隙，逆时针方向沿 S_2/P_1 光纤中的 P_1 时隙到达 C 节点，在 C 节点再次经过开关倒换将信号由 P_1 时隙倒向 S_1/P_2 光纤中的 S_1 时隙进行信号落地；而 C-A 信号则在 C 节点就首先通过开关将信号由 S_2/P_1 光纤中的 S_2 时隙倒向 S_1/P_2 光纤中的 P_2 时隙，沿 S_1/P_2 光纤中的 P_2 时隙顺时针到达 B 节点，在 B 节点再通过开关倒换将信号由 S_1/P_2 光纤中的 P_2 时隙倒向 S_2/P_1 光纤中的 S_2 时隙，再经 S_2/P_1 光纤逆时针传送到 A 节点进行信号落地。

这样依照保护倒换功能，并利用时隙交换技术，可以将 S_1/P_2（或 S_2/P_1）光纤上的业务信号时隙转移到 S_2/P_1（或 S_1/P_2）光纤上的用于保护信号的备用时隙，使之以相反方向传送至目的地。故障排除后，倒换开关返回原位。

2. DXC 保护

在 SDH 网孔形拓扑结构的节点上，其系统传输方向的数量一般不少于 3 个，当配置 DXC 设备后，通过 DXC 交叉连接的功能，不仅可以实施 VC 通道的自动调度，而且可以对网络实施

STM-1 容量的自动保护。当相邻 DXC 间的光缆被切断时,根据指令和程序控制,从故障识别,优先级确定,到替代路由的选择及路由建立与测试等一系列过程,可以在数秒至数分钟内完成。

在如图 4-44 所示的例子中,设 A、D 节点间原有 12 个单位业务量(如 12×140 Mbit/s),当 A、D 间光缆切断后,DXC 可能从网络中发现并且建立如图中所示的 3 条替代路由来分担这 12 个单位的业务量。显然,为了保证 DXC 能迅速找到网络的恢复路由,网络必须留有一定的冗余量。

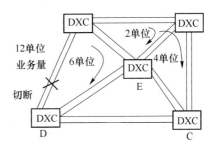

图 4-44　采用 DXC 的保护结构

采用 DXC 的保护策略具有很高的生存性,而在同样的网络生存性下,所需附加空闲容量远小于环形网,一般附加的空闲容量仅需 10%～15% 就足以支持采用 DXC 保护的自愈网。而且网络复杂时,例如业务量高度集中的互联的网孔形拓扑能力为 DXC 保护/恢复提供较高的成功概率。同时,DXC 保护比环形网更加经济和灵活,也便于规划设计。它的主要缺点在于网络恢复时间较长,因此,当骨干网络由 DXC 构成时,最好组成网孔形网络;另外,设备选型时应控制总的多网络转接延时。

总之,DXC 保护应成为网孔形长途干线等骨干网的主要保护形式。对重要的电路群应采用预置的路由方案,以保证在光缆中断时能确保及时地确定路由迂回。

4.6　SDH 网同步

4.6.1　网同步的基本原理

网同步是数字网所特有的问题。通过实现网同步可以使得网中各节点的时钟频率和相位都限制在预先确定的容差范围内,以免由于数字传输系统中收/发定位的不准确导致传输性能的劣化(误码、抖动)。

1. 同步方式

目前,各国通信网中节点时钟的同步有两种方式:伪同步方式和主从同步方式。

(1)伪同步方式

伪同步是指数字交换网中各数字交换局在时钟上相互独立,毫无关联,而各数字交换局的时钟都具有极高的精度和稳定度,一般用铯原子钟。由于时钟精度高,网内各局的时钟虽不完全相同(频率和相位),但误差很小,接近同步,于是称之为伪同步。

伪同步方式一般用于国际数字网中,也就是一个国家与另一个国家的数字网之间采取这样的同步方式,例如,中国和美国的国际局均各有一个铯时钟,两者采用伪同步方式。

(2)主从同步方式

主从同步是指使用一系列分级的时钟,每一级时钟都与其上一级时钟同步,在网中的最高一级时钟称为基准主时钟或基准时钟(PRC)。目前,ITU-T 将各级时钟划分为 4 类:

- 基准主时钟(PRC),由建议 G.811 规范;
- 转接局从时钟(SSU-T),由建议 G.812 规范;

- 端局从时钟(SSU-L),由建议 G.812 规范;
- SDH 网元时钟(SEC),由建议 G.813 规范。

主从同步方式一般用于一个国家、地区内部的数字网,它的特点是国家或地区只有一个基准主时钟,网上其他网元均以此基准主时钟为基准来进行本网元的定时。

主从同步和伪同步的原理如图 4-45 所示。

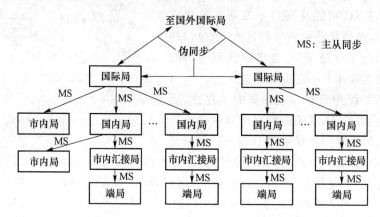

图 4-45　主从同步和伪同步原理

主从同步方式在各国通信网中获得了广泛的应用。主从同步方式的主要优点有:电视网络稳定性较好,组网灵活,适用于树形结构和星形结构,对从节点时钟的频率精度要求较低,控制简单,网络的滑动性能也较好。主要缺点是对基准主时钟和同步分配链路的故障很敏感,一旦基准主时钟发生故障会造成全网问题。为此,基准主时钟应采用多重备份以提高可靠性。同步分配链路也尽可能有备用。

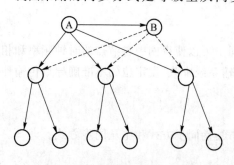

图 4-46　等级主从同步方式

我国采用的同步方式是等级主从同步方式,其中主时钟在北京,副时钟在武汉。如图 4-46所示。在采用主从同步时,上一级网元的定时信号通过一定的路由——同步链路或附在线路信号上——从线路传输到下一级网元。该级网元提取此时钟信号,通过本身的锁相振荡器跟踪锁定此时钟,并产生以此时钟为基准的本网元所用的本地时钟信号,同时通过同步链路或传输线路(即将时钟信息附在线路信号中传输)向下级网元传输,供其跟踪、锁定。若本站收不到从上一级网元传来的基准时钟,那么本网元通过本身的内置锁相振荡器提供本网元使用的本地时钟并向下一级网元传送时钟信号。

数字网的同步方式除了伪同步和主从同步外,还有相互同步、外基准注入等。

相互同步是指在网中不设主时钟,由网内各交换节点的时钟相互控制,最后都调整到一个稳定、统一的频率上,从而实现全网的同步工作。

外基准注入方式起备份网络上重要节点的时钟的作用,以避免当网络重要节点主时钟基准丢失,而本身内置时钟的质量又不够高,以至大范围影响网元正常工作的情况。外基准注入方法是利用 GPS(卫星全球定位系统),在网元重要节点局安装 GPS 接收机,提供高精度定时,形成地区级基准时钟(LPR),该地区其他的下级网元在主时钟基准丢失后仍采用主从同步方式跟踪这个 GPS 提供的基准时钟。

2. 时钟类型和工作模式

(1) 时钟类型

① 铯原子钟。铯原子钟利用铯原子的能量跃迁现象构成的谐振器来稳定石英晶体振荡器的频率。它是一种长期频率稳定度和精确度很高的时钟,其长期频偏优于 1×10^{-11} 可以作为全网同步的最高等级的基准主时钟。但是铯原子钟体积极大、能耗高、价格贵、短期稳定度不够理想,并且铯素管的寿命为 5~8 年,维护费用大,一般在网络中只配置一两套铯钟组做基准钟。当然,若网络的规模过大,或经费充足,也可以将同步网划分为若干个区,每个同步区配置一套铯钟组。

② 石英晶体振荡器。晶体钟长期稳定度和短期稳定度均比原子钟差,但晶体钟体积小、重量轻、耗电少,并且价格比较便宜,频率稳定度范围很宽。一般,高稳定度的石英晶振可以作为长途交换局和端局从时钟,此时石英晶振采用窄带锁相环,并具有频率记忆功能。低稳定度的石英晶振可以作为远端模块和数字终端的时钟。总的来说,石英晶振在通信网中应用非常广泛。

③ 铷原子钟。铷钟与铯钟相比,长期稳定性差,但是短期稳定性好,并且体积小、重量轻、耗电少、价格低,频率可调范围大于铯原子钟,长期稳定度低一个量级左右,寿命约 10 年。其性能(稳定度和精确度)和成本介于上述两种时钟之间。利用 GPS 校正铷钟的长期稳定性,也可以达到一级时钟的标准,因此配置了 GPS 的铷钟系统常常用作同步区的基准时钟。

(2) 工作模式

主从同步方式中,节点从时钟通常有三种工作模式。

① 正常工作模式——跟踪锁定上级时钟模式。此时从站跟踪锁定的时钟基准是从上一级站传来的,可能是网中的主时钟,也可能是上一级网元内置时钟源下发的时钟,也可能是本地区的 GPS 时钟。与从时钟工作的其他两种模式相比较,此种从时钟的工作模式精度最高。

② 保持模式。当所有定时基准丢失后,从时钟进入保持模式,此时从站时钟源利用定时基准信号丢失前所存储的最后频率信息作为其定时基准而工作。也就是说,从时钟有"记忆"功能,通过"记忆"功能提供与原定时基准较相符的定时信号,以保证从时钟频率在长时间内与基准时钟频率只有很小的频率偏差。但是由于振荡器的固有振荡频率会慢慢地漂移,故此种工作方式提供的较高精度时钟不能持续很久。此种工作模式的时钟精度仅次于正常工作模式的时钟精度。

③ 自由运行模式。当从时钟丢失所有外部基准定时,也失去了定时基准记忆或处于保持模式太长,从时钟内部振荡器就会工作于自由振荡方式。此种模式的时钟精度最低。

4.6.2　SDH 网同步结构和方式

1. SDH 的引入对网同步的要求

数字网的同步性能对网络能否正常工作至关重要,SDH 网的引入对网的同步提出了更高的要求。当网络工作在正常模式时,各网元同步于一个基准时钟,网元节点时钟间只存在相位差而不会出现频率差,因此只会出现偶然的指针调整事件(网同步时,指针调整不常发生)。当某网元节点丢失同步基准时钟而进入保持模式或自由振荡模式时,该网元节点本地时钟与网络时钟将会出现频率差,而导致指针连续调整,影响网络业务的正常传输。

SDH 网与 PDH 网会长期共存,SDH/PDH 边界出现的抖动和漂移主要来自指针调整和净负荷映射过程。

在SDH/PDH边界节点上指针调整的频度与这种网关节点的同步性能密切相关。如果执行异步映射功能的SDH输入网关丢失同步,则该节点时钟的频偏和频移将会导致整个SDH网络的指针持续调整,恶化同步性能;如果丢失同步的网络节点是SDH网络连接的最后一个网络单元,则SDH网络输出仍有指针调整会影响同步性能;如果丢失同步的是中间的网络节点,只要输入网关仍然处于与基准时钟(PRC)的同步状态,则紧随故障节点的仍处于同步状态的网络单元或输出网关可以校正中间网络节点的指针移动,因而不会在最后的输出网关产生净指针移动,从而不会影响同步性能。

2. SDH网同步结构

SDH网同步结构通常采用主从同步方式,要求所有网元时钟的定时都能最终跟踪至全网的基准主时钟。同步定时的分配随网络应用场合的不同而不同。

(1)局内定时分配

局内定时分配是指在同步网节点上直接将定时信号送给各种通信设备,即在通信楼内直接将同步网设备(BITS)的输出信号连接到通信设备上。此时,BITS跟踪上游时钟信号,并滤除由于传输所带来的各种损伤,如抖动和漂移,重新产生高质量的定时信号,用此信号同步局内通信设备。

局内定时分配一般采用星形结构,如图4-47所示。

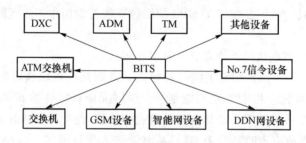

图4-47　局内定时分配

从图4-47可看到,从BITS到被同步设备之间的连线采用2 Mbit/s或2 MHz的专线。在通信楼内需要同步的设备主要包括程控交换机,异步传送模式交换机(ATM),No.7信令转接点设备,数字交叉连接设备(DXC),SDH网的终端复用设备(TM)和分插复用设备(ADM),DDN网设备,智能网设备等,另外还有一些其他需要同步的设备。

这些设备一般都具有两个独立的时钟单元,互为主备用。其内部信号发生器一般采用温补晶体振荡器。其性能一般低于上级的同步网设备。有些设备没有独立的时钟单元,定时功能与其他功能结合在一起,缺点是不便于维护。

但是无论哪种情况,设备都具有单独的外时钟输入口和外时钟输出口。接口类型包括2 Mbit/s或2MHz。因此,BITS提供的定时信号可以通过2 Mbit/s专线或2MHz专线直接连接到设备的外时钟输入口上,然后通过设备的管理系统将设备的同步方式设置为外同步,这样该设备就可以直接同步于同步网了。

这种星形结构的优点是同步结构简单、直观,便于维护。缺点是外连接线较多,发生故障的概率增大。同时,由于每个设备都直接连接到同步设备上,这样就占用了较多的同步网资源。

因此,在实际网络中,对这种星形结构进行了一些改进。当局内的设备较多时,对同一类设备或组成系统的设备,可以进行同步串联,可以通过业务线串接,也可以通过外同步口连接,如图4-48所示。

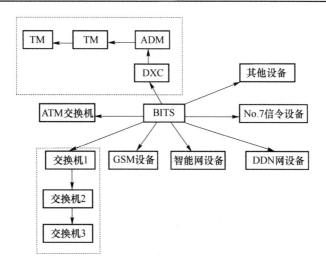

图 4-48　局内定时分配

例如,局中有些 SDH 设备,包括 DXC、ADM、TM,组成局内传输系统,可以将 BITS 的定时信号直接连接到 DXC 设备的外时钟输入口,DXC 将同步网定时承载到业务线上,传递给 ADM、TM 等设备,这些设备从业务信号中提取定时。背靠背的 TM 之间,可以通过外时钟输入口和外时钟输出口相连来传递定时,也可以提供业务线传递定时。

另外,若局内有几个相同的设备,如交换机,并且有业务关系,那么可以将一个交换机的外时钟输入口连到 BITS 上,其他交换机从相连的业务中提取同步网定时。

这样连接的优点是节省了同步网资源,降低了由于外连线带来的故障,便于维护。

(2) 局间定时分配

局间定时分配是指在同步网节点间的定时传递。局间定时传递一般采用树形结构,通过定时链路在同步网节点间,将来自基准钟的定时信号逐级向下传递。上级时钟通过定时链路将定时信号传递给下游时钟。下游时钟提取定时,滤除传输损伤,重新产生高质量信号,提供给局内设备,并再通过定时链路传递给下游时钟。

目前采用的定时链路主要有两种:PDH 定时链路和 SDH 定时链路。

① PDH 定时链路

PDH 传递同步网定时的方法主要是采用 PDH 的 2 Mbit/s 通道传递同步网定时信号,定时链路包括 2 Mbit/s 专线和 2 Mbit/s 业务线。

a. 2 Mbit/s 专线定时链路

如图 4-49 所示,BITS 的定时信息送至传输系统,通过不带业务的 2 Mbit/s 专线传递给下游时钟,下游时钟采用终结方式提取时钟信号。

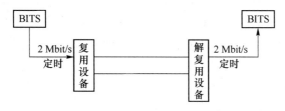

图 4-49　PDH 专线

b. 2 Mbit/s 业务定时链路

如图 4-50 所示,来自 BITS 的定时信息通过交换机送至传输系统,随业务信号一起传递给下游时钟,下游时钟通过跨接方式提取定时信号。

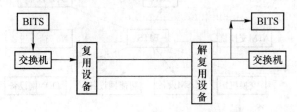

图 4-50　PDH 业务线

传输系统对 2 Mbit/s 信号进行正码速调整,比特复接到高次群(8 Mbit/s、34 Mbit/s、140 Mbit/s等),通过 PDH 线路传递下去。传输设备不受该 2 Mbit/s 时钟同步。因此,传输系统所引入的抖动和漂移损伤比较少,PDH 传输设备的 2 Mbit/s 通道适合传送同步定时。同时,由于在同步网节点间无传输系统时钟介入,当定时链路发生故障时,下游时钟可以迅速发现故障,进入保持工作状态或倒换到备用参考定时信号,即可以很快地进行定时恢复。

PDH 传递同步网定时的特点为:

· PDH 系统对同步网定时损伤小,适合长距离传递定时;

· PDH 传输网结构简单,便于定时链路的规划设计;

· 当定时链路发生故障时,便于定时恢复。

② SDH 定时链路

SDH 定时链路是指利用 SDH 传输链路传递同步网定时。

与 PDH 定时链路不同,SDH 定时链路采用 STM-N 信号传递定时,SDH 中普通的 2 Mbit/s信号不能用于传送同步网定时。经过再定时处理的 2 Mbit/s 信号可以在局部范围内传递定时,大规模使用前,必须解决时延问题。

利用 SDH 网传送定时要比 PDH 网定时复杂得多,下面将简单介绍一下 SDH 网传送同步定时的方法和特点。

a. SDH 传递同步网定时的方法

首先,由于 SDH 指针调整技术,2 Mbit/s 支路信号不适于传递同步网定时,一般采用STM-N 线路信号传递定时。在定时链路始端的 SDH 网元通过外时钟信号输入接受同步网定时,并将定时信号承载到 STM-N 上。在 SDH 系统内,STM-N 信号是同步传输的,SDH 网元时钟接收线路信号定时,并为发送的线路信号提供定时。这样,同步网定时信号承载到STM-N 上,通过 SDH 系统传递下去。

当采用 SDH 系统传递同步定时时,SDH 网元时钟将串入到定时链路中,这样,SDH 网元时钟和传输链路成为同步网的组成部分,需要纳入到同步网的管理维护范围内。

其次,在 SDH 定时链路上,不仅包括定时信号的传递,还包括同步状态信息(SSM,Synchronization Status Message)的传递。

同步状态信息用于在同步定时链路中传递定时信号的质量等级。在 G. 707 中把 SSM 信道定义于 STM-N 帧结构中的复用段 S_1 字节。S_1 字节的 5、6、7、8 比特的 16 中编码代表不同的信息,表明时钟的质量等级,如表 4-4 所示。同步网中的节点时钟通过对 SSM 的读解获得上游时钟等级的信息后,可对本节点时钟进行相应操作(如跟踪倒换或转入保持状态)。

表 4-4　同步状态信息编码

S_1（比特 5～8）	SDH 同步质量等级描述
0000	暂不用
0010	一级时钟信号（G.811 规范）
0100	二级时钟信号（G.812 规范）
1000	三级时钟信号（G.812 规范）
1011	SDH 设备时钟信号（G.813 规范）
1111	不应用作同步

b. SDH 网传送同步网定时的特点

- 低级时钟同步高级时钟

定时链路故障时,会出现低级时钟同步高级时钟的现象。

由于 SDH 网元时钟串接到定时链路中,当定时信号由上级时钟向下级时钟传递时,会出现先经过低级时钟(G.813)再传递到高级时钟(G.812)的情况。当只有定时信号的传递,没有同步状态信息(SSM)的传递时,一旦上游发生故障,链路上的定时信号无法追踪至基准时钟(PRC),断点的 SDH 时钟进入保持或自由运行,下游的同步网时钟(BITS)在短时间内无法发现上游时钟的变化,继续跟踪链路上的定时信号,就会出现低级时钟(G.813)同步高级时钟(G.812)的现象。

- 定时环路的产生

由于 SDH 网元时钟可以接受多个同步参考信号(根据 G.783 规定,SDH 网元时钟至少有外同步信号接口、STM-N 同步接口、PDH 同步口),通过 SDH 网管对每个参考定时设置值和优先级进行自动倒换。当无 SSM 时,SDH 网元时钟根据优先级进行自动倒换,由于定时参考信息的来源及时钟信号等级不明,极易在 SDH 系统内形成定时环。即使采用 SSM,当同步网定时链路规划不合理时,也会在同步网内形成定时环。

- 定时传递距离受限

同步网定时性能的一项重要指标为抖动和漂移。抖动和漂移都是信号相对于其理想位置的相应变化。频率变化高于 10 Hz 的为抖动,低于 10 Hz 的为漂移。同步网时钟和 SDH 设备时钟对抖动具有良好的过滤功能,但是漂移是非常难以滤除的。漂移产生源主要包括时钟(基准时钟、G.812、G.813 等)、传输媒质及再生器等,SDH 定时链路上的 SDH 时钟将增加漂移总量,这样随着传递距离的增加,漂移将不断累计。ITU-T G.803 规定,基准定时链路上 SDH 网元时钟个数不能超过 60 个,这样,定时传递距离就受到了限制。

3. SDH 网同步方式

SDH 网同步主要有以下 4 种不同的方式:全同步方式、伪同步方式、准同步方式和异步方式。

（1）全同步方式

所谓全同步方式,是指在网络中的所有时钟都能最终跟踪到同一个网络的基准主时钟(PRC)。此时指针调整只是由同步分配过程中不可避免的噪声引起。在单一网络运营者所管辖的范围内,同步方式是正常工作方式,同步性能也最好。当网络的规模比较庞大时,要想网络中的所有时钟都跟踪同一个基准主时钟,实施起来是相当困难的。

（2）伪同步方式

所谓伪同步方式，是指网络中包括多个分网络，各分网络中的基准主时钟都符合 ITU-T 建议 G.811 的要求，即各分网络的时钟具有相同的标称频率，但准确的频率略有差别，彼此误差极小，接近于同步。

这样，网络中的从时钟可能跟踪于不同的基准主时钟，形成几个不同的同步网。由于各个基准主时钟之间的频率仍会有一些微小差异，因而在不同同步网边界的网元中会出现频率或相位差异，引起指针调整。通常，在不同网络运营者所管辖网络边界，以及国际网接口处，伪同步方式是正常工作方式，其性能仍然是满意的。

（3）准同步方式

在准同步方式下，同步网中有一个或多个时钟的同步路径和替代路径出了故障，于是失去所有外同步链路的节点将进入保持模式或自由运行模式工作，时钟之间具有相同的标称频率。此时网络仍能维持负载的传送，但可能出现较多的指针调整。

（4）异步方式

在异步方式下，网络中将出现很大的频率偏差，所以又称为低精度准同步方式。当时钟精度达不到 G.813 所规定的数值时，SDH 网不能维持负载的传送而将发送告警指示信号（AIS 信号）。

4.6.3 SDH 设备的定时工作方式

SDH 网主要提供了以下 3 种不同的设备定时工作方式。

1. 外同步定时源

此时网元（设备）的同步由外部定时源供给。目前常用的是 PDH 网同步中的 2 048 kHz 和 2 048 kbit/s 同步定时源，随着 SDH 网的发展，STM-N 定时源将逐渐增多。

2. 从接收信号中提取定时

从接收信号中提取定时信号是广泛应用的同步定时方式。随着应用场合的不同，该方式又细分为环路定时、通过定时和线路定时 3 种。

（1）环路定时

网元的每个发送 STM-N 信号都由相应的输入 STM-N 信号中所提取的定时来同步，主要用于线路终端设备。

（2）通过定时

网元由同方向终结的输入 STM-N 信号中提取定时信号，并由此再对网元的发送信号以及同方向来的分路信号进行同步。因而每个 ADM 或再生器将有两个方向的定时信号，再生器通常采用此种定时方式。

（3）线路定时

像 ADM 这样的网元中，所有发送的 STM-N 信号的定时信号都是由某一特定的输入 STM-N 信号中提取的。

3. 内部定时源

网元都具备内部定时源，以便在外同步源丢失时可以使用内部自身的定时源。对不同的网元，内部定时源的要求不同。再生器这样的网元只要求内部定时源的频率准确度为 $\pm 20 \times 10^{-6}$ 即可；终端、分插复用器这样的网元要求内部定时源的频率准确度为 $\pm 4.6 \times 10^{-6}$；而像 SDXC 这样的复杂网元，随着应用的不同，其时钟既可以是二级或三级的时钟，也可以是

频率准确度为 $\pm 4.6 \times 10^{-6}$ 的时钟。

上述 5 种不同的定时方式如图 4-51 所示。其中实线代表数字信号传输,虚线代表定时信号传输,在实线中引出虚线代表定时信号提取。

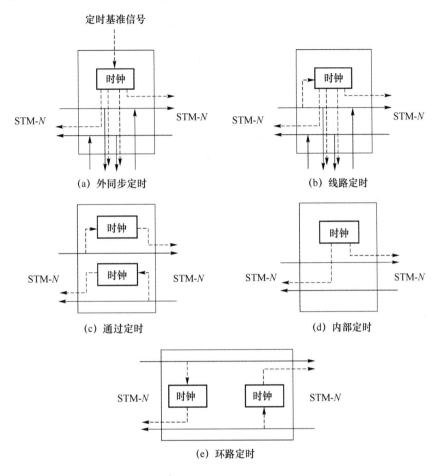

图 4-51　SDH 设备的定时方式

4.7　SDH 网络管理

4.7.1　SDH 网管基本概念

随着电信网业务种类、数量和要求的急剧增加,网络正变得越来越庞大和复杂。网络的运行、管理和维护的成本已大大超过信息网本身的投资。在这种形势下,一种独立于电信网而专职进行网络管理的电信管理网(TMN)的概念应运而生。

TMN 的基本概念是:利用一个具备一系列标准接口的统一体系结构来提供一种有组织的结构,使各种不同类型的操作系统(网管系统)与电信设备互联,从而实现电信网的自动化和标准化管理,并提供大量的各种管理功能。图 4-52 显示了 TMN 和电信网的一般关系。其中 OS 是指操作系统,WS 是指工作站,DCN 是指数据通信网,TN 是指电信网络。

1. TMN 的基本结构

TMN 是一种开放的通用电信管理系统,其结构可划分为三个基本方面:功能结构、信息结构和物理结构。

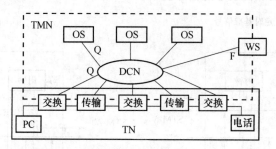

图 4-52 TMN 和电信网的一般关系

(1) 功能结构

TMN 的功能结构主要描述 TMN 内的功能分布,其基础是 TMN 功能块和功能块之间的参考点,如图 4-53 所示。

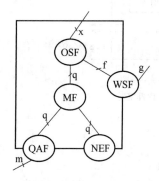

图 4-53 TMN 功能块和功能块之间的参考点

TMN 的基本功能有 5 种:操作系统功能(OSF)、网络单元功能(NEF)、Q 适配功能(QAF)、协调功能(MF)和工作站功能(WSF)。其中操作系统功能处理通信管理信息;网络单元功能为 NE 接受 TMN 的管理提供通信和支持;Q 适配功能用于使不具备标准 TMN 接口的 NEF 和 OSF 与 TMN 适配连接;协调功能介于 OSF 与 NEF(或 QAF)之间起协调和中介作用;工作站功能为用户与 TMN 提供对话接口,输入、输出、编辑和显示管理信息。为区分不同的管理功能块,引入参考点的概念,用于表示两个功能块之间进行信息交换的概念上的一个点,参考点 f 连接 OSF 和 WSF;参考点 q 分为 q_3 和 q_x:与 OSF 相连的 q 叫 q_3,不与 OSF 相连的叫 q_x;参考点 x 是 TMN 和别的管理型网络或另一个 TMN 之间的参考点;参考点 g 和 m 处于 TMN 以外,g 连接用户和工作站,m 连接 QAF 和非 TMN 管理实体。

各参考点的功能块之间的关系如表 4-5 所示。

表 4-5 参考点和功能块之间的关系

	NEF	OSF	MF	QAF(Q_3)	QAF(Q_3)	WSF	非 TMN
NEF		q_3	q_x				
OSF	q_3	$q_{3,x}$	q_3	q_3		f	
MF	q_x	q_3	q_x		q_x	f	
QAF(Q_3)		q_3					m
QAF(Q_x)			q_x				m
WSF		f	f				g
非 TMN				m	m	g	

(2) 信息结构

TMN 信息结构主要用来描述功能块之间交换的不同类型的管理信息,其基础是管理层模型、信息模型和组织模型。管理层模型将 TMN 管理功能划分为不同的层,以便管理和操作;信息模型将网络资源转化为概念上的管理目标并规定目标的类别、属性及其数值;组织模型规定了 TMN 的结构以及管理层内或管理层间的 TMN 功能,主要用来描述管理进程担任控制角色(管理者)被控角色(代理)的能力以及管理者和代理之间的相互关系。

(3) 物理结构

TMN 物理结构主要描述 TMN 内的物理实体及其接口,如图 4-54 所示。

它由操作系统(OS)、协调单元(MD)、网络单元(NE)、人机界面工作站(WS)和 Q 接口适配器(QA)组成,划分为不同的操作层来操作和实施。其接口包括:Q_3——位于一个 TMN 的 OS 和 OS、OS 和 MD、OS 和 QA、OS 和 NE 之间;Q_x——位于一个 TMN 的 MD 和 MD、MD 和 NE、MD 和 QA 之间;F——位于一个 TMN 的 WS 和 OS、WS 和 MD 之间;X——位于不同 TMN 的 OS 之间或位于 TMN 的 OS 与非 TMN 的类似 OS 之间。

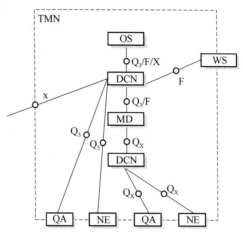

图 4-54　TMN 物理结构

比较图 4-53 和图 4-54 可见,各功能块有相对应的实体,各参考点有对应的接口。具体功能块与物理设备之间的对应关系如表 4-6 所示,接口与物理设备之间的对应关系如表 4-7 所示。

表 4-6　TMN 功能块与物理设备之间的对应关系

设备	NEF	MF	QAF	OSF	WSF
NE	M	O	O	O	O *
MD		M	O	O	O
QA			M		
OS		O	O	M	O
WS					M

表中:M 表示必备;O 表示任选;* 表示有 WSF 时必须有 MF 或 OSF。

表 4-7　TMN 接口与物理设备之间的对应关系

设备	Q_x	Q_3	X	F
NE	O	O	O	O
OS	O	O	O	O
MD	O	O	O	O
QA	O			
WS				M

表中:M 表示必备;O 表示任选。

各 TMN 实体利用消息通信功能(MCF)和数据通信功能(DCF)并通过接口经由数据通信

网(DCN)本地通信网(LCN)交换信息。

2. SDH 传输网网管组织模型及 SDH 管理网与 TMN 之间的关系

SDH 管理网(SMN)实际就是管理 SDH 网络单元的 TMN 的子集。它可以细分为一系列的 SDH 管理子网(SMS),这些 SMS 由一系列分离的 ECC 及有关站内数据通信链路组成,并构成整个 TMN 的有机部分。

（1）SDH 传输网网管组织模型

SDH 网络管理采用多层的分布式的管理过程,每一层都有预定级别的网管能力,其组织模型如图 4-55 所示。最底层是提供传送服务的 SDH NE,NE 中管理应用功能(MAF)参与系统管理中的应用过程,能与同层的 NE 和协调设备(MD)/操作系统(OS)通信并能向它们提供管理支持;管理者(M)发出网管操作信息(如检索告警记录、设置门限)和接收代理转发的事件报告(如告警、运行性能),得知操作的结果;代理(A)响应管理者发出的网管操作信息并且整个通信过程都是由每个实体中的消息通信功能(MCF)提供。多层组织模型中的每一层还可提供附加管理功能,但消息结构应保持相同。管理消息的模式并不随传送等级提高而改变,即 SDH NE 至 SDH NE 的消息在结构上与 SDH NE 至 MD 的消息和 SDH MD 至 OS 的消息相同。

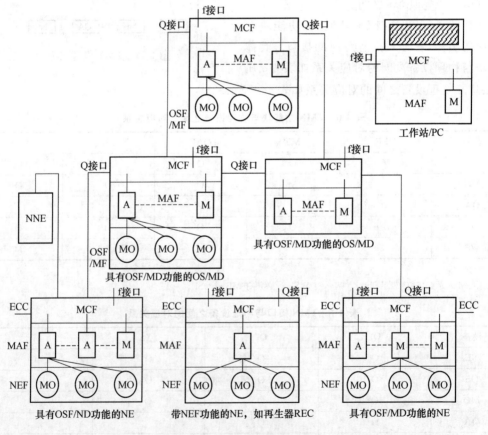

图 4-55　SDH 管理的组织模型

（2）SMN、SMS 与 TMN 之间的关系

TMN 是最一般的电信管理网范畴,而 SMN 是它的子集,负责管理 SDH NE,SMN 又是由若干个 SMS 组成,SMN、SMS 和 TMN 之间的关系示于图 4-56 中。一个 SDH 管理子网是以数据

通信通路(DCC)为物理层的嵌入控制通路(ECC)互连的若干网元(NE),其中至少应有一个网元具有 Q 接口,并可以通过此接口与上一级管理层互通,这个能与上级互通的网元称为网关(GNE)。

3. SDH 网管的分层结构

SDH 网络管理可以分为五层:从下至上为网元层(NEL)、网元管理层(EML)、网络管理层(NML,又称网络控制层)、业务管理层(SML)和商务管理层(BML),如图 4-57 所示。

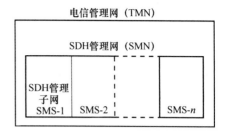

图 4-56　SMN、SMS 和 TMN 之间的关系

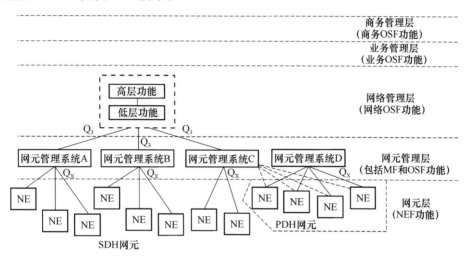

图 4-57　SDH 管理网的分层结构

(1) 网元层(NEL)

网元本身的基本管理功能应包括单个网元的配置管理、故障管理、性能管理等。一种方式是实现分布式管理,此时网元具有很强的管理功能,这种方式对网络响应速度有很大好处,尤其是为保护倒换目的而进行的通路恢复情况更是如此。另一种方式是给网元以很弱的管理功能,将大部分管理功能集中在网元管理层上。

(2) 网元管理层(EML)

网元管理层除提供配置管理、故障管理、性能管理、安全管理等功能外,还提供一些附加的管理软件包以支持进行资源及维护分析等功能。通常是在某些操作系统(如工作站)上开发一些系列软件(包括界面显示)来完成该层的功能。这些操作系统被称为网元管理系统或网元管理器(EM)。也可利用子网管理系统管理多个 EM,以便在更大的范围内实现网元管理层的功能。

(3) 网络管理层(NML)

网络管理层负责对所辖管理区域进行监视和控制,应具备 TMN 所要求的主要应用管理功能,完成对若干个网元管理系统(EM)或子网级管理系统的管理和集中监控,并要求 NML 能同来自一定范围的不同厂家的网元管理系统通信。这些网元管理系统可包含通过协调设备提供监视现存准同步设备(PDH)的系统。

(4) 业务管理层

业务管理层只关心合同方面。在提供和终止服务、计费、服务质量、故障报告方面提供与用户的基本联系点;与服务提供者交互;与 NML 交互;与 BML 交互;保持统计数据。

(5) 商务管理层

商务管理层负责总的计划和运营者之间达成的协议。

4.7.2　SDH 网管的管理功能

SDH 网管系统利用帧结构中丰富的开销字节,实施对 SDH 设备和 SDH 传送网的各项管理,在网元(NE)一级的 SDH 管理系统功能如下所述。

1. 故障管理功能

(1)告警监视,即收集报告不同层网络的传输缺陷(或损伤)状态和指示信号,如信号丢失(LOS)、指针丢失(LOP)、告警指示信号(AIS)等。

(2)告警历史管理,即存储某一特定期间内的告警记录并提供查询和整理这些告警记录的支持。

(3)测试管理,即出于测试目的而进行的某些控制操作,如在各个层网络的环回控制等。

2. 性能管理功能

(1)收集数据,包括物理媒质层、再生段层、复用段层、高阶/低阶通道层误码等性能参数的收集。

(2)存储数据,即存储多个 15 min 间隔、24 h 间隔的历史性能参数。

(3)门限管理,即对性能参数的门限进行管理,其方法是查询和设定某一性能参数的门限,当性能参数越过规定的门限时能够发出越限报告。

(4)统计事件,即对 SDH 系统特有的一些事件(如指针调整事件)进行计数。

3. 配置管理功能

(1)状态和控制,包括 APS 状态和倒换管理,设置和释放人工、强制和自动保护倒换。

(2)设备工作参数的设定和检索,包括软件和硬件的工作模式和版本的设定与检索。

(3)连接管理,包括对网元内二端口和三端口交叉连接矩阵管理及对设备的控制、识别和删除。

(4)开销字节的设置和检索。

4. 安全管理功能

(1)人机界面管理。

(2)报表生成和打印管理。

(3)管理软件的下载及重载管理。

以上简要介绍了网元管理层的主要功能,网络管理层的功能是在其基础上有所拓展,功能也更为强大。由于目前 SDH 网管系统属于分布式处理系统,因此,已实现的大部分网络都是依靠不同层次的管理部件协同工作来实现管理的。

4.7.3　SDH 网管的管理接口

与 SDH 网络管理有关的主要操作运行接口为 Q_3 接口和 F 接口。为适应网络管理的现实要求,又能逐步向采用开放系统互连(OSI)概念和分层管理的专用电信管理网(TMN)过渡,在网络单元中除按常规设 Q_3 和 F 接口外,还可选设 f 接口和过渡性接口 Q_x。

1. Q 接口

Q 接口包括 Q₃ 和 Qₓ 接口，其中 Q₃ 是具备 OSI 全部七层功能的接口，接口特性应符合 M.3010 的要求。通常，NE 经 LCN 连至局内 NE 管理系统时所用的 Q 接口多采用最适于无连接模式的局域网协议栈 CLNS₁，而连至远端 NE 管理系统时所用的 Q 接口采用既能支持无连接模式，又能支持 X.25 的面向连结方式的 CLNS2 协议栈（相当于 G.773 建议的 B3 和 B2 协议栈），这两种协议栈各层的规定如图 4-58 所示。

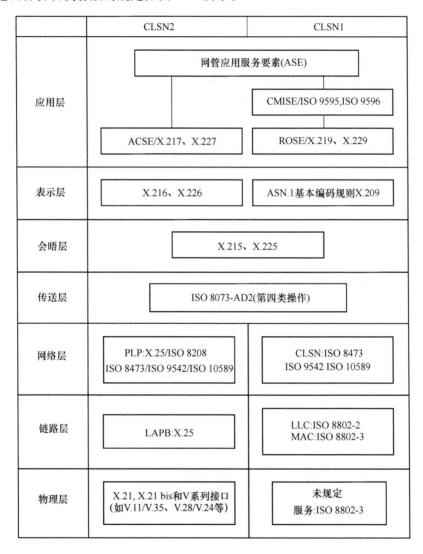

图 4-58　Q₃ 接口的协议栈

Qₓ 是一种向 Q₃ 过渡的过渡性接口，通常含 OSI 参考模型的下三层功能，采用 G.773 建议的 A₂ 协议栈。有 Q₃ 接口的网络单元不设过渡性接口 Qₓ。

2. F 接口

F 接口的接口特性应符合 V.10/V.11 或 V.28/V.24 的要求，通信协议采用 G.773 建议的 A₂ 协议栈。

3. f 接口

f 接口是与手持终端连接的物理接口。

复习思考题

1. 为什么要引入 SDH?

2. SDH 的主要优、缺点有哪些?

3. 为什么 PDH 从高速信号中分出低速信号要一级一级进行,而 SDH 信号能直接从高速信号中分出低速信号?

4. 画出 SDH 帧结构示意图,并说明各部分的主要作用。

5. 在 SDH 帧结构中,用于误码监测的字节一共有哪几个? 请分别简述各自的作用。

6. STM-N 的块状帧在线路上是怎样进行传输的? 传完一帧 STM-N 信号需要多长的时间?

7. SDH 信号在光路上传输时要经过扰码,主要是为了什么? 是否对 STM-N 信号的所有字节都进行扰码? 为什么?

8. 指针调整的作用有哪些?

9. 画图说明 2 Mbit/s 是如何复用映射进入到 STM-1 帧结构的。

10. 简述异步映射的概念、特点。

11. 画出低阶接口(LOI)、高阶组装器(HOA)所包含的功能块及各自功能。

12. 传送网从垂直方向上可分解为几个独立的层网络? 各层的作用是什么?

13. 传送网的基本物理拓扑类型有哪些? 各有什么特点?

14. 简述两纤单向通道保护环的原理。

15. 简述两纤双向复用段保护环的原理。

16. 主从同步方式中,节点从时钟采用哪些工作模式? 简述各工作模式的特点。

17. SDH 网同步主要有哪几种不同的方式?

18. SDH 网络管理可以分为几层? 各层的管理功能是什么?

第5章 光波分复用系统

随着人类社会信息时代的到来，对通信的需求呈现加速增长的趋势。发展迅速的各种新型业务(特别是高速数据和视频业务)对通信网的带宽(或容量)提出了更高的要求。为了适应通信网传输容量的不断增长和满足网络交互性、灵活性的要求，产生了各种复用技术。在光纤通信系统中除了所熟知的时分复用(TDM)技术外，还出现了其他的复用技术，如光时分复用(OTDM)、光波分复用(WDM)、光频分复用(OFDM)以及副载波复用(SCM)技术。本章主要讲述 WDM 基本技术。

5.1 概 述

5.1.1 光波分复用的基本概念

随着话音业务的飞速增长和各种新业务的不断涌现，特别是 IP 技术的日新月异，网络容量必将受到严重的挑战。传统的传输网络扩容方法采用空分复用(SDM)或时分复用(TDM)两种方式。

1. 空分复用(SDM,Space Division Multiplexer)

空分复用是靠增加光纤数量的方式线性增加传输的容量，传输设备也线性增加。在光缆制造技术已经非常成熟的今天，几十芯的带状光缆已经比较普遍，而且先进的光纤接续技术也使光缆施工变得简单，但光纤数量的增加无疑仍然给施工以及将来线路的维护带来了诸多不便，并且对于已有的光缆线路，如果没有足够的光纤数量，通过重新敷设光缆来扩容，工程费用将会成倍增长；而且，这种方式并没有充分利用光纤的传输带宽，造成光纤带宽资源的浪费。作为通信网络的建设，不可能总是采用敷设新光纤的方式来扩容，事实上，在工程之初也很难预测日益增长的业务需要和规划应该敷设的光纤数。因此，空分复用的扩容方式十分受限。

2. 时分复用(TDM,Time Division Multiplexer)

时分复用也是一项比较常用的扩容方式，从传统 PDH 的一次群至四次群的复用，到如今 SDH 的 STM-1、STM-4、STM-16 乃至 STM-64 的复用。通过时分复用技术可以成倍地提高光传输信息的容量，极大地降低了每条电路在设备和线路方面投入的成本，并且采用这种复用方式可以很容易在数据流中抽取某些特定的数字信号，尤其适合在需要采取自愈环保护策略的网络中使用。

但时分复用的扩容方式有两个缺陷：第一是影响业务，即在"全盘"升级至更高的速率等级时,网络接口及其设备需要完全更换,所以在升级的过程中,不得不中断正在运行的设备;第二是速率的升级缺乏灵活性,以 SDH 设备为例,当一个线路速率为 155 Mbit/s 的系统被要求提供两个 155 Mbit/s 的通道时,就只有将系统升级到 622 Mbit/s,即使有两个155 Mbit/s将被闲置,也没有办法。对于更高速率的时分复用设备,目前成本还较高,并且 40 Gbit/s 的 TDM 设备已经达到电子器件的速率极限,即使是 10 Gbit/s 的速率在不同类型光纤中的非线性效应也会对传输产生各种限制。现在,时分复用技术是一种被普遍采用的扩容方式,它可以通过不断地进行系统速率升级实现扩容的目的,但当达到一定的速率等级时,会由于器件和线路等各方面特性的限制而不得不寻找另外的解决办法。

不管是采用空分复用还是时分复用的扩容方式,基本的传输网络均采用传统的 PDH 或 SDH 技术,即采用单一波长的光信号传输,这种传输方式是对光纤容量的一种极大浪费,因为光纤的带宽相对于目前我们利用的单波长信道来讲几乎是无限的。我们一方面在为网络的拥挤不堪而忧心忡忡,另一方面却让大量的网络资源白白浪费。

DWDM 技术就是在这样的背景下应运而生的,它不仅大幅度地增加了网络的容量,而且还充分利用了光纤的宽带资源,减少了网络资源的浪费。DWDM 技术是利用单模光纤的带宽以及低损耗的特性,采用多个波长作为载波,允许各载波信道在光纤内同时传输。与通用的单信道系统相比,密集 WDM(DWDM)不仅极大地提高了网络系统的通信容量,充分利用了光纤的带宽,而且它具有扩容简单和性能可靠等诸多优点,特别是它可以直接接入多种业务更使得它的应用前景十分光明。

在模拟载波通信系统中,为了充分利用电缆的带宽资源,提高系统的传输容量,通常利用频分复用的方法。即在同一根电缆中同时传输若干个信道的信号,接收端根据各载波频率的不同利用带通滤波器滤出每一个信道的信号。同样,在光纤通信系统中也可以采用光的频分复用的方法来提高系统的传输容量。事实上,这样的复用方法在光纤通信系统中是非常有效的。与模拟的载波通信系统中的频分复用不同的是,在光纤通信系统中是用光波作为信号的载波,根据每一个信道光波的频率(或波长)不同将光纤的低损耗窗口划分成若干个信道,从而在一根光纤中实现多路光信号的复用传输。

人们通常把光信道间隔较大(甚至在光纤不同窗口上)的复用称为光波分复用(WDM),再把在同一窗口中信道间隔较小的 DWDM 称为密集波分复用(DWDM)。甚至可以实现波长间隔为零点几个纳米级的复用,只是在器件的技术要求上更加严格而已,因此把波长间隔较小的 8 个波、16 个波、32 个波乃至更多个波长的复用称为 DWDM。

光波分复用(WDM,Wavelength Division Multiplexing)技术是在一根光纤中同时传输多个波长光信号的一项技术。其基本原理是在发送端将不同波长的光信号组合起来(复用),并耦合到光缆线路上的同一根光纤中进行传输,在接收端又将组合波长的光信号分开(解复用),并作进一步处理,恢复出原信号后送入不同的终端,因此将此项技术称为光波长分割复用,简称光波分复用技术。由于目前一些光器件与技术还不十分成熟,因此,要实现光信道非常密集的光频分复用(相干光通信技术)是很困难的,但基于目前的器件水平,已可以实现相隔光信道的频分复用。在这种情况下,人们把在同一窗口中信道间隔较小的波分复用称为密集波分复用(DWDM,Dense Wavelength Division Multiplexing)。目前该系统是在 1 550 nm 波长区段内,同时用 8、16 或更多个波长在一对光纤上(也可采用单光纤)构成的光通信系统,其中各个波长之间的间隔为 1.6 nm、0.8 nm 或更低,约对应于 200 GHz、100 GHz 或更窄的带宽。WDM、DWDM 和 OFDM 在本质上没有多大区别。以往技术人员习惯采用 WDM 和 DWDM

来区分是 1 310/1 550 nm 简单复用还是在 1 550 nm 波长区段内密集复用,但目前在电信界应用时,都采用 DWDM 技术。由于 1 310/1 550 nm 的复用超出了 EDFA 的增益范围,只在一些专门场合应用,所以经常用 WDM 这个更广义的名称来代替 DWDM。图 5-1 示出了波分复用系统的基本组成。

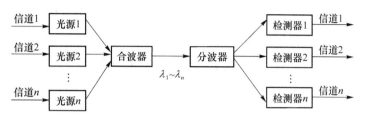

图 5-1 波分复用系统的基本组成

WDM 技术对网络的扩容升级、发展宽带业务(CATV、HDTV 和 BIP-ISDN 等)、充分挖掘光纤带宽潜力、实现超高速通信等具有十分重要的意义,尤其是 WDM 加上掺铒光纤放大器(EDFA)更是对现代信息网络具有强大的吸引力。

就发展而言,如果某一个区域内所有的光纤传输链路都升级为 WDM 传输,就可以在这些 WDM 链路的交叉处设置以波长为单位对光信号进行交叉连接的光交叉连接设备(OXC),或进行光上/下路的光分插复用器(OADM),则在原来由光纤链路组成的物理层上面就会形成一个新的光层。在这个光层中,相邻光纤链路中的波长通道可以连接起来,形成一个跨越多个 OXC 和 OADM 的光通路,完成端到端的信息传送,并且这种光通路可以根据需要灵活动态地建立和释放,这个光层就是目前引人注目的、新一代的 WDM 全光网络。

5.1.2 光波分复用的主要特点

1. 充分利用光纤的巨大带宽资源

光纤具有巨大的带宽资源(低损耗波段),WDM 技术使一根光纤的传输容量比单波长传输增加几倍至几十倍甚至几百倍,从而增加光纤的传输容量,降低成本,具有很大的应用价值和经济价值。

2. 同时传输多种不同类型的信号

由于 WDM 技术使用的各波长的信道相互独立,因而可以传输特性和速率完全不同的信号,完成各种电信业务信号的综合传输,如 PDH 信号和 SDH 信号,数字信号和模拟信号,多种业务(音频、视频、数据等)的混合传输等。

3. 节省线路投资

采用 WDM 技术可使 N 个波长复用起来在单根光纤中传输,也可实现单根光纤双向传输,在长途大容量传输时可以节约大量光纤。另外,对已建成的光纤通信系统扩容方便,只要原系统的功率余量较大,就可进一步增容而不必对原系统做大的改动。

4. 降低器件的超高速要求

随着传输速率的不断提高,许多光电器件的响应速度已明显不足,使用 WDM 技术可降低对一些器件在性能上的极高要求,同时又可实现大容量传输。

5. 高度的组网灵活性、经济性和可靠性

WDM 技术有很多应用形式,如长途干线网、广播分配网、多路多址局域网。可以利用 WDM 技术选择路由,实现网络交换和故障恢复,从而实现未来的透明、灵活、经济且具有高

度生存性的光网络。

6. IP 的传送通道

波分复用通道对数据格式是透明的,即与信号速率及电调制方式无关,在网络扩充和发展中是理想的扩容手段,也是引入宽带业务(如 IP 等)的方便手段。通过增加一个附加波长即可引入任意想要的新业务或新容量,如目前或将要实现的 IP over WDM 技术。

5.2 WDM 系统结构

5.2.1 WDM 系统的基本结构与工作原理

一般来说,WDM 系统主要由五部分组成:光发射机、光中继放大、光接收机、光监控信道和网络管理系统(见图 5-2)。

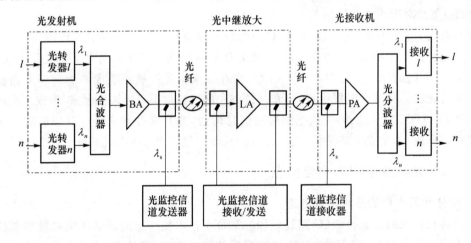

图 5-2 WDM 系统总体结构示意图(单向)

光发射机是 WDM 系统的核心,根据 ITU-T 的建议和标准,除了对 WDM 系统中发射激光器的中心波长有特殊的要求外,还需要根据 WDM 系统的不同应用(主要是传输光纤的类型和无电中继传输的距离)来选择具有一定色度色散容限的发射机。在发送端首先将来自终端设备(如 SDH 端机)输出的光信号,利用光转发器(OTU)把符合 ITU-T G.957 建议的非特定波长的光信号转换成具有稳定的特定波长的光信号;利用合波器合成多通路光信号;通过光功率放大器(BA)放大输出多通路光信号。

经过长距离光纤传输后(80～120 km),需要对光信号进行光中继放大。目前使用的光放大器多数为掺铒光纤光放大器(EDFA)。在 WDM 系统中,必须采用增益平坦技术,使 EDFA 对不同波长的光信号具有相同的放大增益,同时,还需要考虑到不同数量的光信道同时工作的情况,能够保证光信道的增益竞争不影响传输性能。在应用时,可根据具体情况,将 EDFA 用作"线放(LA)"、"功放(BA)"和"前放(PA)"。

在接收端,光前置放大器(PA)放大经传输而衰减的主信道光信号,采用分波器从主信道光信号中分出特定波长的光信道。接收机不但要满足一般接收机对光信号灵敏度、过载功率等参数的要求,还要能承受有一定光噪声的信号,要有足够的电带宽性能。

光监控信道主要功能是监控系统内各信道的传输情况,在发送端,插入本节点产生的波长为 λ_s(1 510 nm)的光监控信号,与主信道的光信号合波输出,在接收端,将接收到的光信号分波,分别输出 λ_s(1 510 nm)波长的光监控信号和业务信道光信号。帧同步字节、公务字节和网管所用的开销字节等都是通过光监控信道来传递的。

网络管理系统通过光监控信道物理层传送开销字节到其他节点或接收来自其他节点的开销字节对 WDM 系统进行管理,实现配置管理、故障管理、性能管理、安全管理等功能,并与上层管理系统(如 TMN)相连。

5.2.2　WDM 系统的基本形式

WDM 系统的基本构成主要有以下两种形式。

1. 双纤单向传输

单向 WDM 是指所有光通路同时在一根光纤上沿同一方向传送(如图 5-3 所示),在发送端将载有各种信息的、具有不同波长的已调光信号 $\lambda_1,\lambda_2,\cdots,\lambda_n$ 通过光复用器组合在一起,并在一根光纤中单向传输。由于各信号是通过不同光波长携带的,所以彼此之间不会混淆。在接收端通过光解复用器将不同光波长的信号分开,完成多路光信号传输的任务。反方向通过另一根光纤传输,原理相同。

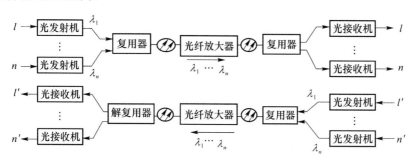

图 5-3　双纤单向传输

2. 单纤双向传输

双向 WDM 是指光通路在一根光纤上同时向两个不同的方向传输(如图 5-4 所示),所用波长相互分开,以实现彼此双方全双工的通信联络。

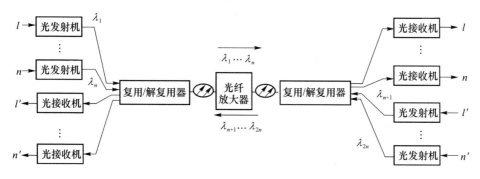

图 5-4　单纤双向传输

单向 WDM 系统在开发和应用方面都比较广泛。双向 WDM 系统的开发和应用相对来说要求更高,这是由于双向 WDM 系统在设计和应用时必须要考虑到几个关键的系统因素,如为了抑制多通道干扰(MPI),必须注意到光反射的影响、双向通路之间的隔离、串话的类型和数值、两个方向传输的功率电平值和相互间的依赖性、OSC 传输和自动功率关断等问题,同时要使用双向光纤放大器。但与单向 WDM 系统相比,双向 WDM 系统可以减少使用光纤和线路放大器的数量。

另外,通过在中间设置光分插复用器(OADM)或光交叉连接器(OXC),可使各波长光信号进行合流与分流,实现光信息的上/下通路与路由分配,这样就可以根据光纤通信线路和光网的业务量分布情况,合理地安排插入或分出信号。

5.2.3 WDM 系统的分层结构

1. 承载 SDH 客户层信号的 WDM 分层结构

承载 SDH 信号的 WDM 系统使用了光放大器。根据 ITU-T 的相关建议,带光放大器的 SDH WDM 光缆系统在 SDH 再生段层以下又引入了光通道层、光复用段层和光传输段(光放大段)层,如图 5-5 所示。图 5-6 给出了承载 SDH 的长途 WDM 系统组成示意图和缩写字母,其中的分界点是逻辑功能参考点。

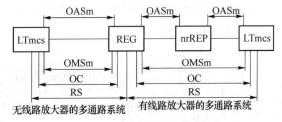

图 5-5 WDM 系统的分层结构 　　　　　图 5-6 WDM 系统的功能组成

光通道层可为各种业务信息提供光通道上端到端的透明传送,主要功能包括:为网络路由提供灵活的光通道层连接重排;具有确保光通道层适配信息完整性的光通道开销处理能力;具有确保网络运营与管理功能得以实现的光通道层监测能力。

光复用段层可为多波长光信号提供联网功能,包括:为确保多波长光复用段适配信息完整性的光复用段开销处理功能;为保证段层操作与管理能力而提供的光复用段监测功能。

光传输段层可为光信号提供在各种类型的光纤(如 G.652、G.655 等)上传输的功能,包括对光传输段层中的光放大器、光纤色散等的监视与管理功能。

2. 两类 WDM 系统——集成系统和开放系统

WDM 系统可以分为集成式 WDM 系统和开放式 WDM 系统两大类。

(1)集成式 WDM 系统

集成式系统是指 SDH 终端必须具有满足 G.692 的光接口,包括标准的光波长和满足长距离传输的光源。这两项指标是当前 SDH 系统(G.957 接口)不要求的,即需把标准的光波长和长色散受限距离的光源集成在 SDH 系统中。整个系统构造比较简单,没有增加多余设备。

对于集成式 WDM 系统中的 STM-N（TM、ADM 和 REG）设备都应具有符合 WDM 系统要求的光接口（S_n），以满足传输系统的需要，如图 5-7 所示。

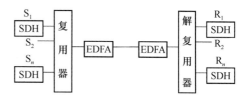

图 5-7　集成式 WDM 系统

（2）开放式 WDM 系统

对于开放式波分复用系统，在发送端设有光波长转发器（OTU），它的作用是在不改变光信号数据格式的情况下（如 SDH 帧结构），把光波长按照一定的要求重新转换，以满足 WDM 系统的设计要求。

这里所谓的"开放式"，是指在同一个 WDM 系统中，可以接入不同厂商的 SDH 系统，将 SDH 非规范的波长转换为标准波长。OTU 对输入端的信号波长没有特殊要求，可以兼容任意厂家的 SDH 信号。OTU 输出端满足 G.692 的光接口，即标准的光波长和满足长距离传输的光源。具有 OTU 的 WDM 系统，不再要求 SDH 系统具有 G.692 接口，可继续使用符合 G.957接口的 SDH 设备，接纳过去的 SDH 系统，实现不同厂家 SDH 系统工作在一个 WDM 系统内，如图 5-8 所示。

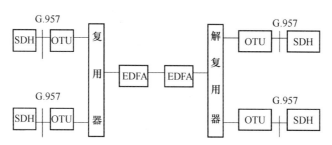

注：接收端的OTU是可选择项

图 5-8　开放式 WDM 系统

在开放式 WDM 系统中，OTU 应该被纳入 WDM 系统的网元管理范围，被视作是 WDM 系统的网元，通过 WDM 的网元管理系统进行配置和管理。

在实际建设中，运营者可以根据需要，选取集成式系统或开放式系统。例如，在多厂商 SDH 系统的环境中，可以选择开放式系统，而新建干线和 SDH 系统较少的地区，可以选择集成式系统，以降低成本。但是现在 WDM 系统采用开放式系统的已越来越多。

5.2.4　WDM 系统的应用类型

根据 WDM 线路系统中是否设置有掺铒光纤放大器（EDFA），可将 WDM 线路系统分成有线路光放大器 WDM 系统和无线路光放大器 WDM 系统两大类。为便于理解 WDM 系统，下面先从规范化和标准化的角度来看一下在不同情况下，WDM 系统的参考配置及各种常用符号的定义。

1. 有线路光放大器的 WDM 系统

（1）有线路光放大器的 WDM 系统参考配置

图 5-9 是一般 WDM 系统的配置图，TX1、TX2、…、TXn 为光发射机，RX1、RX2、…、RXn 为光接收机，OA 为光放大器。

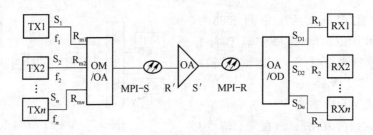

图 5-9　有线路光放大器的 WDM 系统的参考配置

（2）参考点的基本描述

图 5-9 中的 WDM 系统中的各参考点定义如表 5-1 所示。

表 5-1　图 5-9 对应的各参考点定义

参考点	定　义
$S_1 \cdots S_n$	通道 $1 \cdots n$ 在发射机光输出连接器处光纤上的参考点
$RM1 \cdots RMn$	通道 $1 \cdots n$ 在 OM/OA 的光输入连接器处光纤上的参考点
MPI-S	OM/OA 的光输出连接器后面光纤上的参考点
S′	线路光放大器的光输出连接器后面光纤上的参考点
R′	线路光放大器的光输入连接器前面光纤上的参考点
MPI-R	在 OA/OD 的光输入连接器前面光纤上的参考点
$S_{D1} \cdots S_{Dn}$	通道 $1 \cdots n$ 在 OA/OD 的光输出连接器处光纤上的参考点
$R_1 \cdots R_n$	通道 $1 \cdots n$ 接收机光输入连接器处光纤上的参考点

图 5-10　符合 G.957 发射机与光转发器合并使用

当把一个符合 ITU-T G.957 的发射机和光转发器结合起来作为 G.692 光发射机时，则如同在参考配置中定义的一样，参考点 S_n 位于光转发器的输出光连接器后面（如图 5-10 所示）。在这种情况下，符合 G.957 的发射机和转换器之间的接口是从 G.957 给定的 S 点的一系列规定中选出来的。

（3）有线路光放大器的 WDM 系统的分类与应用代码

在有线路光放大器的 WDM 系统的应用中，线路光放大器之间目标距离的标称值为 80 km 和 120 km，需要再生之前的总目标距离标称值为 360 km、400 km、600 km 和 640 km，注意，这里所说的目标距离仅用来进行分类而非技术指标。

描述 WDM 系统的应用代码一般采用以下方式构成：$nWx\text{-}y.z$，其中：

n 是最大波长数目；

W 代表传输区段（W＝L、V 或 U 分别代表长距离，很长距离或超长距离）；

x 表示所允许的最大区段数（$x > 1$）；

y 表示该波长信号的最大比特率（y＝4 或 16 分别表示 STM-4 或 STM-16）；

z 代表光纤类型（z＝2、3 或 5，分别代表 G.652、G.653 或 G.655 光纤）。

表 5-2 给出了相应的分类与应用代码。请注意，表 5-2 中的 nL5 和 nV3 类型的系统并非分别是 nL8 和 nV5 系统的一个子集，因为 nL8 和 nV5 系统需要采用不同的技术来实现（包括

低噪声 OA 和更严格的色散要求),难度更大。另外,由 4 波长系统升级到 8 波长系统时,由于设计上的差异,也无法简单地直接实现升级。表 5-2 示出了有线路光放大器 WDM 系统的应用代码。

表 5-2　有线路光放大器 WDM 系统的应用代码

应用	长距离区段 （每个区段的目标距离为 80 km）		很长距离区段 （每个区段的目标距离为 120 km）	
区段数	5	8	3	5
4 波长	4L5-y.z	4L8-y.z	4V3-y.z	4V5-y.z
8 波长	8L5-y.z	8L8-y.z	8V3-y.z	8V5-y.z
16 波长	16L5-y.z	16L8-y.z	16V3-y.z	16V5-y.z

2. 无线路光放大器的 WDM 系统

(1) 无线路光放大器的 WDM 系统参考配置

无线路光放大器的 WDM 系统的参考配置如图 5-11 所示。

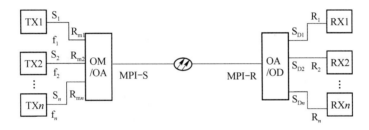

图 5-11　无线路光放大器的 WDM 系统的参考配置

(2) 无线路光放大器的 WDM 系统的分类和应用代码

无线路光放大器的 WDM 系统的应用包括将 8 个或 16 个光通路复用在一起,每个通路的速率可以是 STM-16、STM-4 或其他,也包括将不同速率的通路同时混合在一起。这些系统在 G.652、G.653 和 G.655 光纤上传输的目标距离的标称值为 80 km、120 km 和 160 km。

无线路光放大器的分类与应用代码归纳于表 5-3(各符号定义与前述相同,此时 $x=1$,表示无线路放大器)。

表 5-3　线路放大器 WDM 系统的应用代码

应　用	长距离 （目标距离 80 km）	很长距离 （目标距离 120 km）	超长距离 （目标距离 160 km）
4 波长	4L-y.z	4V-y.z	4U-y.z
8 波长	8L-y.z	8V-y.z	8U-y.z
16 波长	16L-y.z	16V-y.z	16U-y.z

5.2.5　WDM 系统的关键技术

1. 光源技术

光源的作用是产生激光或荧光,它是组成光纤通信系统的重要器件。目前应用于光纤通信的光源半导体激光器(LD)和半导体发光二极管(LED),都属于半导体器件,它们的共同特点是体积小、重量轻、耗电量小。

LD 和 LED 相比,主要区别在于,前者发出的是激光,后者发出的是荧光。因此,LED 的谱线宽度较宽,调制效率低,与光纤的耦合效率也较低;但它的输出特性曲线线性好,使用寿命长,成本低,适用于短距离、小容量的传输系统。而 LD 一般适用于长距离、大容量的传输系统,在高速率的 PDH 和 SDH 设备上已被广泛采用。

WDM 系统的工作波长较为密集,一般波长间隔为几纳米到零点几纳米,这就要求激光器工作在一个标准波长上,并且具有很好的稳定性,另外,WDM 系统的无电再生中继长度从单个 SDH 系统传输的 50～60 km 增加到了 500～600 km,在要求传输系统的色散受限距离大大延长的同时,为了克服光纤的非线性效应,如受激布里渊散射效应(SBS)、受激拉曼散射效应(SRS)、自相位调制效应(SPM)、交叉相位调制效应(XPM)、调制的不稳定性以及四波混频(FWM)效应等,要求系统光源使用技术更为先进、性能更为优越的激光器。

总之,WDM 系统光源的两个突出特点是:有比较大的色散容纳值;有标准而稳定的波长。

(1) 激光器的调制方式

目前广泛使用的光纤通信系统均为强度调制——直接检波系统,对光源进行强度调制的方法有两类,即直接调制和间接调制。

① 直接调制

直接调制,即直接对光源进行调制,通过控制半导体激光器的注入电流的大小,改变激光器输出光波的强弱,又称为内调制。传统的 PDH 和 2.5 Gbit/s 速率以下的 SDH 系统使用的 LED 或 LD 光源基本上采用的都是这种调制方式。

直接调制方式的特点是:输出功率正比于调制电流,简单、损耗小、成本低。但由于调制电流的变化将引起激光器发光谐振腔的长度发生变化,引起发射激光的波长随调制电流线性变化,这种变化被称作调制啁啾,它实际上是一种直接调制光源无法克服的波长(频率)的抖动。啁啾的存在展宽了激光器发射光谱的线宽,使光源的光谱特性变坏,限制了系统的传输速率和距离。一般情况下,在常规 G.652 光纤上使用时,传输距离≤100 km,传输速率≤2.5 Gbit/s。

对于不采用光线路放大器的 WDM 系统,从节省成本的角度出发,可以考虑使用直接调制的激光器。

图 5-12 外调制激光器的结构

② 间接调制

间接调制,即不直接调制光源,而是在光源的输出通路上外加调制器对光波进行调制,此调制器实际起到一个开关的作用。这种调制方式又称做外调制,结构如图 5-12 所示。

恒定光源是一个连续发送固定波长和功率的高稳定光源,在发光的过程中,不受电调制信号的影响,因此不产生调制频率啁啾,光谱的谱线宽度维持在最小。光调制器对恒定光源发出的高稳定激光根据电调制信号以"允许"或者"禁止"通过的方式进行处理,在调制的过程中,对光波的频谱特性不会产生任何影响,保证了光谱的质量。与直接调制激光器相比,大大压缩了谱线宽度,一般能够做到≤100 MHz。

间接调制方式的激光器比较复杂、损耗大,而且造价也高。但调制频率啁啾很小或无,可以应用于≥2.5 Gbit/s 的高速率传输,而且传输距离也超过 300 km。因此,在使用光线路放大器的 WDM 系统中,一般来说,发射部分的激光器均为间接调制方式的激光器。

常用的外调制器有电光调制器、声光调制器和波导调制器等。

　　电光调制器的基本工作原理是晶体的线性电光效应。电光效应是指电场引起晶体折射率变化的现象,能够产生电光效应的晶体称为电光晶体。

　　声光调制器是利用介质的声光效应构成。所谓的声光效应,是由于声波在介质中传播时,介质受声波压强的作用而产生应变,这种应变使得介质的折射率发生变化,从而影响光波传输特性。

　　波导调制器是将钛(Ti)扩散到铌酸锂($LiNbO_2$)基底材料上,用光刻法制出波导的具体尺寸。它具有体积小、重量轻、有利于光集成等优点。

　　根据光源与外调制器的集成和分离情况,可以分成集成外调制激光器和分离外调制激光器两种方式。

　　集成外调制技术的日益成熟是 DWDM 光源的发展方向,常见的是采用更加紧凑小巧,与光源集成在一起,性能上也满足绝大多数应用要求的电吸收调制器。

　　分离外调制激光器常用的是恒定光输出激光器(CW)＋马赫-策恩德(Mach Zehnder)外调制器($LiNbO_3$)。该调制器是将输入光分成两路相等的信号分别进入调制器的两个光支路,这两个光支路采用的材料是电光性材料,即其折射率会随着外部施加的电信号大小而变化,由于光支路的折射率变化将导致信号相位的变化,故两个支路的信号在调制器的输出端再次结合时,合成的光信号是一个强度大小变化的干涉信号。通过这种办法,将电信号的信息转换到了光信号上,实现了光强度调制。该种特定波长 CW 的激光器的技术成熟,性能较好,同时,铌酸锂调制器的频率啁啾可以等于零,相对于电吸收集成外调制激光器,成本较低。

　　(2) 激光器波长的稳定与控制

　　在 WDM 系统中,激光器波长的稳定是一个十分关键的问题,根据 ITU-T G. 692 建议的要求,中心波长的偏差不能大于光信道间隔的十分之一,即对光信道间隔为 1. 6 nm(200 GHz)的系统,中心波长的偏差不能大于±20 GHz。

　　在密集波分复用系统(DWDM)中,由于各个光通路的间隔很小(可低达 0. 8 nm),因而对光源的波长稳定性有严格的要求,例如,0. 5 nm 的波长变化就足以使一个光通路移到另一个光通路上。在实际系统中通常必须控制在 0. 2 nm 以内,其具体要求随波长间隔而异,波长间隔越小,要求越高,需要采用严格的波长稳定技术。

　　集成电吸收调制激光器(EML)的波长微调主要是靠改变温度来实现的,其波长的温度灵敏度为 0. 08 nm/℃,正常工作温度为 25 ℃。在 15~35 ℃温度范围内调节芯片的温度,即可使 EML 调定在一个指定的波长上,调节范围达 1. 6 nm。芯片温度的调节靠改变制冷器的驱动电流,再利用热敏电阻作反馈,便可使芯片温度稳定在一个基本恒定的温度上。

　　分布反馈式激光器(DFB)的波长稳定是利用波长和管芯温度的对应特性,通过控制激光器管芯处的温度来控制的。对于 1. 5 μm DFB 激光器,波长温度系数约为 13 GHz/℃。因此,在 25~35 ℃范围内中心波长符合要求的激光器,通过对管芯温度的反馈控制可以稳定激光器的波长。

　　这种温度反馈控制的方法完全取决于 DFB 激光器的管芯温度-波长性能,目前,MWQ-DFB 激光器工艺可以在激光器的寿命时间(20 年)内保证波长的偏移满足 WDM 系统的要求。

　　除了温度外,激光器的驱动电流也能影响波长,其灵敏度为 0. 008 nm/mA,比温度的影响约小一个数量级,但在有些情况下,其影响可以忽略。此外,封装的温度也可能影响到器件的波长,例如,从封装到激光器平台的连线带来的温度传导和从封装壳向内部的辐射,也会影响

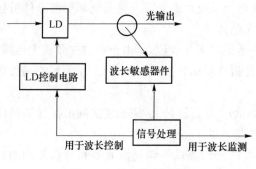

图 5-13　波长控制原理

器件的波长。在一个设计良好的封装中其影响可以控制在最小。

以上这些方法可以有效解决短期波长的稳定问题,对于激光器老化等原因引起的波长长期变化就显得无能为力了。直接使用波长敏感元件对光源进行波长反馈控制是比较理想的,属于该类控制方案的有标准波长控制和参考频率扰动波长控制,均正在研制中,很有前途。

波长控制的原理如图 5-13 所示。

2. 光波长转换器(OTU)

WDM 可以分为开放式和集成式两种系统结构。开放式 WDM 系统的特点是对复用终端光接口没有特别的要求,只要这些接口符合 ITU-T G.957 建议的光接口标准,WDM 系统采用波长转换技术(Transpond),将复用终端的光信号转换成指定的波长。而集成式 WDM 系统没有采用波长转换技术,要求复用终端的光信号的波长符合系统的规范。

开放式 WDM 系统依靠波长转换器(Optical Transponder)这一关键器件来实现波长转换技术,达到可以灵活调整波长,不对电复用终端设备的光器件做过多的要求。

OTU 除了可以将非规范的波长转换成标准波长外,还可以根据需要增加定时再生的功能。

(1)工作原理

没有定时再生电路的 OTU 实际上由一个光/电转换器和一个高性能的电/光转换器构成,适用于传输距离较短,仅以波长转换为目的的情况,其原理如图 5-14 所示。

有定时再生电路的 OTU 是在光/电转换器和电/光转换器之间增加了一个定时再生功能块,对所接收到的信号进行了一次整形,实际上兼有 REG 的功能,其原理如图 5-15 所示。

图 5-14　没有定时再生电路的 OTU　　　　图 5-15　有定时再生电路的 OTU

(2)OTU 的应用

没有定时再生电路的 OTU 往往被应用于开放式 DWDM 系统的入口边缘,将常规光源发出的非标准波长的光转换成符合 ITU-T G.692 规定的波长。

有定时再生电路的 OTU 在进行波长转换的同时,还可以进行信号整形,抑制噪声,提高光功率,可以被置于数字段之上,作为常规再生中继器(REG)使用,简化网络。

由于两种 OTU 的作用略有区别,故原邮电部电信总局的《技术规范书》中,对两种 OTU 光接口的参数要求稍有差别,没有再生中继功能的 OTU 接收光灵敏度为 −18 dB,过载功率为 0 dB,有再生中继功能的 OTU 接收灵敏度为 −28 dB,过载功率为 −9 dB。

3. 光放大器(OA)

光放大器是一种不需要经过光/电/光的变换而直接对光信号进行放大的有源器件,能高效补偿光功率在光纤传输中的损耗,延长通信系统的传输距离,扩大用户分配网覆盖范围,是新一代的长距离、大容量、高速率光通信系统和光纤 CATV、用户接入网等光纤传输系统的关键部件。

至今已经研制出的光放大器有两大类,即光纤放大器和半导体放大器,每类又有几种不同的应用结构和形式。相比之下,掺铒光纤放大器(EDFA)具有高增益、高输出、宽频带、低噪声、增益特性与偏振无关,以及数据速率与格式透明等一系列优点,得到了最为广泛的应用,在WDM 系统中,使用最多的也是掺铒光纤放大器。

(1) EDFA 增益的平坦性

在 WDM 系统中,复用的光通路数越来越多,需要串接的光放大器的数目也越来越多,因而对于单个光放大器的工作波长带宽和增益的平坦性也要求越来越严格。

普通的以硅光纤为基础的掺铒光纤放大器 EDFA 的增益平坦区很窄,仅在 1 549~1 561 nm之间,大约 12 nm 的范围,在 1 530~1 542 nm 之间的增益起伏很大,可高达 8 dB 左右。经过大量的实验和改进,人们发现,在掺铒光纤放大器中适当地掺入一些铝,会大大地改善 EDFA 的工作波长带宽,平抑增益的波动。就目前的成熟技术,已经能够做到 1 dB 增益平坦区几乎扩展到整个铒通带(1 525~1 560 nm),基本解决了普通硅 EDFA 的增益不平坦问题。未掺铝的 EDFA 和掺铝的 EDFA 的增益曲线对比如图 5-16 所示。

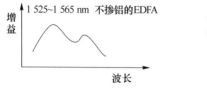 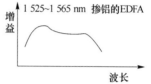

图 5-16　EDFA 的增益曲线平坦性的改进

对 EDFA 光放大器增益曲线,技术上将 1 525 ~ 1 540 nm 范围称作蓝带区,将 1 540~1 565 nm范围称作红带区,一般来说,当传输的容量小于 40 Gbit/s 时,优先使用红带区。光放大器的光器件(泵浦源)的使用寿命一般均要求在 30 万小时以上,为便于施工与维护,光放大器的光器件(泵浦源)应具有自动关闭的功能。

(2) EDFA 的增益竞争

EDFA 的增益均衡是一个重要问题,WDM 系统是一个多波长的工作系统,当某些波长信号失去时,由于增益竞争,其能量会转移到那些未丢失的信号上,使其他波长的功率变高。在接收端,由于电平的突然提高可能引起误码,而且在极限情况下,如果 8 路波长中 7 路丢失时,所有的功率都集中到所剩的一路波长上,功率可能会达到 17 dBm 左右,这将带来严重的非线性或接收机接收功率过载,也会带来误码。

EDFA 的增益控制技术有许多种,典型的有控制泵浦光源增益的方法,EDFA 内部的监测电路通过监测输入和输出功率的比值来控制泵浦源的输出,当输入波长中某些信号丢失时,输入功率会减小,输出功率和输入功率的比值会增加,通过反馈电路,降低泵浦源的输出功率,保持 EDFA 增益(输出/输入)不变,从而使 EDFA 的总输出功率减少,保持输出信号电平的稳定。

另外,还有饱和波长的方法。在发送端,除了 8 路工作波长外,系统还发送另一个波长作为饱和波长。在正常情况下,该波长的输出功率很小,当线路的某些信号丢失时,饱和波长的输出功率会自动增加,用以补偿丢失的各波长信号的能量,从而保持 EDFA 输出功率和增益恒定。当线路的多波长信号恢复时,饱和波长的输出功率会相应减少,这种方法直接控制饱和波长激光器的输出,速度较控制泵浦源要快一些。

（3）在应用中应注意的问题

EDFA 解决了光纤传输系统中的许多难题,但同时也带来了一些新的问题,在 WDM 系统的设计和维护中应当引起注意。

① 非线性问题。EDFA 的采用提高了注入光纤中的光功率,这个光功率并非越大越好。当光功率大到一定程度时,将产生光纤非线性效应(包括拉曼散射和布里渊散射),尤其是布里渊散射(SBS)受 EDFA 的影响更大,非线性效应会极大地限制 EDFA 的放大性能和长距离无中继传输的实现。

② 光浪涌问题。EDFA 的采用可使输入光功率迅速增大,但由于 EDFA 的动态增益变化较慢,在输入信号能量跳变的瞬时,将产生光浪涌,即输出光功率出现尖峰,尤其是在 EDFA 级联时,光浪涌现象更为明显。峰值光功率可以达到几瓦,有可能造成 O/E 变换器和光连接器端面的损坏。解决这一问题的方法是设法在系统中加装光浪涌保护装置,即通过控制 EDFA 泵浦功率来消除光浪涌。

③ 色散问题。采用 EDFA 以后,因衰减限制无中继长距离传输的问题得以解决,但随着传输距离的增加,总色散也随之增加,原来不是十分突出的问题,现在变成了突出问题,原来的衰减受限系统变成了色散受限系统。对常规 G.652 光纤来说,1 310 nm 窗口是零色散窗口,1 550 nm 窗口的色散典型值为 17 ps/(nm·km),在 WDM 系统中色散问题是一个不容忽视的问题。

4. 光复用和光解复用技术

波分复用系统的核心部件是波分复用器件,即光复用器和光解复用器(有时也称合波器和分波器),实际均为光学滤波器,其特性好坏在很大程度上决定了整个系统的性能。光复用器和光解复用器的性能指标主要有插入损耗和串扰,WDM 系统对其的要求是:损耗及其偏差小;信道之间的串扰小;低的偏振相关性。

DWDM 系统中常用的光复用器和光解复用器主要有介质薄膜干涉型、释放光栅型、星形耦合器及光照射光栅、阵列波导光栅等。

介质薄膜干涉型光复用器和光解复用器是用得最早的光滤波器,优点是插入损耗小,缺点是要分离 1 nm 左右波长较为困难,通过改进制膜方法,可以分离 1 nm 波长。一般在 16 个通道以下的 DWDM 系统中采用。但随着 WDM 技术的发展,要求分离信道间隔波长越来越窄,所以需要进一步改进制膜方法。

释放光栅型光复用器随着温度的变化,其中心波长漂移非常小,不需要温度控制。使用波导阵列代替光纤阵列还可以缩小其体积。

星形耦合器是一种插入损耗和串扰均较大的光器件,在复用路数不是很多时,一般只用来做复用器。当使用掺 Ge 的石英波导形成光照射光栅构成 Add/Drop 型光复用器和光解复用器,其插入损耗在 2 dB 以下,串扰大于 20 dB。

阵列波导光栅(AWG)型光复用器和光解复用器具有波长间隔小、信道数多、通带平坦等优点,非常适合于超高速、大容量 WDM 系统使用,因此已经成为目前开发的重点。

5. 光纤传输技术

为适应不同的光传输系统,人们开发了多种类型的光纤光缆,表 5-4 给出几种常见光缆最大衰减系数和最小波长范围的对应关系,可作为系统设计的参考。

表 5-4　常见光缆最大衰减系数和最小波长范围的对应关系

最大衰减系数	光纤种类	最小波长范围/nm
0.65 dB/km	G.652	1 260~1 360
	G.652、G.653、G.655	1 430~1 580

在 DWDM 系统中,由于采用波分复用器件引入的插入损耗较大,减少了系统的可用光功率,需要使用光放大器来对光功率进行必要的补偿。由于光纤中传送光功率提高,光纤的非线性问题变得突出。另外,光纤的色散问题也是不可忽视的一个重要考虑因素。下面对几种常见光纤的特性以及使用进行简要的介绍。

(1) 光纤的种类

① G.652 光纤

目前世界上多数的国家使用得最多的光缆为 G.652 光纤,即常规光纤(SMF)。这种光纤有两个应用窗口,1 310 nm 和 1 550 nm,前者的每千米典型衰耗值为 0.34 dB,后者为0.2 dB。事实上,由于光放大器的应用,DWDM 系统对光纤的衰耗已经不是影响传输距离的主要因素。1 550 nm 窗口的较高色散系数(17 ps/(nm·km))是一个影响较大的因素。

光波是一种高频电磁波,不同波长(频率)的光波复用在一起进行传输,彼此之间相互作用,将产生四波混频(FWM),通过实验和理论计算分析知道,FWM 的效率取决于光通路间隔和光纤色散,通路间隔越窄,光纤色散越小,FWM 效率也越高。从这一点上看,G.652 光纤的1 550 nm 窗口是最有利于 WDM 系统的要求的。然而,色散系数越大,高比特系统的传输中继距离越短,从这一点上看,又不利于高比特率系统的波分复用。理论上分析,在采用高性能的光源(如电吸收调制器)时,G.652 光纤可以将 2.5 Gbit/s 速率的信号无电再生中继传输至少600 km 左右,完全满足大多数陆地传输系统的要求,而对于 10 Gbit/s 速率的信号,即使采用外调制技术,尽可能地压缩了光源的谱线宽度,其色散受限距离也只有60 km 左右。如果使用色散调节技术(如 DCF 法),则可有效地抵消传统 G.652 光纤的色散,实现超过千公里的长距离全光传输。

② G.653 光纤

G.653 光纤又称做色散位移光纤(DSF),这种光纤是通过改变折射率的分布将1 310 nm附近的零色散点位移到 1 550 nm 附近,从而使光纤的低损耗窗口与零色散窗口重合的一种光纤,这类光纤可以在 1 550 nm 波长的工作区毫无困难地开通长距离 10 Gbit/s 甚至 20 Gbit/s系统,是最佳的应用于单波长远距离传输的光纤。

由于该光纤在 1 550 nm 附近的色散系数极小,趋近于零,当用于 WDM 时,不同通路光波之间的相位匹配很好,四波混频(FWM)效率很高,会产生非常严重的干扰。系统实验表明,在零色散波长区,传输 3 路 WDM 系统,传输 25 km 以后,就可能产生不可弥补的失真。解决的办法有三种:第一种为采用不等间隔的波长安排,使 FWM 的产物避开工作波长,这种办法需要十分复杂精细的系统设计,即使如此,可开通的路数仍然很少;第二种为增加光通路的间隔,可以减少通路间的相位匹配程度,从而降低 FWM 产物的功率,但相应减少了可以使用的光通路数,其有效性也有限;第三种为适当缩短光放大器间距,降低光纤输入功率。

总的来看,G.653 光纤不适合于 WDM 系统。与之相比较,后开发的 G.655 光纤更适合于 WDM 系统的应用。

③ G.655 光纤

G.655 光纤又称做非零色散位移光纤(NZDSF),它是针对 G.652 光纤和 G.653 光纤在

WDM 系统使用中存在的问题而开发出来的,使 1 550 nm 窗口同时具有了最小色散和最小衰减,它在 1 530~1 565 nm 之间光纤的典型参数为:衰减<0. 25 dB/ km,色散系数在1~6 ps/(nm・km)之间。这样,该光纤即可以支持 10 Gbit/s 的长距离传输;又由于其非零色散的特性,可以避免四波混频影响,较好地同时满足 TDM 和 WDM 两种发展方向的要求。

由于 ITU-T G.655 建议中只要求色散的绝对值为 1.0~6.0 ps/nm,对于它的正负没有要求,因而 G.655 光纤的工作区色散可以为正也可以为负,当零色散点位于短波长区时,工作区色散为正,当零色散点位于长波长区时,工作区色散为负。

Lucent 公司生产的"真波光纤"是一种典型的工作区为正色散的光纤,它的零色散点在1 530 nm 以下的短波长区。在1 530~1 565 nm 的光放大区,色散系数为 1.3~5.8 ps/(nm・km)。在 1 549~1 561 nm 这个最常用的 EDFA 增益平坦区,色散系数为 2.0~4.0 ps/(nm・km),这个值基本上避免了非线性的影响,而低色散系数又不至于对系统造成色散受限。在多数陆地传输系统应用场合(传输距离为几百千米范围),正色散引起的自相位调制效应可以压缩脉冲,使信号眼开度较大,比较有利,因此正色散的"真波光纤"适合于 DWDM 系统的陆地应用。

康宁公司推出了具有负色散工作区的光纤 SMF-LS,它的零色散点处于长波长区1 570 nm附近,在 1 530~1 565 nm 光放大区域,光纤的色散值均为负值,处于-3.5~0. 1 ps/(nm・km)之间,在较为常用的 1 549~1 560 nm 之间,其色散值在-0.1 ps/(nm・km)左右,这对于通路数多于 6 个的 WDM 系统是不利的。SMF-LS 光纤在进行超长距离传输时,积累的色散为负值,因此只需要采用常规 G.652 光纤就可以对其进行色散补偿,而真波光纤则需要价格昂贵的色散补偿光纤 DCF。SMF-LS 光纤在越洋海缆中得到了广泛的应用。

④ 大有效面积光纤

为了适应更大容量、更长距离的密集波分复用系统的应用,一种新型的大有效面积光纤已经出现,这种光纤的模场直径由普通光纤的 8.4 μm 增加到 9.6 μm,从而使有效面积从 55 μm^{2}增加到 72 μm^2 以上,零色散点处于 1 510 nm 左右,其弯曲性能、极化色散和衰减性能均可达到常规 G.655 光纤的水平,但色散系数规范已大为改进,提高了下限值,使之在 1 530~1 565 nm 窗口内处于 1~6 ps/(nm・km)之内,从而可以进一步减小四波混频的影响。由于有效面积的大大增加,减小了光纤中传播的光功率密度,故可承受较高的光功率,可以更有效地克服非线性影响,若按 72 μm^2 面积计算,至少减少了大约 1.4 dB 的非线性影响。从全光网络的发展来看,LEFA 光纤可以减轻色散的线性和高功率的非线性影响,提高入纤功率,增加波分复用数,代表着光纤发展的方向。

该光纤的主要缺点是色散斜率偏大,约为 0.1 ps/(nm^2・km),因此传输距离很长时,功率代价变大,另外,其 MFD(模场直径)也偏大,因此微弯和宏弯损耗需仔细控制。几种光纤的色散系数曲线如图 5-17 所示。

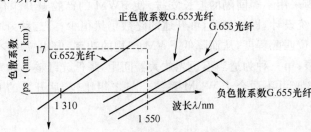

图 5-17　几种光纤的色散特性

⑤ 色散补偿光纤

现在大量敷设和实用的仍然是 G.652 光纤。随着通信容量的扩大，G.652 光纤组成的传输系统也不断扩容。如果 $N \times 2.5$ Gbit/s WDM 系统还不能满足容量的需要，就要增加单波道的容量，采用 $N \times 10$ Gbit/s 系统。这种情况下，损耗可用光纤放大器来补偿，但是 1 550 nm 区的较大色散却限制了速率的提高。为此要对 G.652 光纤的 1 550 nm 窗口进行色散补偿，克服色散限制。

色散补偿的方法有很多，利用色散补偿光纤（DCF）是一种较好的方案。色散补偿光纤在 1 550 nm 区有很大的负色散。在原来 G.652 光纤线路中加入一段色散补偿光纤，用色散补偿光纤的长度来控制补偿量的大小，用于抵消原来 G.652 光纤在 1 550 nm 处的正色散，使整个线路在 1 550 nm 处的总色散为零，这样既可满足单信道超高速传输，又可传输密集波分复用信号。一般来说，25 m DCF 就可补偿 1 km G.652 光纤的色散。

当采用非零色散位移光纤进行长距离密集波分复用传输时，如单信道速率为 10 Gbit/s，距离超过 300 km 而不设再生中继站的情况下，由于非零色散位移光纤的色散积累，可能限制系统的性能。这时也应该采用对待 G.652 光纤的类似方法，适当进行色散补偿。

⑥ 全波光纤

当前的单模光纤，不是工作在 1 310 nm 窗口（1 280～1 325 nm），就是工作在 1 550 nm 窗口（1 530～1 565 nm），而 1 350～1 450 nm 波长范围没有利用。其原因主要是在光纤制造过程中，一般会出现水分子渗入纤芯玻璃中，导致 1 385 nm 区较强的氢氧根吸收损耗，使得 1 350～1 450 nm 区不能用于通信。

（2）光纤的非线性效应及解决

通常，在光场较弱的情况下，可以认为光纤的各种特征参数不随光场强弱改变。这时可以认为光纤对光场来讲是一种线性媒质。但是，在很强的光场作用下，光纤对光场呈现另外一种情况，即光纤的各种特征参数随光场强弱而改变。这种非线性可能成为限制 WDM 系统性能的因素。

① 受激散射

a. 受激拉曼散射

当一定强度的光入射到光纤中时，会引起光纤材料的分子振动，低频边带称斯托克斯线，高频边带称反斯托克斯线，前者强度强于后者，两者之间的频差称为斯托克斯频率。两个频率间隔恰好为斯托克斯频率的光波同时入射到光纤时，低频波将获得光增益，高频波将衰减，高频波的能量将转移到低频波上，这就是所谓的受激拉曼散射（SRS）。发生拉曼散射的结果将导致 WDM 系统中短波长通路产生过大的信号衰减，从而限制了通路数。理论和实践证明，对于单路系统，能够产生系统性能损伤的门限功率大约为 1 W，因而 SRS 对单波长系统的影响很小，对于多波长系统，产生 1 dB 光功率代价的条件为

$$NP(N-1) \cdot \Delta f \leqslant 500 \, \text{GHz} \cdot \text{W}$$

式中，N 表示光通路数；Δf 表示通路间隔，单位为 GHz；P 表示每个通路允许的功率，单位为瓦（W）。如果假设通路数为 32，NP 为 0.1 W（20 dBm），则允许的通路间隔为 161 GHz（1.3 nm）；如果假设通路数为 100，NP 仍为 0.1 W（20 dBm），则允许的通路间隔减小到 50 GHz（0.4 nm）。

b. 受激布里渊散射（SBS）

从现象上看，SBS 类似于 SRS，只是 SBS 涉及声子振动，而非分子振动。然而实际上两者

有三个重要区别:第一,峰值 SBS 增益比 SRS 大 2 个量级;第二,SBS 频移(10~13 GHz)和增益带宽(20~100 MHz)远小于 SRS 的相应值;第三,SBS 只出现在后向散射方向上,其影响要大于 SRS。

在理论上,产生 SBS 影响的门限功率 P_{th} 可以近似计算:

$$P_{th} = 0.03\Delta\lambda$$

式中,$\Delta\lambda$ 为激光器发射光谱的线宽(MHz),P_{th} 的单位为 mW。可见,SBS 影响主要取决于激光器发射光谱的线宽,线宽越窄,产生 SBS 影响的门限功率越低。对于多波长的 WDM 系统来说,由于 SBS 增益带宽窄,频移小,因而每个通路与光纤的交互作用彼此独立,使得产生 SBS 影响的功率门限值独立于通路数。对于目前应用于陆地的多数单模光纤系统,SBS 影响可以忽略不计。如果采用外调制器光源,则由于激光器发射光谱的线宽可以窄至100 MHz,门限功率可能降至 3 mW(5 dBm),实际多发生在 6~8 dBm,成为主要限制因素之一。鉴于实际光功率放大器的输出可以高达 17 dBm 左右,因此提高 SBS 的门限是十分必要的。一种有效的对付 SBS 的方法是利用一个重复频率为 10~20 kHz、频偏为 100~1 000 MHz 的信号对中心波长进行弱频率调制,即所谓的扰动。这样调制后的信号有效频谱将是分布在 100~1 000 MHz范围内的瞬态光谱的平均值,SBS 门限可以进一步提高到 20 dBm 以上,基本上不构成实际限制。

② 克尔效应

克尔效应也称做折射率效应,也就是光纤的折射率 n 随着光强的变化而变化的非线性现象,其表达式为

$$n = n_0 + n_2 P/\text{Aeff}$$

式中,n_0 是光纤正常的折射率,P 是光功率,Aeff 是光纤有效截面面积,n_2 是光纤由于光功率密度(单位截面面积上光功率)变化引起的折射变化系数。在理论上,克尔效应能够引起下面三种不同的非线性效应,即自相位调制(SPM)、交叉相位调制(XPM)和四波混频(PWM)。

a. 自相位调制

由于光波的相位随折射率和传播距离而变,而折射率又是光强的函数,因而光波的相位也随光强而变化。由于相位的导数即为频率,当上述相位变化结合光纤的色散后将导致频谱展宽。在单路系统中,上述现象称自相位调制(SPM)。由于 SPM 随长度而积累,因而是采用 G.652 光纤的单波长系统的基本非线性损伤,门限功率大约为 18 dBm。

SPM 对 10 Gbit/s 的影响主要是导致光频率的变化,光功率变化越快,导致的光频率变化也越大。显然,在光脉冲前沿和后沿处,光频率变化最大,因而 SPM 的影响取决于光脉冲前后沿的陡峭程度,其影响主要是窄脉冲的高速系统,如 2.5 Gbit/s 以上的系统。

光脉冲的前沿和后沿所产生的相对中间点的频率变化是不对称的,前沿的频谱分量将减小,向长波长方向移动,即产生负频率啁啾(或称波长红移),而后沿的频谱分量将升高,向短波长方向移动,即产生正频率啁啾(或称波长蓝移)。在 G.652 光纤的 1 550 nm 窗口处,光纤的色散系数 D 为正值,光载波的群速度与载波频率成正比,于是上述脉冲的前沿由于频率低而传播速度慢,脉冲的后沿由于频率高而传播速度快,造成脉冲变窄压缩现象,从而在很大程度上实现了色散补偿,延长了系统色散受限距离。相反,如果光纤媒质的色散系数 D 为负值,则结论相反,不会发生上述脉冲压缩现象,只会加速脉冲的展宽,使色散受限距离变短。

综上所述,由 SPM 引起的非线性影响的结果有两种可能:当使用色散系数 D 为负的光纤工作区时(如 G.653 光纤的短波长侧或工作区色散为负的 G.655 光纤),系统色散受限距离变

短；当使用色散系数 D 为正的光纤工作区时（如 G.652 光纤、G.653 光纤的长波长侧，或工作区色散为正的 G.655 光纤），系统色散受限距离反而会延长。SPM 的效果与输入信号的光强成正比，与光纤衰减系数及有效纤芯面积成反比。当信号已经传输 15～40 km 时，光功率已经衰减至不足以产生非线性的水平，因而 SPM 影响主要发生在靠近发送机侧的一定距离内。另外，利用低色散光纤也可以减少 SPM 对系统性能的影响。

b. 交叉相位调制

在多波长系统中，克尔效应会导致信号的相位受其他通路功率的调制，这种现象被称为交叉相位调制（XPM 或 CPM）。为了压制 XPM 引起的串音代价，采用 G.652 光纤的 WDM 系统最小通路间隔 ΔW 可以用下式来估算：

$$\Delta W = 2A_f / BDM$$

式中，A_f 为光纤衰减系数，B 是比特率（Tbit/s），D 是光纤色散系数，M 是光纤放大器间隔数。可见，交叉相位调制的效率与系统的比特率、光纤色散系数、光纤放大器的间隔数均成反比。

c. 四波混频

当多个具有一定强度的光波在光纤中混合时，光纤的非线性会导致产生其他新的波长，即四波混频效应，并用 FWM 效率来度量。显然，新波长的产生以及原有波长信号能量的转移消耗，会在多波长系统中产生串音干扰或过大的信号衰减，从而限制了波长数。这是一种非线性过程，一旦 PWM 产物产生，用任何均衡技术无法消除，因此必须事先防范。

通常，FWM 效率取决于通路间隔和光纤色散。通路间隔越窄，光纤色散越小，不同光波间相位匹配就越好，FWM 效率也就越高，影响也越重。采用 G.652 和 G.653 光纤的 WDM 系统，最小通路间隔 ΔW 应至少分别保持大于 0.25 nm（30 GHz）和 0.8 nm（100 GHz）。看来，G.652 光纤更适合密集波分复用系统（DWDM）。专门为 WDM 系统开发研制的 G.655 光纤的设计思想是使零色散点波长不落在 1 550 nm 附近，而是向长波长或短波长的方向偏移，有意使 1 550 nm 附近呈现一定大小的色散，这样，一方面可以大大减轻 FWM 影响，保证多波长的传输，另一方面又控制 1 550 nm 附近的色散不要太大，以免限制 10 Gbit/s 信号的传输，目标是保证 10 Gbit/s 内信号至少能传输 300 km 以上。

6. WDM 系统的监控技术

要求在一个新波长上传送有关 WDM 系统的网元管理和监控信息。

（1）光监控信道要求

① 监控通路波长优选 1 510 nm，监控速率优选 2 Mbit/s。

② 光监控通路的 OSC 功能，应满足以下条件：

• 监控通路不应限制光放大器的泵浦波长；

• 监控通路不应限制光放大器之间的距离；

• 监控通路不应限制未来在 1 310 nm 波长的业务；

• 在光放大器失效时监控通路仍然可用；

• OSC 传输是分段的且具有 3R 功能和双向传输功能，在每个光放大器中继站上，信息能被正确接收下来，而且还可以附加上新的监控信息；

• 应有 OSC 保护路由，防止光纤被切断后监控信息不能传送的严重后果，如图 5-18 所示。

③ 监控通路的帧结构应满足以下要求：

• 帧结构中至少有 2 个时隙作为公务联络通路，即光中继段间公务联络（E1 字节）和光

复用段间公务联络(E2 字节);

- 帧结构中至少有 1 个时隙供使用者(通常为网络提供者)使用(F1 字节),可以在光线路放大器中继站上接入;
- 帧结构中至少有 4 个时隙作为 WDM 系统的网络管理信息的 DCC 通道。

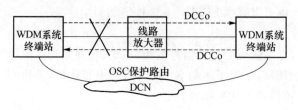

图 5-18　保护路由

（2）WDM 系统的监控

现在实用的 WDM 系统都是 WDM＋EDFA 系统,EDFA 用作功率放大器或前置放大器时,传输系统自身的监控信道就可用于对它们进行监控。但对于线路放大的 EDFA 的监控管理,就必须采用单独的光信道来传输监控管理信息。

① 带外波长监控技术

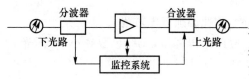

采用设置光监控信道（OSC）的方法

图 5-19　带外波长监控

ITU-T 建议采用一个特定波长作为光监控信道,传送监测管理信息,此波长位于业务信息传输带外时可选 1 310 nm、1 480 nm、1 510 nm,但优先选用 1 510 nm。由于它们位于 EDFA 增益带宽之外,所以称之为带外波长监控技术,如图 5-19 所示。

此时监控信号不能通过 EDFA,也就是说,必须在 EDFA 前取出(下光路),在 EDFA 之后插入(上光路),由于带外监控信道的光信号得不到 EDFA 的放大,所以传送的监控信息速率低,一般为 2 048 kbit/s,但由于一般 2 048 kbit/s 系统接收灵敏度优于−50 dBm,所以虽不经 EDFA 放大也能正常工作。

② 带内波长监控技术

带内监控技术是选用位于 EDFA 增益带宽内的 1 532 nm 波长,其优点是可利用 EDFA 增益,此时监控系统的速率可提高至 155 Mbit/s。尽管 1 532 nm 波长处于 EDFA 增益平坦区边缘的下降区,但因 155 Mbit/s 系统的接收灵敏度优于 WDM 各个主信道系统的接收灵敏度,所以监控信息仍能正常传输。

7. WDM 系统的网络管理

在一个 DWDM 系统中,可以承载多家 SDH 设备,WDM 系统的网元管理系统应独立于所承载的 SDH 设备,如图 5-20 所示。

WDM 系统网元的划分在发送端和接收端,除 EDFA、光监控通道外,网元还包括波分复用器/解复用器。对它们的控制也要统一纳入 WDM 系统的网元级管理。这样,就明确划分了 SDH 系统和 WDM 系统的网元管理的界限,一个面向 SDH 系统设备终端,另一个面向 WDM 系统设备。

（1）网元管理系统主要功能

网元管理系统的管理功能包括故障管理、性能管理、配置管理和安全管理。

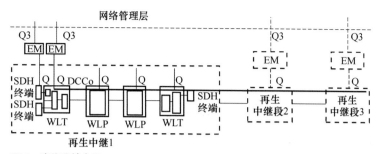

WLP：光线路放大器
WLT：波分复用线路终端
OSC：光监控通路
DCCo：光监控通路的数据通信通路

图 5-20　WDM 系统与 SDH 系统网管的关系

① 故障管理

故障管理应能对传输系统进行故障诊断、故障定位、故障隔离、故障改正，并应有路径测试功能。

A. 告警功能。

网元管理系统支持下列的告警功能：

- 可利用内部诊断程序识别所有故障定位至单块插板；
- 能报告所有告警信号及其记录的细节，如时间、来源、属性及告警等级等；
- 具有可闻、可视告警指示；
- 具有告警历史记录便于查看和统计；
- 具有告警过滤和遮蔽功能；
- 能够设置故障严重等级；
- 有激光器寿命预告警。

B. 在 WDM 系统中，故障管理监视的基本参数如下。

a. 在发射单元监视的主要参数

- 激光器输出光中心波长值；
- 激光器输出光中心波长偏移值；
- 激光器输出光功率值；
- 激光器波长控制对应的实测温度值；
- 输入信号丢失（LOS）；
- 激光器的偏置电流值；
- 外调制器偏置电压值（如果采用分离的外调制器件时）；
- 光输入信号电平（如采用 OTU 时）；
- OTU 的工作状态总输出功率。

b. 在光放大器单元监视的主要参数

- 总输入光功率；
- 输入信号丢失；
- 总输出光功率；
- 泵浦激光器工作温度；

- 泵浦激光器偏置电流；
- 每通路输出光功率（对采用单通路 Tone 监测方式的光放大器）。

c. 接收单元监视的主要参数

- 总输入光功率；
- 输入信号丢失；
- 分波器温度控制状态（对采用温度敏感的分波器件）。

d. 光监控通路监视的主要参数

- 激光器输出光功率；
- 激光器工作温度；
- 激光器偏置电流；
- 接收信号状态（如光信号丢失、信号帧丢失、信号帧失真等）。

C. 故障管理应具有外部事件告警的管理功能（如无人中继站的开门告警和火警告警等）。

② 性能管理

故障管理中必须监视的基本参数也是性能管理必须监视的参数，此外，性能管理还至少有以下管理功能：

a. 能对监控信道 OSC 的误码性能参数进行自动采集和分析，并能以 ASCII 码文件形式传送给外部存储设备；

b. 能同时对所有终端点进行性能监视；

c. 能同时对性能监视门限进行设置（如泵浦源功率、激光器偏置电流）；

d. 能存储和报告监控通路 15 分钟和 24 小时两类性能事件数据；

e. 能报告"当前"和"近期"两种性能监视数据。

③ 配置管理

设备管理系统应能够提供下述的配置管理功能：

a. 网元配置；

b. 网元（包括各组成单元 NE）的初始化；

c. 建立和修改网络拓扑图；

d. 配置网元状态；

e. NE 的状态和控制；

f. 实际网络的配置应能按照用户请求以图形方式在网元管理系统屏幕上完成。

④ 安全管理

安全管理应至少能提供下述管理功能：

a. 操作级别和权限划分；

b. 日志管理；

c. 口令管理；

d. 管理区域划分；

e. 用户管理；

f. 安全检查，如核查口令；

g. 安全告警；

h. 未经授权的人不能接入管理系统，具有有限授权的人只能接入相应授权的部分；

i. 能对所有试图接入受限资源的申请进行监视和控制。

5.3　WDM 系统规范

5.3.1　WDM 系统的建议

国际电联 ITU-T 在 DWDM 方面做了大量的工作,到目前为止,相关的资料有:

G.681　　　　　适用光放大器(包括光复用器)的局间和长跨距线路系统的功能特性;

G.691　　　　　有光放大器的单信道 SDH 系统和 STM-64 系统的光接口;

G.692　　　　　有光放大器的多信道系统的光接口;

G.959.1　　　　光网络物理层接口;

G.665　　　　　光网络元件;

G.798　　　　　光网络设备的功能特性;

G.875　　　　　光网络设备的信息模型;

G.874　　　　　光网络的网元管理;

G.709　　　　　光传送网的结构和映射;

G.872　　　　　光网络的总体结构;

G.873　　　　　光网络的要求。

5.3.2　WDM 波长分配

光纤有两个长波长的低损耗窗口,即 1 310 nm 窗口和 1 550 nm 窗口,它们均可用于光信号传输。但由于目前常用的掺铒光纤放大器的工作波长范围为 1 530～1 565 nm,因此,光波分复用系统的工作波长区为 1 530～1 565 nm,在这有限的波长区内如何有效地进行通路分配,关系到提高带宽资源的利用率及减少相邻通路间的非线性影响等。

1. 绝对频率参考和最小通路间隔

(1)绝对频率参考

在 WDM 系统中,一般是选择 193.1 THz 作为频率间隔的参考频率,其原因是它比基于任何其他特殊物质的绝对主频率参考(AFR)(对于不同的应用需要选择特定的 AFR)更好,193.1 THz 值处于几条 AFR 线附近。一个适宜的光频率参考可以为光信号提供较高的频率精度和频率稳定度,包括碘稳定氦-氖激光器和甲烷稳定氦-氖激光器,这两者都应符合理想的频率标准。

对 AFR 的要求可以用频率和真空中的光速表示,AFR 精确度是指 AFR 信号相对于理想频率的长期频率偏移(其中长期是指 AFR 预定的工作时间)。频率精度包括温度、湿度和其他环境条件变化可能引起的频率变化,也包括理想频率标准的稳定性、可重复性的跟踪能力。

(2)通路间隔

通路间隔指的是相邻通路间的标称频率差,可以是均匀间隔也可以是非均匀间隔,非均匀间隔可以用来抑制 G.653 光纤中的四波混频效应(FWM)。下面只讨论通路间隔均匀的系统。

2. 标称中心频率

为了保证不同 WDM 系统之间的横向兼容性,必须对各个通路的中心频率进行规范。所谓标称中心频率,指的是光波分复用系统中每个通路对应的中心波长。如上所述,目前国际上规定的通路频率是基于参考频率为193.1 THz、最小间隔为100 GHz的频率间隔系列。

对于频率间隔系列的选择应该满足以下要求。

① 至少应该提供16个波长,因为当单通路比特速率为STM-16时,一根光纤上的16个通路就可以提供40 Gbit/s的业务。

② 波长的数量不能太多,因为对这些波长进行监控将是一个庞杂而又难以应付的问题。波长数的最大值可以从经济和技术的角度予以限定。

③ 所有波长都位于光放大器(OFA)增益曲线相对比较平坦的部分,使OFA在整个波长范围内提供相对较均匀的增益,这将有助于系统设计。对于掺铒光纤放大器,它的增益曲线相对较平坦的部分是1 540~1 560 nm。

④ 这些波长应该与放大器的泵浦波长无关,在同一个系统中允许使用980 nm泵浦的OFA和1 480 nm泵浦的OFA。

⑤ 所有通路在这个范围内均应该保持均匀间隔,且更应该在频率而不是波长上保持均匀间隔,以便与现存的电磁频谱分配保持一致并允许使用按频率间隔规范的无源器件。

3. 通路分配表

16通路WDM系统的16个光通路的中心频率满足表5-5要求,8通路WDM系统的8个光通路的中心波长应选表5-5中标有"*"的波长。

表 5-5   16 通路和 8 通路 WDM 系统中心频率

序　号	中心频率/ THz	波长/nm
1	192.1	1 560.61 *
2	192.2	1 559.79
3	192.3	1 558.98 *
4	192.4	1 558.17
5	192.5	1 557.36 *
6	192.6	1 556.55
7	192.7	1 555.75 *
8	192.8	1 554.94
9	192.9	1 554.13 *
10	193.0	1 553.33
11	193.1	1 552.52 *
12	193.2	1 551.72
13	193.3	1 550.92 *
14	193.4	1 550.12
15	193.5	1 549.32 *
16	193.6	1 548.51

4. 中心频率偏差

中心频率偏差定义为标称中心频率与实际中心频率之差。16通路WDM系统的通道间隔为100 GHz,最大中心频率偏移为+/-20 GHz(约为0.16 nm)。对于8通路WDM系统,采用均匀间隔 200 GHz(约为 1.6 nm)作为通路间隔,而且为了未来向 16 通路系统升级,规定对应的最大中心频率偏差为＋/－20 GHz(约为 0.16 nm)。这些偏差值均为寿命终了值,即在系统设计寿命终了时,考虑到温度、湿度等各种因素仍能满足的数值。

影响中心频率偏差的主要因素有光源啁啾、信号信息带宽、光纤的自相位调制(SPM)引起的脉冲展宽及温度和老化的影响等。

5.3.3　WDM 系统技术规范

1. 光接口

光接口在 WDM 系统中十分重要,下面先解释和说明各接口的位置与定义,最后再给出相应的指标要求。

(1) 接口位置与参数定义

输出端参数对应于各个通路发送机后的输出口。

① 单个发送机输出端参数

a. 最大色散容纳值:系统能够忍受的主通道色散的最大未补偿值,该值为衡量光源质量的重要条件。

b. 光谱特性如下。

- 20 dB 谱宽:单纵模激光器光谱宽度定义为从最大峰值功率跌落 20 dB 时的最大全宽。
- 边模抑制比:为最大模的峰峰值与第二边模峰峰值的比例。该值主要为了减少模式分配噪声造成的误码性能劣化。

c. 平均发送功率:为发送机送伪随机序列信号时,在参考点 S_n 测得的平均光功率。

d. 消光比:指在最坏反射条件下且全调制时,传号(发射光信号)平均光功率与空号(不发射光信号)平均光功率的比值。

e. 眼图模板:发送信号波形以眼图模板的形式规定了发送机的光脉冲形状特性,包括上升时间、下降时间脉冲过冲及振荡等。

以上这些参数也对应于单个通道输入口,即 OM/OA 输入口的参考点 R_{mn}。

② 单个接收机输入口参数

单个接收机的输入口对应于接收机前端定义的各项参数。

a. 接收灵敏度,指当接收机误码率为 1×10^{-12} 时,所需要的最小平均接收光功率。

b. 接收机波长范围,指在 R_n 点可接收的信号波长范围,一般在 1 530～1 565 nm。

c. 光信噪比,指当接收机误码率为 1×10^{-12} 时,所需要的最小的光信噪比。

d. 接收机反射系数,指在 R_n 点处的反射光功率与入射光功率之比。

e. 光通道代价,指光信号在 $S_n \sim R_n$ 点之间的光通道传输后,信号波形失真所引起的接收机灵敏度下降的数值。

③ 合路信号的输入口参数

合路信号的输入口对应于 R' 点和 MPI-R 处的光接口,即光放大器的输入口。下列参数的最大值和最小值与波分复用系统的路数无关。

a. 平均每路输入功率,指在 R' 点和 MPI-R 处测量到的每路最大和最小输入功率的平均值。

b. 平均总输入功率,指在 R' 点和 MPI-R 处合路输入功率最大值和最小值的平均值。

c. 每路光信噪比,指当误码率为 0 时,每路接收机所需的最小光信噪比。

d. 串扰,指在 R′点和 MPI-R 处从第 j 路输出端口测得的串扰信号 $\lambda i\,(i{\neq}j)$ 的功率 $P_j(\lambda i)$ 与第 i 路输出端口测得的该路标称信号的功率 $P_i(\lambda i)$ 之间比值为第 i 路对第 j 路的串扰。

e. 各路输入功率的最大差值,指在 R′点的各路输入中,同一时刻最大信号与最小信号功率之间的差值。

④ 合路信号的输出口参数

合路信号输出口对应于 MPI-S 和 S′点光接口,即 OM/OA 输入口的参考点 R_{mn}。

a. 发送端 S′点串话,指由发送端边模、非线性、发送波长不合乎要求或其他原因而引起的,影响并不大。

b. 通路输出功率,指每通路平均输出功率,包括由于光放大器带来的 ASE 噪声。

c. 发送功率,指经合路后进入光纤的功率(包括光放大器的 ASE 噪声)。

d. 每通路光信噪比,指通路内信号功率与噪声功率的比值。

e. 各路输出功率的最大差值,指在同一时刻,在给定的光有效带宽下,MPI 或 S′点每通路输出光功率的最大值与最小值之间的功率差。

⑤ 光通路参数

在 WDM 系统中,出现了"子"和"主"两个光通道。定义两光放大器之间为子光通道,MPI-S 和 MPI-R 之间为主光通道,如图 5-21 所示。

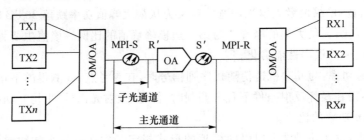

图 5-21 "主光通道"与"子光通道"的划分

a. 衰减与目标距离

目标距离的衰减范围是在 1 530～1 565 nm EDFA 的工作频带内,假设光纤损耗是以 0.28 dB/km 为基础(包括接头和光缆富余度)而得出的。

表 5-6 和表 5-7 分别是无线路光放大器系统和有线路光放大器的衰减范围,表中的22 dB、33 dB、44 dB 分别对应于 80 km、120 km、160 km 的传输目标距离。

表 5-6　无线路放大器系统的衰减范围

应用代码	NL-$y.z$	NU-$y.z$	NV-$y.z$
衰减范围			
最　大	22 dB	33 dB	44 dB
最　小			

表 5-7　有线路放大器系统的衰减范围

应用代码	NLx-$y.z$	NUx-$y.z$
衰减范围(OA 之间)		
最　大	22 dB	33 dB
最　小		

b. 色散

对于超高速波分复用系统,大多数是色散敏感系统(色散包括色度色散和偏振模式色散),表 5-8 是 2.5 Gbit/s 系统,有/无线路光放大器系统在 G.652 光缆上传输的色散容限值和目标传送距离。

表 5-8　2.5 Gbit/s 系统,有/无线路光放大器系统在 G.652 光缆上传输的色散容限值和目标传送距离

应用代码	L	V	U	nV3-y.2	N15-y.2	N18-y.2	NL8-y.2
最大色散容限值	1 600	2 400	3 200	7 200	8 000	12 000	12 800
目标传送距离/km	80	120	160	360	400	600	640

c. 偏振模色散

偏振模色散是指由光纤随机性双折射引起的,不同偏振状态下光纤折射率不同,导致相移不同,在时域上表现为时延不同,最终脉冲波形展宽,增加了码间干扰。

d. 反射

反射系数包括最小光回损和最大离散反射系数两项。

- 最小光回损是指主通道光缆线路(包括任何光连接器)MPI-S 点入射光功率和反射光功率之比。

- 最大离散反射系数是指光通道光缆线路(包括任何光连接器)不均匀性(如接头)引起的反射。

e. 光通道代价指从 MPI-S 和 MPI-R 之间的"主光通道",由于反射、码间干扰、模分配噪声、激光器 chip 声等因素的影响,使脉冲在光纤传输过程中所引起的波形失真而导致接收灵敏度的明显下降。

2. 光纤和光缆

(1) 光纤的性能要求

G.652 和 G.655 光纤的基本性能要求如表 5-9 所示。

表 5-9　光纤主要参数的规范

参　数	G.652 光纤	G.665 光纤
模场直径(标称值)	9～10 μm,偏差不超过±10%	8～11 μm,偏差不超过±10%
模场同心度误差	<1 μm	<1 μm
2 m 光纤截止波长	≤1 250 nm	≤1 470 μm
22 m 光纤截止波长	≤1 260 nm	≤1 480 μm
跳线光缆中光纤截止波长	≤1 260 nm	≤1 480 μm
零色散波长	1 300～1 324 nm	—
零色散斜率	≤0.093	—
最大色散系数(1 288～1 339 nm)	<3.5	—
最大色散系数(1 525～1 575 nm)	<20	—
最大色散系数(1 530～1 565 nm)	—	0.1～6.0
包层直径	125±2 μm	125±2 μm

续 表

参 数	G.652 光纤	G.665 光纤
最大色衰系数(1 310 nm)	0.3~0.4 dB/km	—
最大色衰系数(1 550 nm)	0.15~0.25	0.2
1 550 nm 的弯曲损耗	<1 dB	<0.5 dB
适用工作窗口	1 310 nm 和 1 550 nm	1 550 nm

① 模场直径

单模光纤的纤芯直径为 8~9 mm,与工作波长 1.3~1.6 mm 处于同一量级,由于光衍射效应,不易测出纤芯直径的精确值。此外,由于基模 LP_{01} 场强的分布不只局限于纤芯之内,因而单模光纤纤芯直径的概念在物理上已没有什么意义,应改用模场直径的概念。模场直径是光纤内基模场强空间强度分布集中程度的度量。

G.652 光纤在 1 310 nm 波长区的模场直径标称值应在 8.6~9.5 mm 范围,偏差小于 10%;G.655 光纤在 1 550 nm 波长区的模场直径标称值应在 8~11 mm 范围,偏差小于 10%。上述两种单模光纤的包层直径均为 125 mm。

② 模场同心度误差

模场同心度误差指互相连接的光纤模场中心与包层之间的距离。光纤的接头损耗大致与模场同心度误差的平方成正比,因此减少模场同心度误差是降低光纤连接损耗的关键因素之一,在工艺上应严格控制。G.652 和 G.655 两种单模光纤的模场同心度误差均不应大于 1,一般应小于 0.5。

③ 弯曲损耗

光纤的弯曲会引起辐射损耗。实际中,光纤可能出现两种情况的弯曲:一种是曲率半径比光纤直径大得多的弯曲(例如,在敷设光缆时可能出现这种弯曲);另一种是微弯曲,产生微弯曲的原因很多,光纤和光缆的生产过程中,限于工艺条件,都可能产生微弯曲。不同曲率半径的微弯曲沿光纤随机分布。大曲率半径的弯曲光纤比直光纤中传输的模式数量要少,有一部分模式辐射到光纤外引起损耗;随机分布的光纤微弯曲,将使光纤中产生模式耦合,造成能量辐射损耗。光纤的弯曲损耗不可避免,因为不能保证光纤和光缆在生产过程中或是在使用过程中,不产生任何形式的弯曲。

弯曲损耗与模场直径有关。G.652 光纤在 1 550 nm 波长区的弯曲损耗应不大于 1 dB,G.655光纤在 1 550 nm 波长区的弯曲损耗应不大于 0.5 dB。

④ 衰减系数

单模光纤在 1 310 nm 和 1 550 nm 波长区的衰减常数一般分别为 0.3~0.4 dB/km(1 310 nm)和 0.17~0.25 dB/km(1 550 nm)。ITU-T G.652 建议规定光纤在 1 310 nm 和 1 550 nm 的衰减常数应分别小于 0.5 dB/km 和 0.4 dB/km。

⑤ 色散系数

光纤的色散指光纤中携带信号能量的各种模式成分或信号自身的不同频率成分因群速度不同,在传播过程中互相散开,从而引起信号失真的物理现象。一般光纤存在三种色散。

a. 模式色散:光纤中携带同一个频率信号能量的各种模式成分,在传输过程中由于不同模式的时间延迟不同而产生。

b. 材料色散:由于光纤纤芯材料的折射率随频率变化,使得光纤中不同频率的信号分量具有不同的传播速度而引起的色散。

c. 波导色散:光纤中具有同一个模式但携带不同频率的信号,因为不同的传播群速度而引起的色散。

这三种色散统称为色度色散。ITU-T G.652 建议规定零色散波长范围为 1 300～1 324 nm,最大色散斜率为 0.093 ps/(nm²·km),在 1 525～1 575 nm 波长范围内的色散系数约为 20 ps/(nm·km)。ITU-T G.653 建议规定零色散波长为 1 550 nm,在 1 525～1575nm 区的色散斜率为 0.085 ps/(nm²·km)。在 1 525～1 575 nm 波长范围内的最大色散系数为 3.5 ps/(nm·km)。G.655 光纤在 1 530～1 565 nm 范围内的色散系数绝对值应处于 0.1～6.0 ps/(nm²·km)之间。

⑥ 截止波长

为避免模式噪声和色散代价,系统光缆中的最短光缆长度的截止波长应该小于系统的最低工作波长,截止波长条件可以保证在最短光缆长度上单模传输,并且可以抑制高阶模的产生或可以将产生的高阶模式噪声功率代价减小到完全可以忽略的地步。目前 ITU-T 定义了三种截止波长:

a. 短于 2 m 长跳线光缆中的一次涂覆光纤的截止波长;

b. 22 m 长光缆光纤的截止波长;

c. 2～20 m 长跳线光缆的截止波长。

G.652 光纤在 22 m 长光缆上的截止波长≤1 260 nm,在 2～20 m 长跳线光缆上的截止波长≤1 260 nm,在短于 2 m 长跳线光缆上的截止波长≤1 250 nm。G.655 光纤在 22 m 长光缆上的截止波长≤1 480 nm,在短于 2 m 长光缆上的一次涂敷光纤上的截止波长≤1 470 nm,在 2～20 m 长跳线光缆上的截止波长≤1 480 nm。

(2) 光缆的种类及性能

① 光缆的种类

光缆以结构形式分,有松套层绞式、骨架式、中心束额定式和带状光缆四种。以敷设方式分,有直埋、管道、架空、水底和局用光缆等。

依照应用场合,业务量需要和扩容需要,光缆芯数系列分为 4、6、8、10、12、14、16、18、20、22、24、26、28、30、32、34、36 芯,并可按需要依偶数递增。

② 光缆的性能

a. 机械性能:光缆的机械性能应能经受拉伸、压扁、冲击、反复弯曲、扭转、曲挠、钩挂、弯折、卷绕等项,并符合国家标准 GB.7425 对光缆机械性能试验的要求。

b. 防护性能:光缆应具备防潮、防水性能。此外,还应根据使用条件及安装环境的需要具备防白蚁、鼠、昆虫咬,以及防腐蚀、防雷等项,并符合国家标准 GB.8405 对光缆环境性能试验的防护性能要求。

③ 网络性能

国家骨干网的大容量光缆波分复用系统是基于 SDH 系统的多波长系统,因此,其网络性能应该全部满足我国 SDH 体制及标准规定的指标,主要考虑误码、抖动和漂移指标。

在 WDM 系统承载的 SDH 系统中,相对于 WDM 系统,SDH 只是它的承载信号,因而当衡量 WDM 系统传输质量时,必须以 SDH 2.5 Gbit/s 的信号作为标准,而不是传统上的 SDH 支路 155 Mbit/s 电接口。系统必须增加对 2.5 Gbit/s 误码和抖动的测试。测试的信号应为满负载的 SDH 2.5 Gbit/s 成帧信号。

a. 误码性能

WDM 系统所承载的 SDH 传输性能仍满足 SDH 的相应误码性能规范。

WDM 系统光复用段的误码性能应高于表 5-10 的指标。该指标与具体 WDM 系统光复用段长度无关(可以为 8×80 km、3×120 km 或其他)。

表 5-10 WDM 系统光复用段误码性能指标

速　率	155.52 Mbit/s	622.08 Mbit/s	2.448 Gbit/s
ESR	$1.6×10^{-5}$	$8×10^{-6}$	$8×10^{-6}$
SESR	$2×10^{-7}$	$2×10^{-7}$	$2×10^{-7}$
BBER	$2×10^{-8}$	$1×10^{-8}$	$1×10^{-8}$

b. 抖动性能

WDM 系统承载的 SDH 接口的抖动应继续满足 SDH 体制的要求。

WDM 系统承载的 SDH 网络输出口的最大容许输出抖动应不超过表 5-11 中所规定的数值。

表 5-11 SDH 网络输出口最大允许输出抖动

接　口	测量滤波器	峰-峰值(UI)
STM-1(电)	500 Hz~1.3 MHz	1.50(0.75)
	65 kHz~1.3 MHz	0.15
STM-16(光)	5 000 Hz~20 MHz	1.50(0.75)
	1~20 MHz	0.15

WDM 系统承载的 SDH 网络的输入口的抖动和漂移容限应至少容忍图 5-22 所施加的输入抖动和漂移,相应的参数值如表 5-12 所示。

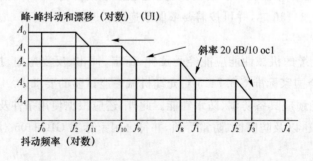

图 5-22　STM-N 输入口抖动和漂移容限

表 5-12　SDH 设备输入抖动和漂移容限参数

STM 等级	UIpp					频率/Hz								
	A_0 (18 μs)	A_1 (2 μs)	A_2 (0.25 μs)	A_3	A_4	f_0 f_4	f_{12}	f_{11}	f_{10}	f_9	f_8	f_1	f_2	f_3
STM-1 (电)	2 800	311	39	1.5	0.075	12 μ 1.3 M	178 μ	1.6 m	15.6 m	0.125	19.3	500	325 k	65 k
STM-16 (光)	44 790	4 977	622	1.5	0.15	12 μ 20 M	178 μ	1.6 m	15.6 m	0.125	12.1	5 000	100 k	1 M

复习思考题

1. 什么是光波分复用系统?

2. 请说明 WDM 的主要特点。

3. 请说明 WDM 系统两种基本形式的概念。

4. 请说明 WDM 系统的基本工作原理。

5. 请说明 WDM 系统分层结构中各层所代表的功能。

6. 两类 WDM 系统的基本概念是什么?

7. 请说明 WDM 系统中的应用代码英文字母分别代表什么意义?

8. 请说明通路间隔、标称中心频率和中心频率偏差的含义。

9. 为什么我国对于 8 通路 WDM 系统规定的最大中心频率偏差为 ±20 GHz?

10. 在光接口指标的测试中,单个发送机和单个接收机参数分别在系统中哪个参考点进行测试?

11. 子光通道在 WDM 系统中是如何定义的?

12. 偏振模色散的产生原因和对系统传输质量的影响是什么?

13. 为什么要进行主光通道的光功率的补偿?

14. G.652 光纤和 G.655 光纤 1 550 nm 波长上的传输特性有什么区别?

15. 在光监控通路中为什么不限制光放大器之间的距离和 1 310 nm 波长的业务?

第6章

光纤通信系统

6.1 光 接 口

传统的准同步光缆数字系统是一个自封闭系统,光接口是专用的,外界无法接入;而同步光缆数字线路系统是一个开放式的系统,任何厂家的任何网络单元都能在光路上互通,即具备横向兼容性。为此,必须实现光接口的标准化。

6.1.1 光接口分类

光接口是同步光缆数字线路系统最具特色的部分,由于它实现了标准化,使得不同网元可以经光路直接相连,节约了不必要的光/电转换,避免了信号因此而带来的损伤(如脉冲变形等),节约了网络运行成本。

按照应用场合的不同,可将光接口分为三类:局内通信光接口、短距离局间通信光接口和长距离局间通信光接口。不同的应用场合用不同的代码表示,见表6-1。

表 6-1　光接口代码一览表

应用场合	局　　内	短距离局间	长距离局间
工作波长/nm	1 310	1 310　1 550	1 310　1 550
光纤类型	G. 652	G. 652　G. 652	G. 652　G. 652　G. 653
传输距离/km	≤2	～15	～40　～60
STM-1	I—1	S—1.1　S—1.2	L—1.1　L—1.2　L—1.3
STM-4	I—4	S—4.1　S—4.2	L—4.1　L—4.2　L—4.3
STM-16	I—16	S—16.1　S—16.2	L—16.1　L—16.2　L—16.3

代码的第一位字母表示应用场合:I 表示局内通信;S 表示短距离局间通信;L 表示长距离局间通信。字母横杠后的第一位表示 STM 的速率等级,例如,1 表示 STM-1;16 表示 STM-16。第二个数字(小数点后的第一个数字)表示工作的波长窗口和所有光纤类型:1 和空白表示工作窗口为 1 310 nm,所用光纤为 G. 652 光纤;2 表示工作窗口为 1 550 nm,所用光纤为 G. 652 或 G. 654 光纤;3 表示工作窗口为 1 550 nm,所用光纤为 G. 653 光纤。

6.1.2 光接口参数的规范

1. 光接口的位置

SDH 网络系统的光接口位置如图 6-1 所示。图中,S 点是紧挨着发送机(TX)的活动连接器(CTX)后的参考点,R 是紧挨着接收机(RX)的活动连接器(CRX)前的参考点,光接口的参数可以分为三大类:参考点 S 处的发送机光参数、参考点 R 处的接收机光参数和 S-R 点之间的光通道参数。在规范参数的指标时,均规范为最坏值,即在极端的(最坏的)光通道衰减和色散条件下,仍然要满足每个再生段(光缆段)的误码率不大于 1×10^{-10} 的要求。

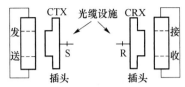

图 6-1 光接口位置

2. 光发送机的参数

CCITT 还对光发送机性能指标进行了规范,如平均发送光功率、谱线宽度、消光比和光源器件的工作寿命等。如规定 LD 的平均发光功率应大于 -9 dBm,LED 的平均发光功率应大于 -30 dBm 等。

此外还规定光发送机所使用的光源器件,尤其是激光二极管 LD,应该具有自动关闭功能,即在实际应用中当光纤线路断开时,LD 能够自动关闭并停止工作。这样一方面可防止激光泄漏对人体造成伤害,另一方面可以延长 LD 的工作寿命。

作为光纤通信系统的组成部分,光发送机有许多参数,最主要的是如下几项。

(1) 平均发送光功率(P_t)

平均发送光功率是光发送机最重要的技术指标,它是指在"0"、"1"码等概率调制的情况下,光发送机输出的光功率值,单位为 dBm。

由于在"0"码调制时光发送机不发光,只有在"1"调制时光发送机才发出光脉冲,因此平均发送光功率与光源器件的最大发送光功率 P_{max}(又叫直流发光功率)是有区别。后者是指在全"1"码调制的条件下光源器件的发光功率。

在非归零码(NRZ)调制的条件下,两者的关系为

$$P_t^1 = \frac{1}{2} P_{max} \qquad (6\text{-}1)$$

在一般情况下,光发送机的平均发送光功率越大越好。因为其值越大,进入光纤进行有效传输的光功率越大,其中继距离越长。但其值也不能过大,否则会降低光源器件的寿命。P_t 一般不超过 0 dBm(1 mW)。

(2) 谱宽

谱宽其实就是光发送机中所用光源器件的谱线宽度。光源器件的谱宽越窄越好,因为谱宽越窄,由它引起的光纤色散就越小,就越利于进行大容量的传输。

目前,有关于谱宽的提法有三种,即常用的根均方谱宽 $\delta\lambda_{rms}$ 和半值满谱宽 $\delta\lambda_{1/2}$,它们适用于多纵模激光器。还有一种是 CCITT 最新定义的 -20 dB 谱宽 $\delta\lambda_{-20dB}$,它主要用于单纵模激光器,意指从中心波长的最大幅度下降到百分之一(-20 dB)时两点间的宽度(如图 6-2 所示)。

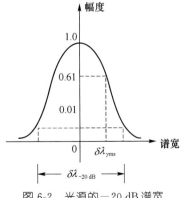

图 6-2 光源的 -20 dB 谱宽

假设光源的谱线分布服从高斯分布,则很容易推导出它们有如下关系:

$$\delta\lambda_{-20\,dB}=6.07\delta\gamma_{rms} \tag{6-2}$$

对于使用多纵模激光器(MLM)的光发送机,其谱宽 $\delta\gamma_{rms}$ 一般要求在 $2\sim10$ nm 范围;而对于使用单纵模激光器(SLM)的光发送机,其谱宽 $\delta\lambda_{-20\,dB}$ 要求在 1 nm 以下。

(3) 消光比(EXT)

从理想状态讲,当数字电信号为"0"时光发送机应该不发光;只有当数字电信号为"1"时光发送机才发出一个传号光脉冲。但实际上这是不可能的。以 LD 为例,由于要对它进行预偏置,且使其偏置电流 I_B 略小于阈值电流 I_{th},因此即使在数字电信号为"0"的情况下,LD 也会发出极微弱的光(荧光)。当然这种发光越小越好,于是就引出了消光比的概念。

消光比的定义是:"1"码光脉冲功率与"0"码光脉冲功率之比。

这里采用了一种简便的说法。实际上更严格的说法是:电信号"1"码输入时光发送机的发光功率与电信号"0"码输入时光发送机的发光功率之比。

$$EXT=10\ lg\ \frac{"1"码时光功率}{"0"码时光功率} \tag{6-3}$$

显然,在实际工作中无法测量出单个"1"码与单个"0"码的光脉冲功率,故常采用式(6-4)来实际测量消光比:

$$EXT=\frac{全"1"码调制时光功率}{全"0"码调制时光功率} \tag{6-4}$$

光发送机的消光比一般要求大于 8.2 dB,即"0"码光脉冲功率是"1"码光脉冲功率的 1/7。

通常希望光发送机的消光比大一些为好,但对于有些情况却并非如此。例如,对于码速率很高的光发送机,如 2.5 Gbit/s 以上,若使用的是单纵模激光器时会出现"啁啾声"现象。而所谓"啁啾声"是指单纵模激光器的谐振腔的光通路长度会因注入电流的变化而变化,导致其发光波长发生偏移。

当使用 DFB 单纵模激光器时,增大偏流会降低"啁啾声"的影响,而增大偏流则会减小消光比,因此消光比并非越大越好。

(4) 边模抑制比(SMSR)

该技术指标是针对使用单纵模激光器的光发送机而言。

因为单纵模激光器在动态调制时也会出现多个纵模(边模),虽然在一般情况下这些边模的光功率比主模要小得多。

SMSR 的定义为:在全调制的条件下主纵模的光功率 M_1 和最大边模光功率 M_2 之比。即

$$SMSR=10lg\ \frac{M_1}{M_2} \tag{6-5}$$

一般规定光发送机的 SMSR 大于 30 dB,即主纵模的光功率是最大边模光功率的 1 000 倍以上。

(5) 眼图模板

在高速率光纤系统中,发送光脉冲的开关不容易控制,常常可能有上升沿、下降沿、过冲、下冲和振铃现象。这些都可能导致接收机灵敏度的变化,因此必须加以限制。为此,G.957 建议给出了一个规范的发送眼图的模板,如图 6-3 所示。要求不同 STM 等级的系统在 S 点应满足相应的不同模板开关的要求。

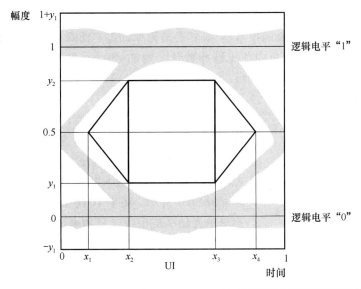

图 6-3　G.957 建议的发送眼图模板

	STM-1	STM-4
x_1/x_4	0.15/0.85	0.25/0.75
x_2/x_3	0.35/0.65	0.40/0.60
y_1/y_2	0.20/0.80	0.20/0.80

	STM-16
x_3-x_2	0.2
y_1/y_2	0.25/0.75

采用眼图模板法比较简便,而且可能捕捉到一些观察单个孤立脉冲所不易发现的现象。显然,测试结果与所选择的测试参考接收机密切相关,因此其低通滤波器必须标准化。ITU-T建议 G.957 规定测试参考接收机的标称传递函数为 4 阶贝塞尔-汤姆逊响应。

最后需要注意,由于眼图测量是建立在平均观察值基础上,因此对于那些严重影响发送机性能的个别劣化比特可能观察不到。此时尽管眼图合格但性能并不好。为此可能需要对现行参数进行修改或收入新参数才能完全保证 L-4.2、S-16 和 L-16 系统的横向兼容性。

3. 光接收机的参数

光接收机最主要的参数是灵敏度,此外还有过载光功率、动态范围和 R 点反射系数等。表 6-2 列出了关于灵敏度的要求,以供参考。

表 6-2　光接收机灵敏度规范

码率/Mbit·s^{-1}	波长/nm	光检测器	灵敏度/dBm
8.448	1 310	PIN	−41
34.368	1 310	PIN-FET	−41
139.264	1 310	PIN-FET	−31
		APD	−42

(1)光接收机灵敏度(P_r)

定义为 R 点处为达到 1×10^{-10} 的 BER 值所需要的平均接收功率的最小值。一般开始使用时正常温度条件下的接收机与寿命终了时处于最恶劣温度条件下的接收机相比,灵敏度余度为 2~4 dB。一般情况下,对设备灵敏度的实测值要比指标最小要求值(最坏值)大 3 dB 左右(灵敏度余度)。

灵敏度是光接收机最重要的技术指标,其会随码率的提高而降低。这是可以理解的,因为码率越高,每秒输入到光接收机中的光脉冲数量会增加,每个光脉冲皆需要具有一定的光能量(功率),所以需要的光功率值增加。

(2) 光接收机过载光功率(P_o)

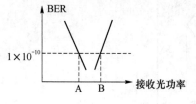

图 6-4 BER 曲线图

定义为在 R 点处为达到 1×10^{-10} 的 BER 值所需要的平均接收光功率的最大值。因为当接收光功率高于接收灵敏度时,由于信噪比的改善使 BER 变小,但随着光接收功率的继续增加,接收机进入非线性工作区,反而会使 BER 下降,如图 6-4 所示。图中 A 点处的光功率是接收灵敏度,B 点处的光功率是接收过载功率,A、B 之间的范围是接收机可正常工作的动态范围。

因为光接收机的输入光功率达到一定数值时,其前置放大器进入非线性工作区,继而会出现饱和或过载现象,使脉冲波形发生畸变,导致码间干扰增大、误码率增加,为此必须对之进行规范。过载光功率也随码率而变化。

(3) 动态范围

实际上它是过载光功率与灵敏度之差,即

$$D = P_o - P_r \tag{6-6}$$

动态范围主要是为了适应实际使用中各中继段的距离会有较大差别的要求,动态范围一般在 20 dB 以上。

(4) 光接收机的反射系数

其定义为:在光接收机的输入端(R 点)的反射光功率与入射光功率之比。

一般来讲,在光接收机输入端的反射现象是十分微弱的,但也不排除严重者使反射波反射回来影响光发送机中的激光二极管,使其发送光功率或工作波长发生变化。一般规定光接收机的反射系数低于 -27 dB。

4. 光通道参数

(1) 衰减

光通道的衰减是指 S-R 点间光传输通道对光信号的衰减值,为最坏情况下的数值。这些数值包括由接头、连接器、光衰减器或其他无源光器件及任何附加光缆余度引起的总衰减。光缆余度中考虑了如下因素:

① 日后对光缆配置的修改,如附加接头、增加光缆长度等;

② 由环境因素引起的光缆性能变化;

③ S-R 点间使用了任何连接器、光衰减器或其他无源光器件引起性能的劣化;

④ 对于单模光纤 PDH 通信系统中 S-R 点之间允许衰耗与最大色散的规定见表 6-3。

表 6-3 PDH 系统中 S-R 点间性能

速率/Mbit·s^{-1}	波长/nm	光源	S-R 间性能(1×10^{-10})	
			衰耗/dB	色散/ps·nm^{-1}
34.368	1 310	LD	35	不要求
139.264	1 310	LD	28(31)	300(<300)
564.992	1 310	LD	24	120

SDH 各应用类型光通道衰减的具体范围见表 6-4 至表 6-6。

表 6-4 STM-1 光接口参数规范

项 目		单 位	数 值			
标称比特率		kbit/s	STM-1 155520			
分类代码			Ie-1	S-1.1	L-1.1	L-1.2
工作波长范围		nm	1 260~1 360	1 261~1 360	1 280~1 335	1 480~1 580
发送机在 S 点特性	光源类型		LED	MLM	MLM	SLM
	• 最大 RMS 谱宽(σ)	nm	80	7.7	3	—
	• 最大 −20 dB 谱宽	nm	—	—	—	1
	• 最小边模抑制比	dB				30
	平均发送功率					
	• 最大平均发送功率	dBm	−14	−8	0	0
	• 最小平均发送功率	dBm	−19	−15	−5	−5
	最小消光比	dB	8.2	8.2	10	10
S-R 点光通道特性	衰减范围	dB	0~7	0~12	10~28	10~28
	最大色散	ps/nm	25	96	246	NA
	光缆在 S 点的最小回波损耗(含有任何活接头)	dB	NA	NA	NA	20
	S-R 点间最大离散反射系数	dB	NA	NA	NA	−25
接收机在 R 点特性	最小灵敏度	dBm	−23	−28	−34	−34
	最小过载点	dBm	−14	−8	−10	−10
	最大光通道代价	dB	1	1	1	1
	接收机在 R 点的最大反射系数	dB	NA	NA	NA	−25

表 6-5 STM-4 光接口参数规范

项 目		单 位	数 值				
标称比特率		kbit/s	STM-4 622 080				
分类代码			Ie-4	S-4.1	L-4.1	L-4.2	V-4.2
工作波长范围		nm	1 260~1 360	1 293~1 334/1 274~1 356	1 300~1 325/1 296~1 300	1 480~1 580	1 480~1 580
发送机在 S 点特性	光源类型		LED	MLM	MLM	SLM	SLM
	• 最大 RMS 谱宽(σ)	nm	35	4/2.5	2.0/1.7	—	—
	• 最大 −20 dB 谱宽	nm	—	—	—	<1	<1
	• 最小边模抑制比	dB	—	—	—	30	30
	平均发送功率						
	• 最大平均发送功率	dBm	−14	−8	+2	+2	+2

项 目		单 位	数 值				
	· 最小平均发送功率	dBm	−19	−15	−3	−3	−3
	最小消光比	dB	8.2	8.2	10	10	10
S-R点光通道特性	衰减范围	dB	0~7	0~12	10~24	10~24	10~31
	最大色散	ps/nm	14	46/74	92/109		NA
	光缆在S点的最小回波损耗(含有任何活接头)	dB	NA	NA	20	24	24
	S-R点间最大离散反射系数	dB	NA	NA	−25	−27	−27
接收机在R点特性	最小灵敏度	dBm	−23	−28	−28	−28	−35
	最小过载点	dBm	−14	−8	−8	−8	−8
	最大光通道代价	dB	1	1	1	1	1
	接收机在R点的最大反射系数	dB	NA	NA	−14	−27	−27

表 6-6 STM-16 光接口参数规范

项 目		单 位	数 值		
标称比特率		kbit/s	STM-16 2 488 320		
分类代码			S-16.1	L-16.1	L-16.2
工作波长范围		nm	1 260~1 360	1 280~1 335	1 500~1 580
发送机在S点特性	光源类型		SLM	SLM	SLM
	· 最大 RMS 谱宽(σ)	nm	—	—	—
	· 最大−20 dB 谱宽	nm	1	1	<1
	· 最小边模抑制比	dB	30	30	30
	平均发送功率				
	· 最大平均发送功率	dBm	0	+3	+3
	· 最小平均发送功率	dBm	−5	−2	−2
	最小消光比	dB	8.2	8.2	8.2
S-R点光通道特性	衰减范围	dB	0~12	10~24	10~24
	最大色散	ps/nm	NA	NA	1 200~1 600
	光缆在S点的最小回波损耗(含有任何活接头)	dB	24	24	24
	S-R点间最大离散反射系数	dB	−27	−27	−27
接收机在R点特性	最小灵敏度	dBm	−18	−27	−28
	最小过载点	dBm	0	−9	−9
	最大光通道代价	dB	1	1	2
	接收机在R点的最大反射系数	dB	−27	−27	−27

（2）最大色散值

受色散限制的应用类型所规定的光通道最大色散值示于表 6-3 至表 6-6 中。

受衰减限制的应用类型不规定光通道最大值,在表 6-4 至表 6-6 中用"NA"表示。

（3）反射

光通道的反射是由通道上的不连续性引起的,如果不加控制,由于它们对激光器工作的干扰影响或由于多次反射在接收机上导致干扰噪声而使系统性能劣化。通常用下述两个参数规范光通道的反射。

① 回波损耗

回波损耗定义为入射光功率与反射光功率之比。表 6-4 至表 6-6 规范了各种应用类型允许的在 S 点上光缆设备(包括任何连接器)的最小回波损耗。

② 离散反射

离散反射定义为反射光功率与入射光功率之比,正好与回波损耗相反。表 6-4 至表 6-6 规范了各应用类型在 S-R 点之间允许的最大离散反射。

对于认为反射不会影响系统性能的应用类型,对上述反射参数不规定规范值,相应在表 6-4 至表 6-6 中以"NA"表示。

6.2　系统的性能指标

6.2.1　参考模型

为进行系统性能研究,ITU-T(原 CCITT)建议中提出了一个数字传输参考模型,称为假设参考连接(HRX),见图 6-5。最长的 HRX 是根据综合业务数字网(ISDN)的性能要求和 64 kbit/s 信号的全数字连接来考虑的。假设在两个用户之间的通信可能要经过全部线路和各种串联设备组成的数字网,而且任何参数的总性能逐级分配后应符合用户的要求。

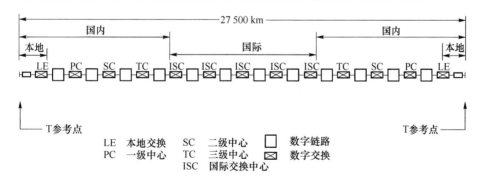

图 6-5　假设参考连接

最长的标准数字 HRX 为 27 500 km,它由各级交换中心和许多假设参考数字链路(HRDL)组成。标准数字 HRX 的总性能指标按比例分配给 HRDL,使系统设计大大简化。

建议的 HRDL 长度为 2 500 km,但由于各国国土面积不同,采用的 HRDL 长度也不同。例如,我国采用 5 000 km,美国和加拿大采用 6 400 km,而日本采用 2 500 km。HRDL 由许多假设参考数字段(HRDS)组成,在建议中用于长途传输的 HRDS 长度为 280 km,用于市话中继的 HRDS

长度为 50 km。我国用于长途传输的 HRDS 长度为 420 km(一级干线)和 280 km(二级干线)两种。假设参考数字段的性能指标从假设参考数字链路的指标分配中得到,并再度分配给线路和设备。

6.2.2 误码性能

所谓误码,是指经光接收机的接收与判决再生之后,码流中的某些比特发生了差错。

传统上常用平均误码率(BER)来衡量系统的误码性能,即在某一规定的观测时间内(如 24 小时)发生差错的比特数和传输比特总数之比,如 1×10^{-10}。

由于误码率随时间变化,用长时间内的平均误码率来衡量系统性能的优劣,显然不够准确。在实际监测和评定中,应采用误码时间百分数和误码秒百分数的方法,规定一个较长的监测时间(TL),如几天或一个月,并把这个时间分为"可用时间"和"不可用时间"。在连续 10 s 时间内,BER 劣于 1×10^{-3},为"不可用时间",或称系统处于故障状态;故障排除后,在连续 10 s 时间内,BER 优于 1×10^{-3},为"可用时间"。对于 64 kbit/s 的数字信号,BER=1×10^{-3},相应于每秒有 64 个误码。同时,规定一个较短的取样时间 T_0 和误码率门限值 BER_{th},统计 BER 劣于 BER_{th} 的时间,并用劣化时间占可用时间的百分数来衡量系统误码率性能的指标。

但平均误码率是一个长期效应,它只给出一个平均累积结果。而实际上误码的出现往往呈突发性质,且具有极大的随机性,因此除了平均误码率之外还应该有一些短期度量误码的参数,即劣化分、误码秒与严重误码秒。

现对三种误码率参数和指标说明如下。

劣化分(DM):误码率劣于 1×10^{-6} 的分钟数为劣化分(DM)。HRX 指标要求劣化分占可用分(可用时间减去严重误码秒累积的分钟数)的百分数小于 10%。

误码秒(ES):凡是出现误码(即使只有 1 bit)的秒数称为误码秒(ES)。HRX 指标要求误码秒占可用秒的百分数小于 8%。相应地,不出现任何误码的秒数称为无误码秒(EFS),指标要求无误码秒占可用秒的百分数大于 92%。

严重误码秒(SES):误码率劣于 1×10^{-3} 的秒钟数为严重误码秒(SES)。HRX 指标要求严重误码秒占可用秒的百分数小于 0.2%。

此外,无论是 BER 还是 ES 与 SES,都是针对假设参考数字段(HRDS)而言。即两个相邻数字配线架之间的全部装置构成一个数字段,而具有一定长度和指标规范的数字段叫作假设参考数字段。我国规定有三种 HRDS,即长度分别为 50 km、280 km 和 420 km。

在总测量时间不少于一个月的情况下,各 HRDS 的误码指标如表 6-7 所示(PDH)。

表 6-7 HRDS 的误码指标

数字段长度/km	ES	SES
50	<0.16%	<0.002%
280	<0.036%	<0.000 45%
420	<0.054%	<0.000 67%

SDH 则规定了类似的误码指标,即误块秒比(ESR)、严重误块秒比(SESR)和背景误块比(BBER)。目前高比特率通道的误码性能是以块为单位进行度量的(B1、B2、B3 监测的均是误码块),由此产生以"块"为基础的一组参数。这些参数的含义如下。

• 误块:当块中的比特发生传输差错时称此块为误块。

- 误块秒(ES)：当某一秒中发现 1 个或多个误码块时称该秒为误块秒。
- 误块秒比(ESR)：在规定测量时间段内出现的误块秒总数与总的可用时间的比值为误块秒比。
- 严重误块秒(SES)：某一秒内包含有不少于 30% 的误块或者至少出现一个严重扰动期(SDP)时认为该秒为严重误块秒。其中严重扰动期指在测量时，在最小等效于 4 个连续块时间或者 1 ms(取二者中较长时间段)时间段内所有连续块的误码率 $\geqslant 10^{-2}$ 或者出现信号丢失。
- 严重误块秒比(SESR)：在测量时间段内出现的 SES 总数与总的可用时间之比称为严重误块秒比(SESR)。严重误块秒一般是由于脉冲干扰产生的突发误块，所以 SESR 往往反映出设备抗干扰的能力。
- 背景误块(BBE)：扣除不可用时间和 SES 期间出现的误块称之为背景误块(BBE)。
- 背景误块比(BBER)：BBE 数与在一段测量时间内扣除不可用时间和 SES 期间内所有块数后的总块数之比称背景误块比(BBER)。

若这段测量时间较长，那么 BBER 往往反映的是设备内部产生的误码情况，与设备采用器件的性能稳定性有关。

ITU-T 将数字链路等效为全长 27 500 km 的假设数字参考链路，并为链路的每一段分配最高误码性能指标，以便使主链路各段的误码情况在不高于该标准的条件下连成串之后能满足数字信号端到端(27 500 km)正常传输的要求。

表 6-8、表 6-9 和表 6-10 分别列出了 420 km、280 km、56 km 数字段应满足的 SDH 误码性能指标。

表 6-8　420 km HRDS 误码性能指标

速率/kbit·s^{-1}	155 520	622 080	2 488 320
ESR	3.696×10^{-3}	待定	待定
SESR	4.62×10^{-5}	4.62×10^{-5}	4.62×10^{-5}
BBER	2.31×10^{-6}	2.31×10^{-6}	2.31×10^{-6}

表 6-9　280 km HRDS 误码性能指标

速率/kbit·s^{-1}	155 520	622 080	2 488 320
ESR	2.464×10^{-3}	待定	待定
SESR	3.08×10^{-5}	3.08×10^{-5}	3.08×10^{-5}
BBER	3.08×10^{-6}	1.54×10^{-6}	1.54×10^{-6}

表 6-10　50 km HRDS 误码性能指标

速率/kbit·s^{-1}	155 520	622 080	2 488 320
ESR	4.4×10^{-4}	待定	待定
SESR	5.5×10^{-6}	5.5×10^{-6}	5.5×10^{-6}
BBER	5.5×10^{-7}	2.7×10^{-7}	2.7×10^{-7}

6.2.3　抖动性能

抖动是指数字脉冲信号的特定时刻(如最佳判决时刻)相对于其理想时间位置的短时间偏

离。实际上也就是数字脉冲信号的实际有效时间相对于其理想标准时间位置的偏差。偏差时间范围称为抖动幅度(J_{PP}),偏差时间间隔对时间的变化率称为抖动频率(F)。这种偏差包括输入脉冲信号在某一平均位置左右变化和提取时钟信号在中心位置左右变化,如图 6-6 所示。

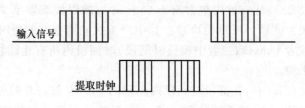

图 6-6　抖动示意图

抖动会对传输质量甚至整个系统的性能产生恶劣影响,如会使信号发生失真,使系统的误码率上升以及会产生或丢失比特导致帧失步等。

产生抖动的机理是比较复杂的,如系统中的各种噪声(热噪声、散粒噪声及倍增噪声等)、码间干扰现象、时钟的不稳定以及 SDH 中的映射、指针调整等。

抖动的种类较多,但归纳起来可大致分为如下几种:

(1) 最大允许输入抖动,又称输入抖动,是指允许输入信号的最大抖动范围;

(2) 抖动容限,是指加在输入信号上能使设备产生 1 dB 光功率代价的抖动值;

(3) 输出抖动,是指在无输入抖动的条件下设备的输出抖动值;

(4) 抖动传递特性(仅用于中继器),是指在不同的测试频率下,输入信号的抖动值与输出信号抖动值之比的分布特性。

抖动的单位为 UI,即偏差和码元周期之比。如偏差为 0.50 ns,码元周期为 7.18 ns(140 Mbit/s),则抖动为 $0.5/7.18 = 0.07$ UI。

光纤通信系统各次群输入口对抖动容限的要求如表 6-11 所示,表 6-11 各符号的意义如图 6-7 所示。

表 6-11　设备输入抖动与漂移容限

速率/Mbit·s^{-1}	UI(P−P)				频率/Hz							
	A_0	A_1	A_2	A_3	f_0	f_{10}	F_9	f_8	f_1	f_2	f_3	f_4
8.448	152	1.5	0.2	*	1.2×10^{-5}	*	*	*	20	400	3 k	400 k
34.368	618	1.5	0.15	*	*	*	*	*	100	1 k	10 k	800 k
139.264	2 506	1.5	0.075	*	*	*	*	*	200	500	10 k	3 500 k

*:表示未定

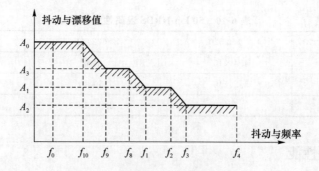

图 6-7　设备输入抖动与漂移容限

在 SDH 网中除了具有其他传输网的共同抖动源——各种噪声源,定时滤波器失谐,再生器固有缺陷(码间干扰、限幅器门限漂移)等,还有两个 SDH 网特有的抖动源。

(1) 在将支路信号装入 VC 时,加入了固定塞入比特和控制塞入比特,分接时需要移去这些比特,这将导致时钟缺口,经滤波后产生残余抖动——脉冲塞入抖动。

(2) 指针调整抖动。此种抖动是由指针进行正/负调整和去调整时产生的。对于脉冲塞入抖动,与 PDH 系统的正码脉冲调整产生的情况类似,可采用措施使它降低到可接受的程度,而指针调整(以字节为单位,隔三帧调整一次)产生的抖动由于频率低、幅度大,很难用一般方法加以滤除。

SDH 网中常见的度量抖动性能的参数如下。

1. 输入抖动容限

输入抖动容限分为 PDH 输入口(支路口)和 STM-N 输入口(线路口)的两种输入抖动容限。对于 PDH 输入口,则是在使设备不产生误码的情况下,该输入口所能承受的最大输入抖动值。PDH 网和 SDH 网的长期共存,使传输网中有 SDH 网元上 PDH 业务的需要,要满足这个需求,则该 SDH 网元的支路输入口必须能包容 PDH 支路信号的最大抖动,即该支路口的抖动容限能承受该网元 PDH 信号的抖动。

线路口(STM-N)输入抖动容限定义为能使光设备产生 1 dB 光功率代价的正弦峰-峰抖动值。该参数是用来规范当 SDH 网元互连在一起传输 STM-N 信号时,本级网元的输入抖动容限应能包容上级网元产生的输出抖动。

2. 输出抖动

与输入抖动容限类似,也分为 PDH 支路口和 STM-N 线路口。定义为在设备输入无抖动的情况下,由端口输出的最大抖动。

SDH 设备的 PDH 支路端口的输出抖动应保证在 SDH 网元下 PDH 业务时,所输出的抖动能使接收此 PDH 信号的设备所承受。STM-N 线路端口的输出抖动应保证接收此 STM-N 信号的 SDH 网元能承受。

3. 映射和结合抖动

在 PDH/SDH 网络边界处由于调整和映射会产生 SDH 的特有抖动,为了规范这种抖动,采用映射抖动和结合抖动来描述这种抖动情况。

映射抖动指在 SDH 设备的 PDH 支路端口处输入不同频偏的 PDH 信号,在 STM-N 信号未发生指针调整时,设备的 PDH 支路端口处输出 PDH 支路信号的最大抖动。

结合抖动是指在 SDH 设备线路端口处输入符合 G.783 规范的指针测试序列信号,此时 SDH 设备发生指针调整,适当改变输入信号频偏,这时设备的 PDH 支路端口处输出信号测得的最大抖动就为设备的结合抖动。

4. 抖动转移函数——抖动转移特性

在此处是规范设备输出 STM-N 信号的抖动对输入的 STM-N 信号抖动的抑制能力(即抖动增益),以控制线路系统的抖动积累,防止系统抖动迅速积累。

抖动转移函数定义为设备输出的 STM-N 信号的抖动与设备输入的 STM-N 信号的抖动的比值随频率的变化关系,此频率指抖动的频率。

6.2.4　漂移性能

漂移的定义为:数字脉冲的特定时刻相对于其理想时间位置的长时间偏移。这里所说的长时间是指变化频率低于 10 Hz 的变化,短时间是指变化频率高于 10 Hz 的变化。

与抖动相比,无论从产生机理、本身的特性以及对系统的影响,漂移与抖动皆不相同。

引起漂移最普遍的原因是环境温度的变化。因为环境温度的变化,可能导致光纤传输性能的变化、时钟变化以及激光二极管发射波长的偏移等,它们皆会产生漂移。另外,在 SDH 网络单元中指针调整和网同步的结合也会产生很低频率的抖动和漂移,不过,总体说来,SDH 网的漂移主要来自各级时钟和传输系统,特别是传输系统。

图 6-7 与表 6-11 列出了设备输入抖动与漂移容限的规范以供参考。

6.2.5 可用性指标

衡量通信系统质量的优劣除上述性能指标外,可靠性也是一个重要指标,它直接影响通信系统的使用、维护和经济效益。对光纤通信系统而言,可靠性包括光端机、中继器、光缆线路、辅助设备和备用系统的可靠性。

确定可靠性一般采用故障统计分析法,即根据现场实际调查结果,统计足够长时间内的故障次数,确定每两次故障的时间间隔和每次故障的修复时间。

1. 可靠性表示方法

可靠性 R 是指在规定的条件和时间内系统无故障工作的概率,它反映系统完成规定功能的能力。可靠性 R 通常用故障率 ϕ 表示,两者的关系为

$$R = \exp(-\phi t) \tag{6-7}$$

故障率 ϕ 是系统工作到时间 t,在单位时间内发生故障(功能失效)的概率。ϕ 的单位为 $10^{-9}/h$,称为菲特(fit),1 fit 等于在 10^9 h 内发生一次故障的概率。

如果通信系统由 n 个部件组成,且故障率是统计无关的,则系统的可靠性 R_s 可表示为

$$R_s = R_1 \cdot R_2 \cdot \cdots \cdot R_n = \exp(-\phi_s t) \tag{6-8}$$

2. 可靠性指标

根据国家标准的规定,具有主备用系统自动倒换功能的数字光缆通信系统,容许 5 000 km 双向全程每年 4 次全阻故障,对应于 420 km 和 280 km 数字段双向全程分别约为每 3 年 1 次和每 5 年 1 次全阻故障。市内数字光缆通信系统的假设参考数字链路长为 100 km,容许双向全程每年 4 次全阻故障,对应于 50 km 数字段双向全程每半年 1 次全阻故障。此外,要求 LD 光源寿命大于 10×10^4 h,PINFET 寿命大于 50×10^4 h,APD 寿命大于 50×10^4 h。

(1) 不可用时间

传输系统的任一个传输方向的数字信号连续 10 s 期间内每秒的误码率均劣于 10^{-3},从这 10 s 的第一秒起就认为进入了不可用时间。

(2) 可用时间

当数字信号连续 10 s 期间内每秒的误码率均优于 10^{-3},那么从这 10 s 的第一秒起就认为进入了可用时间。

(3) 可用性

可用时间占全部总时间的百分比称为可用性。

为保证系统的正常使用,系统要满足一定的可用性指标(见表 6-12)。

表 6-12 假设参考数字段可用性目标

长度/km	可用性(%)	不可用性	不可用时间/分每年
420	99.977	2.3×10^{-4}	120
280	99.985	1.5×10^{-4}	78
50	99.99	1×10^{-4}	52

6.3 系统的设计

在光纤通信的设计中,人们最关心的莫过于中继距离与传输容量两大系统技术指标了。光纤通信的最大中继距离可能会受光纤损耗的限制,此所谓损耗受限系统;也可能会受到传输色散的限制,此所谓色散受限系统。在 PDH 通信中,由于其码速率不高(一般最高为 140 Mbit/s),所以传输色散引起的影响并不大,故大多数为损耗受限系统。而在 SDH 通信中,伴随技术的不断发展和人们对通信越来越高的需求,光纤通信的容量越来越大,码速率也越来越高,已从 155 Mbit/s 发展到 10 Gbit/s,而且正向 40~100 Gbit/s 的方向发展,所以光纤色散的影响越来越大。因此系统可能是损耗受限系统,也可能是色散受限系统。在计算中继距离时,两种情况都要计算,取其中较小者为最大中继距离。

6.3.1 损耗受限系统

所谓损耗受限系统,是指光纤通信的中继距离受诸传输损耗参数的限制,如光发送机的平均发光功率、光缆的损耗系数、光接收机灵敏度等。

图 6-8 示出了无中继器和中间有一个中继器的数字光纤线路系统的示意图。

T'、T:光端机和数字复接分接设备的接口;

Tx:光发射机或中继器发射端;

Rx:光接收机或中继器接收端;

C_1、C_2:光纤连接器;

S:靠近 Tx 的连接器 C_1 的接收端;

R:靠近 Rx 的连接器 C_2 的发射端;

SR:光纤线路,包括接头。

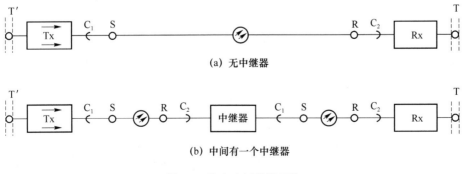

图 6-8 数字光纤线路系统

损耗受限系统中的中继距离可用下式计算：

$$L = \frac{P_t - P_r - 2A_c - M_E - P_p}{a + a_s + m_c} \tag{6-9}$$

下面针对式(6-9)中各参数的含义与取值，做如下说明。

(1) P_t：光发送机平均发光功率。这是设备本身给出的技术指标，以 dBm 为单位。

(2) P_r：光接收机灵敏度。它也是设备本身给出的技术指标，也以 dBm 为单位。

(3) A_c：活动连接器的损耗。活动连接器又称活接头，它把光纤线路和光终端设备连接在一起，可以方便地进行拆装。因在光发送机与光接收机上各有一个活接头，故式中为 $2A_c$。一般取 $A_c = 0.5$ dB。

(4) M_E：设备富余度。关于 M_E 的概念前面已经讨论过，主要考虑光终端设备在长期使用过程中会出现性能老化。一般取 $M_E = 3$ dB。

(5) P_p：光通道功率代价。光通道功率代价包括由于反射和由码间干扰、模分配噪声、激光器的啁啾声引起的总色散代价。CCITT 规定一般取 $P_p = 1$ dB 以下。

(6) a：光纤的损耗系数。该参数我们已经熟知，它的取值由所供应的光缆参数给定，单位为 dB/km。其典型值为：在 1 310 nm 波长，$0.3 \sim 0.4$ dB/km；在 1 550 nm 波长，$0.15 \sim 0.25$ dB/km。

(7) a_s：平均每千米接续损耗。在具体施工中需要把一盘盘的光缆用熔接机连接起来才能形成较长的传输线路。随着技术的不断发展，每个熔接点的衰耗可以保证在 0.05 dB 以下。一般来讲，光缆每盘长度为 2 km，所以可取 $a_s = 0.05/2$ dB。

(8) m_c：光缆富余度。光缆在长期使用中性能会发生老化。尤其是随环境温度的变化(主要是低温)，其损耗系数会增加，故必须留出一定的余量。一般取值为 $m_c = 0.1 \sim 0.2$ dB/km。

知道式(6-9)中各参数的物理意义与取值范围后，就可以很容易地计算出最大中继距离了。当然也可以根据预先设计好的中继距离去计算对某些参数的要求，如对光纤的损耗系数、光发送机发光功率、光接收机灵敏度的要求等。

需要注意的是，按表 6-2 或表 6-3 所规定的 S-R 点间的损耗值来计算(相当于式中的 $P_t - P_r$)，则式(6-9)中的设备富余度 M_E 可以不予考虑。

此外，如果式(6-9)中的各参数皆按最坏值考虑，即所谓最坏值计算法，式中的 M_E 也可以不考虑。

因为在上述两种情况中，已经把设备的富余度考虑进去了。

6.3.2 色散受限系统

所谓色散受限系统，是指由于系统中光纤的色散、光源的谱宽等因素的影响，限制了光纤通信的中继距离。

在光纤通信系统中存在着两大类色散，即模式色散与模内色散。

模式色散又称模间色散，是由多模光纤引起的。因为光波在多模光纤中传输时，由于光纤的几何尺寸等因素的影响存在着许多种传播模式，每种传播模式皆具有不同的传播速度与相位，这样，在接收端会造成严重的脉冲展宽，降低了光接收机的灵敏度。

模式色散的数值较大，会严重地影响光纤通信的中继距离。但是，在单模光纤通信技术日趋成熟的今天，单模光纤已经被广泛采用。因此多模光纤已经很少使用，即使采用也只是用于小容量的光纤通信(34 Mbit/s 以下)。模式色散的影响主要表现在光纤的模畸变带宽上，因此在进行系统设计时，只要按表 6-3 的要求，所选光纤的带宽满足 S-R 点间的带宽要求(一般很容易达到),则完全可以不考虑色散受限的问题。

对于单模光纤通信系统,由于在单模光纤中实现了单模传输,所以不存在模式色散的问题,故单模光纤的色散主要表现在材料色散与波导色散的影响,通常用色散系数 $D(\lambda)$ 来综合描述单模光纤的色散。

单模光纤的色散系数是非常小的,但因单模光纤系统的容量即码速率远远大于多模光纤系统,所以出现了一些新的问题,使单模光纤通信系统的色散问题反而变得重要了,成为传输中继距离不可忽视的问题。换句话讲,高速率的单模光纤通信系统在很多情况下是色散受限系统。

单模光纤的色散对系统性能的影响主要表现在如下三方面。

(1) 码间干扰。单模光纤通信中所用的光源器件之谱宽是非常狭窄的,往往只有几个纳米,但它毕竟有一定的宽度。也就是说,它所发出的光具有多根谱线,每根谱线皆各自受光纤的色散作用,会在接收端造成脉冲展宽现象,从而产生码间干扰。

(2) 模分配噪声。光源器件的发光功率是恒定的,即各谱线的功率之和是一个常数。但在高码速率脉冲的激励下,各谱线的功率会出现起伏现象(此时仍保持功率之和恒定),这种功率随机变化与光纤的色散相互作用,就会产生一种特殊的噪声,即所谓模分配噪声,也会导致脉冲展宽。

(3) 啁啾声。此类影响仅对光源器件为单纵模激光器时才出现。当高速率脉冲激励单纵模激光器时,会使其谐振腔的光通路长度发生变化,致使其输出波长发生偏移,即所谓啁啾声。啁啾声也会导致脉冲展宽。

总之,单模光纤的色散虽然非常小,但在高码率应用的情况下其影响决不可忽略。

对于色散受限系统的中继距离计算可分两种情况予以考虑。

① 光源器件为多纵模激光器(MLM)或发光二极管时,其中继距离为

$$L=\frac{\varepsilon}{\delta_\lambda \cdot D(\lambda) \cdot f_b} \tag{6-10}$$

其中,ε 为光脉冲的相对展宽值。当光源为多纵模激光器时,$\varepsilon=0.115$;当光源为发光二极管时,$\varepsilon=0.306$。δ_λ 为光源的根均方谱宽,单位为 nm。$D(\lambda)$ 为所用光纤的色散系数,单位为 ps/km·nm。f_b 为系统的码率,单位为 bit/s。

② 当光源器件为单纵模激光器(SLM)时,啁啾声引起的脉冲展宽占主要地位,其中继距离为

$$L=\frac{71\,400}{\alpha \cdot D(\lambda) \cdot \lambda^2 \cdot f_b^2} \tag{6-11}$$

其中,α 为啁啾声系数,对分布反馈型(DFB)单纵模激光器而言,$\alpha=4\sim6$ ps/nm;对量子阱激光器而言,$\alpha=2\sim4$ ps/nm。$D(\lambda)$ 仍为单模光纤的色散系数,单位为 ps/km·nm。λ 为系统的工作波长上限,单位为 nm。f_b 为系统的速率,其单位为 Tbit/s。

对数字光纤通信系统而言,系统设计的主要任务是根据用户对传输距离和传输容量(话路数或比特率)及其分布的要求,按照国家相关的技术标准和当前设备的技术水平,经过综合考虑和反复计算,选择最佳路由和局站设置、传输体制和传输速率以及光纤光缆和光端机的基本参数和性能指标,以使系统的实施达到最佳的性能价格比。

在技术上,系统设计的主要问题是确定中继距离,尤其对长途光纤通信系统,中继距离设计是否合理,对系统的性能和经济效益影响很大。中继距离的设计有三种方法:最坏情况法

（参数完全已知）、统计法（所有参数都是统计定义）和半统计法（只有某些参数是统计定义）。这里采用最坏情况设计法，用这种方法得到的结果，设计的可靠性为 100%，但要牺牲可能达到的最大长度。中继距离受光纤线路损耗和色散（带宽）的限制，明显随传输速率的增加而减小。中继距离和传输速率反映着光纤通信系统的技术水平。

6.3.3　中继距离和传输速率

光纤通信系统的中继距离受损耗限制时由式(6-9)确定；中继距离受色散限制时由式(6-10)和式(6-11)确定。从损耗限制和色散限制两个计算结果中，选取较短的距离，作为中继距离计算的最终结果。

例 6.1　某 140 Mbit/s 光纤通信系统的参数为：光发送机最大发光功率 $P_{max} = -2$ dBm；光接收机灵敏度 $P_r = -43$ dBm；光纤衰耗系数 $\alpha = 0.4$ dB/km。求其最大中继距离。

除上述参数外，其他参数可做如下取值：设备富余度 $M_E = 3$ dB；活接头损耗 $A_c = 0.5$ dB；因码率较低，可以不考虑光通道功率代价，故 $P_P = 0$；每千米接续损耗 $a_s = 0.05/2 = 0.025$ dB；光缆富余度 $m_c = 0.1$ dB/km。

如果采用 NRZ 码调制，则光发送机平均发送光功率应该是最大发光功率的一半，即 $P_t = -2 - 3 = -5$ dBm。

把上述数据代入式(6-9)：

$$L = \frac{-5 - (-43) - 2 \times 0.5 - 3}{0.4 + 0.025 + 0.1} = 65 \text{ km}$$

若采用 RZ 码调制，可以求得最大中继距离 $L = 59$ km。可见，采用 NRZ 码调制比采用 RZ 码要稍好一些。

下面举一个实例来说明如何综合考虑中继距离的计算。

例 6.2　有一个 622.080 Mbit/s 的单模光纤通信系统，系统工作波长为 1 310 nm，其光发送机平均发光功率 $P_t \geqslant 1$ dBm，光源采用多纵模激光器，其谱宽 $\delta_\lambda = 1.2$ nm。光纤采用色散系数 $D(\lambda) \leqslant 3.0$ ps/km·nm，衰耗系数 $a \leqslant 0.3$ dB/km 的单模光纤。光接收机采用 InGaAsAPD 光二极管，其灵敏度为 $P_r \leqslant -30$ dBm。试求其最大中继距离。

先按损耗受限求其中继距离。由式(6-9)可求其中继距离：

$$L_1 = \frac{P_t - P_r - 2A_c - M_E - P_P}{a + a_s + m_c} = \frac{1 - (-30) - 2 \times 0.5 - 3 - 1}{0.3 + 0.05/2 + 0.1} = 6.2 \text{ km}$$

再按色散受限求其中继距离。因为光源为多纵模激光器，所以取 $\varepsilon = 0.115$，于是由式(6-10)得

$$L_2 = \frac{\varepsilon}{\delta_\lambda \cdot D(\lambda) \cdot f_b} = \frac{0.115}{1.2 \times 3.0 \times 10^{-12} \times 622.08 \times 10^6} = 51 \text{ km}$$

两个中继距离值相比较，显然此系统为色散受限系统，其最大中继距离应为 51 km。

图 6-9 示出各种光纤的中继距离和传输速率的关系，包括损耗限制和色散限制的结果。由图 6-9 可见，对于波长为 0.85 μm 的多模光纤，由于损耗大，中继距离一般在 20 km 以内，传输速率很低，SIF 光纤的速率不如同轴线，GIF 光纤的速率在 0.1 Gbit/s 以上就受到色散限制。单模光纤在长波长工作，损耗大幅度降低，中继距离可达 100～200 km。在 1.31 μm 零色散波长附近，当速率超过 1 Gbit/s 时，中继距离才受色散限制。在 1.55 μm 波长上，由于色散大，通常要用单纵模激光器，理想系统速率可达 5 Gbit/s，但实际系统由于光源调制产生频率啁啾，导致谱线展宽，速率一般限制为 2 Gbit/s。采用色散移位光纤和外调制技术，可以使

速率达到 20 Gbit/s 以上。

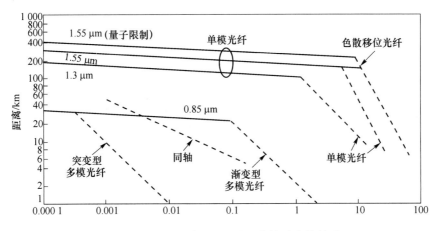

图 6-9　各种光纤的中继距离和传输速率的关系

现在可以把反映光纤传输系统技术水平的指标、速率与距离的乘积 $(f_b L)$ 大体归纳如下：

0.85 μm,SIF 光纤,$f_b L \sim 0.01 \times 1 = 0.01$（Gbit/s）• km

0.85 μm,GIF 光纤,$f_b L \sim 0.1 \times 20 = 2.0$（Gbit/s）• km

1.31 μm,SMF 光纤,$f_b L \sim 1 \times 125 = 125$（Gbit/s）• km

1.55 μm,SMF 光纤,$f_b L \sim 2 \times 75 = 150$（Gbit/s）• km

1.55 μm,DSF 光纤,$f_b L \sim 20 \times 80 = 1\,600$（Gbit/s）• km

复习思考题

1. 什么是误码秒与严重误码秒? 什么是损耗受限系统? 什么是色散受限系统?

2. 设 140 Mbit/s 数字光纤通信系统发射光功率为 -3 dBm,接收机灵敏度为 -38 dBm,系统余量为 4 dB,连接器损耗为 0.5 dB/ 对,平均接头损耗为 0.05 dB/ km,光纤衰减系数为 0.4 dB/ km,光纤损耗余量为 0.05 dB/ km,计算中继距离 L。

3. 根据上题的计算结果,设线路码传输速率为 168 Mbit/ s,单模光纤色散系数为 5 ps/（nm • km）。问该系统应采用谱线宽度为多少的多纵模激光器作光源?

第7章

光纤通信系统测试

7.1 概 述

大多数测试项目中都需要由仪表向 SDH 设备的支路口或线路(群路)口发送测试信号,且不同的测试项目中要求发送的测试信号结构可能不同。一般情况下,送伪随机序列或净荷填装伪随机序列的 SDH 成帧信号作为测试信号。伪随机序列(PRBS)是仪表产生的具有类似随机信号统计特性的可重复的周期二进制序列,其周期长度为 $2^n-1(n=9$、11、15、23、29、31)。

7.1.1 PDH 接口的测试信号

按照我国光同步传输网技术体制规定,SDH 设备的 PDH 接口有三种速率,即 2 048 kbit/s、34 368 kbit/s 和 139 264 kbit/s。在不同速率接口发送的伪随机序列要求见表 7-1。

表 7-1 PDH 接口 PRBS 测试信号

比特率/kbit·s^{-1}	测试用 PRBS	详 见
2 048	$2^{15}-1$	GB7611 3.1
34 368	$2^{23}-1$	GB7611 5.1
139 264	$2^{23}-1$	GB7611 6.1

7.1.2 SDH 接口的测试信号结构

对于 SDH 接口,不管速率是多少,发送的测试信号均是具有 SDH 帧结构的测试信号。在 ITU-T O.150 建议《数字传输设备性能测量仪表的通用要求》中规定了 6 种 SDH 测试信号结构:TSS1、TSS3、TSS4、TSS5、TSS7 和 TSS8。

1. 适用于 C-4 高阶容器的所有字节的测试信号结构 TSS1

为了测试提供高阶通道连接功能(HPC)和采用 AU-4 结构的网络单元(NE),测试信号结构 TSS1 是一种适用于 C-4 容器所有字节,其长度为 $2^{23}-1$ 比特的 PRBS 测试序列,如图 7-1 所示。

2. 适用于 C-3 低阶窗口的所有字节的测试信号结构 TSS3

为了测试提供高阶通道连接功能(HPC)和低阶通道连接功能(LPC)的网络单元(NE),测试信号结构 TSS3 是一种适用于 C-3 低阶容器所有字节,其长度为 $2^{23}-1$ 比特的 PRBS 测试序列,如图 7-2 所示。

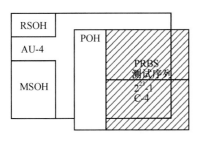

图 7-1　TSS1 测试信号结构

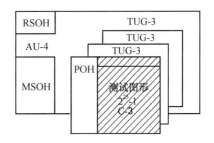

图 7-2　TSS3 测试信号结构

3. 适用于 C-12 低阶容器的所有字节的测试信号结构 TSS4

为了测试提供高阶通道连接功能(HPC)和低阶通道连接功能(LPC)的网络单元(NE),测试信号结构 TSS4 是一种适用于 C-12 低阶容器所有字节,其长度为 $2^{15}-1$ 比特的 PRBS 测试序列,如图 7-3 所示。

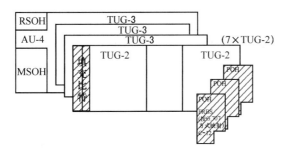

图 7-3　TSS4 测试信号结构

4. 适用于映射入 C-4 容器的所有 PDH 支路比特的测试信号结构 TSS5

为了测试提供高阶通道适配功能(HPA-4)和采用 AU-4 结构的网络单元(NE),测试信号结构 TSS5 是一种适用于映射入 C-4 容器所有 PDH 支路比特,其长度为 $2^{23}-1$ 比特的 PRBS 测试序列,如图 7-4 所示。

5. 适用于映射入 C-3 低阶容器的所有 PDH 支路比特的测试信号结构 TSS7

为了测试提供低阶通道适配功能(LPA-3)和采用 AU-4 结构的网络单元(NE),测试信号结构 TSS7 是一种适用于映射入 C-3 容器所有 PDH 支路比特,其长度为 $2^{23}-1$ 比特的 PRBS 测试序列,如图 7-5 所示。

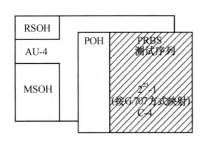

图 7-4　TSS5 测试信号结构

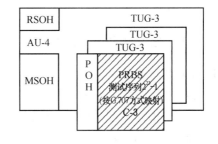

图 7-5　TSS7 测试信号结构

6. 适用于映射入低阶 C-12 容器的所有 PDH 支路比特的测试信号结构 TSS8

为了测试仅提供低阶通道适配功能(LPA-12)和采用 AU-4 结构的网络单元(NE),测试信号结构 TSS8 是一种适用于映射入 C-12 容器所有 PDH 支路比特,其长度为 $2^{15}-1$ 比特的 PRBS 测试序列,如图 7-6 所示。

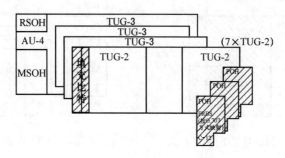

图 7-6　TSS8 测试信号结构

在实际测试中,需要根据具体的测试配置和测试要求,选择合适结构的测试信号送至被测设备(系统)输入口。一般说来,对于误码测试和需要观察误码的测试,当信号输入口为 PDH 口时,发送信号为表 7-1 的伪随机二进制序列;当信号输入口为 SDH 口时,如果为通道的误码测试,根据所测通道级别选择测试信号结构。如测试 VC-4 通道,则选择 TSS1 信号结构;测试 140 Mbit/s 通道,则选择 TSS5 信号结构;如果是需要在 SDH 支路口观察误码(如测试输入抖动容限),一般采用 TSS1 信号结构(使信号净荷最大限度地填充 PRBS),如果仪表不支持 TSS1 结构,可采用 TSS5 信号结构。

当需要在支路观察误码,且设备具有一种以上速率接口时,通常选择最高速率接口进行测试;如果设备具有同种速率接口时,可将所有支路串接起来观察误码。

本章介绍的各项测试大多需要用图案发生器发送测试信号和用误码检测器接收信号,图案发生器和误码检测器是一个统称。如果信号输入口和输出口是 PDH 接口,则图案发生器和误码检测器分别是传输分析仪(或称 PDH 分析仪)或 PDH/SDH 分析仪的发送和接收部分;如果信号输入口和输出口是 SDH 接口,则图案发生器和误码检测器分别是 SDH 分析仪或 PDH/SDH 分析仪的发送和接收部分。

7.2　光接口测试

光性能参数分为光发送性能参数和光接收性能参数两部分,其中,光发送性能参数包括平均发送光功率和消光比;光接收性能参数包括接收灵敏度和动态范围。

7.2.1　光发送机参数测试

1. 平均发送光功率

平均发送光功率指标的测试方框图如图 7-7 所示。测试时,先使码型发生器(误码仪)送出伪随机二进制序列(PRBS)作为测试信号,而且要根据光端机的传输速率采用不同的伪随机码结构,即基群、二次群应选用 $2^{15}-1$ 的伪随机码,三次群、四次群应选用 $2^{23}-1$ 的伪随机码。然后将光端机(或中继器)光发送端的活动连接器断开,再接上光功率计即可测得平均发送光功率。需要说明的是:①测试时要注意光功率计的选择,长波长的光纤通信系统应该选用长波长的光功率计或采用长波长的探头(检测器),短波长的系统必须选用短波长的光功率计或换用短波长的探头;②平均发送光功率的数据与所选择的码型有关,如 NRZ 码比 50% 占空比的 RZ 码功率要大 3 dB。光功率一般用"dBm"或"μW"表示,例如,-23 dBm($500\ \mu$W);-6 dBm($250\ \mu$W)。

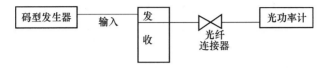

图 7-7　平均发送光功率和消光比的测试方框图

2. 消光比

测试该参数时,根据消光比定义,似乎只需人为地向光端机送入全"1"和全"0"测试信号即可测出 P_{on} 和 P_{off},但实际上这是不可能的,因为光端机内部有扰码电路。为此,先考虑切断送至光发送电路的电信号(如拨光端机的线路编码盘)来获得全"0"状态,测出 P_{off};而对于 P_{on},由于平均发送光功率 P_t 可测,而全"1"对应的 P_{on} 是 P_t 的两倍,即 $P_{on}=2P_t$,于是,便不难求得消光比 EXT 了,即

$$\text{EXT}=10\lg 2P_t/P_{off}\quad(\text{dB})\tag{7-1}$$

消光比的测试原理图同图 7-7,测试方法为:①码型发生器(误码仪)发送出 $2^{15}-1$ 或 $2^{23}-1$ 伪随机码,测出此时平均光功率 P_t;②将光发送机中的线路编码盘拨出,测出此时的全"0"码光功率 P_{off};③按式(7-1)即可计算出消光比值。

例如,分别测得 $P_{off}=50\ \mu$W,$P_t=500\ \mu$W,则 EXT=13 dB,满足 EXT$\geqslant$10 dB 的要求。

7.2.2　光接收机参数测试

1. 光接收灵敏度

光接收灵敏度测试连接方式如图 7-8 所示。测试时,码型发生器送出相应的伪随机码,然后先加大光可变衰减器的衰减值(以减小接收光功率),使系统处于误码状态,而后慢慢减小衰减(增大接收光功率),相应的误码率也渐渐减小,直至误码仪上显示的误码率为指定的界限值为止(如 BER 为 10^{-10}),此时,对应的接收光功率即为最小可接收光功率 P_{min}(mW),而光接收灵敏度 P_r 为

$$P_r=10\lg P_{min}\quad(\text{dB})\tag{7-2}$$

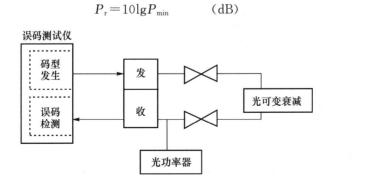

图 7-8　光接收灵敏度与动态范围测试连接图

要注意的问题如下。

(1)误码率的观测需要一定的时间,根据误码率的定义:

$$误码率＝误码个数/一个比特时间内的码元个数$$
$$＝误码个数/码速率×观察时间$$

可计算出观察到一个误码所需的最小观察时间,如图 7-8 所示。在测试过程中,必须根据此表来确定最小的观察时间,以确保测量的正确性,当然,观察时间越长,准确度越高。

(2) 因为灵敏度的测量是在连接器前测量的(实际应包含该活动连接器),因此,实际灵敏度应减去该连接器的损耗。

(3) 为了便于调整接收光功率,在测试中用光衰减器代替了长光纤,因而忽略了光纤色散对灵敏度的影响,所以,在实际应用中,应根据光纤的质量和长度估算色散对灵敏度的影响,或直接在线路中用长光纤来测量。另外,对于微弱的光输出功率,应采用带斩光器的光检测器和光功率计进行测量。

2. 动态范围

P_{max}的测试方法与测 P_{min} 一样(如图 7-8 所示)。测试时,先减小光衰减器的衰减量,使系统处于误码状态,然后逐步调节光衰减器,增大衰减值,使系统误码率达到指定的要求为止,此时,测出相应的接收光功率即为 P_{max}。然后即可计算出接收动态范围内的值。例如,测得 $P_{max}=10\ \mu W$,$P_{min}=31.6\ nW$,$BER=10^{-10}$,则

$$P_r=10\lg P_{min}(mW)＝-45\ dBm$$
$$D_r=10\lg P_{max}/P_{min}＝25\ dB$$

7.3 误码测试

对光纤通信系统而言,由于具有高传输质量,所以它的误码性能指标均可按高级电路对待,即每千米长度光纤分得各项总指标的 0.001 6%,那么就可得 L(km)长度的光纤通信系统各项误码性能指标。由于目前光纤通信系统主要采用 SDH 进行传输,所以本节主要介绍 SDH 系统和设备的误码性能测试方法。

SDH 系统的误码测试方法可以分成两大类,即停业务测试和在线测试。两类方法各有其应用场合,如在维护工作中,一般对于较低的网络级(低速率通道)较多地采用停业务测试;而对于较高的网络级(高速率通道或线路系统),由于停业务测试对业务影响面太大,因此较多采用在线测试。在实际测试中,为方便起见,都采用对端电接口环回,本端测试的方法。

SDH 设备的误码测试方法与设备类型有关,本节将主要介绍终端复用器(TM)、分插复用器(ADM)的误码测试方法。

7.3.1 系统误码测试

1. SDH 系统误码停业务测试

测试配置见图 7-9。

如果测试以环回方式进行,指标仍用单向指标;如果单向测试,则需按两个单向指标平均。

测试操作步骤如下。

(1) 按图 7-9 接好电路。

(2) 按被测通道速率等级,选择合适的 PRBS 或测试信号结构,从被测系统输入口送测试信号。

（3）用下面的方法判断系统工作正常：第一个测试周期 15 分钟，在此周期内如没有误码和不可用等事件，则确认系统已工作正常；在此周期内，若观测到任何误码或其他事件，应重复测试一个周期（15 分钟），至多两次。如果第三个测试周期内仍然观测到误码或其他事件，则认为系统工作异常，需要查明原因。

（4）系统工作正常的条件下，可进行长期观测，按指标要求设置总的观测时间（如 24 小时），设置打印时间间隔（如 6 小时），并设置性能评估为 G.826，最后启动测试开始键，并锁定仪表。

（5）测试结束，从测试仪表上读出测试结果。

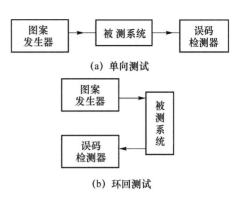

图 7-9　系统误码停业务测试配置

2. SDH 系统误码在线测试

误码在线测试是在开放业务条件下，通过监视与误码有关的开销字节 B1、B2、B3 和 V5(b1，b2) 来评估误码性能参数。其参数和指标与停业务测试相同。测试配置见图 7-10，其中 (a) 是通过光耦合器在光路测试，(b) 是通过设备提供的监测接口测试。

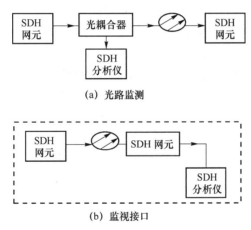

图 7-10　系统误码在线监测测试配置

测试操作步骤如下。

（1）根据需要测试的实体——再生段、复用段、高阶通道或低阶通道，选择适当的监视点（通过光耦合器在光路测试可以监视再生段、复用段、高阶通道或低阶通道的全部误码性能，在监测接口测试只能监视高阶通道或低阶通道的误码性能）。

（2）在监视点接入 SDH 分析仪（接收）。

（3）调整 SDH 分析仪，同时监视相应的参数：B1、B2、B3 和 V5(b1，b2)。

（4）设置测试时间，同时在网管上进行相同的监测。

（5）测试结束后，记录测试结果。

7.3.2　设备误码测试

关于传输设备是否分配误码指标，ITU-T 目前尚没有相关建议。我国标准中一般采用连续测试 24 小时误码为零的要求，但是由于设备的内部噪声总是存在的，实际设备出现误码的概率不可能为零,因此在国标《同步数字体系(SDH)光缆线路系统测试方法》中这样规定:如果第一个 24 小时的测试出现误码,应查找原因,允许再进行 24 小时测试。

SDH 设备的误码测试采用停业务测试方法。测试配置见图 7-11,被测设备有多个支路口,应全部串接起来测试。

图 7-11　SDH 设备误码特性测试配置

测试操作步骤如下。

(1) 按图 7-11 接好电路。

(2) 调整光衰减器,使接收侧收到合适的光功率。

(3) 按被测设备支路接口速率等级,如果支路口是 PDH 口,则仪表发送规定的 PRBS 序列;如果支路口是 STM-N 口,则仪表发送 TSS1 结构的测试信号;如果支路口有不同类型或两种以上速率,则测试选择高速率接口进行,向被测设备输入口送测试信号。

(4) 用下面的方法判断设备工作是否正常:第一个测试周期 15 分钟,在此周期内如没有误码和不可用等事件,则确认设备已工作正常;在此周期内,若观测到任何误码或其他事件,应重复测试一个周期(15 分钟),至多两次。如果第三个测试周期内仍然观测到误码或其他事件,则认为系统工作异常,需要查明原因。

(5) 设备正常工作的条件下,进行长期观测,24 小时观测结果应无误码(即误码为 0)。

注意事项:如果第一个 24 小时的测试出现误码,应查找原因,允许再进行 24 小时测试。

7.4　抖动测试

SDH 有关抖动的指标可归纳为三种相应的测试:最大允许输入抖动容限、无输入抖动时的输出抖动和抖动转移特性。为完成这三种抖动测试,需要有抖动测试仪或抖动产生和抖动测量模块的 PDH/SDH 分析仪。

7.4.1　PDH 系统抖动测试

1. PDH 网络输出口输出抖动

测试配置见图 7-12。在线测试时需注意仪表要高阻跨接,以免业务信号受到影响。

测试操作步骤如下。

(1) 按图 7-12 接好电路。

(2) 根据被测接口速率设置仪表接收为相同速率。

(3) 设置抖动测试仪的测试滤波器为 f1～f4 带通(通常由一个高通滤波器和一个低通滤波器组合构成),连续进行不少于 60 秒的测量,读出测到的最大抖动峰-峰值,结果不应超过 B1 值。

(4) 设置抖动测试仪测试滤波器 f3～f4 带通,重复步骤(3),读出的抖动峰-峰值数值不应超过 B2 值。

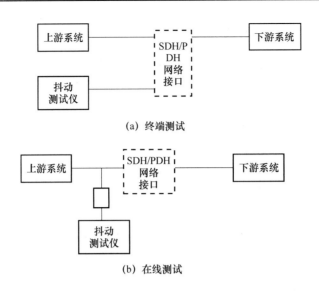

(a) 终端测试

(b) 在线测试

图 7-12　PDH 网络输出口输出抖动测试配置

2. PDH 输入口抖动容限

测试配置见图 7-13。SDH/PDH 网络边界的 PDH 接口在物理上可以是 TM、ADM、DXC 设备的 PDH 支路口,因此图 7-13 中的被测设备可能是这几种设备之一。判断输入口所能承受抖动的容限是不使设备或系统性能下降,具体地说,就是不出现误码,所以测试方法是在被测设备复用侧的 PDH 输入口送带抖动的测试信号,而该信号在经过被测设备由解复用侧解出后不应出现误码。

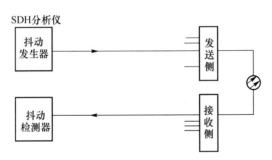

图 7-13　PDH 支路输入口的抖动容限测试配置

测试操作步骤如下。

(1) 按图 7-13 接好电路。

(2) 按被测支路输入口速率等级,抖动发生器选择适当的 PRBS,从被测支路输入口送测试信号。

(3) 按照 ITU-T 规定抖动发生器调整抖动频率和幅度。

(4) 用误码检测器监视与被测支路输入口相应的支路输出口。

(5) 加大输入的抖动值,直至刚好不出现误码为止,该值即为该支路的输入抖动容限,记录抖动频率和幅度。

(6) 改变抖动频率,重复步骤(3)、(4)和(5)操作,获得完整的输入抖动容限。

7.4.2 SDH 系统抖动测试

SDH 系统抖动的测试方法包括目前已规范了的 STM-1、STM-4 和 STM-16 三种等级接口,其中 STM-4 和 STM-16 只有光接口,STM-1 具有光和电接口。

1. STM-N 输出口输出抖动

测试配置见图 7-14。图中所示为对光接口测试情形。如果是 STM-1 电接口,则直接用测试电缆或高阻探头连接到抖动测试仪 STM-1 电输入口。

测试操作步骤如下。

(1) 按图 7-14 接好电路。

(2) 调整光衰减器,使输出光功率在抖动测试仪要求的范围内。

(3) 按被测接口速率等级,设置抖动测试仪接收为相同速率。

(4) 设置抖动测试仪的测试滤波器为 f1～f4 带通,连续进行不少于 60 秒的测量,读出测到的最大抖动峰-峰值,结果不应超过规定的 B1 值。

(5) 设置抖动测试仪测试滤波器为 f3～f4 带通,重复步骤(4),读出的抖动峰-峰值不应超过规定的 B2 值。

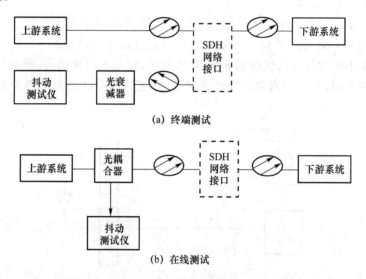

(a) 终端测试

(b) 在线测试

图 7-14　STM-N 接口输出抖动的测试配置

2. STM-N 输入口抖动容限

测试配置见图 7-15。图中被测设备可以是 TM、ADM、DXC。

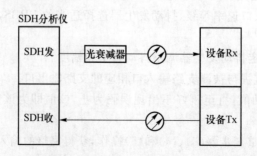

图 7-15　SDH 终端设备的 STM-N 输入口抖动容限测试配置

　　测试信号采用 TSS1 或 TSS5 信号结构,若支路口为 PDH 口,则发送适当的 PRBS 或在线路 STM-N 信号的 PDH 支路填充 PRBS。

　　测试操作步骤如下。

　　(1) 按图 7-15 接好电路。

　　(2) 根据测试配置及被测设备情况,抖动发生器(或图案发生器)选择适当结构的测试信号,并按照 ITU-T 规定选择抖动频率和幅度,从被测输入口送加抖的测试信号。

　　(3) 用误码检测器监视相应的输出信号。

　　(4) 加大输入信号抖动幅度,直至刚不出现误码为止,该抖动值即为被测 STM-N 的输入抖动容限值,记录抖动频率和幅度。

　　(5) 改变抖动频率,重复(3)和(4)操作,获得完整的输入抖动容限。

复习思考题

　　1. SDH 测试信号结构有哪几种? 各自的含义是什么?

　　2. 请画出系统误码停业务测试框图并简述其测试步骤。

　　3. 请画出系统误码在线测试框图并简述其测试步骤。

　　4. 请画出 PDH 系统输出口输出抖动的测试框图并简述其测试步骤。

　　5. 请画出 PDH 系统输入口抖动容限的测试框图并简述其测试步骤。

　　6. 请画出 SDH 系统输出口输出抖动的测试框图并简述其测试步骤。

　　7. 请画出 SDH 系统输入口抖动容限的测试框图并简述其测试步骤。

第 8 章

MSTP和ASON技术

8.1　MSTP 技术概述

8.1.1　MSTP 的概念

MSTP 的概念最初出现在国内是在 1999 年 10 月北京国际通信展上,当时在以 TDM 业务为主的传输网中,出现了数据业务的传送要求,华为公司适时把握了网络的发展需求,提出了多业务传输平台 MSTP 的概念,并展出了相关设备,采用 SDH 平台来传送以太网和 ATM 业务,实现传输网的多业务承载和传送,提高城域传输网的可经营性。这个新的理念吸引了各运营商的眼光,成为当年北京国际通信展上光网络的最大亮点。传输网承载数据业务量的快速增长,导致传输网带宽消耗严重,制造商开始研究如何提高传输网的数据业务承载效率,华为公司在这一时期推出了网络侧 16∶1 汇聚能力的设备,开始在网上大量使用。

MSTP 的大量使用和其蓬勃的生命力,使得 MSTP 实际上已经成为业界默认的技术标准。2001 年年底,信息产业部(现工业和信息化部)委托 MSTP 概念的先行者——华为公司——主笔起草了 MSTP 的国家标准,该标准于 2002 年 11 月经审批之后正式发布。受当时的技术标准进展所限,技术标准对以太网信号的封装协议选择了 PPP/LAPS/GFP 共存,不同厂家可以选择采用不同的协议进行处理,这也导致了不同厂家的设备在处理数据信号后不能直接互联。这一时期 GFP 协议的标准还不成熟,华为公司为提高网络的互通功能,对 PPP 协议进行了扩展,使用 ML-PPP 协议进行封装和虚级联技术,保证了 VC 颗粒穿越其他厂家 SDH 网络时的设备无关性,提高了整网业务配置和调度的便利性。

MSTP(基于 SDH 的多业务传送平台)是指基于 SDH 平台同时实现 TDM、ATM、以太网等业务的接入、处理和传送,提供统一网管的多业务节点。基于 SDH 的多业务传送节点除应具有标准 SDH 传送节点所具有的功能外,还具有以下主要功能特征:

(1) 具有 TDM 业务、ATM 业务或以太网业务的接入功能;

(2) 具有 TDM 业务、ATM 业务或以太网业务的传送功能,包括点到点的透明传送功能;

(3) 具有 ATM 业务或以太网业务的带宽统计复用功能;

(4) 具有 ATM 业务或以太网业务映射到 SDH 虚容器的指配功能。

8.1.2　MSTP 的工作原理

MSTP 可以将传统的 SDH 复用器、数字交叉链接器(DXC)、WDM 终端、网络二层交换机和 IP 边缘路由器等多个独立的设备集成为一个网络设备,即基于 SDH 技术的多业务传送平台(MSTP),进行统一控制和管理。基于 SDH 的 MSTP 最适合作为网络边缘的融合节点支持混合型业务,特别是以 TDM 业务为主的混合业务。它不仅适合缺乏网络基础设施的新运营商,应用于局间或 POP 间,还适合于大型企事业用户驻地,而且即便对于已敷设了大量 SDH 网的运营公司,以 SDH 为基础的多业务平台可以更有效地支持分组数据业务,有助于实现从电路交换网向分组网的过渡。所以,它将成为城域网近期的主流技术之一。这就要求 SDH 必须从传送网转变为传送网和业务网一体化的多业务平台,即融合的多业务节点。MSTP 的实现基础是充分利用 SDH 技术对传输业务数据流提供保护恢复能力和较小的延时性能,并对网络业务支撑层加以改造,以适应多业务应用,实现对二层、三层的数据智能支持。即将传送节点与各种业务节点融合在一起,构成业务层和传送层一体化的 SDH 业务节点,称为融合的网络节点或多业务节点,其主要定位于网络边缘。

8.1.3　MSTP 的特点

(1) 继承了 SDH 技术的诸多优点:如良好的网络保护倒换性能、对 TDM 业务较好的支持能力等。

(2) 支持多种物理接口:由于 MSTP 设备负责业务的接入、汇聚和传输,所以 MSTP 必须支持多种物理接口,从而支持多种业务的接入和处理。常见的接口类型有:TDM 接口(T1/E1、T3/E3)、SDH 接口(OC-N/STM-M)、以太网接口(10/100BaseT、GE)、POS 接口。

(3) 支持多种协议:MSTP 对多业务的支持要求其必须具有对多种协议的支持能力,通过对多种协议的支持来增强网络边缘的智能性,通过对不同业务的聚合、交换或路由来提供对不同类型传输流的分离。

(4) 支持多种光纤传输:MSTP 根据在网络中位置的不同有着多种不同的信号类型。当 MSTP 位于核心骨干网时,信号类型最低为 OC-48 并可以扩展到 OC-192 和密集波分复用(DWDM);当 MSTP 位于边缘接入和汇聚层时,信号类型从 OC-3/OC-12 开始并可以在将来扩展至支持 DWDM 的 OC-48。

(5) 提供集成的数字交叉连接交换:MSTP 可以在网络边缘完成大部分交叉连接功能,从而节省传输带宽以及省去核心层中昂贵的数字交叉连接系统端口。

(6) 支持动态带宽分配:由于 MSTP 支持 G.7070 中定义的级联和虚级联功能,可以对带宽进行灵活地分配,带宽可分配粒度为 2 MB,一些厂家通过自己的协议可以把带宽分配粒度调整为 576 kbit/s,即可以实现对 SDH 帧中列级别上的带宽分配;通过对 G.7042 中定义的 LCAS 的支持可以实现对链路带宽的动态配置和调整。

(7) 链路的高效建立能力:面对城域网用户不断提高的即时带宽要求和 IP 业务流量的增加,要求 MSTP 能够提供高效的链路配置、维护和管理能力。

(8) 协议和接口的分离:一些 MSTP 产品把协议处理与物理接口分离开,可以提供"到任务端口的任何协议"的功能,这增加了在使用给定端口集合时的灵活性和扩展性。

(9) 提供综合网络管理功能:MSTP 提供对不同协议层的综合管理,便于网络的维护和管理。

8.1.4　MSTP 的优势

(1) 现阶段大量用户的需求还是固定带宽专线,主要是 2 Mbit/s、10/100 Mbit/s、

34 Mbit/s、155 Mbit/s。对于这些专线业务,大致可以划分为固定带宽业务和可变带宽业务。对于固定带宽业务,MSTP 设备从 SDH 那里集成了优秀的承载、调度能力;对于可变带宽业务,可以直接在 MSTP 设备上提供端到端透明传输通道,充分保证服务质量,可以充分利用 MSTP 的二层交换和统计复用功能共享带宽,节约成本,同时使用其中的 VLAN 划分功能隔离数据,用不同的业务质量等级(CoS)来保障重点用户的服务质量。

(2) 在城域汇聚层,实现企业网络边缘节点到中心节点的业务汇聚,具有节点多、端口种类多、用户连接分散和较多端口数量等特点。采用 MSTP 组网,可以实现 IP 路由设备10 M/100 M/1 000 M POS 和 2 M/FR 业务的汇聚或直接接入,支持业务汇聚调度、综合承载,具有良好的生存性。根据不同的网络容量需求,可以选择不同速率等级的 MSTP 设备。

8.2　MSTP 的关键技术

MSTP 依托于 SDH 平台,可基于 SDH 多种线路速率实现,包括 155 Mbit/s、622 Mbit/s、2.5 Gbit/s 和 10 Gbit/s 等。一方面,MSTP 保留了 SDH 固有的交叉能力和传统的 PDH 业务接口与低速 SDH 业务接口,继续满足 TDM 业务的需求;另一方面,MSTP 提供 ATM 处理、以太网透传、以太网二层交换、RPR 处理、MPLS 处理等功能来满足对数据业务的汇聚、梳理和整合的需求。当前,多数 MSTP 首选通用成帧规程(GFP)作为优良的封装规程,而虚级联和链路容量调整策略(LCAS)则适应了不同的带宽颗粒需要,并且可以在一定范围内进行链路容量调整。除以太网功能外,MSTP 的 RPR 功能模块克服了原有以太网倒换速度慢的缺点,可以实现 50 ms 之内迅捷的保护倒换。此外,RPR 还提供了公平算法来保证链路带宽的合理利用,最大程度地防止链路拥塞的情况。

8.2.1　通用成帧规程

1. 通用成帧规程(GFP,Generic Framing Procedure)原理

在 SDH 上传输数据包一般采用 PoS(Packet-over-SDH)协议,原有以点对点协议(PPP)为基础的 PoS 技术已不符合应用要求,因为 PoS 仅把数据包或帧用 PPP、帧中继(FR)或高级数据链路控制(HDLC)协议封装,再映射到 SDH 中。PoS 不能区别不同的数据包流,因此也不能对每个流的流量工程、保护和带宽进行管理,不能提供许多用户需要的 1~10 Mbit/s 以太网带宽颗粒,它实际上是靠高层的路由器等设备来实现流量工程和业务生成功能。因此,在 SDH 上采用新的封装格式 GFP 传送数据包。

GFP 是一种将高层的用户信息流适配到传送网络(如 SDH/SONET 网络)的通用机制,对 IP/PPP、Fiber Channel、以太网等数据业务,在通过 SDH 网络传输之前将异步的、突发和可变帧长的业务进行适配,即它是第一层数据封装机制,也是一种高效灵活的映射方法,大多用在城域网和广域网内传输多种规约的数据。GFP 的优势在于它可以提供更强的检测和纠错能力,并能提供比传统封装方式更高的带宽效率。这样,作为多业务传输平台(MSTP)的 SDH 网络可以以 GFP 为基础,实现不同厂商映射方式的互通,即提供从网络到业务的互通,并提升网络效率和简化网络管理,从而提高网络的经济效益。GFP 现已成为各厂商以太网业务处理的唯一封装标准。

ITU-T 把 GFP 定义为 G.7041,GFP 具有数据头纠错和把通道标识符用于端口复用(把

多个物理端口复用成一个网络通道)的功能。最重要的一点是,GFP 可支持成帧映射和透明传送两种工作方式。成帧映射方式(GFP-F)是把已成帧用户端数据信号的帧封装进 GFP 帧中,以子速率级别支持速率调整和复用。透明传送方式(GFP-T)则完全不同,它接收原数字信号,只在 SDH 的帧内用低开销和低时延数字封装的方式来实现。

2. GFP 帧结构

从应用角度看,GFP 帧可以分为客户帧和控制帧,而客户帧又可以分为客户数据帧和客户管理帧。客户数据帧用来传送客户数据,而客户管理帧则用来传送与 GFP 连接或客户数据管理有关的信息。控制帧有两种:IDLE 帧和 OA&M 帧,其中 IDLE 帧用于空闲插入。GFP帧复用实际上包括来自同一高层客户的不同帧和来自不同客户的帧。对来自同一客户的帧(包括数据帧、客户管理帧和空闲帧),采用一帧接一帧的方式复用,通过帧定位来解复用,一般总是优先发送数据帧,当没有其他帧时必须发送空闲帧以保持物理层八位组对齐。

从结构角度看,GFP 帧可以分为公共部分和与业务数据相关的部分,其中公共部分是所有 GFP 帧都包含的,负责 PDU 定界、数据链路同步、扰码、PDU 复用、业务独立的性能监控等功能;GFP 帧中与业务数据相关的部分负责业务数据的装载、与业务相关的性能监控并具有管理与维护等功能。

GFP 帧结构如图 8-1 所示,它由帧头(包括帧长度标志和帧头错误检验)和净负荷区组成。PLI 标明帧的净负荷的长度,帧头错误检验(CHEC)采用 CRC-16 的检错方法给帧头提供保护。通过计算接收到的数据帧头错误检验值与数据本身比较来实现帧的定位,通过 PLI 知道帧的长度,这是 GFP 与传统 HDLC 方式最大的不同。

PLI 2字节	cHEC 2字节	负荷头 4字节	业务数据 (PPP、IP、MAC、RPR等) 0~65 531节字	FCS 4字节

(a) GFP-F帧

PLI 2字节	cHEC 2字节	负荷头 4字节	$N\times$[536, 520块]	FCS 4字节

(b) GFP-T帧

图 8-1　GFP 帧结构

GFP 净负荷区包括净负荷头、净负荷信息域和净负荷的帧检验序列,而净负荷头包括净负荷类型、净负荷类型的 HEC 和 GFP 的扩展头。净负荷标明 GFP 净负荷信息的内容和格式,它包括净负荷类型标志(PTI)、净负荷 FCS 标志(PFI)、扩展帧头标志(EXI)和用户净负荷标志(UPI)。PTI 为 3 比特,标明该 GFP 帧为客户数据帧还是客户管理帧;PFI 为 1 比特,标明有没有净负荷的 FCS;EXI 为 4 比特,标明采用哪种扩展帧头:空扩展帧头、线性扩展帧头还是环扩展帧头;UPI 为 8 比特,标明 GFP 净负荷中的数据类型,如以太网、IP、光纤通道、FICON、ESCON 等。负荷信息域包含业务映射数据,长度为 $0\sim65\ 535-X$,X 为负荷头和FCS 的长度。净负荷的帧检验序列(FCS)为 4 字节,采用 CRC-32 来保护净负荷的完整,它为可选的。

3. 映射方法

GFP 可支持成帧映射和透明传送两种工作方式。成帧映射方式是把已成帧用户端数据信号的帧封装进 GFP 帧中,以子速率级别支持速率调整和复用。透明传送方式则完全不同,它接收原数字信号，只在 SDH 的帧内用低开销和低时延数字封装的方式来实现。针对不同的业务数据，GFP 采用不同的业务映射方法：对于分组数据类型采用 GFP-F 方式；对于采用 8B/10B 编码的块数据采用 GFP-T 方式。

GFP-F 是指将一个数据信号帧完整地映射进一个 GFP 帧中。GFP-F 只是将以太网帧、IP 数据包等映射到 GFP 帧内，而数据帧之间用于控制和管理的字节不被映射进 GFP 帧内。因此，传输网的带宽能有效地利用，这对数据量小的客户特别有利；但要求能提取并传输一个特定的物理编码子层和媒体接入（存取）控制（MAC）规约，所以，不同的规约就要求有不同的硬件设备。GFP-F 可以较好地应用于以太网中。而 GFP-T 是指将一个数据信号帧分组地映射进周期性的 GFP 帧中。GFP-T 将完整的以太网帧、IP 数据包等映射到固定长度的帧内，而不关心信号的内容，主要目的是为了给以太网帧、IP 数据包等提供快速的传输响应时间；如果在以太网帧、IP 数据包等中有无用的空闲信息，这些空闲信息比特也同样要传送过去。

数据映射的过程如下（G. 7041 只定义了 8B/10B 编码的映射方法）：

（1）对接收的数据进行解码处理，对于 8B/10B 编码，把接收的 10 bit 字符还原成原来的 8 bit 字符；

（2）把已经解码的 8 bit 字符组织成 64B/65B 编码，编码中的一个标示位用来标示这个编码块中是否包含控制字符；

（3）把 64B/65B 编码块组织成 [520] 编码块，这个编码块包含 8 个连续的 64B/65B 编码块，每个 64B/65B 编码块中的标示位被抽出来单独组成一个字节，放到编码块的尾部；

（4）计算 [520] 编码块的 CRC-16 校验，附在编码块的后面，组成 [536] 编码块，用来进行多位错误检测和单位错误纠正；

（5）把 N 个 [536] 编码块封装到 GFP 帧中的负荷信息区中。

从上面的过程可以看出，GFP 映射过程的计算复杂度较低，实现相对简单。GFP-T 与 GFP-F 在应用中的主要不同之处在于：在进行 GFP-T 映射时，FC、ESCON、FICON 中的 IDLE 内容不会被取掉，同样要经过上述的映射过程，所以 GFP-T 方式不会像 GFP-F 方式那样能够节省带宽，可以理解为 GFP-T 不支持带宽统计复用。从原理上讲，GFP 可封装任何协议数据，保证简单的协议在光层上融合，并保证灵活性和更细的带宽颗粒。

4. GFP 的技术优势

与 PPP 相比，GFP 的优势在于以下几个方面。

（1）帧定界方式。在数据通信中，帧一般是定长或不定长地进行传输。因此，对传输承载层而言，不仅要能够正确同步地收到传输的客户层数据，而且要从连续的数据分解出对应的一帧帧数据，也称帧定位。目前有两种比较成熟的帧定位技术，一种是以 HDLC 为代表的透明字节填充技术，另外一种是以 ATM 为代表的基于长度/信头差错控制技术。因此，GFP 采用了类似于 ATM 的基于长度/信头差错控制 HEC 的帧定位技术，采用三状态过程，即搜索状态、预同步状态、同步状态。搜索状态为链路链接初始化或 GFP 接收机失效时的基本状态。接收机使用当前的 4 字节数据来搜索下一帧，如果计算出的 CHEC 值与数据域中的 CHEC 值相同，则接收机暂时进入预同步状态，否则，它移到下一位/字节继续进行搜索。预同步状态时，根据 PLI 能够确定帧的边界，当连续 N 个 GFP 帧被正确检测到时，则进入同步状态。同步状态为一个规则的操作状态，它检查 PLI 值，确定 CHEC 值，提取帧的 PDU，然后到下一帧，如此循环。

（2）通过扩展帧头的功能去适应不同的拓扑结构，无论它是环形还是点到点。另外，也可以定义 GFP 中数据流的不同服务等级，而不用上层协议去查看数据流的服务等级。

（3）通过扩展帧头可以标示负载类型，以决定如何前传负载。而不需要打开负载，查看它的类型。

（4）GFP 有自己的 FCS 域，这样就可以保证所传送负荷的完整性。这对保护那些自己没有 FCS 域的负荷是非常有效的。

（5）传输性能和传输内容无关，这个优点来自于 GFP 采用了特定的帧定界方式。在 PPP 中，它会对负荷的每一个字节进行检查，如果有字节与帧标示符相同，它就会对这一字节做扰码处理，从而使负荷变长，且不可预测。在 MSTP 测试时，正是利用这一点来判断设备所采用的映射协议是 GFP 还是 PPP。比较设备在传送 0x7E 和其他非 0x7E 信息时的传输性能，当传送后者的性能明显优于前者时，映射协议采用的是 PPP，而当两者的传送性能没有明显差别时，映射协议采用 GFP。

8.2.2　级联与虚级联

随着通信技术的不断发展，越来越多不同类型的应用需要由 SDH 传送网络承载。但是，大量新的数据业务所需的传送带宽不能和 SDH 的标准虚容器（VC）有效匹配。为了使 SDH 网络能够更高效地承载某些速率类型的业务，尤其是宽带数据业务，需要采用 VC 级联。

在 ITU-T G.7070 中定义了级联和虚级联概念，这两个概念在 MSTP 技术中占有重要的地位。级联分为连续级联和虚级联两种类型。连续级联采用物理方式捆绑虚容器，而虚级联采用逻辑方式捆绑虚容器。SDH 中用来承载以太网业务的各个 VC 在 SDH 的帧结构中是连续的，共用相同的通道开销（POH），此种情况称为相邻级联，有时也直接简称为级联。SDH 中用来承载以太网业务的各个 VC 在 SDH 的帧结构中是独立的，其位置可以灵活处理，此种情况称为虚级联。通过级联和虚级联技术，可以实现对以太网带宽和 SDH 虚通道之间的速率适配。尤其是虚级联技术，可以将从 VC-4 到 VC-12 等不同速率的虚容器进行组合利用，能够做到非常小的颗粒带宽调节。

1. 虚级联的基本原理

由于虚级联是指用来组成 SDH 通道的多个虚容器（VC-n）之间并没有实质的级联关系，它们在网络中被分别处理、独立传送，只是它们所传的数据具有级联关系。这种数据的级联关系在数据进入容器之前即做好标记，待各个 VC-n 的数据到达目的终端后，再按照原定的级联关系进行重新组合。SDH 级联传送需要每个上 SDH 网元都有级联处理功能，而虚级联传送只需要终端设备具有相应的功能即可，因此易于实现。

如图 8-2 所示，使用虚级联技术可以将一个完整的客户带宽分割开，映射到多个独立的 VC-n 中进行传输，然后由目的终端将这些 VC-n 重新组合成完整的客户带宽。

包含 X 个 VC-3 的虚级联通道可以用 VC-3-Xv 来表示。如图 8-2 所示，VC-3-Xv 提供一个由 X 个 C-3 容器构成的净荷域，X 个 C-3 被映射在组成 VC-3-Xv 的 X 个 VC-3 里。每个 VC-3 都有各自的通道开销（POH），其中 POH 中的 HR 字节用来做虚级联处理的序列指示（SQ）和复帧指示（MFI），下面将详细说明。

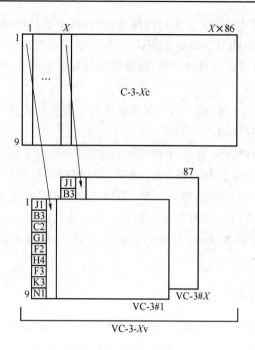

图 8-2　VC-3-Xv 结构

VC-3 加上段开销(SOH)即可构成完整的 STS-1 信道,因此 X 个虚级联的 STS-1 可表示为 STS-1-Xv。由于 STS-1-Xv 中每一个 STS-1 信道的数据可能在网络中独立传输,各个 STS-1 信道的数据经过传输后会存在不同的传输延迟。因此,当 STS-1-Xv 中各个 STS-1 信道的数据到达目的终端时,必然先对它们之间的时延差进行补偿,经过重新同步定位后,重构一个与送时相同的净荷域。净荷重构的信息由 H4 字节携带。MFI 用来指示各个虚级联的 STS-1 数据帧之间的相位关系(时延差)。在 H4 字节,MFI 由两级编码构成,对应有两级 MFI;第一级 MFI 由 H4 的低 4 位(0~3 位)构成,随着每一个基本帧的到来,每一级 MFI 由 0 增加到 15;第二级 MFI 有 8 比特,这 8 比特分别由第一级 MFI 的第 0 帧和第 1 帧的高 4 位(4~7 位)构成。这样,一个复帧共由 4 096 个基本帧构成,复帧周期为 512 ms,因此可以表示 256 ms 内的相位差。SQ 用来指示各个虚级联的 STS-1 信道在 STS-1-Xv 中的排列顺序。每个 STS-1 都有一个固定的 SQ,STS-1-Xv 中每一个传送的 STS-1 信道的 SQ 为 0,依此类推,第 X 个传送的 STS-1 信道的 SQ 为 $X-1$。SQ 有 8 比特,这 8 个比特由第 14 帧和第 15 帧中 H4 的高 4 位(4~7 位)构成,8 比特一共可以表示 256 个 STS-1 信道。

2. SDH 虚级联的技术实现

根据虚级联的基本原理,实现千兆以太网数据在 2.5 Gbit/s 速率的 SDH 网络中的虚级联传输。虚级联处理包括发送端虚级联处理(TVCP)和接收端虚级联处理(RVCP)两部分。

(1) 发送端虚级联处理

TVCP 实现以太网数据在 SDH 物理通道中的是映射以及虚级联复帧指示和序列指示的处理。图 8-3 中通用封帧处理器(GFP)负责以太网数据的封装和定界。以太网数据经过 GFP 处理后,可被称为以太网逻辑数据。虚线框部分为发端虚级联处理模块(TVCM)。TVCM 的核心是一个复制机,它将以太网逻辑数据从输入缓存器移入输出缓存器,在这个过程中将以太网逻辑数据映射到 SDH 通道中对应的 STS-1 信道。映射的控制基于虚级联配置器中的可编程信息,这些信号包括为以太网逻辑数据分配的 SDH 带宽(STS-1 信道数目)以及以太网逻辑数据在 SDH 数据帧中的时隙位置(STS-1 信道号)。SDH 通道开销处理器主要完成各个虚级联 STS-1 信道数据帧中 MFI 值和 SQ 值计算,以及 H4 字节的编码和插入,其方法已经在虚级联基本原理中说明。2.5 Gbit/s 速率的 SDH 传输通道共有 48 个 STS-1 信道,由于 C-3 的容量为 44.73 Mbit,因此一个千兆以太网的数据至多占用 22 个 STS-1 信道,剩余信道可以用来传输其他业务,因此虚级联技术提高了传输带宽的利用率。另外,由于只需利用 LCAS 协议改变虚级联配置器中的可编程信息,就可以动态地调整数据的传输带宽,因此虚级联技术提高了网络带宽配置的灵活性。

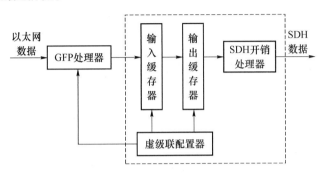

图 8-3　发送端虚级联处理模块

(2) 接收端虚级联处理

RVCP 主要实现 SDH 通道中各个虚级联 STS-1 信道的级联重组以及以太网数据的解映射。

收端虚级联处理模块(RVCM)如图 8-4 所示,主要包括 SQ 和 MFI 提取器、同步统计存储器、同步逻辑、同步缓存器以及解映射器。

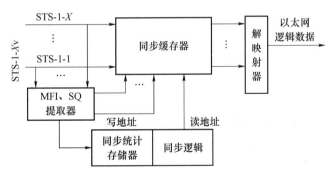

图 8-4　接收端虚级联处理模块

RVCM 从信道总线上接收 SDH 数据帧,并由 SQ 和 MFI 提取器直接从 SDH 通道开销中捕捉 H4 字节。根据 H4 字节中的 SQ 值判断各个虚级联 STS-1 信道的排列顺序,同时,根据 MFI 值并利用同步缓存器对各个 STS-1 信道的数据进行重新同步定位,以补偿它们之间的时延差。数据重定位后,解映射器将数据从 SDH 电信总线数据格式转换为以太网逻辑通道的数据格式。

同步缓存器负责对各个虚级联 STS-1 信道的数据进行同步处理,以实现各个信道数据帧的对齐。根据各个虚级联 STS-1 信道中数据帧的 SQ 值,将数据写入同步缓存器中对应的区域,如图 8-5 所示。各个 STS-1 信道数据的写入地址由该信道数据帧 MFI 值确定,数据根据 MFI 值被跳跃地写入对应的缓存器地址,然后再按某共同的读指顺序读出。这样,通过同步缓存器对数据的重新同步定位,可补偿各个 STS-1 之间的传输时延差。

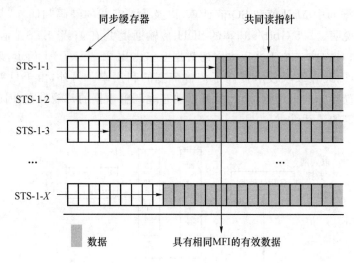

图 8-5 虚级联 STS-1 信道的重定位过程

在重定位过程中,同步逻辑要为同步缓存器中各个 STS-1 信道的数据确定一个共同的读地址,这个过程可称作同步过程。整个同步过程分为同步捕捉(SYN-ACQ)和同步(SYN)两个状态。

电路初始化后,同步过程进入 SYN-ACQ 态,MFI 和 SQ 提取器提取每一个输入 STS-1 数据帧的 MFI 值,并将其存入同步统计存储器。同步逻辑硬件连续地扫描同步统计存储器中各个虚级联 STS-1 信道数据帧的 MFI 值。当具有某个确定 MFI 值的各个 STS-1 信道数据帧的帧头都到来时,同步逻辑将该 MFI 值所对应的同步缓存器地址确定为各个 STS-1 信道数据的共同读数据,此时同步过程进入 SYN 态,同步缓存器中的数据以这个共同的读地址为起始地址顺序读出。如果 MFI 值不发生跳跃,则同步逻辑的读地址将顺序递增,并在最大 MFI 处翻转。一旦 MFI 值发生跳跃,也就是说某个 STS-1 信道中前后数据帧的 H4 字节包含不连续的 MFI 值时,则同步过程重新进入 SYN-ACQ 状态,开始一个新的同步捕捉过程。

解映射器和 TVCM 中复制机的功能类似。当同步缓存器对各个虚级联的 STS-1 信道进行重定位后,解映射器将按照虚级联配置信息的要求,通过输入级存到输出缓存中数据的重新排序,完成 SDH 电信总线数据格式到以太网数据格式的转换。此时,所得到的以太网逻辑数据完全一致,从而实现了千兆以太网数据在 SDH 网络中的高效传输。

3. 虚级联的优势和应用

与连续级联相比较,虚级联有以下优点。

(1) 传送路径上只需要源和宿两点具备虚级联处理功能即可,中间节点不需要具有级联处理功能,这十分有助于提高组网的灵活性和在不具有级联功能的网络上开展 EOS 业务。

(2) 虚级联组内每个成员可以独立传送,支持多路径传送方式,可以更好地利用网络的带宽资源。可以使用 LCAS 协议,动态调整虚级联内的成员数目,并避免个别成员失效后业务的完全中断。

基于上述优点,通过 VCAT 即能实现带宽颗粒调整,又实现了业务带宽与 SDH 虚容器之间的适配,从而比连续级联能更好地利用 SDH 链路带宽,提高了传输效率;另外,采用 VC 虚级联(VCAT)技术,还可以实现多径传输;不过,该方法会产生差分时延,需要进行补偿。总之,

VCAT 的特点是将不连续的 SDH 同步净荷(数据)按级联的方法,构成一个虚级联信号组(VCG)进行传输,以达到匹配业务带宽的目的。在 SDH 网络中,VCAT 的实现比较简单,最重要的是确保参与 VCAT 的虚容器序列号 SQ 的传送,要保证在系统的接收端能够将传送信号的 VC 进行正确的排队重组。例如,有一个千兆以太网客户信号 1 Gbit/s 可以映射到 7 个 STM-1 中(7×155.52 Mbit/s=1 089 Mbit/s),带宽利用率达 92%。如果用传统的方法就需要一个 STM-16(2.488 Gbit/s),会浪费约 60% 的固定带宽。表 8-1 给出采用 VC 虚级联的效率。

表 8-1　采用 VC 虚级联的效率比较

业务	不采用 VC 虚级联的传送效率	采用 VC 虚级联的传送效率
10 Mbit/s 以太网	VC-3-->20%	VC-12-5v-->92%
100 Mbit/s 快速以太网	VC-4-->67%	VC-12-47v-->100%
20 M 字节以太网	VC-4-4c-->33%	VC-3-4v-->100%
1 Gbit/s 光纤通道	VC-4-16c-->33%	VC-4-6v-->89%
1 000 Mbit/s 千兆以太网	VC-4-16-->42%	VC-4-7v-->85%

采用虚级联技术时,数据净荷将被分拆组成 VCG,经过两个或多个路径在 SDH 网络中传输。因为这两个或多个路径的距离和其路径所包括的网元数量均不可能相同,故 VCG 成员不可能同时到达终点;收端设备必须补偿其时延差后再重组净荷。差分时延由不同因素造成,由于 VCG 各成员经过的路径距离不同,由此造成的差分时延是相对固定的,便于补偿。但由 SDH 网络指针调整或传输链路自动保护转换造成的差分时延,则是变化的,不易补偿。由 ITU-T 标准中定义的 MFI 参数决定了最大允许的差分时延是 256 ms,但这只不过是理论值,即便在最恶劣情况下也不宜采用这个值。设备厂商需要确定他们生产的网元实际能补偿多大的差分时延。因为差分时延的测试与分析,在网络安装调试时进行补偿是非常重要的。

8.2.3　链路容量调整方案(LCAS)

1. LCAS 协议原理

LCAS 技术是建立在 VC 基础上的,与 VC 相同的是,它们的信息都定义在同样的开销字节中;与 VC 不同的是,LCAS 是一个双向握手协议,表示状态的控制包会实时地在收、发节点之间进行交换。控制包括 6 种状态:固定(FIXED)、增加(ADD)、正常(NORM)、终止(EOS 表示这个 VC 是虚级联通道的最后一个 VC)、空闲(IDLE)、不使用(DNU)等。显然,LCAS 需要定义更多开销来完成其较复杂的控制,对于高阶虚级联和低阶虚级联,LCAS 分别利用了 VC-4 通道开销的 H4 字节和 VC-12 通道开销的 K4 字节传送控制帧。控制帧中包括源到宿和宿到源两个方向的用于特定功能的信息,通过控制帧 LCAS 可以实现源和宿 VCG 带宽的变化同步。图 8-6 是以 VC-12 为例的帧结构。新的 K4 字节 b2 复帧前 11 bit 和虚级联的定义相同,LCAS 新增加的字段主要包括:控制域 CTRL(b12～b15)、组标识 GID(b16)、再排序确认比特 RS-Ack(b21)、成员状态域 MST(b22～b29)、CRC 域(b30～b32)。

1	5 6	11 12	15 16		21 22	29 30	32
帧计数	序列号 SQ	控制字段 CTRL	组标识 GID		再排序 RS-Ack	组成员状态 MST	CRC

图 8-6　K4 字节的 b2 复帧

表 8-2 介绍了 LCAS 帧结构各字节的含义。LCAS 除了定义 MFI 和 SQ 之外,还定义了 CTRL、GID、CRC、MST 和 RS-Ack 5 个字段。

表 8-2　LCAS 帧结构各字节的含义

bit1～bit4	bit5	bit6	bit7	bit8
复帧指示器(MFI)2　(1～4 位)	0	0	0	0
复帧指示器(MFI)2　(5～8 位)	0	0	0	1
控制字段(CTRL)	0	0	1	0
组识别符(GID)	0	0	1	1
保留("0000")	0	1	0	0
保留("0000")	0	1	0	1
循环冗余校验(CRC)-8	0	1	1	0
循环冗余校验(CRC)-8	0	1	1	1
成员状态字(MST)	1	0	0	0
成员状态字(MST)	1	0	0	1
保留("0000")	1	0	1	0
保留("0000")	1	0	1	1
保留("0000")	1	1	0	0
保留("0000")	1	1	0	1
序列指示器(SQ)(1～4 位)	1	1	1	0
序列指示器(SQ)(5～8 位)	1	1	1	1

(1) MFI 是一个帧计数器,某一帧的 MFI 值总是上一帧的值加 1。对于像 SDH 这样的同步系统,每帧所占的时隙都相同。MFI 标识了帧序列的先后顺序,即标识了时间的先后顺序。接收端通过 MFI 之间值的差别,判断从不同路径传来的帧之间时延差多少,计算出时延后,就可把不同时延的帧再次同步。高阶 VC 和低阶 VC 可容忍的最大时延差均为 ± 256 ms。

(2) SQ 与 VC 定义相同。

(3) CTRL 主要有两个作用:一是表示当前成员的状态,例如,最后一个成员的控制字段为 EOS(0011),空闲的成员控制字段为 IDLE(0101);二是通过 ADD(0001)和 DNU(1111)表明当前成员需加入或移出 VCG,用 FIXED(0000)和 NORM(0010)表示不支持 LCAS 和正常传送状态。

(4) GID 是一个伪随机数,同一组中的所有成员都拥有相同的 GID,这样就可标识来自同一发送端的成员。

(5) CRC 对整个控制包进行校验。

(6) MST 标识组中每个成员的状态。OK＝0,FAIL＝1。

(7) 重排序确认位(RS-Ack):容量调整后,接收端通过把 RS-Ack 取反来表示调整过程结束。

LCAS 具体的工作过程如下(以控制包在 VC 中传送为例):

(1) 网络管理系统收到增加收、发节点之间带宽的请求;

(2) 网络管理系统在发送节点为已经存在的虚级联通道增加一个新的 VC;

(3) 发送节点把"增加"信息包加到这个新的 VC 里传到目的节点;

（4）目的节点收到这个"增加"信息包后，在这个 VC 里放入"OK"信息，并将其返回给源节点；

（5）源节点看到"OK"信息后，把新的序列号（SQ）（原来最高序列号加 1）放到这个 VC 里；

（6）源节点在这个新增加的 VC 里放入"EOS"信息包，指示这个 VC 所包含的数据是虚级联通道所携带帧的最后部分；

（7）原先含有"EOS"信息包的 VC，把"EOS"变成"正常"。

2. 链路容量调整过程

LCAS 的最大优点是具有动态调整链路容量的功能。LCAS 协议包括动态增加 VCG（指 VC 组）成员、动态减少 VCG 成员和成员失效后的 VCG 动态调整 3 种操作。作为一个双向握手协议，当某一端向对端传输数据时若增加或删除成员，对端也要在反方向重复这些动作发给源端，其中对端的相应动作不必与源端同步。调整分为增加或减少成员，需要调整 VCG 中成员的序列号，其中控制域 EOS 是指 VCG 序列号的最后一个。下面介绍不同情况下的调整方法。

（1）带宽减少，暂时删除成员。当 VC 成员失效时，VCG 链路的末端节点首先检测出故障，并向首端节点发送成员失效的消息，指出失效成员；首端节点把该成员的控制字段设置为"不可用（DNU）"，发往末端节点；末端节点把仍能正常传送的 VC 重组 VCG（即把失效的 VC 从 VCG 中暂时删除），此时首端节点也把失效的 VC 从 VCG 中暂时删除，仅采用正常的 VC 发送数据；然后，首端节点把动作信息上报给网管系统。

（2）业务量增大，新加入成员。当 VC 成员恢复时，VCG 链路的末端节点首先检测出失效 VC 已恢复，向首端节点发送成员恢复消息；首端节点把该成员的控制字段设置为"正常（NORM）"，并发往末端节点；首端节点把恢复正常的 VC 重新纳入 VCG，末端节点也把恢复正常的 VC 纳入 VCG；最后，首端节点把动作信息上报给网管系统。

（3）LCAS 协议动态调整 VCG 带宽的功能可以由源端单向发起，不需要在网管系统进行复杂的电路配置，大大提高了网管的配置速度，能够为客户提供更为灵活的服务，如可以满足客户不同时段的不同带宽需求。在增加和减少带宽时，LCAS 协议可以做到对业务无损伤，从而保证业务的服务质量。

3. LCAS 技术的实现

LCAS 是对 SDH 能力的一项重要改进，它能让 SDH 网络更加健壮、灵活。LCAS 是建立在 VC 基础上、连续运行在两端点节点之间的信令协议，运营商可动态调整通道容量，当 VCG 中部分成员失效时，它剔除这些成员，保证正常成员继续顺利传输。当失效的成员被修复时，它能自动恢复 VCG 的带宽，这一过程远快于手动配置，从而加强对业务的保护能力。另外，实际使用中，某些企业对网络带宽的需求因时段不同而有差异，例如，上班时仅需 10 Mbit/s 带宽就足以完成日常工作，但在下班之前半小时，则需 100 Mbit/s 带宽才能完成当天数据的备份。以往，这些企业为了保证数据备份顺利进行，不得不租用 100 Mbit/s 带宽，造成巨大浪费。这一普遍现象使光网络智能化和自动化的需求日趋紧迫，但是以自动交换光网络（ASON）技术为核心的下一代智能光网络技术尚需一段时间才能成熟。作为 ASON 自动调整带宽的基础协议之一，LCAS 技术能在一定程度上满足上述需求。

LCAS 技术的实现一般分两步走。首先在核心网没有实现控制平面时，可由网管手工解决动态调整通道容量的问题；随着用户网络接口（UNI）标准的不断完善，在不中断业务的前提下动态调整带宽,满足用户需求。当带宽需求增加时,保证链路的容量;当带宽需求减少时,多余的带宽可挪作他用。这样,既可节省企业开支,又可提高运营商的服务质量。

4. LCAS 的特点

(1) 如前所述,LCAS 是对 VC 技术的有效补充,可根据业务流量模式提供动态灵活的带宽分配和保护机制。

(2) LCAS 协议使 SDH 网络更加健壮。当虚级联组(VCG)中的一个或多个成员出现失效时,通过自动去掉失效成员并降低 VCG 的带宽,避免业务中断。当网络故障排除后,自动加入原失效成员,恢复 VCG 的带宽。这一过程远快于手动配置,并且可以在 VCG 成员恢复时做到无损伤,从而大大加强了对业务的保护能力。

(3) MSTP 的 LCAS 互联互通的成功标志着设备厂家对 MSTP 技术的开发能力上了一个新台阶,可以预见,它将极大地推动城域网建设的发展和 MSTP 设备的规模应用。

(4) 按需带宽分配(BOD)业务是未来智能光网络的杀手级应用,LCAS 实现 VC 带宽动态调整,为实现端到端的带宽智能化分配提供了有效的手段。在突发性数据业务增多的应用环境下,VC 和 LCAS 是衡量带宽是否有效利用的重要指标。

8.2.4　弹性分组环(RPR)技术

随着数据业务的迅速膨胀,对各大电信运营商来说,城域传送网的数据处理能力成为关注的焦点。但无论是 IP over ATM 还是 IP over SDH,都有各自的不足之处。因此,为了解决城域网中已较大规模应用的 SDH、ATM 以及以太网技术的一些局限,一种为优化 IP 数据包传输的新的 MAC 层协议——弹性分组环(RPR,Resilient Packet Ring)被提上议程。

RPR 技术是一种在环形结构上优化数据业务传送的新型 MAC 层协议,能够适应多种物理层(如 SDH、以太网、DWDM 等),可有效地传送数据、话音、图像等多种业务类型。它融合了以太网技术的经济性、灵活性、可扩展性等特点,同时吸收了 SDH 环网的 50 ms 快速保护的优点,并具有网络拓扑自动发现、环路带宽共享、公平分配、严格的业务分类(COS)等技术优势,目标是在不降低网络性能和可靠性的前提下提供更加经济有效的城域网解决方案。它可以提供两个关键的并且只有 SONET 所具有的特性:有效的支持环形拓扑结构和在光纤断开或连接失败时能实现快速恢复。同时 RPR 还具有数据传输的高效、简单和低成本等典型以太网特性。

1. RPR 技术基本原理

根据 IEEE 的标准框架结构,802.17 和 802.3 是平级的链路层协议,可兼容多种数据速率,并可以在一系列的物理层上工作,如 SONET/SDH、千兆以太网(IEEE 802.3ab)、10 Gbit/s 以太网(IEEE 802.3ae)及密集波分复用(DWDM)等。当速率更高的物理层再现时,RPR 同样可以支持这些物理层。RPR 同样也属于广播型网络,一个数据包可以到达环上所有的节点。这意味着多种用于广播型网络技术能够继续用于 RPR,如地址解析协议(ARP)、生成树协议(802.1d)和三层协议等。

(1) RPR 的帧结构

RPR 位于数据链路层 Data Link,包括逻辑链路控制子层 LLC、MAC 控制子层、MAC 数据通道子层;逻辑链路控制子层与 MAC 控制子层之间是 MAC 服务接口。MAC 服务接口支持把来自逻辑链路控制子层的数据传送到一个或多个远端同样的逻辑链路控制子层;MAC 控制子层执行与特定小环无关的数据寻路行为和维护 MAC 状态所需要的控制行为。MAC

控制子层与 MAC 数据通道子层之间发送或接收 RPR MAC 帧。MAC 数据通道子层则与某个特定的小环之间执行访问控制和数据传送;物理层服务接口用于 MAC 数据通道子层向物理媒介发送或从物理媒介接收 RPR MAC 帧。图 8-7 所示的是 RPR 规约栈。

图 8-7　RPR 规约栈

（2）RPR MAC 对数据帧的处理方式

RPR MAC 对数据帧的处理方式有 4 种:上环、下环、过环以及剥离。上环是指本点用户口向环上其他站点发送,需要进行上环操作,通过拓扑发现和路由表项决定其目的站点地址以及环选择,根据对应的优先级送入相应的队列,最后产生 RPR 帧头后插入到各环端口;下环是指本点从环上接收其他站点发送过来的到本点的单播帧或多播帧,经过 Stack VLAN 过滤可以接收,对于单播帧将其从环上剥离并发送到用户端口,对于多播帧发送到用户端口同时进行过环操作;过环是指本点从环上接收的帧根据其优先级(A、B、C)分别放入 PTQ 和 STQ 转发通道,发送时将 PTQ 和 STQ 队列中的数据帧直接插入源环发送端口;剥离是指本点从环上接收的帧不再继续向下传递,到本点终结。如图 8-8 所示。

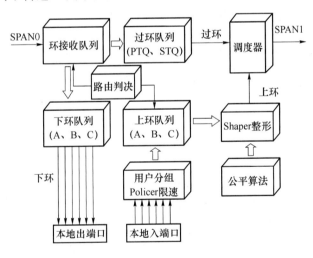

图 8-8　RPR MAC 对数据的处理

（3）RPR 的公平算法原理

RPR 的公平算法是一种保证环上所有站点之间公平性的机制,通过这种算法可以达到带宽的动态调整和共享的目的。RPR 公平算法的作用,一是应用于从 MAC 客户来的低优先级服务和超额中优先级服务(即中优先级服务中 EIR 数据帧)的业务,对于 B 类 CIR 以及 A 类业务不进行控制;二是通过 RPR 公平算法可以分别控制两个子环的公平带宽,即每个 RPR MAC 有两个互相独立的公平协议分别调整上环的带宽。

RPR 公平算法是通过对阻塞的检测触发带宽调整来实现的。当环上某一个节点发生阻塞时,它就会在相反的环上向上行节点发布一个公平速率。当上行站点收到这个公平速率时,就调整自己的发送速率以不超过公平速率。接收到这个公平速率的站点会根据不同情况做出两种反应:若当前节点阻塞,它就在自己的公平速率和收到的公平速率之间选择最小值公布给上行节点;若当前节点不阻塞,节点就将公平速率向上游继续传递。

(4) RPR 的拓扑发现原理

通过 RPR 的拓扑发现原理,可以使每个站点都能了解环的完整结构、各点距离自身的跳数以及环上各个站点所具备的能力等,从而为环选择、公平算法、保护等单元提供决策依据。RPR 拓扑发现的是一种周期性的活动,但是也可以由某一个需要知道拓扑结构的节点来发起,也就是说,某个节点可以在必要的时候产生一个拓扑信息帧(如此节点刚刚进入 RPR 环中,接收到一个保护切换需求信息或者节点监测到了光纤链路差错)。

RPR 的拓扑信息产生周期可以任意配置,一般为 50 ms～10 s,以 50 ms 为最小分辨率,默认值为 100 ms。

(5) RPR 保护原理

RPR MAC 层保护可支持 Steering(定向)保护或 Wrapping(环回)保护。Steering 方式是在故障附近的节点诊断到故障环后,故障信息将被通知到环上所有节点,发送数据的源节点根据收到的信息选择在哪个环上发送数据,最终绕过故障节点;Wrapping 方式是在故障附近的节点诊断到故障环后,则停止使用该环,将该环的负载环回到另一个环上,保证网络继续使用。

用户可以指配是否同时采用 RPR MAC 层的保护和 SDH 物理层的保护。当 RPR MAC 层保护与 SDH 保护同时使用时,可以采用拖延 RPR 层倒换时间来支持层间倒换以保证两种倒换不会重叠发生。

RPR 的保护时间有拖延时间和等待恢复时间:拖延时间为检测到业务失效到启动倒换之间的等待时间,在这一段时间内如果业务恢复,将不发生倒换,范围 0～10 s,步进级别为 100 ms;等待恢复时间为从故障恢复到业务故障状态清除(取消保护状态)之间的等待时间,在这一段时间内如果业务失效,业务故障状态将不再清除,范围 0～1 440 s,步进级别为秒级可设置,默认为 10 s。

2. RPR 的技术特点

(1) 物理层无关性和支持大环网(逻辑环):RPR 可在一系列物理层上工作,如 SDH/SONET、GE/10GE、DWDM,理论上支持环上存在多达 250 个网元节点;

(2) 与 SDH 相当的 50 ms 快速保护倒换:具有二层 RPR 保护;

(3) 与以太网同样优秀的广播业务支持;

(4) 空间复用技术:RPR 在目的地址上将包从环路上剥离,实现包 Add/Drop;

(5) 具有统计复用和流量管理能力:RPR 传输以数据业务为主时,带宽利用率可提高 2～9 倍,具有 MAC 流量控制的三个 QoS 级别;

(6) 拓扑自动发现;

(7) 支持接入控制与全环公平机制。

3. RPR 的技术应用

(1) 前面提到,与 MSTP 以太环网比较,RPR 在业务处理速度、扩展性、QoS、保护倒换时间、带宽利用率、端口保护措施、抑制广播风暴、拓扑自动发现等多方面都具有较强优势。基于 SDH 的 RPR 技术融合了传送 TDM 和传送 Eth 业务的优点,在满足 TDM 业务需求的同时,还可用其组建 IP 数据专用网。在 RPR 环上可以利用源节点发送数据包的速率来控制上游节点和下游节点速率。带宽策略允许在无拥塞的情况下,把环上任意两个节点之间所有的带宽分配给这两个节点。

（2）RPR 网络拓扑以两个反向传输的光纤环为基础，物理层相对独立，两条环路都能用来承载业务，所以能将传统的 SDH 系统用于保护的带宽加以利用，提高了网络效率。此外，RPR 可以实现在不同节点上不同业务的分布式接入、快速保护和自动重建，从而为节点的快速插入和删除提供了即插即用的便利。传输的数据速率可达 1～10 Gbit/s；RPR 网络支持端到端传输的服务等级，可满足用户对服务等级的严格要求；RPR 网还有带宽公平机制和拥塞控制机制，环上的带宽是共享的资源，每个节点都能根据当前环的带宽占用情况提供最佳服务。RPR 的应用是对以太网和 SDH 等成熟技术的补充与完善。RPR 和 SDH 网的结合使 SDH 网络可以将所有或部分环路带宽配置成一个虚拟的 RPR 环路，这样一来，网络在给数据包动态分配带宽的同时就能支持 TDM 业务，使 SDH 网络在保证话音传送的同时也能有效地支持突发性的 IP 业务，这是传统 SDH 网络的重大进步。

（3）在以太网上也可运行 RPR。在 IP 路由/以太网交换设备上使用 RPR，不但可以提供 50 ms 的自动保护转换，而且可提供可靠的时钟、保障的延时和抖动，有效地支持话音业务。这对于希望在 IP 路由/以太网设备上承载 VoIP 业务的运营商尤其重要。

（4）在城域传送网的核心层，由于数据业务经过了汇聚/接入层的收敛与归并，填充率较高，因此数据业务对传送的需求主要是为核心路由器之间提供高速连接，一般都采用 MSTP 的以太网业务透传模式，对带宽共享和公平接入的需求并不迫切，因此内嵌 RPR 技术在城域核心层的应用应该不是主流。与此相反，在城域传送网的汇聚及接入层，网络结构主要以环网为主，MSTP 节点主要负责将上传的数据业务进行疏导和汇聚，一层透传和二层交换的共享方式很难满足数据业务对传输效率和质量的需求，内嵌 RPR 技术可为数据业务提供优质的带宽共享和公平接入能力，将业务高效地传送到核心层。因此，内嵌 RPR 技术实现的 MSTP 以太环网比较适合于城域传送网的汇聚层和接入层的应用，对于提高 MSTP 网络的数据业务传送质量和带宽利用率具有重要的意义。

8.3　MSTP 设备及测试

8.3.1　MSTP 设备概述

1. MSTP 设备概念

近年来，随着因特网和数据业务的爆炸性增长，为了充分利用现有传输网络的资源，在激烈的竞争环境中以低成本高效可靠地提供灵活多样的新业务，各个电信运营商开始考虑利用已有的 SDH/SONET 传送网络来传送数据业务。基于这种考虑和要求，SDH/SONET 网络也开始逐步向着下一代网络（NGN）演进。下一代网络的特点之一就是可以同时传送话音、视频和数据等业务。但是由于大部分的非话音数据业务有其不同于话音业务的特点，如信号的突发特性、速率可变并且异步等，要想在传统的 SDH/SONET 系统上传送非话音的数据业务就成了一个非常复杂的过程，因此必须要使用一些新的技术和在原有的设备之上增加新的功能模块或者在原有的系统中增加新的设备才能满足高效率的同时传送话音、数据业务的要求，人们习惯上把这种基于新技术的传输设备称为 MSTP（Multi-Service Transport Platform），MSTP 有时也被称为 MSP（Multi Service Platform）、MSPP（Multi Service Provisioning Platform)和 MSSP(Multi Service Switching Platform)。

2. MSTP 设备特点

MSTP 设备具有以下特点。

(1) 支持多种物理接口。由于 MSTP 设备负责业务的接入、汇聚和传输,所以 MSTP 必须支持多种物理接口,从而支持多种业务的接入和处理。

(2) 支持多种协议。MSTP 可以分离不同类型的传输流,并将传输流聚合、交换或传送到相应目的地。

(3) 提供集成的数字交叉连接。MSTP 可以在网络边缘完成大部分交叉连接功能,从而节省传输带宽以及省去核心层中昂贵的数字交叉连接系统端口。

(4) 高集成度。MSTP 设备的高集成度表现为设备结构紧凑、端口密度高,在占用更少空间的同时提供更强大的接入容量和业务调度容量。

(5) 协议和接口的分离。一些 MSTP 产品把协议处理与物理接口分开,可以根据不同的应用环境为同一物理端口配置不同的协议,这增加了在使用给定端口集合时的灵活性和扩展性。

(6) 多个 ADM 集成和灵活的业务调度能力。传统 SDH 系统只能支持单个 TM 或 ADM,主要完成支路接口业务到线路接口的复用和传送功能,业务调度能力弱。而 MSTP 设备具有高集成度,使在同一套系统中多个 ADM 集成在一起成为可能。与此同时,MSTP 设备融合了大容量的同步交叉连接(SDXC)矩阵,可以灵活地对多个 ADM 之间的业务进行调度,从而构成 MADM。MADM 特性使 MSTP 能适应复杂的城域网网络结构,可以支持环带链、相交环、相切环等复杂的组网方式,并且可以灵活地完成环间业务调度。MSTP 甚至可以工作于小容量的 DXC 方式,并作为业务疏导中心。由于引入了 SDXC 方式的交叉连接矩阵,各接口槽位兼容性强,支路接口盘和线路接口盘可以混插,业务调度支持支路到线路、线路到线路、支路到支路等方式的灵活调度,支路接口和线路接口的界限也就越来越模糊,设备业务接入和业务调度的灵活性得到了很大的提高。

(7) 提供综合网络管理功能。MSTP 提供对不同协议层的综合管理功能,便于对网络进行维护和管理。

3. MSTP 设备优势

(1) 在 MSTP 系统上,除了传统的 SDH 的功能之外,还必须具有采用统一的数据封装格式把异步突发信号承载在同步的、比特率恒定的 SDH 信号上的功能。采用统一的数据业务封装格式的目的是为了保证不同的设备生产厂家生产的设备能够互连、互通。目前与此相关的规范或标准有 ITU-T G. 7041 标准 GFP(Generic Framing Procedure)、ITU-T X. 87 标准 LAPS(Link Access Procedure for SDH)。X. 87 标准描述了如何把以太网的 MAC 帧信号封装到 SDH 帧结构中去,GFP 标准则不仅针对以太网的 MAC 帧信号,还可以把其他类型的数据信号如光纤通道(Fiber Channel)、ESCON/FICON 等信号也映射封装到 SDH 帧结构中去。

(2) 在采用现有的 SDH/SONET 系统传送数据业务时,由于传统的 SDH/SONET 系统采用比特容量固定的虚容器 VC(Virtual Container,每种虚容器承载某个固定速率的信号,如 VC-12 承载 2 Mbit/s 的数字业务,VC-4 承载 140 Mbit/s 的数字业务)来传送业务数据,当传送数据业务时(如 10 Mbit/s、100 Mbit/s 或 1.25 Gbit/s 的以太网信号),就存在带宽利用率不高的问题,例如,在利用 VC-4 通道传送 100 Mbit/s 的以太网信号时,带宽的利用率只有 67%,33% 的带宽没有利用。所以如何利用 SDH 同步传送的机制来有效地传送数据业务成为人们研究的专题。为了解决这个问题,MSTP 采用虚级联(Virtual Concatenation,相关的国际标准为 ITU-TG.707/Y.1332)的技术使得 SDH 能够配置灵活的容器带宽,承载与 PDH 速率不同的数据信号。同时,目前很多的 MSTP 的设备还具有 LCAS(Link Capacity Adjustment Scheme,相关的国际标准为 ITU-T G.7042/Y.1305)的功能,这使得 MSTP 系统能够增加或减少虚级联的容器的数量,实现动态调整业务带宽的功能,提高带宽效率。

(3) 在传统的 SDH/SONET 设备的 ADM 中,自动保护倒换(APS,Automatic Protection Switching)是在线路卡一级完成的,所以在任何的支路口上测试线路端口的 APS 时间结果是一样的。而在 MSTP 中,通道保护倒换涉及在传统的 ADM 设备中所没有的交叉连接部分,事先不太可能知道哪个通道将被使用、哪个通道的 APS 倒换是最差的,因此,所有可能的通道(有可能在 1 000 个通道中,有 100 个通道在同时作通道保护倒换)都要测试以确保连接的正确性,符合 ITU-T/GR-253 所规定的 50 ms 的限定值。此外,通道保护倒换主要依靠软件来完成,而不是通过硬件来完成的。这甚至要求对 MSTP 设备的每个新的软件版本都要进行多通道的 APS 倒换的测试。所以传统的测试仪表只能提供单端口单通道的测试能力就无法满足 MSTP 设备的 APS 倒换的测试要求,必须有多端口多通道的测试仪表才能完整地评价 MSTP 设备的通道保护能力。

(4) 可以支持多种网络拓扑结构(线形、星形、环形、网状网等),能够应用在城域网的核心层、汇聚层和接入层,支持多种业务类型和高层应用。

8.3.2　MSTP 设备功能模型

基于 SDH 的多业务传送节点是指基于 SDH 平台,同时实现 TDM、ATM、以太网等业务的接入、处理和传送,提供统一网管的多业务节点。基于 SDH 的多业务传送节点除应具有标准 SDH 传送节点所具有的功能外,还应具有以下主要功能特征:具有 TDM 业务、ATM 业务或以太网业务的接入功能;具有 TDM 业务、ATM 业务或以太网业务的传送功能,包括点到点的透明传送功能;具有 ATM 业务或以太网业务的带宽统计复用功能;具有 ATM 业务或以太网业务映射到 SDH 虚容器的指配功能。基于 SDH 的多业务传送节点基本功能模型如图 8-9 所示。

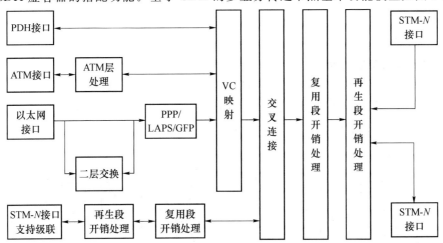

图 8-9　基于 SDH 的多业务传送节点基本功能模型

1. SDH 功能

基于 SDH 技术的 MSTP 设备,必然满足 SDH 节点的基本功能要求,具体要求应符合《YD/T1022-1999SDH 节点功能要求》和《YDN099-1998 光同步传输网技术体制(修订)》中的相应规范。具体而言,MSTP 设备具有灵活的 SDH VC 交换矩阵,同时支持高低阶交叉类型,并提供从 E1、STM-1、STM-4 到 STM-16 的全速率的 TDM 业务,支持虚容器的级联和虚级联功能。

2. 以太网业务透传功能

以太网业务透传功能是指来自以太网接口的数据帧不经过二层交换,直接进行协议封装和速率适配,然后映射到 SDH 的虚容器 VC 中,再通过 SDH 节点进行点到点传送。

以太网业务透传功能模型如图 8-10 所示。

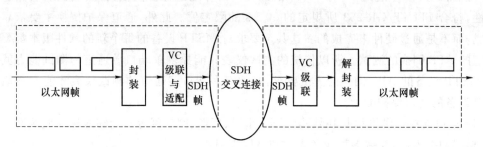

图 8-10　以太网业务透传功能模型

基于 SDH 并具备以太网业务透传功能的 MSTP 设备应能实现以下功能:

(1) 在传送过程中保证以太网业务的透明性,保证对所有的二层/三层以上的协议透明,包括以太网 MAC 帧、VLAN 标记等的透明传送;

(2) 以太网数据帧的封装过程采用 GFP 封装协议;

(3) 为了满足以太网透传业务不同带宽的需求,MSTP 通过 VC 级联或虚级联技术来实现带宽的可配置,对于 FE 接口,一般采用 VC-12 虚级联实现,对于 GE 接口,一般采用 VC-4 的虚级联实现;

(4) 为了更为灵活地实现带宽的在线可调和动态管理,采用 ITU-T G.7042 规范的 LCAS 机制实现动态地增加或减少虚级联组中的 VC 个数。

3. 以太网二层交换功能

基于 SDH 的 MSTP 设备支持二层交换功能是指在一个或多个用户侧以太网物理接口与一个或多个独立的系统侧的 VC 通道之间实现基于以太网链路层的数据包交换。

以太网二层交换功能模型如图 8-11 所示。

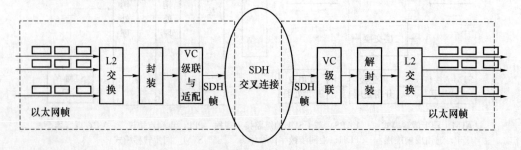

图 8-11　以太网二层交换功能模型

基于 SDH 并具备以太网业务透传功能的 MSTP 设备应能实现以下功能：

（1）多以太网端口的带宽共享以及业务汇聚；

（2）IEEE 802.1d 协议规定的转发/过滤以太网数据帧的功能；

（3）识别 IEEE Std 802.1q 规定的数据帧并根据 VLAN 信息转发/过滤数据帧，支持 VLAN Trunk、VLAN Stacking 功能；

（4）维护 MAC 地址表时支持自学习和静态配置两种方式；

（5）实现 IEEE 802.3(2000) Edition 43 子句定义的多链路聚合；

（6）半双工模式下采用反压，全双工模式下根据 IEEE 802.3x 实现流量控制；

（7）基于用户的端口接入速率限制，最小颗粒一般为 64 kbit/s，对于超过接入速率或者交换拥塞时按照包的优先级进行丢弃处理等功能，要求设备每个接口具有 4 个以上的输入/输出队列，并可根据端口、VLAN 信息以及其他协议字段作流量分类；

（8）支持单播、多播和广播型业务。

4. 以太环网功能及以太网业务

以太环网功能主要应用于环形组网结构下，通过在 SDH 环路中共享指定的环路带宽，使用 STP/RSTP 协议实现用户之间的以太网互联。通过以太环网功能，可以实现多用户接口之间的虚拟专用网业务。

（1）以太网帧的封装采用 GFP 协议。

（2）MSTP 通过 VC 级联或虚级联技术来为以太网共享环提供可配置的虚拟环带宽，一般均采用支持 VC-12/VC-3/VC-4 的虚级联实现。

（3）可以利用 LCAS 机制实现动态的增加或减少虚级联组中的 VC 个数以调整以太环网的环带宽。

（4）采用 IEEE 802.1d/802.1w 定义的 STP/RSTP 协议实现共享环，进一步要求实现 802.1s。

（5）在共享环的环境下全面支持以太网二层交换和处理功能。

图 8-12 和表 8-3 具体列出了以太网业务三种处理的比较。

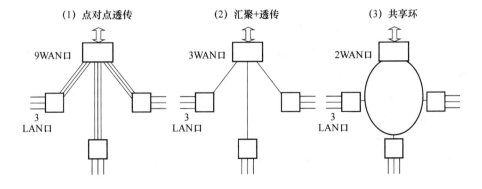

图 8-12　以太网业务三种处理的比较

表 8-3　以太网业务三种处理的比较表

	点对点透传	汇聚＋透传	共享环
灵活性	不灵活,每个业务要一一配置,每个用户待遇全部一样,无法分等级,本地之间的业务要通过中心路由器返回,对中心路由器压力增加	独享、共享业务 一定程度上节省汇聚节点WAN口和网络资源,本地之间的业务要通过中心路由器返回,对中心路由器压力增加	灵活,可通过软件来增加用户,调整用户服务等级。本地业务通过分布式二层交换网络就地完成,不需经中心路由器返回
带宽利用率	低 独享带宽	中 同一节点业务可共享带宽	高 全网共享带宽
保护功能	低,100％依赖 SDH 传送层	低,100％依赖 SDH 传送层	高,提供保护,二层快速生成树,加底层 SDH
安全性	高,物理隔离	中,汇聚节点 L2 交换时数据不很安全	高,双重 VLAN 标签
成本	高	中	低
可升级性	低	中	高
组播功能	高成本	高成本	低成本

5. ATM 处理功能

基于 SDH 的 MSTP 设备的 ATM 层处理功能及其相关的协议参考模型和分层功能应符合建议 I. 321 要求,功能特性应符合建议 I. 731 和 I. 732 要求,功能模型如图 8-13 所示。

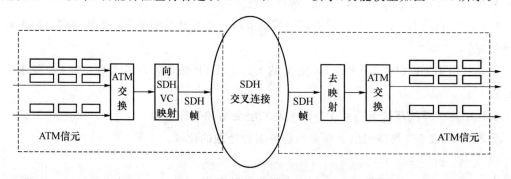

图 8-13　ATM 处理功能基本模型

支持 ATM 的信元交换功能,就可以实现 ATM 业务的统计复用,可以提高在 SDH 线路上的利用率,同时可以节约 ATM 端口。

另外,MSTP 设备一般还可实现 ATM 的虚拟通道环(VP-RING),可在 ATM 层面实现电信级的 VP 保护功能。具体功能有以下几种。

(1) 提供 ATM 承载业务

基于 SDH 的 MSTP 设备对不同业务源的特性应提供以下业务:

① CBR 业务;

② 实时 VBR 业务;

③ 非实时 VBR 业务;

④ UBR 业务等。

（2）点到点连接功能

支持通过命令建立永久虚电路（PVC）连接。

（3）点到多点连接功能

① 多点网络连接

支持在两个或更多的物理接口上实现网络级互联。

② ATM 组播

支持在进行 ATM 交换时将一个输入的 ATM 源流（VP、VC）复制到多个输出的 ATM 链路。支持 ATM 组播时可以采用：

- 空间组播：输出 ATM 链路可在两个或者更多个物理输出接口出现，并且每个接口只有一条 ATM 链路；
- 逻辑组播：两个或者更多个输出 ATM 链路可共享一个物理接口。

（4）控制功能

① 连接控制

支持 ATM 接口间的用户数据通路（VP/VC）的有序建立和拆除，包括虚通路标志符/虚通道标志符（VPI/VCI）的管理、带宽管理和内部路由选择等。

② 业务管理

支持提高节点的 ATM 数据流具有统计上可预知的业务质量（QoS），包括业务描述连接请求参数、用户参数控制/网络参数控制（UPC/NPC）、对突发业务的等价带宽评估、连接允许控制（CAC）、用户数据缓存和 QoS 类型的管理等。

8.3.3　MSTP 指标及测试

MSTP 的测试内容一般包括基本功能测试、带宽分配及管理能力和传输性能测试 3 个方面。基本功能测试主要包括以太网最大与最小帧长测试、异常包测试、流量控制功能验证、以太网帧格式验证、端口速率及工作模式自协商功能验证等；带宽分配及管理能力主要包括带宽可分配功能验证、带宽分配粒度验证、多径传送能力、带宽动态分配能力（LACS）等；传输性能主要包括吞吐量、丢帧率、传输时延、时延抖动、背对背缓存能力等。由于 MSTP 是在 SDH 技术上发展起来的支持 ATM、以太网业务，有关与 SDH 和 ATM 方面的指标和测试在相关课程中已经讲述过。MSTP 主要是支持以太网业务的传送，所以下面主要针对以太网方面的指标测试。

1. 以太网主要特性指标

（1）MSTP 以太网业务端到端的传输特性

在 ITU-T、IEEE 的相关建议中，定义了一些以太网业务传输性能的参数。ITU-T 草案 Y.17ethoam 中定义的以太网性能参数主要有帧丢失、帧时延、帧时延变化、帧吞吐量等；IEEE 建议 RFC1242、RFC2544 中定义的以太网性能指标主要有吞吐量、时延、丢帧率以及背靠背等。部标 YD/T 1238-2002、YD/T 1276-2003 以及 YD/T 5119-2005 中规定的以太网传输性能指标主要有吞吐量、丢包率、时延、差分时延等。

从上述几个建议及规范可以看出，以太网的传输特性主要包括吞吐量、时延、时延抖动、丢帧率等内容，虽然这些参数还有待进一步完善和补充，但已经能基本反映以太网的传输性能，在工程测试中也主要考虑这几个方面的性能指标。

① 吞吐量

吞吐量是指从源到目的地的端到端无误码或无帧丢失情况下实际可传输数据的最大带宽。由于 MSTP 设备可以配置带宽,虽然端口速率为 10 Mbit/s、100 Mbit/s 或 GE,但传输的带宽根据配置情况,可能小于或等于端口速率,因此,测试吞吐量的前提就是在给定的速率下。测试的结果一般用成功传送的最大帧数与理论上达到给定速率所需传送帧数的百分比来表示,等于或超过 100% 为合格。如果超过 100%,可以增加给定的速率,再进行测试,一般分辨率可设置为 0.1%。

MSTP 设备的以太网板卡的收发端口都有一定大小的缓存。当测试时间较短时,虽然接收帧的速率已经超过了发送帧的速率,但由于缓存作用,不会出现丢包的现象,因此,吞吐量测试的时间对测试结果的准确性有一定的影响。测试时间越长,测试结果的准确度越高。但时间过长,往往影响整个测试的进度,因此,必须找到一个较合适的时长。YD/T 1276-2003 中规定的测试时长为 10 s。

采用不同的帧长测试,吞吐量的测试值也会不同。采用较短的帧测试,可以更有效地反映系统的性能。收发处理单元需对帧进行物理定位、串并转换、MAC 帧定位、FCS 校验、队列处理、策略处理等,帧长越小,单位时间收发处理单元处理帧数越多,所需队列缓存越多,对收发处理单元的性能要求越高,对于较长的帧,主要和帧缓存大小有关。根据IEEE 902.3 的规定,以太网最小帧长为 64 B,最大帧长为 1 518 B。一般采用 7 种典型的字节(64、128、256、512、1 024、1 280 和 1 518 B)来进行测试。

② 丢帧率

丢帧率(更准确地说是过载丢帧率)就是在过载情况下,导致不能正确转发的帧占所发送帧的百分比。

当吞吐量为端口线速时,因为无法再增加带宽,故丢帧率为 0,可以不进行丢帧率测试;当吞吐量小于端口速率时,测试流量可以大于吞吐量,这时可进行丢帧率测试,用来反映系统在超负荷情况下的转发能力。通常系统超负荷的程度不同,其所对应的转发能力也不同,有时过大的负荷可能使系统拒绝服务,出现"假死"的状态。例如,对于 50 Mbit/s 的链路,在 50 Mbit/s 时,丢帧率应该为 0,随着测试速率从 50 Mbit/s 逐步增加到端口线速(100 Mbit/s),丢包率也逐步增加,通过速率在 50 Mbit/s 以上才能满足性能。丢帧率越低,表明系统的抗冲击性越好。

丢帧率测试一般在吞吐量测试后进行。流量以吞吐量为起点,逐步增加到 100% 或端口线速,一般按吞吐量的 10% 递增。同样,也必须采用 7 个典型字节进行测试,测试时间为 10 s。

在 YD/T 5119-2005 中规定了过载丢包率小于 0.01%。从上述定义来看,规范中过载丢包率定义不明确,前提应该是在某一过载速率下。另外,丢包率的取值还有待进一步讨论,例如,50 Mbit/s 的带宽,用 100 Mbit/s 流量进行测试,丢包率在 50% 也是符合要求的。

③ 时延

时延是评价网络性能的重要参数。对于一些实时性业务,如 IP 电话、会议电视等,过大的时延有时会导致业务无法正常开通。

时延按帧转发方式可分为存储转发(S&F)和比特转发两种方式,目前 MSTP 上均采用存储转发方式。对于存储转发方式,时延是指输入帧最后一位到达输入端口到该帧第一位出现在输出端口的时间间隔。一个端到端的时延主要由串行时延、传播时延和处理时延 3 个部分组成。在低带宽时,串行时延对端到端时延的影响最大。

- 串行时延是指一个帧或信元在它能被处理之前完全被一个收端节点接收所需要的时间。如 MAC 帧必须等 CRC 全部接收后才能被处理。

MAC 帧最小为 64 B,采用 100 Mbit/s 以太网链路传输时,串行时延为 51.2 μs;MAC 帧最长为 1 518 B,采用 100 Mbit/s 以太网链路传输时,串行时延为 1.214 4 ms。可见,串行时延和传输速率成反比,速率越高,接收一个完整帧的时间越短。同时,串行时延也和帧长有关,帧越长,时延越大。

- 传播时延是指信号在传输介质中从发端到收端所需的时间,它和传输距离以及传输介质有关。例如,光在单模光纤中的传播速度大约为 200 000 km/s(即 0.005 ms/km),因此传播时延等于光缆长度×0.005 ms/km。光纤越长,传播时延越长。
- 处理时延是指信号经过光-电-光设备时,从入设备到出设备所需时间。对于 MSTP 设备,处理时延包括 SDH 的处理时延以及以太网的处理时延。根据 YD/T 974-1999 规定,SDH 的处理时延对于 VC-12 级别,应小于 125 μs;对于 VC-4 级别,应小于 50 μs。以太网的处理时延根据以太网板 CPU 的处理能力不同而不同。

因此,一个端到端的时延应该是串行时延、传播时延以及处理时延之和。随着传输速度的提高,串行时延变得不再重要,时延主要表现在传播时延以及处理时延上。可以看出,时延和带宽、距离都有关系,不同的网络结构会有不同的时延。在 YD/T 5119-2005 中规定了时延小于等于 100 μs,这个数值还需要进一步讨论修正。

前面已经说过,时延包括处理时延,因此,在进行时延测试的时候,系统或设备的负荷情况也是一个值得考虑的问题,系统或设备的负荷不同,测得的时延也不同。一般情况下,只测试负荷为吞吐量 90% 情况下的时延,即在非拥塞情况下的时延。另外,由于 MSTP 封装以太网可以采用虚级联,VC 通过不同的路径,在收端重组,也需要一定的时延,因此,建议配置 VC 的时候,尽量安排在同一路径,以减少时延。测试时需采用 7 种典型的字节长度来进行测试,测试时间为 10 s。

④ 时延抖动

时延抖动对语音质量的影响非常大。一般在 VoIP 网关处采用缓存排队的办法平滑数据包抖动。但如果网络本身的抖动较大,则网关必须采用大的缓存,这将直接造成更大的时延,从而使总的时延超过 150 ms 的门限值。这意味着网络本身的抖动必须非常小。特别是在 VoIP 中,RTP 数据包太早或太晚到达缓存都将会被丢弃,所以数据包抖动本身对语音的影响与丢包率的影响是相同的。因此,掌握系统的时延抖动指标对于业务的开通、故障的定位是十分必要的。

时延抖动被定义为最大时延与最小时延的差,可以根据时延的测试结果来算出时延抖动。

(2) MSTP 以太网传输性能的指标

MSTP 以太网传输性能主要包括吞吐量、丢帧率、时延和时延抖动。吞吐量的指标很好规定,符合要求即可。在 YD/T 5119-2005 中虽然规定了丢帧率、时延的指标,但笔者认为其在定义以及取值上存在不同的理解,应该进一步修正明确。

ITU-T Y.1541 给出了 IP 公共网络性能的相应要求(如表 8-4 所示)。

表 8-4　IP 公共网络性能要求

网络性能参数	业务等级					
	0 级	1 级	2 级	3 级	4 级	5 级
时延	100 ms	400 ms	100 ms	400 ms	1 s	待定
时延抖动	50 ms	50 ms	待定	待定	待定	待定
丢包率	$1×10^{-3}$	$1×10^{-3}$	$1×10^{-3}$	$1×10^{-3}$	$1×10^{-3}$	待定
错包率	$1×10^{-4}$					待定

该参数定义对于基于 MSTP 的端到端以太网电路可以有所参考,但 MSTP 上的以太网电路由于涉及范围较小,其要求应该严格得多。

(3) MSTP 以太网传输性能的测试要求

① 定性的测试要求

在数据网络中常用 PING 命令来测试网络。使用 PING 命令可以得到包的往返时间(RTT)以及时延、丢包数量,同时也可以用不同的包长进行测试。但需要注意的是,PING 是通过高层 ICMP 协议,通过对端设备的响应来获得时延,精度较差;更重要的是,真正反映端到端的时延必须在一定的背景流量下,而 PING 只是产生单个数据包,无法产生背景业务量,因而必须用仪表测试各种背景流量(包括满负荷带宽)下的时延。同时,使用 PING 进行测试还受到计算机处理能力的影响,所以采用 PING 只能是定性的测试,判断链路是否通达,是否有异常的时延以及比较严重的丢包情况,不能对上层业务提供网络性能数据。

② 定量的测试要求

要得到准确、可重复验证的数据必须用专业仪表进行测试。YD/T 1276-2003 中也规定了 MSTP 的测试内容和测试方法,但这些规定主要是对实验室条件下设备的功能验证,侧重于详细验证设备的各项性能指标,特别是协议的实现方式。它规定的测试方法也并不是很适合 MSTP 设备在现场测试、业务开通以及故障定位时的测试。对于 MSTP 的工程测试方法,按仪表数量以及测试地点可分为 3 种情况。

• 端到端测试(两台仪表)

由于传统的数据通信(三层以上)信号的发送和返回通道不对称,因此端到端的测试在数据通信中应用非常多。测试时,需要两台独立的测试仪表,并由不同的操作人员在两端进行测试。这两台测试仪表可设置成主从方式,分别位于两端的以太网接口,近端测试仪的目标地址为远端测试仪的端口地址,反之亦然。采用这种方法,可以不管被测网络的功能,可以测试端到端的吞吐量、丢包率、时延等。测试时延时,需要两台仪表时间同步,一般是采用 GPS 同步或 NTP 同步,这在实际中很难达到,因为 GPS 需要接收天线,而 NTP 准确度又受时钟源和下游设备之间带宽以及传输介质的影响。为了解决这一问题,同时也避免两地测试带来的不便,可采用端口环回方式。

• 单端口环回测试(一台仪表)

对于 MSTP 以太网业务的时延测试,发送和返回的传输路径和处理设备完全是对称的,只需在远端进行环回即可测试。在单端口环回方式中,测试仪连接到被测设备的近端口,在远端口进行收发环回。这种方式可用于不带二层交换的 MSTP 以太网接口。单端口的环回一般通过物理自环(自制 10/100 M 的短接网线或 1 000 M 光口收发自环)、波长环回(以太网直接承载在 DWDM)和 SDH 设备内环(部分厂家支持)来实现。

• 双端口环回测试(一台仪表)

在端口到端口环回方式中,测试仪表连接到两个近端端口,在远端进行端口到端口环回,用网线将两个端口互联。这种方式可以同时测试二路以太网传输通道,若测试带二层交换的 MSTP 以太网接口,则可通过设置不同 VLAN 方式进行测试。

在工程验收测试中,常用双端口环回测试方式,这时,链路的时延是测试值的一半。

2. MSTP 以太网传输性能的测试方法

(1) 吞吐量

① 测试仪表和工具:数据网络性能分析仪、测试尾纤和电缆。

② 测试以太网接口吞吐量的操作步骤如表 8-5 所示。以太网传输性能测试配置如图 8-14 所示。

表 8-5　测试以太网接口吞吐量的操作步骤

步骤	操　作
1	按照图 8-14 接好仪表和线缆
2	配置被测试设备正常业务,并确定被测试设备 SDH 侧的带宽
3	对数据网络性能分析仪进行吞吐量测试设置
4	测试采用 7 个典型字节:64、128、256、512、1 024、1 280、1 518 B
5	测试允许的丢包率设置为 0,分辨率设置为 0.1%,测试时间为 60 s,重复次数为 1 次
6	执行吞吐量测试,记录测试结果

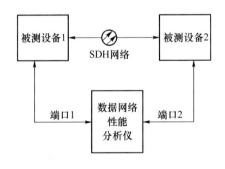

图 8-14　以太网传输性能测试配置

(2) 以太网接口丢包率

① 测试仪表和工具:数据网络性能分析仪、测试尾纤和电缆。

② 测试以太网接口丢包率的操作步骤如表 8-6 所示。

表 8-6　测试以太网接口丢包率的操作步骤

步骤	操　作
1	按照图 8-14 接好仪表和线缆
2	配置被测试设备正常业务,并确定被测试设备 SDH 侧的带宽
3	对数据网络性能分析仪进行丢包率测试设置
4	测试采用 7 个典型字节:64、128、256、512、1 024、1 280、1 518 B
5	测试的流量起始点为 100%,下降步长为 10%,最后速率为 10%;测试时间为 60 s,重复次数为 1 次
6	测试时间设置为 10 s
7	执行丢包率测试,记录测试结果

（3）以太网接口时延

① 测试仪表和工具：数据网络性能分析仪、测试尾纤和电缆。

② 测试以太网接口时延的操作步骤如表 8-7 所示。

表 8-7　测试以太网接口时延的操作步骤

步骤	操　作
1	按照图 8-14 接好仪表和线缆
2	配置被测试设备正常业务，并确定被测试设备 SDH 侧的带宽
3	对数据网络性能分析仪进行时延测试设置
4	测试采用 7 个典型字节：64、128、256、512、1 024、1 280、1 518 B
5	测试的流量设置为 90% 吞吐量
6	测试时间设置为 120 s，重复次数为 20 次
7	执行时延测试，记录测试结果

（4）以太网接口背靠背

以太网接口背靠背是指网络分析仪以线速向被测设备发送一定长度的包，被测设备不丢包的最大发包数。该指标用于反映设备的缓存大小。

① 测试仪表和工具：数据网络性能分析仪、测试尾纤和电缆。

② 测试以太网接口背靠背的操作步骤如表 8-8 所示。

表 8-8　测试以太网接口背靠背的操作步骤

步骤	操　作
1	按照图 8-14 接好仪表和线缆
2	配置被测试设备正常业务，并确定被测试设备 SDH 侧的带宽
3	对数据网络性能分析仪进行背靠背测试设置
4	测试采用 7 个典型字节：64、128、256、512、1 024、1 280、1 518 B
5	测试的流量设置线速
6	测试时间设置为 2 s，重复次数为 10 次
7	执行背靠背测试，记录测试结果

8.4　典型 MSTP 设备及应用

8.4.1　华为 MSTP 设备概述

华为公司早在 2000 年 10 月就完整地提出了 MSTP 概念，并在当年的北京通信展中展出了 MSTP 设备。华为公司的 MSTP 产品已通过多个运营商的多次测试，包括通过 2001 年中国网通公司、2002 年中国移动集团公司委托信息产业部(现工业和信息化部)传输所进行的两次大规模测试。华为技术有限公司新一代光传输设备注册商标为"OptiX",OptiX 光传输设备涵盖了 STM-1、STM-4、STM-16、STM-64 系列 SDH 光传输设备和 DWDM 光传输设备。

OptiX 光传输设备系列产品为现代通信传输网提供了一套完整的同步光传输解决方案。OptiX 系列 SDH 产品采用 SDXC 设计思想,具备优异的数字交叉能力,既可提供集成型的末端网传输设备 OptiX Metro 1000,又可提供用于复杂本地网、地区网以及干线网的传输设备 OptiX Metro 3000/5000;OptiX BWS 320G 密集波分复用设备提供了骨干网的大容量传输方案。具体见表 8-9。所提供的城域网宽窄带业务混合传输的整体解决方案,可通过 T2000 网元级网管和 T2100 网络级网管,在传输层上实现对宽带业务的端到端的管理、配置、监控,实现对宽带业务的传输带宽和 QoS 的端到端的保证,如图 8-15 所示。

表 8-9　OptiX 系列光传输设备列表

OptiX Metro 1000(OptiX 155/622H)	集成型 STM-1/STM-4 兼容光传输系统
OptiX Metro 3000(OptiX 2500+)	STM-16 MADM/MSTP 光传输系统
OptiX Metro 5000((OptiX 10G)	STM-64 MADM 光传输系统
OptiX BWS 320G	320 G 骨干 DWDM 光传输系统
OptiX iManager	OptiX 传送网系列网管系统

8.4.2　OptiX Metro 1000

1. OptiX Metro 1000 的系统结构

OptiX 设备由设备机盒、风扇板、防尘网和电源滤波板以及可插入插板区的接口单元组成,如图 8-16 所示。

系统的接口单元最高接入速率为 STM-4,接口单元包括 SDH 接口(STM-4/STM-1)、PDH 接口(1.544 Mbit/s、2.048 Mbit/s、34 Mbit/s 和 45 Mbit/s)、ATM 接口(STM-1)、以太网接口(10 M/100 M)、G.SHDSL 接口、$N \times 64$ kbit/s 速率的 V.35/V.24/X.21/RS-449/EIA-530 等多协议物理接口。

系统控制板(SCB)提供系统与网管的接口,为系统提供外时钟接口和各种维护接口(如 RS-232、公务电话等)。

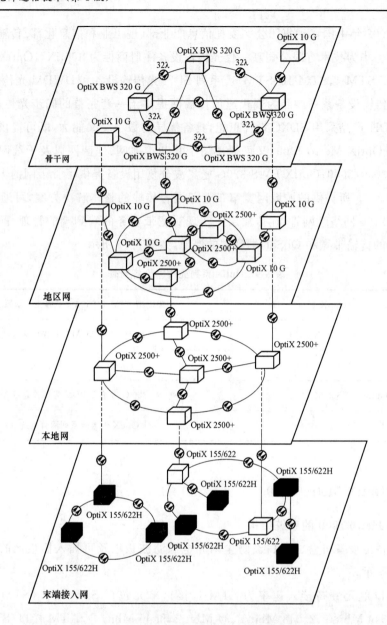

图 8-15　OptiX 产品在全网解决方案中的地位

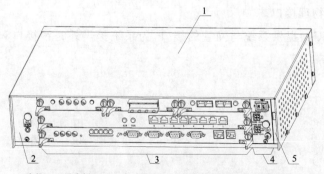

1.盒体　2.风扇板(FAN)　3.插板区　4.电源滤波板(POI)　5.防尘网

图 8-16　OptiX Metro 1000 设备结构图(后视图)

2. OptiX Metro 1000 的网元结构

OptiX Metro 1000 网元可配置为分插复用器(ADM)网元、终端复用器(TM)网元等最基本的网元类型或 TM 与 ADM 组合的多 ADM(MADM)网元类型。

TM 网元由线路接口单元、支路接口单元、交叉单元、时钟单元、主控单元、公务单元等部分构成,如图 8-17 所示。各功能单元协同工作。ADM 网元结构在某种程度上相似于背靠背的 TM 组合。

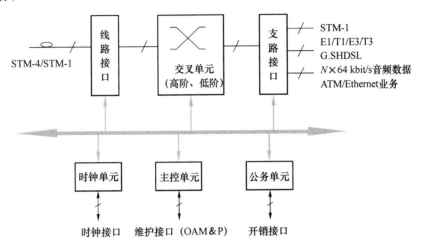

图 8-17　TM 网元结构

OptiX Metro 1000 设备也可工作在多系统方式,实现各系统间业务的交叉连接。工作在该方式时的网元由线路接口单元、支路接口单元、交叉单元、时钟单元、主控单元、公务单元等部分构成,其结构如图 8-18 所示。通过设备的开销接口,可以提供灵活的数据接口给运营者使用。

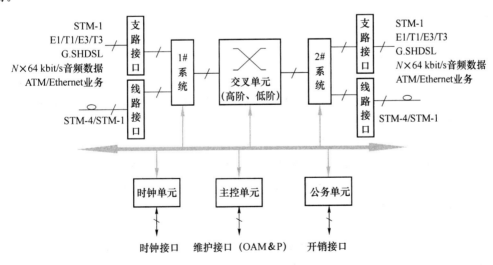

图 8-18　多系统网元结构

3. OptiX Metro 1000 的网管系统

OptiX Metro 1000 由 OptiX iManager 网管系统统一管理。OptiX iManager 可实现对整个光传输系统的故障、性能、配置、安全等方面的管理及维护、测试功能,并可以根据用户要求,提供端到端(End-to-End)的管理功能。通过网管系统的使用,可提高网络服务质量,降低维护成本,为合理使用网络资源提供保证。

OptiX iManager 传送网网络管理系统采用严格的过程管理技术(RUP、CMM)以及多种先进的设计、开发方法和新一代的 iMAP 网管体系结构,从而能够:

(1) 更加快速地响应用户和管理设备的需求;

(2) 提供切合用户期待的更加实用而强大的管理功能;

(3) 提供端到端的路径管理功能。

传输网网络管理系统根据实际用户的需求,在提供完全的网元级管理系统功能的同时,提供了部分网络级管理系统的功能,如端到端路径管理、资源管理等。

4. OptiX Metro 1000 的特点

(1) 接口

① SDH 接口

OptiX Metro 1000 单个设备最多可以提供 6 个 STM-1 速率的 SDH 光接口或 6 个 STM-1 速率的 SDH 电接口或 3 个 STM-4 速率的 SDH 光接口或以上 SDH 接口的组合。

光接口可以根据实际组网应用选配符合 ITU-T 建议的光接口类型为 Ie-1、S-1.1、L-1.1、L-1.2 或 Ie-4、S-4.1、L-4.1、L-4.2 的光模块。

电接口采用的是 SMB 同轴电缆连接器,适合短距离的信号传输。

② PDH 接口

OptiX Metro 1000 不仅提供 E1、T1 速率的 PDH 接口,而且提供 E3、T3 速率的 PDH 接口。单 OptiX Metro 1000 设备最多可提供 80 路 E1 接口或 64 路 T1 接口或 6 路 E3/T3 接口或以上 PDH 接口的组合。

③ 宽带业务接口

OptiX Metro 1000 提供可接入 ATM 业务速率为 STM-1 的 MT-RJ 光接口或 10 M/100 M 自适应的以太网电接口或 100 M 以太网光接口。

④ 音频和异步数据接口

OptiX Metro 1000 的 TDA 板提供 12 路模拟音频接口、4 路 RS-232 和 4 路 RS-422 等异步数据接口。这些功能为用户提供了基于 SDH 传输网络直接传输子速率业务的功能,广泛应用于寻呼业务、储蓄数据业务、计费信息、动力环境监控信息、微波设备监控信息和其他厂家传输设备的网管信息等。

OptiX Metro 1000 的 SHLQ 板提供 4 路 G. SHDSL 接口,接口特性满足 ITU-T G. 991.2 建议中的各项指标要求,实现了将 E1 业务或 $N \times 64$ kbit/s 信号拉远的功能。

OptiX Metro 1000 的 N64 板提供 2 路 V. 35/V. 24/X. 21/RS-449/EIA-530 等多协议物理接口和 2 路 Framed E1 接口。

⑤ 环境监控单元接口

OptiX 155/622H 提供两路一次电源电压检测、环境温度监测、12 路开关量信号输入/6 路开关量信号输出和 1 路 RS-232 或 RS-422 的串行通信接口。

⑥ 时钟输入/输出接口

OptiX Metro 1000 设备可提供 2 路时钟输入和 2 路时钟输出接口,其接口可根据跳线分别设置为 2 MHz 模式或 2 Mbit/s 模式。

⑦ 电源输入接口

设备可同时提供 2 路－48 V DC 或 2 路＋24 V DC 的通信电源输入接口。

⑧ 丰富的辅助接口

OptiX Metro 1000 利用其强大的开销处理能力为用户提供若干数据接口：

- 1 路二线制模拟公务电话接口，提供再生段、复用段公务联络；
- 1 路 RJ-45 的 Ethernet 接口；
- 4 路用户可自定义的异步 RS-232 数据接口；
- 1 路具有 X.25 特性的 MODEM 接口；
- 1 路网管接口。

对于没有光纤连接的两个网络，可以通过以太网网口的互连，实现网络间的 DCC 通信。

（2）功能

① 强大的多系统支持能力

OptiX Metro 1000 具有强大的交叉连接能力，设备的交叉矩阵的容量为 16×16 VC-4 的交叉矩阵。在大容量的交叉矩阵和相应的软件功能的支持下，OptiX Metro 1000 可实现多个 TM 或 ADM 系统的功能，并支持多系统间的业务调度和保护。由于具备强大的交叉连接能力，OptiX Metro 1000 可作为一个中等容量的本地交叉连接设备使用，大大增强了设备的组网能力和网络间业务的调度能力。

② 灵活的配置

OptiX Metro 1000 可灵活配置为 TM、ADM 系统。每个网元既可配置为单个的STM-1/STM-4 TM 或 ADM 系统，也可配置为 STM-1、STM-4 组合的多 ADM 系统，并可实现多系统间的交叉连接。

每个网元的各种业务处理板，包括 SDH 业务接口板、PDH 业务接口板、ATM 业务接口板、以太网业务接口板、G. SHDSL 业务接口板和 $N \times 64$ kbit/s 业务接口板，可以灵活混插，提供从窄带 TDM 业务传输平台到宽带数据传输平台的平滑过渡能力。

③ 灵活的组网能力

采用大规模的交叉连接矩阵，OptiX Metro 1000 能提供强大的组网能力：可满足在中心局应用时的复杂组网要求，支持多种网络拓扑，包括点对点、线形、环形、枢纽形、网孔形等。

④ 完善的保护机制

OptiX Metro 1000 提供网络级别的保护。

网络级别的保护包括线形 $1+1$、$1 : N(N \leqslant 3)$复用段保护、环形网的复用段保护以及任意类型网络的子网连接保护（SNCP）。

在 $1 : N(N \leqslant 3)$的网络保护应用时，可以利用保护通道传送额外业务。

对于宽带业务，OptiX Metro 1000 在 SDH 的保护机制的基础上，增加了数据链路层的保护，形成对业务的分层保护，更好地适应各种组网的要求。对于 E1/T1、E3/T3，以及独占 VC-4 带宽的 ATM、以太网等业务，采用 SDH 成熟完善的保护机制。对于需要共享传输带宽的 ATM 业务，采用符合 ITU-T I. 630 标准的 VP-Ring 保护机制。

⑤ 功能完善的网络管理系统

网络管理系统 OptiX iManager 可对 OptiX Metro 1000 组成的复杂网络进行集中操作、维护和管理（OAM），实现电路的配置和调度，保证网络安全运行。

⑥ 电源及环境监控功能

除了提供－48 V 电源接口,还可以提供＋24 V 电源接口,满足无线基站的需求。设备可以对电源电压的具体数值及电源电压的过压、欠压状况(严重欠压、一般欠压、一般过压、严重过压)进行监测。提供告警输入、输出功能。告警输入功能可实现用户环境的远程监控;告警输出功能通过与列头柜告警接口相连,可以实现各个设备告警的集中监控。

⑦ 完备的同步状态消息 SSM 管理功能

OptiX Metro 1000 提供同步时钟的同步状态消息 SSM 管理功能,可以使系统在时钟倒换时避免形成定时环路;同时也可以使系统在所跟踪的同步定时信号降级时,下游节点不必等到检测出同步定时信号超过劣化门限,就可以及时倒换输入时钟源或转入保持工作状态,以提高全网的同步运行质量。此外,SSM 管理功能可以简化同步网的规划设计。

⑧ OptiX Metro 1000 网元时钟也具有完善的 SSM 管理功能

其外同步时钟输入口可以直接接收外定时设备的同步信息,而且同步时钟输出口所输出的时钟也带有 SSM 功能,并可灵活设置外部 E1 信号中 SSM 所在比特位,易于同其他厂家设备对接;此外,也可以设置各网元的 SSM 门限,以利于同步网的管理。

⑨ 强大的 ECC 处理能力

OptiX Metro 1000 采用强大的处理器,在先进的系统总线结构的基础上,可提供多达 6 路 ECC 的处理能力,完全满足复杂组网的要求。

⑩ D 字节透传功能

OptiX Metro 1000 实现了 D 字节的透传功能,通过增加对开销字节 D4～D12 的处理,达到了增加 DCC 的通信速率和混合组网能力。

(3) 性能

① 优异的接口抖动指标

自主开发的映射/解映射芯片,具有自主知识产权的比特泄漏技术和自适应滤波算法,使 OptiX Metro 1000 设备的 E1 接口映射抖动、结合抖动指标远优于 ITU-T 建议,使设备可以高质量地传送 GSM、SS7 信令、数据通信等业务。

② 可靠的时钟同步性能

以先进的高精度晶体作为内部振荡源,定时系统采用华为专有的 SDH 时钟锁相算法和自适应数字滤波算法,保证其技术指标完全符合 ITU-T G.813 建议的要求。

a. 有 14 个外同步时钟源可供选择

IU1、IU2、IU3 三个槽位的线路板最多可提供 6 路光接口,对应提供 6 路线路同步时钟源。

IU1、IU2、IU3 槽位的支路板最多可提供 4 路同步时钟源。

IU4 槽位的支路板最多可提供 6 路同步时钟源。

SCB 板的外同步时钟接口可以接入 2 MHz 或 2 Mbit/s 同步信号,为系统提供 2 路外同步时钟源。

在同一时刻,OptiX Metro 1000 设备最多有 14 路同步时钟源可供选择。

b. 三种时钟运行模式,为定时提供了可靠的保障

OptiX Metro 1000 设备的时钟系统可工作于跟踪模式、保持模式和自由振荡模式下,确保了设备时钟的高质量,为网络提供了最佳的同步性能。

当工作于跟踪模式时,可任意选择线路、支路、外时钟同步源之一作为参考时钟源。通过

各种优先级别的时钟选择功能和 S1 字节的使用,保证网络定时系统的可靠运行。

8.4.3　OptiX Metro 3000

1. OptiX Metro 3000 的系统概述

OptiX Metro 3000 设备是华为技术有限公司根据城域传输网的现状和未来发展趋势而推出的多业务传送平台(MSTP,Multi-Service Transport Platform)设备。该设备将 SDH/ATM/以太网/DWDM 技术融为一体,从而不但具有 SDH 设备灵活的组网和业务调度能力(MADM),而且通过对数据业务的二层处理,实现对 ATM/以太网业务的接入、处理、传送和调度,在单台 MSTP 设备上实现话音、数据等多种业务的传输和处理。

此外,OptiX Metro 3000 设备采用统一的用户带宽管理平台,可以实现对用户接入和传输带宽的有效管理;对 ATM 业务可以通过 VP Ring 技术实现带宽动态分配;对以太网业务可以通过虚拟局域网(VLAN)控制和二层交换技术,实现整个传输带宽的共享。OptiX Metro 3000 设备还可以通过采用内置式 DWDM 技术,以低成本方式扩展环路传输带宽。

OptiX Metro 3000 作为华为技术有限公司 OptiX Metro 系列产品之一,主要用于数据通信网络中汇接层的业务汇聚。在骨干层业务量较小的网络应用中,采用 OptiX Metro 3000 也可作为骨干层传输设备;在接入层大业务量的网络应用中,也可以采用 OptiX Metro 3000 作为接入层传输设备。

OptiX Metro 3000 设备继承了华为技术有限公司 OptiX 系列光传输设备的优点,具有巨大的交叉容量、丰富的支路接入和优良的性能指标。该设备充分吸收了华为技术有限公司在 SDH 领域内的科研成果和数据通信产品开发方面的经验,开发并使用了一系列拥有自主知识产权的 ASIC 芯片,提高了设备的集成度。OptiX Metro 3000 单子架可以提供 96×96 VC-4 交叉能力,并以其灵活多样的设备配置功能与丰富的支路接口,提高了设备的业务配置与组网能力。

OptiX 系列设备具有统一的网络管理平台,可对传输网络进行集中操作、维护和管理,实现业务的自动配置与调度,保证网络的安全运行。

2. OptiX Metro 3000 的网元结构

OptiX Metro 3000 系统以 SDH 交叉矩阵和同步定时单元为核心,由接口单元、SDH 交叉矩阵单元和同步定时单元、系统控制与通信单元、开销处理单元等组成。系统网元结构如图 8-19 所示。

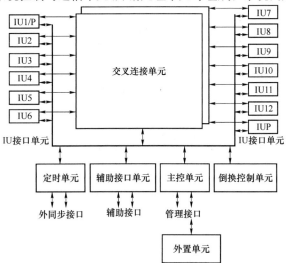

图 8-19　OptiX Metro 3000 系统网元结构

OptiX Metro 3000 设备提供的 SDH 接口单元包括 STM-16/STM-4/STM-1 光接口和 STM-1 电接口。OptiX Metro 3000 提供了丰富的具备 PDH 接口的 IU 接口单元,如 T1、E1、E3、T3 等 PDH 电接口系列。OptiX Metro 3000 系列设备 TDA 是外置式数据音频接入板,实现 64 kbit/s 数据音频的接入。同时,OptiX Metro 3000 设备提供 ATM 业务接入功能,以及 ATM 业务在 ATM 层进行处理,实现了带宽管理、业务汇聚、环路带宽共享以及保护倒换等电信级应用,外部光接口速率为 155 Mbit/s。另外,OptiX Metro 3000 提供以太网业务接入、带宽管理和以太网业务汇聚等功能,将 10 M/100 M 以太网业务转换成 VC-12 业务在 SDH 网络上进行传送。

OptiX Metro 3000 采用 MADM 方式提供多种传输容量的复用/传送功能和多系统间的交叉连接功能,多种速率级别(STM-16、STM-4 或 STM-1)的网元系统可以共存于一个标准 OptiX Metro 3000 设备中。各接口单元的功能如下。

(1)交叉连接及同步定时单元:该单元由交叉模块和同步定时模块两个部分构成,主要实现业务调度和系统定时两大功能。

(2)系统控制和通信单元:OptiX Metro 3000 设备的系统控制和通信单元完成对同步设备的管理及通信的功能,提供设备与网络管理系统的接口。

(3)开销处理单元:开销处理和公务功能主要完成公务字节 E1 和 E2、使用者通道字节 F1 及未定义字节的提取和插入、交换和处理,提供三路公务电话。

(4)光功率放大单元:该单元主要完成光路的放大作用,延长中继距离。有光功率放大和前置放大两种方法。

3. OptiX Metro 3000 的软件结构

OptiX Metro 3000 系统的软件系统为模块化结构,基本可以分单板软件、主机软件、网管系统 3 个模块,各模块分别驻留在各功能单板、系统控制与通信板、网管计算机上运行,完成相应的特定功能。OptiX Metro 3000 系统的软件结构如图 8-20 所示。图中除"网络管理系统"和"单板软件"两个模块外,其他模块都属主机软件。下面分别介绍这 3 个软件模块的功能及实现。

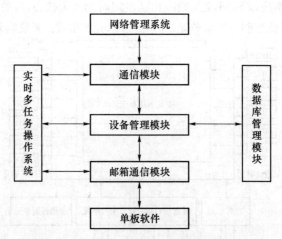

图 8-20　OptiX Metro 3000 系统软件总体结构

(1)单板软件

在相应单板上完成对各种功能电路的直接控制,实现网元设备符合 ITU-T 建议的特定功能,实现缺陷滤波器和 1 s 滤波器功能,支持主机软件对各单板的管理。

（2）主机软件

① 实时多任务操作系统。OptiX Metro 3000 系统主机软件的实时多任务操作系统的功能为负责公共资源管理,对应用执行程序提供支援,它将应用程序与处理机隔离开来,提供与处理机硬件无关的应用程序执行环境。

② 邮箱通信。邮箱通信是主机软件和单板软件的接口模块。根据相应的通信协议,实现主机软件与单板软件之间的通信功能,达到信息交换、维护设备的目的。一方面它将主机软件对各单板的维护操作命令下发各单板;另一方面把各单板相应的状态和告警、性能事件上报给主机软件。

③ 设备管理模块。设备管理模块是主机软件实现网元设备管理的核心部分,它包括管理者和代理。管理者可以发出网络管理操作命令和接收事件;代理能够响应网络管理者发出的网络管理操作命令,并可以在被管理对象上实施操作,根据被管理对象的状态变化发出事件。

④ 通信模块。通信模块的功能是实现网络管理系统与网元设备以及网元设备之间管理信息的交换。通信模块由网络通信模块、串行通信模块和 ECC 通信模块组成。

⑤ 数据库管理模块。数据库管理模块是主机软件的有机组成部分,它包括数据和程序 2 个独立的部分。数据按数据库的形式组织,由网络库、告警库、性能库和设备库等组成。程序实现对数据库中数据的管理和存取。

（3）网管系统

OptiX Metro 3000 由 OptiX iManager 网管系统统一管理。OptiX iManager 通过 Qx 接口可实现对整个光传输系统的故障、性能、配置、安全等方面的管理及维护、测试功能,并可以根据客户要求提供端到端(End-to-End)的管理功能。通过网管系统的使用,可提高网络服务质量,降低维护成本,为合理使用网络资源提供保证。

为适应不同规模、不同层次的网络管理,华为技术有限公司 OptiX iManager 系列网络管理系统包含本地维护终端、网元管理系统、区域网络管理系统以及网络管理系统。这些产品涵盖了 TMN(Telecommunication Management Network)网络管理模型中从网元管理层、子网管理层到网络管理层的应用,在功能上包含部分服务管理层功能。OptiX iManager 系列网管作为华为技术有限公司提供的统一的网络管理平台,不仅支持 SDH、DWDM、Metro 设备,而且向电信运营商提供从单个设备、单一业务到大规模、多业务网络的完整的网络管理解决方案。

OptiX iManager 网管系统针对 Metro 设备的特点和多业务传输的需要,提供 SDH 业务管理、ATM PVC 管理、ATM 流量管理、ATM VP 保护、以太网接入、告警管理、性能管理、系统管理及设备维护管理等丰富的管理功能,实现多业务传输设备的统一管理。

4. OptiX Metro 3000 的特点

OptiX Metro 3000 设备继承了华为技术有限公司 OptiX 系列光传输设备的优点,具有巨大的交叉容量、丰富的支路接入能力和优良的性能指标。该设备充分吸收了华为技术有限公司在 SDH 领域内的科研成果和数据通信产品开发方面的经验,开发并使用了一系列拥有自主知识产权的 ASIC 芯片,提高了设备的集成度,该设备具有如下特点。

（1）丰富的业务接口——SDH/PDH/DDN/ATM/以太网接口

OptiX Metro 3000 不仅提供 STM-1、STM-4 及 STM-16 级别的 SDH 接口,E1、E1/T1、E3/T3、E4 速率的 PDH 接口,64 kbit/s、E1 速率的 DDN 接口;而且提供 STM-1、STM-4 的

ATM 光/电接口,VC-4-4c 的级联数据接口,以及 10/100BASE-T、100BASE-FX、1000BASE-SX/LX 的以太网接口。

(2) DDN 业务接入和调度

OptiX Metro 3000 设备单子架最大可以接入 64 路 Frame E1、96 路 $N \times 64$ kbit/s 的 DDN 业务,64 K 级别业务的交叉调度能力为 60×31。

(3) 巨大的接入容量

OptiX Metro 3000 设备单子架最大接入容量相当于 96 个 STM-1;最多可以提供如表 8-10所示种类的外部接口。

表 8-10 OptiX Metro 3000 各接口板占用的接入容量

接口类型	接入容量/个
STM-1 ATM 标准光接口	64
STM-4 ATM 标准光接口	10
10/100BASE-T 的以太网光/电接口	64
1000BASE-SX/LX 的千兆以太网接口	6
E1、E1/T1 标准接口	504
E3/T3 标准接口	96
E4 标准接口	32
STM-1 标准 SDH 光接口	48
STM-1 标准 SDH 电接口	32
STM-4 标准光接口	16
STM-16 标准光接口	6

上述接口的数目为设备所能提供相关接口的最大数目,此外设备还可以实现上述接口的不同组合方式。

(4) 灵活的业务配置

OptiX Metro 3000 可灵活配置为 TM、ADM 系统。每个网元既可配置为单个的STM-1/STM-4/STM-16 TM 或 ADM 系统,也可配置为 STM-1/STM-4/STM-16 组合的多 ADM 系统,并可实现多系统间的交叉连接。

(5) 全系列 STM-16 光接口

提供基于 ITU-T 建议的 G.652 光纤的 STM-16 系列光接口,包括 ITU-T 建议的S-16.1、S-16.2、L-16.2 和 L-16.1 光接口,通过 EDFA 还可提供 ITU-T 建议的 V-16.2、U-16.2光接口,满足各种传输距离的要求;系统可提供无中继传输 100 km 的 Le-16.2 光接口。另外,系统还能提供基于 ITU-T 建议的 G.692 标准波长光接口,从而将光信号方便地接入到 DWDM 系统,实现传输线路带宽的灵活配置。

(6) 多种超长距离传输方案

通过光纤放大器单元(OFA)可将系统的传输距离进一步延长。光纤放大器单元包括功率放大器(BA)和前置放大器(PA)。

（7）PDH 接口的直接接入

OptiX Metro 3000 主子架可直接提供 PDH 接口，每个网元可接入 504 个 E1、E1/T1、96 个 E3/T3 或 32 个 E4 标准接口。此外还可以通过扩展子架提供更多的 PDH 接口。

（8）丰富的辅助接口

利用其强大的开销处理能力，为客户提供如表 8-11 所示的若干数据接口。

表 8-11 OptiX Metro 3000 辅助接口类型及数量

接口类型	数量/路	描　　述
二线制模拟电话接口	3	提供再生段、复用段公务联络
异步 RS-232/RS-422 数据接口	4	用户可自定义该数据接口
64 kbit/s 同向数据接口	1	用于 F1 字节接入
输入/输出同步定时时钟接口	2	2 MHz 或 2 Mbit/s 的外同步定时时钟接口
F&f 接口	1	外设管理接口
OAM 接口	1	操作维护接口

对于没有光纤连接的两个网络，可以通过模拟电话口的互连实现网络间的公务通信；也可通过以太网网口的互连实现网络间的 DCC 通信。

OptiX Metro 3000 通过盒式音频数据接入设备 TDA，还可提供模拟音频接口、RS-232、RS-422 等异步数据接口。

（9）强大的 ECC 处理能力

OptiX Metro 3000 采用强大的处理器，可提供多达 20 路 ECC 的处理能力，完全满足复杂组网的要求。支持 D1～D12 字节传送 ECC 管理信息，工作模式有 D1～D3、D7～D9、D4～D12 三种，可以用 D4～D12 字节透明传输其他厂家设备的监控、管理信息。

（10）面向网络发展的扩容能力

OptiX Metro 3000 的 PDH/SDH 接口板采用兼容一体化设计。设备可以配置为 STM-4 或 STM-16 系统，STM-4 系统可以升级为 STM-16 系统。用户在作网络规划时，只需考虑系统的初期容量，从而降低初期投资费用，将来可以根据需要进行扩容升级。

在原有 SDH 业务的基础上，系统可以增加 DDN 业务、ATM 业务、以太网业务，实现多业务同平台传输。

（11）优异的接口抖动指标

自主开发的映射/解映射芯片，具有自主知识产权的比特泄漏技术和自适应滤波算法，使 OptiX Metro 3000 的 2 048 kbit/s 接口映射抖动、结合抖动指标远优于 ITU-T 建议，使系统可以高质量地传送 GSM、No.7 信令、数据通信等业务。

（12）优异的时钟同步性能

以先进的高精度晶体作为内部振荡源，定时系统采用数字信号处理器（DSP）和自适应数字滤波算法，保证其技术指标完全符合 ITU-T G.813 建议的要求。

定时系统可工作于跟踪模式、保持模式和自由振荡模式下。当工作于跟踪模式时，可任意选择线路、支路、外时钟同步源之一作为参考时钟源；通过各种优先级别的时钟选择功能和 S1 字节的使用，保证网络定时系统的可靠运行。此外，定时系统也提供 SSM 和扩展 SSM 功能。

（13）优异的 EMC 性能

OptiX Metro 3000 参照欧洲电信标准协会（ETSI）制定的 ETS 300 386 系列及 ETS 300 127

建议进行设计,并通过 EMC 相关测试。

5. OptiX Metro 3000 的功能

(1) 强大的多业务调度能力

OptiX Metro 3000 具有强大的交叉连接能力,设备提供 EXCS、XCS、XCL 三种交叉矩阵单元。

EXCS 提供 96 路总线的全低阶交叉,满足大容量的低级交叉业务。支持 96×96 VC-4 的高阶业务交叉和等效 6 048×6 048 VC-12 或者 288×288 VC-3 的低阶业务交叉。具有对 VC-4、VC-3 和 VC-12 业务的调度能力。

XCS 板主要在线路速率为 STM-16 的大容量网元中使用。支持 128×128 VC-4 的高阶业务交叉和等效 2 016×2 016 VC-12 或者 96×96 VC-3 的低阶业务交叉,具有对 VC-4、VC-3 和 VC-12 业务的调度能力。

XCL 板主要在线路速率为 STM-4 的中小容量网元中使用。支持 48×48 VC-4 的高阶业务交叉和等效 1 008×1 008 VC-12 或者 48×48 VC-3 的低阶业务交叉,从而使单子架具有 48×STM-1 接入能力,使设备更容易地应用于中、小容量的本地网,具有良好的性能价格比。

在大容量的交叉矩阵和相应的软件功能的支持下,OptiX Metro 3000 可在单子架上实现多个 TM 或 ADM 系统的功能,并支持多系统间的业务调度和保护。由于具备强大的交叉连接能力,OptiX Metro 3000 可作为一个中等容量的本地交叉连接设备使用,大大增强了设备的组网能力和网络间业务的调度能力。

(2) ATM 业务处理能力

OptiX Metro 3000 提供对 STM-1、STM-4 的 ATM 业务的 ATM 层处理;支持通过 VP-Ring 实现 ATM 业务保护;支持多个端口的带宽收敛功能;支持各个站点传输带宽的统计复用,从而有效提高传输带宽的利用率。OptiX Metro 3000 同时支持 IMA(Inverse Multiplexing for ATM)功能,即 ATM 反向复用。可将 ATM 信元进行 E1 封装,支持 63 路 E1 接入,最大提供 32 个 IMA 组,每个 IMA 组最大可支持 32 个 E1 链路。IMA 和单个的 E1 可以同时存在。IMA 组可以动态增加、减小带宽,提高网络带宽的利用率,可用于将 2 M 的业务进行汇聚,也用于与其他 IMA 设备的对接。同时,提供 IMA 功能的单板还支持单板级的 1+1 保护、OAM 功能。

OptiX Metro 3000 最多提供 64 个 STM-1 或 10 个 STM-4 的 ATM 光口,支持 CBR、nrt-VBR、rt-VBR、UBR 业务的接入和处理;支持 UNI/NNI 接口;支持 CAC 功能;支持 PVC 连接及 PVP 和 PVC 交换;支持点到点、点到多点连接,支持空间(不同端口)、逻辑(相同端口)多播,其中最多支持连接数为 2 000 个,最多支持多播分支数为 8 个;支持 ATM 层和 SDH 层的分层保护,提供 ATM 层的 VP-Ring 的 1+1 的单端保护;支持 VPG 功能,可设置最大 VPG 数目为 1 000 个;ATM 层实现 1+1 VP-Ring 保护时,线路传输容量 STM-1;支持 SDH 层、ATM 层的性能和告警,ATM 端口有关的性能和告警,支持每条连接的信元计数功能。

(3) 以太网业务处理能力

OptiX Metro 3000 提供以太网业务的二层处理和交换功能,实现了以太网业务端口收敛和整个环路传输带宽的共享。OptiX Metro 3000 最多提供 64 个 10/100 BASE-T(电接口)或 64 个 100 BASE-FX(光接口)或 12 个 1000 BASE-SX/LX(光接口),接口特性符合 IEEE802.3。

对于单个百兆以太网 VC-12 处理板 ET1 板,以太网业务可映射到 48 个 2M,且数量可灵活配置;支持 IEEE 802.1q 标准,支持 4 000 个 VLAN 的配置;采用端口和 VLAN 标签的方式来隔离用户之间的业务,提供基于 VLAN 用户带宽的灵活分配;支持依靠端口与 VLAN 标签的静态路由的设置,也支持依靠 VLAN 和 MAC 层的二层交换(支持 MAC 层地址数为 8 000 个),提供 MAC 层地址表的自学习和手工配置功能;支持 IGMP 协议;支持采用动态组播路由学习功能,对组播功能进行动态配置;支持 STP(生成树协议),从而有效地消除了由于网络循环连接而带来的网络广播风暴,并且为网络实现备份连接提供了可能;支持采用 VLAN 和 IP 的 TOS 字节来配置和查询用户优先级;支持 IEEE 802.3x 的流控,可以对端口的流控功能进行设置;支持以太网口的告警和流量统计;支持汇聚功能;支持 SDH 的复用段和通道保护;支持 VC-12 的告警、性能监视;支持以太网口 RMON 的统计计数。

对于单个快速以太网/千兆以太网交换处理单元(EMS1),以太网业务可映射到最大 24 个 VC-3,或者最大 18 个 VC-3 加 126 个 VC-12,且数量可灵活配置;提供 1 个 1000 BASE-SX/LX 和 8 个 10 BASE-T/100 BASE-TX/100 BASE-FX 接口;支持业务点到点的透传、点到多点的透传、多点到多点传输(网桥服务);能实现二层 VPN 功能,支持 EPL(以太专线)业务、EV-PL(以太虚拟专线)业务、EPLn/EPLAN(以太专网)业务、EVPLn/EVPLAN(以太虚拟专网)业务;支持对 MPLS 封装报文和普通以太网数据报文的处理;支持数据的 GFP 封装/解封,GFP 封装符合 ITU-T G.7041 标准。支持最大 9 600 字节的 JUMBO 帧,提高了大容量业务的传输效率。最多支持 24 个 VCTRUNK,每个 VCTRUNK 最多 12 个 VC-3 或 63 个 VC-12;支持 LCAS 协议,实现级联链路容量调整,VCTRUNK 带宽的动态增加或减少,业务不损失。支持二级 CoS(Class of Service)功能,提供以太网 OAM 功能;支持软复位功能,软复位时专线业务不中断;二层交换基础上支持 IGMP(组播)协议和 RSTP(快速生成树)协议,兼容 STP(生成树)协议,VB 内的逻辑端口和 VLAN 过滤表内的 MAC 地址数量限制功能和 VB 纯网桥功能。

对于单个快速以太网 VC-12/VC-3 交换处理单元(EFS0),它的完成功能与 EMS1 板基本相同,不同的是 EFS0 不能接入千兆以太网业务,且它的以太网业务最大只能映射进 12 个 VC-3,或者最大 6 个 VC-3 加 126 个 VC-12。

对于千兆以太网 VC-4 处理板 EGT 板,可以提供两个 1000 BASE-SX/LX 端口;每个端口支持采用 LAPS 协议对数据帧进行封装;具有对以太网端口侧和 SDH 侧的流控功能;可以提供针对数据帧的流量统计、监视和告警等功能;支持透传千兆以太网业务;支持多路径传输。

千兆以太网 VC-4/VC-3 透传处理板 EGT2 板,可以提供两个 1000 BASE-SX/LX 端口;每个端口支持采用 HDLC/LAPS/GFP-F 协议对数据帧进行封装;具有对以太网端口侧和 SDH 侧的流控功能;支持 LCAS 协议,实现级联链路容量调整;每个端口的最大传输带宽可以灵活配置为 1~8 个 VC-4 或 1~24 个 VC-3,最小粒度为 1 个 VC-3,两个端口带宽之和不大于 8 个 VC-4,最大带宽为 1.25 GHz。

对于百兆以太网 VC-3/VC-12 透传处理板 EFT 板,每个 EFT 板提供 8 个 FE 处理能力;每个端口支持采用 HDLC/LAPS/GFP-F 协议对数据帧进行封装;具有对以太网端口侧和 SDH 侧的流控功能;基于 VC-3 或 VC-12 级别的虚级联,最多支持 8 个 VCTRUNK,每个端口固定对应一个 VCTRUNK;最多支持 12 个 VC-3 和 63 个 VC-12,总容量为 622 Mbit/s。

(4)灵活的组网能力

由于采用大规模的交叉连接矩阵,OptiX Metro 3000 能提供强大的组网能力;满足在中心局应用时的复杂组网要求,支持多种网络拓扑,包括点对点、线形、环形、枢纽形、网孔形等。

(5)完善的保护机制

OptiX Metro 3000 同时提供设备级别的保护和网络级别的保护。

设备级别的保护可通过支路、定时、交叉连接等单元的冗余热备份保护来实现。可对 E1、T1、E3 和 T3 等 PDH 处理板实现 1∶8 的设备级保护,对 STM-1 SDH 电接口处理板实现多达 1∶7 的设备级保护。在一个子架上,还可以支持 E1/T1、E4/STM-1 接口同时保护的多个 TPS 保护组(最多支持 4 个)。

对于 ATM/IMA 处理板,提供设备级的 1+1 保护。

在异常的工作条件下(电源过压和欠压、工作温度过高),设备可以提供相应的保护措施。

网络级别的保护包括 SDH 层保护、ATM 层保护和以太网层保护。

SDH 层保护包括 1+1 和 1∶N 线性复用段保护、二纤单向复用段专用保护环、二纤双向复用段共享保护环、四纤双向复用段共享保护环、二纤单向通道保护环、二纤双向通道保护环、多路径保护、共享光纤虚拟路径保护等。对于 PDH 业务、独占 VC-4 及级联 VC-4-4c 带宽的 ATM 业务、以太网等业务,仍采用成熟完善的 SDH 层保护机制。

对于需要共享传输带宽的 ATM 业务,采用符合 ITU-T I.630 的 VP-Ring 保护机制;从而在 SDH 层保护机制的基础上,增加了数据链路层的保护,形成对业务的分层保护,更好地适应各种组网的要求。

对于以太网业务,借助于传统的 SDH 传输层保护体系对数据业务予以保护。

(6) 功能完善的网络管理系统

传送网网络管理系统 OptiX iManager 可对 OptiX Metro 3000 组成的复杂网络进行集中操作、维护和管理(OAM),实现电路的配置和调度,保证网络安全运行。

(7) 电源及环境监控功能

提供两路−48 V 电源输入,可以对电源电压的具体数值及电源电压的过压、欠压状况(严重欠压、一般欠压、一般过压、严重过压)进行监测;提供外部告警输入、内部告警输出功能,外部告警输入功能可实现用户环境的远程监控;内部告警输出功能通过与集中告警设备的告警接口相连,可以实现各个设备告警的集中监控。

OptiX Metro 3000 设备利用集中备份、分散供电的方式,对单板的供电系统进行保护,提高设备运行的安全性。

(8) 完备的同步状态消息 SSM 管理功能

OptiX Metro 3000 提供同步时钟的同步状态消息 SSM 管理功能,可以使系统在时钟倒换时避免形成定时环路;同时也可以使系统在所跟踪的同步定时信号降级时,下游节点不必等到检测出同步定时信号超过劣化门限,就可以及时倒换输入时钟源或转入保持工作状态,以提高全网的同步运行质量。此外,SSM 管理功能还可以简化同步网的规划设计。

OptiX Metro 3000 网元时钟也具有完善的 SSM 管理功能。其外同步时钟输入口可以直接接收外定时设备的同步信息,而且同步时钟输出口所输出的时钟也带有 SSM 功能,并可灵活设置外部 2 048 kbit/s 信号中 SSM 所在比特位,易于同其他厂家设备对接;此外,也可以设置各网元的 SSM 门限,以利于同步网的管理。

(9) 音频和异步数据处理能力

OptiX Metro 3000 除提供 PDH 接口以外,还提供模拟音频接口,RS-232、RS-422 等异步数据接口。这些功能为用户提供了基于 SDH 传输网络直接传输子速率业务的功能,广泛应用于传送寻呼业务、储蓄数据业务、计费信息、动力环境监控信息、微波设备监控信息和其他厂家传输设备的网管信息等。

8.4.4 MSTP 的应用

1. OptiX Metro 设备的组网方式

OptiX Metro 设备兼有的 MADM 和 DXC 功能的系统结构使其具有灵活的组网能力,适用于点到点、链形网、环形网、枢纽网、网孔形网等各种网络拓扑(目前仍以 ADM、TM 表示)。

(1) 链形网和星形网

图 8-21 是普通的链形网,这种组网方式所需要的光纤数量较少,但是对业务没有保护。

图 8-21 普通链形网

多条链在一点汇集可以形成星形网。星形网如图 8-22 所示。

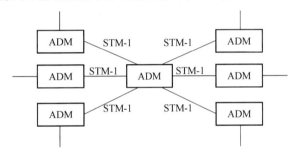

图 8-22 星形网

(2) 环形网及其组合网

基本的环形网如图 8-23 所示,可以对业务提供保护,但与链形网相比所需要的光纤数量要多。

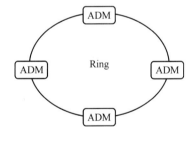

图 8-23 环形网

如图 8-24 所示是二环相交结构,环一、环二间有两个相交点,环间互通业务可以得到保护,如图 8-25 所示是二环相切结构(可扩充为多环相切),如图 8-26 所示是支路跨接结构。

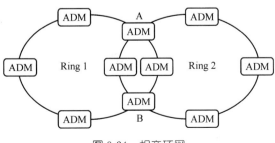

图 8-24 相交环网

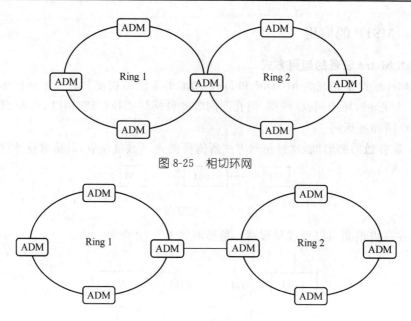

图 8-25　相切环网

图 8-26　支路跨接

（3）环链混合组网

结合链形网需要光纤数量少和环形网能够对重要业务进行保护的特点,可以根据实际情况采用链形网(或星形网)与环形网混合组网。对于重要的业务采用环形组网方式,确保业务传输的可靠性;对不重要的业务采用链形组网方式,保证组网的经济性。

图 8-27 是一般的环带链的组合结构,环上可以是通道保护方式,也可以是复用段保护方式。图 8-28 是一个较复杂的环链结合的星形组网结构,枢纽点设备工作在多 ADM 方式下。

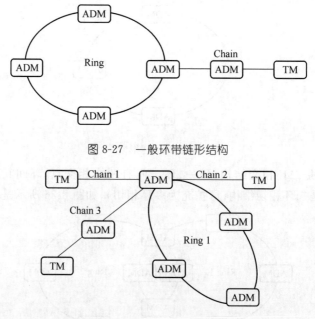

图 8-27　一般环带链形结构

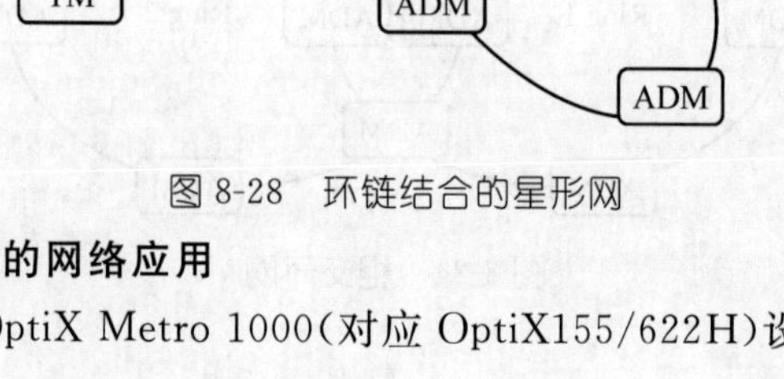

图 8-28　环链结合的星形网

2. OptiX Metro 设备的网络应用

以目前应用最多的 OptiX Metro 1000(对应 OptiX155/622H)设备为例。

（1）ATM 业务传输的网络应用

一般的 ATM 设备都提供 155 Mbit/s 或 622 Mbit/s 的 ATM 光接口，将 ATM 业务封装到 STM-1/STM-4 帧结构中，然后利用 SDH 设备以点对点透传的方式进行传送。对于封装到 STM-1 的 ATM 业务，可与 SDH 的 155 Mbit/s 光接口直接对接；对于封装到 STM-4 或更高速率的 ATM 业务，SDH 设备提供级联/虚级联的光接口进行对接；关于传送的工作全部交给 SDH 网络完成。

使用这种简单透传的方式无法解决带宽共享的问题：即使 ATM 业务非常少（如网络发展初期只有几兆流量的业务），也必须独占一个完整的 VC-4 带宽，其他站点无法利用这个 VC-4 中没有使用的带宽。在这种情况下，对于仅提供 4×VC-4 带宽的 STM-4 网络（622 Mbit/s），只能挂接 4 套 ATM 设备，而此时实际需要的带宽可能远远小于 622 Mbit/s。如图 8-29 所示，使用传统 STM-4 的 SDH 设备对 ATM 业务进行简单透传，保留一个 VC-4 传送传统的 E1 信号，其他的带宽则只能挂接 3 套 ATM 接入设备，严重浪费网络带宽，无法适应市场的实际需求。

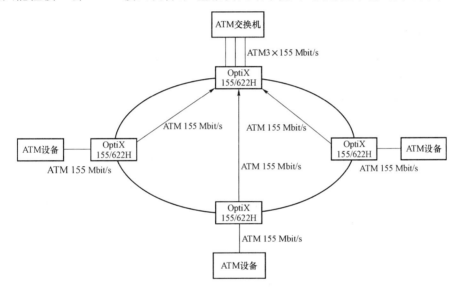

图 8-29　ATM 业务透传方案组网示意图

为了解决上述问题，OptiX Metro 1000 通过统计复用的方式共享网络带宽，环网上可以挂接的 ATM 设备数量就大大增加了，不再仅仅只能挂接 4 个 ATM 设备，如图 8-30 所示。假如环网上使用 16 个 OptiX Metro 1000（考虑到 SDH 层使用复用段保护，则环网上站点数量不超过 16 个），而每个 OptiX Metro 1000 都有能力接入 4 个 ATM 设备，则整个环网上可以接入的 ATM 设备可以多达 64 个（只要 ATM 业务的流量小于网络带宽即可）。

（2）以太网业务传输的网络应用

以太网业务的透传网络应用是目前应用较广的一种方式，也是 MSTP 初期在 SDH 设备上为了实现对以太网业务的透明传送而采取的方式。这种方式只是为了实现以太网业务的透明传送，利用某种协议（PPP/LAPS/GFP）将非交换型的以太网业务的帧信号直接进行封装，然后利用 PPP OVER SDH、反向复用（将高速数据流分散在多个低速 VC 中传送以提高传输效率，如采用 5×VC-12 级联来传送 10 Mbit/s 以太网业务）等技术实现两点之间的网络互联。由于各厂商将以太网业务映射进 VC 的方法不同，采用的协议各异，以太网业务经过透明传送后，必须在同厂商的设备上进行终结。

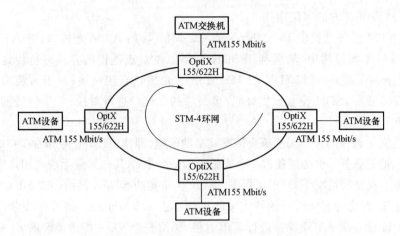

图 8-30　ATM 业务通过 OptiX Metro 1000 统计复用的组网示意图

① 点到点的组网应用

图 8-31 表示的是典型的点到点的组网应用,图中 1♯、2♯、3♯和 4♯站点均为 OptiX Metro 1000 设备,每个设备都配置了一块 ET1 或 EF1 以太网接口板。2♯、3♯、4♯站点的设备可以分别接入以太网数据设备(如以太网交换机、局域网交换机:LANSWITCH、PC 机、HUB 或网桥等),并将从这些设备上传的以太网业务汇聚到中心站点 1♯接入的以太网设备,从而实现各个局域网之间的点到点的以太网业务传输。其中 2♯网元有 1 个用户需要和 1♯网元的用户互通,3♯网元有 3 个用户需要和 1♯网元的用户互通,4♯网元有 2 个用户需要和 1♯网元的用户互通,每个用户的业务均分配独立的以太网端口,它们之间的互通关系为:LAN1⇔LAN1′, LAN2⇔LAN2′, LAN3⇔LAN3′, LAN4⇔LAN4′, LAN5⇔LAN5′, LAN6⇔LAN6′。它们的带宽是可以根据用户的需求来配置的,为 $N\times 2$ M($N\leqslant 48$)。每块 ET1/EF1 单板最多可以接入 8 个用户;每个设备只能配置一块以太网板,所以单个网元的最大接入带宽为 48×2 M。

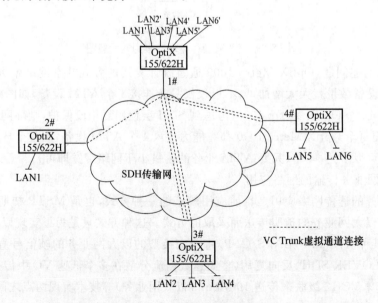

图 8-31　点到点的组网应用

② 点到多点的组网应用

OptiX Metro 1000 设备的以太网板 ET1/EF1/ET1D 通过 VLAN 功能,具有对以太网业务的端口汇聚功能。通过对 VLAN 标签的操作,可以为用户提供点到多点的业务传输,即一个站点的一个以太网端口接入的以太网业务可以根据以太网数据帧中的 VLAN 信息,被送到不同的站点;反向的多个站点的以太网业务也可以汇聚到一个站点的一个以太网端口。如图 8-32 所示。

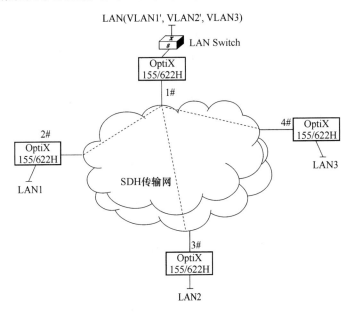

图 8-32　点到多点的典型组网应用

③ DDN 业务传输的基本组网方式

SDH 网络融合 DDN 业务为专线网络的发展提供了新的契机,在 SDH 设备中配置 DDN 接入和调度模块,可以使 SDH 网络具备接入和调度 DDN 业务的能力。该模块接入 DDN 的业务,经过交叉连接后,以 SDH 的帧格式在光传输网络上传送。

SDH 网络提供的 DDN 业务不是用于取代目前已经很完善、稳定的 DDN 网络,它与现有的 DDN 网络是一种重要的互补关系,如图 8-33 所示。

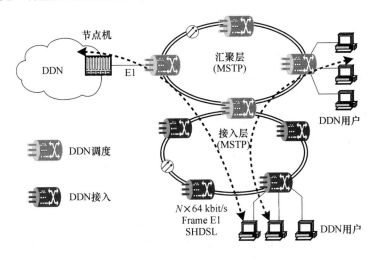

图 8-33　SDH(MSTP)网络提供的 DDN 业务

通过 SDH 网络扩容 DDN 网络,节省了技术形态落后的 DDN 骨干设备的投资,并且能够满足增长的 DDN 业务的需求。更为重要的是,SDH(MSTP)网络具有了直接给用户提供 $N\times$ 64 kbit/s、E1 以及 E1 以上的宽带专线的能力,从而支撑光传输网走向独立运营。

通过 MSTP 的方式完成 DDN 扩容,原有 DDN 网络保留。对以下光传输设备配置 DDN 模块,实现光传输网络对 DDN 网络的融合。

如图 8-33 所示,OptiX Metro 1000 设备组成了业务的接入层。在需要接入 DDN 业务的设备上配置 DDN 模块,使设备可以开通 DDN 专线业务,接入的业务类型有 $N\times$64 kbit/s、Frame E1 和 SHDSL,其中 SHDSL 可以用来传送 E1 和 $N\times$64 kbit/s 信号达 3 000 m。对于无须接入 DDN 业务的 OptiX Metro 1000 设备,则无须配置 DDN 模块,从而为客户节省投资。

OptiX Metro 1000 设备组成了业务的汇聚层,当设备配置有 DDN 模块时,具有强大的 DDN 业务汇聚和整合能力,每个模块的调度能力相当于一个中型节点机。此外,该 DDN 模块具有丰富的对外端口,可以接入 $N\times$64 kbit/s、Frame E1 和 SHDSL 信号。当业务需求较多时,设备可以配置多个 DDN 模块,以满足客户的需要。

汇聚层和接入层环路带宽丰富,还完成话音、数据等其他业务的传送,DDN 专线业务只是其中的一部分。

8.5 ASON 技术

ASON(Automatically Switched Optical Network)是构建下一代通信网络的核心技术之一。在谈到 ASON 时,会有一个相近的概念——自动交换传送网(ASTN,Automatically Switched Transport Network)。ASTN 可以自动完成网络连接、动态调整逻辑拓扑结构,实现网络带宽的动态按需分配,以增强网络连接的自适应能力,适应数据流的突发性和不可预见性需求。ASON 就是以光传送网为技术的 ASTN。

8.5.1 ASON 概述

1. 网络设备的演进

如图 8-34 所示,光网络从 PDH 发展到 SDH 迈出了传输网络在组网能力、安全性和标准化等方面的一大步。传统的 SDH 以 TDM 传输和网络管理为主,基本设备形态为 ADM 和 MADM;MSTP 的出现、WDM 的广泛运用将光网络的传送能力推向一个又一个高峰,建立一个统一的业务承载网已经离我们越来越近。伴随着 GFP、VCAT、LCAS 等面向数据的标准在 MSTP 的成熟应用,MSTP 已成为当前光网络建设的首选。另外,随着数据业务的发展,在快速、高效、动态的特性面前,传输网络的控制管理能力始终是其发展的软肋。智能光网络的出现使得我们可以建立一套最大自动化的传输网络,从而降低网络的运营成本。从智能光网络的发展来看,大容量智能光网络已经是现实的产品级别的系统。可以预见,在未来几年,智能光网络的应用将是一个不可逆转的趋势。

2. 网络形态的演进

传统城域网的网络形态以链形和环形组网为主,MESH(网格状)网络因组网形态复杂、组网设备昂贵等缺点而长期未受到重视。但是,随着宽带数据业务的快速增长、线路容量的提升,使节点(交叉)与线路(光接口+光放)费用比例降低,MESH 网络具有的容量利用率高的特点更有

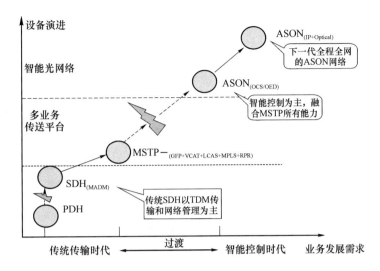

图 8-34 光网络设备形态的演进

利于节省组网成本。另外,在引入分布式控制平面后,可以实现分布的 MESH 恢复,减少了业务恢复时间;且从投资回报率的角度来看,随着电信市场的下滑,运营商将更加关注运营成本。

如图 8-35 所示,在智能光网络阶段,网络设备首先应具备 MESH 组网能力。MESH 网络提供的路径恢复和链路保护两种保护方式,使得网络的生存性与安全性得到提高。

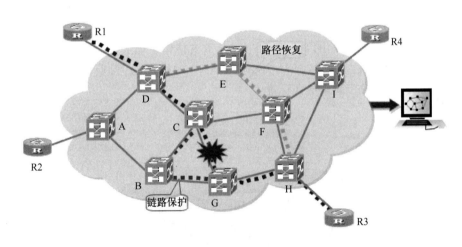

图 8-35 MESH 网络的组网和保护

3. ASON 网络的演进

如图 8-36 所示,ASON 技术将首先应用于长途传送网与城域骨干传送网,随着网络和业务调度及管理需要,逐步向城域汇聚和接入网络层面演进,最终实现全网智能化。

目前的长途传送网大多采用环网,环路较长,出现两点故障或多点故障的概率较大,建议引入 ASON 技术来增强网络的生存性,同时提高端到端的调度能力,提供差异化长途传送服务。在长途传送网的建设思路上,ASON 网络是一个单域子网,不太可能会有多个子网。引入子网的目的,一是网络中不能含太多节点;二是由于厂家的原因;三是因为不同运营商的原因,建设长途 ASON 网络时,网络节点一般不会太多,而运营商肯定是各自建网,且不太可能选用不同厂家的设备去构建骨干 ASON 网络。

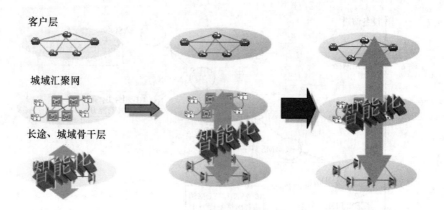

图 8-36　智能光网络的演进步骤

城域传送网具有网内电路调度频繁、开通时间要求较高、数据业务动态性等特点,是目前网络建设的重点,在客观上存在引入 ASON 的需求。在城域演进策略方面,可在城域骨干层引入 ASON,然后逐步向汇聚层和接入层延伸,最终实现端到端的 ASON 网络。

8.5.2　ASON 的标准

如图 8-37 所示,智能光网络的应用规模与标准化的程度密切相关。ITU-T、IETF、OIF 等标准组织都在积极地推动智能光网络的标准化进程。ITU-T 定义了 ASON 的基本结构和需求,GMPLS 已成为 ITU-T 的主流标准;IETF 定义了满足 ASON 基本结构和需求的协议 GMPLS,对信令、链路管理、路由以及 SDH/SONET 支持作了规定;OIF 则致力于推动不同厂商设备间的互操作性,关注系列接口(如 UNI、E-NNI)的标准化,目前,UNI1.0/2.0 已经发布,外部网络间接口 E-NNI 尚未形成标准。

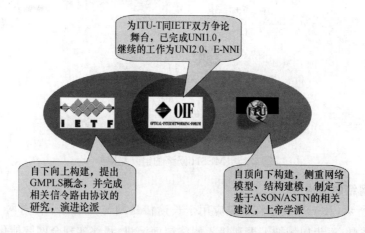

图 8-37　标准组织对智能光网络标准化进程的推动

8.5.3　ASON 的体系结构

如图 8-38 所示,智能光网络最基本的特征是在传统的传送平面和管理平面的基础上,增加了独立的控制平面,用于支持各种控制操作,如恢复/保护、快速配置、快速加入和去除网元等。控制平面是智能光网络区别于一般光网络的独特之处。ASON 的体系结构由传送平面、控制平面和管理平面组成,各平面之间通过相关接口相连。

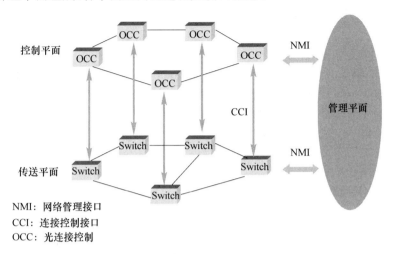

NMI：网络管理接口
CCI：连接控制接口
OCC：光连接控制

图 8-38　智能光网络的体系结构

1．ASON 的功能性结构

（1）控制平面

完成呼叫控制和连接控制,具有动态路由连接、自动业务和资源发现、状态新型分发、通道建立连接和通道连接管理功能。

（2）传送平面

转发和传递用户数据,为用户提供端到端信息传递,并传送开销。

（3）管理平面

负责所有平面间的协调和配合,完成传送平面和整个系统的维护功能。管理平面为网络管理者提供对设备的管理能力,ASON 除了基本功能外,需具备分布式的域间网络管理能力,包括光层保持路由管理、端到端性能监控、保护与恢复及资源分配策略管理等。

2．ASON 的网络接口

ASON 定义了如图 8-38 所示的多种标准网络接口。

（1）UNI

用户网络接口。用户与运营商控制平面实体之间的接口,负责用户请求的接入,包括呼叫控制、连接控制和连接选择,也可包含呼叫安全和认证管理等。

（2）NNI

网络节点接口。分为内部网络与网络接口(I-NNI),提供网络内部的拓扑等信息,负责资源发现、连接控制、连接选择和连接路由寻径等;外部网络与网络接口(E-NNI),将屏蔽网络内部的拓扑等信息,负责呼叫控制、资源发现、连接控制、连接选择和连接路由寻径等,以避免子网络内部信息暴露给外部不可信的子网络。

（3）CCI

连接控制接口。连接控制信息通过 CCI 接口为光传送网元(主要为 DXC、SDXC、MADM)的端口间建立连接,是各种不同容量、不同内部结构的交叉设备(DXC、SDXC、MADM,甚至其他带宽交叉机)包含成为 ASON 的节点的一部分。

（4）NMI

网络管理接口。包括 NMI-A 及 NMI-T。NMI-A 为网络管理系统与 ASON 控制平面之间的接口;NMI-T 为网络管理系统与传送网络之间的接口。管理平面分别通过 NMI-A 和 NMI-T 与控制平面及传送平面相连,实现管理平面与控制平面及传送平面之间功能的协调。

(5) PI

物理接口。传输平面网元之间的连接控制接口。

由此可见,ASON 由若干个管理域组成,运营商可以基于地理、管理范围和技术等原因将网络划分为多个管理域。E-NNI 可以应用于同一运营商的不同 I-NNI 区域的边界,或者应用于不同运营商网络的边界。通过 E-NNI 和 I-NNI 使得 ASON 具备良好的层次性结构,既满足不同域之间消息互通的要求,又能屏蔽网络内部的具体消息,保证了网络安全性需求,并能灵活地支持不同的网络模型和网络连接。

8.5.4 ASON 的主要特点

1. 智能交换网络

ASON 引入控制平面使其成为灵活、可靠、可扩展的智能交换光网络。ASON 采用多域层次的网络结构,具有良好的规模性和可扩展性,保证了网络的平稳升级;通过标准接口在不同域之间的互作用,可支持多厂家的互通互连。

2. 网络资源的动态分配和调度

在 ASON 控制平面的控制下完成网络邻接的自动发现、拓扑结构的自动发现、分布式路由计算以及光传送网内动态、自动完成端到端光通道的建立、拆除和修改等。ASON 提供光层的业务量工程,按照用户的实际需求,动态分配路由,实时分配网络带宽,自动建立光通道连接,并具有快速的网络恢复和自愈能力,可在网络出现劣化时根据网络拓扑信息、可用的资源信息、配置信息等动态指配最佳恢复路由。ASON 连接的保护与恢复由管理平台命令发起或者临时禁止,其恢复机制可采用集中或者分布控制方式(其中分布式控制是 ASON 特有的,传统的光传送网采用集中恢复)。

3. 业务层与传送层融合

ASON 自动将业务模式与光网络资源相连,透明传送各类的客户层信息。运营商根据用户需求,快速地在光层直接提供建立、拆除服务;运营商可根据客户层信号的业务等级,提供各种不同服务质量的业务类别,实现光传送网络层次上的等级服务。透明的业务传输是光域上的性能检测保证光传送质量;可以在无上层网络参与的情况下,在光层上对光通道进行保护恢复,使该光通道的所有上层业务连接同时等到恢复,有效地提高恢复速度、降低操作复杂性与成本。

4. 增值业务

ASON 可以迅速提供和拓展新型增值业务。如按需带宽业务、带宽批发、带宽出租、带宽交换、按使用量付费、动态路由分配、SLA、闭合用户群、光虚拟专用网。

但是,至今为止,还没有任何一项技术可称为完美无缺的,正在发展中的 ASON 也是一样。ASON 的缺陷主要存在于以下几点。

(1) 标准有待完善

ASON 的标准到目前为止虽有很大的进展,但在互联互通、网络管理和管理平面本身的健壮性等方面还有许多工作要做,并且由于是多个标准化组织在参与,标准的沟通工作也比较麻烦。

(2) 测试设备不成熟

设备的成熟首先要依赖测试设备的成熟。当前号称推出 GMPLS/ASON 协议测试的公司,实际上都还没有成熟定型的产品推出,受标准不断更新的影响,也很难在当前拿出实际的产品。

（3）流量工程、保护/恢复等特色功能的有效性

运营商在运行网络时,对实时监控能力、优化网络、提高网络的生存性永远是不断地追求。ASON 号称可以解决这些问题,可是其真实有效性还没有经过真正的大规模网络现场测试,究竟是彻底解决问题还是仅仅减轻问题,还没有也暂时不可能定论。

（4）新业务的支持

ASON 支持的业务种类很多,如 SDH、OTN、以太网、存储网等,它对新业务也具有扩展性,其实 ASON 主要就是推销可快速部署的带宽,无论是波长出租还是波长拨号、OVPN 等都是如此。ASON 宣称支持可保证 QoS 或者 SLA 的业务连接,包括点到点单向/双向连接、点到多点的单向连接。但是对后者,像在 IP 网中一样的多播机制（Multicast）还没有明确定义出来并加以验证,因此对于某些应用,如观众所在地域分散的视频广播还没有特别高效的节省带宽的办法。

5. 综合网管

ASON 提供了新的网络控制管理平台,当然满足 TMN 的框架,但并不是排斥或完全代替已有的传输网网管系统或者 ATM 网管。在涉及底层的管理时还要与现有管理系统的相互配合、集成,在实际运营时,会产生比较烦琐的问题。

8.5.5 ASON 的连接类型

ASON 支持永久连接、交换连接和软永久连接,类型有单向点到点、双向点到点、双向点到多点的连接。在 ASON 中引入交换连接,是使 ASON 网络成为交换式智能网络的核心所在。

1. 永久连接

控制平面在永久连接中并不起作用,如图 8-39 所示,用管理平面向网元发起配置请求,或者有人工配置端到端连接通道的每个网元。

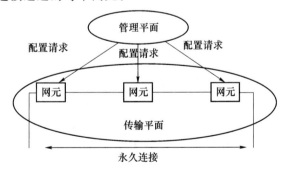

图 8-39 永久连接

2. 交换连接

通过控制平面在连接端点间建立信令式连接,如图 8-40 所示,控制平面通过 UNI 接口接收用户请求,经控制平面的处理后在传送平面中提供一条可满足用户需求的光通道,并把结果报告给管理平面。管理平面在交换连接的建立过程中不直接起作用,它只是接收从控制平面传来的连接建立的信息。

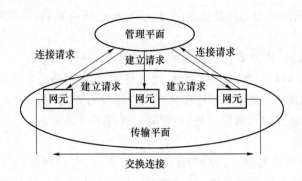

图 8-40　交换连接

3. 软永久连接

由管理平面和控制平面共同完成软永久连接,如图 8-41 所示,用户到用户的连接为混合方式连接,用户到网络部分由管理平面提供永久性连接(PC);软永久连接的网络部分,连接建立的请求是管理平面发起,由控制平面建立完成。

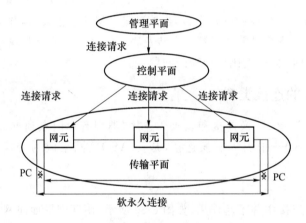

图 8-41　软永久连接

8.5.6　ASON 的模型

1. 重叠模型

又称客户-服务型,它将业务层和传送层之间定义为客户-服务结构。业务层和光层是完全独立的两层,功能分割明晰、简单,其地址方案、路由协议和信令协议各自独立运行,两者间不交换路由信息,独立选路。允许业务层和光层及光传送层内部的每个子网独立演进,光层的发展不受客户层技术所限。采用子网分割后,运行者可以充分利用原有基础设施,在网络其他部分引入新技术。

光传送层作为统一、透明、开发的光传送平面,提供多业务的传送;客户层和传送层通过UNI 协议来完成互连;屏蔽了光层的网络拓扑细节,边缘客户层设备看不到核心光网络的内部拓扑,维护了光网络拥有的秘密和知识产权。

首先,这种模型从结构上看简单直接,最大好处是可以实现统一透明的光层平台,支持多客户层信号,不限定于 IP 路由器;其次,这种模型允许光传送层和客户层独立演进,这样光传送层可以继续快速演进,不会受制于由摩尔定律所限定的 18 个月翻番的 IP 层发展速度;再次,采用这种方式后在网络运营商和客户层信号间有一个清晰的分界点,允许网络运营商按照需要实施灵活的策略控制和提供灵活的 SLA;最后,这种模型可以利用成熟的标准化的 UNI 和 NNI,比较容易在近期实现多厂家光网络中的互操作性,迅速实施网络商用化敷设,这对网络运营商十分重要。总之,目前这种模型最适合那些传统的已具有大量 SDH 网络基础设施而同时又需要支持分组化收据的网络运营商。

重叠模型的缺点是分离的控制平面之间的功能重复,使业务层面的路由不能有效地利用光传送层的拓扑资源,造成资源浪费;为实现数据转发,需要在边缘设备间建立点到点的网状连接,即存在 N2 问题(N2 问题是指网型网每个网元都有直达链路,需要 $N \times (N-1)/2$ 条), 扩展性受到限制。

2. 集成模型

又称对等模型,客户层和光网络层是对等的,即客户层和传送层采用统一的控制平面,其地址方案、路由协议和信令协议相同,因此没有 UNI 协议。

网络中所有的网元均处在对等关系,网元清楚全网的资源状况;允许边缘设备看到核心光网络的内部拓扑结构,参与路由计算与决定;每一个边缘设备仅与相邻的光交换机交换选路信息,允许路由协议扩展到大规模网络。边缘设备间的全连接仅对于用户数据转发才存在的 N2 问题。

这种模型的基本特点是将光传送层的控制智能转移到 IP 层,由 IP 层来实施端到端的控制。敷设统一的控制面可以消除管理具有分离的、不同的控制和操作语义和混合光互联系统而带来的复杂性。然而,采用这种模型时光网络层主要支持单一的客户-IP 业务,难以支持传统的非 IP 业务,失去了对业务的透明性。总之,这种模型较适合那些新兴的同时拥有光网络和 IP 网的 ISP 运营商。

3. 混合模型

混合模型是将重叠模型和集成模型进行有机的结合,运营商可以对自己内部的 IP 网和光网络采用对等模型构建,而对于要连接的其他运营商网络和其他客户层信息可采用重叠模型来构建。

8.5.7　ASON 的关键技术

ASON 是由 ITU-T G.8088 所定义的,它与传统 OTN(光传送网络)的最大区别在于它是一种动态的网络,表现在带宽的动态分配和网络拓扑的自动发现方面。这种动态特征的实现主要来自于其控制平面的作用,构造控制平面的关键技术主要有信令技术、路由技术、链路管理技术、自动发现技术等。

信令协议用于分布式连接的建立、维护和拆除等管理,信令传送的主要信息包括呼叫控制、资源发现、连接控制、连接选择和连接选路。ASON 信令网络使用带内方式(随路方式)、带外方式(共路方式)或者带内带外结合方式,例如,在光通道层采用带内方式,而在光复用段层和光传送层采用带外方式。

路由协议为连接的建立提供路径服务,ASON 支持分级路由、逐跳路由和源路由。ASON 路由包括与协议无关的链路资源管理器、路由信息数据库和路由控制器,以及与协议相关的协议控制器。

链路资源管理用于链路管理,向路由控制器提供所有链路信息,并对分配给连接的链路资源的状况进行跟踪。

路由信息数据库存储本地拓扑、网络拓扑、可达性和其他通过路由信息交换获得的信息。

路由控制器对控制信息进行跟踪。

协议控制器负责路由表更新信息、链路资源管理信息和连接控制信息在网络中的可靠传输。在 ASON 中,端到端的光通路连接请求是受一定约束条件制约的,因此对于连接请求的通道选择应采用基于约束的路由算法。

ASON 对现有信令和路由协议进行了修改和扩展:扩展了 RSVP-TE 和 CR-LDP 等信令协议,允许 LSP 通过光网络预留资源或者规定相应的显示通道,利用 RSVP 实现光网络的流量工程能力;扩展了 OSPF 和 IS-IS 等路由协议,来传递在光网络中计算 LSP 时所需要的链路状态拓扑、资源可用信息和策略信息。

1. ASON 信令技术

按照要求建立连接、删除连接、查询连接状态和修改连接属性,这些是连接管理的 4 个基本动作。在 ASON 中,完成这些动作需要解决的问题有以下几个方面。

(1) 双向光通道的建立。一条双向光通道一般都是由两条单向通道组成的。光连接的建立可能由对等的端同时发起,这就需要解决冲突问题。

(2) 地址。在 ASON 中采用的是重叠模型,这就需要光层网络和客户层网络地址空间分离。此外,运营商为保证其网络的安全和私有性,可能采用两套地址机制:对外可见的公用地址和内部的私有地址。这样,在涉及多域互通时存在地址的翻译问题。

(3) 规模。ASON 将是运营级网络,可能是全国范围内的大型网络。信令协议要适应 ASON 的发展规模,具有良好的可扩展性。ASON 的网络结构也可能十分复杂,在垂直方向可划分多层,在水平方向可进行分割。DCM(分布式连接管理)信令要提供对网络分层、多域的支持,满足层间、域间交互(拓扑发现和选路)的要求。

(4) 生存性。ASON 传送实体的故障必须降到最小,因此信令的生存性能要设计得很好,且必须支持故障检测和执行保护恢复的信令。

(5) 业务。ASON 对业务的支持在范围和层次上都有提高,信令能力也必须大幅度扩展,提供支持业务可能带有的附加特征,如对流量工程的支持、对 SLA 的支持。

(6) 组网。对多种拓扑网络的支持,尤其是复杂的 Mesh 网。

(7) 连接认证与安全。ASON 采用了呼叫和连接分离的机制,在呼叫过程中发生认证动作,执行必要的策略管理。

要在光网络中引入控制平面机制,需要在接口之间采用标准的信令协议,只有通用标准的协议才能真正发挥光网络的智能。ASON 信令协议的制定借鉴了 GMPLS 协议族,GMPLS 信令协议经过扩展,形成了 RSVP-TE 和 CRLDP,这些协议均可用于实现 ASON DCM。另外,基于 ITU-T Q. 2831 和 ATM 论坛的 UNI 规范基础上制定的 PNNI 信令协议也是 ASON DCM 信令协议实现的一种方案。

ASON PNNI 协议实现是由 ITU-T G. 7713.1 建议的。将原用于 ATM 交换机的 PNNI 用到 ASON 的 DCM 中,引入新的连接标示符格式和流量描述符信息元格式,以适应 ASON 中与子网点(SNP)和子网点池(SNPP)概念有关的新连接类型和业务属性。PNNI 起源于传统的电信信令协议(W. 2831/Q. 831/SS7),这些协议在 20 世纪 90 年代后期已开始被成功应用,并被人们广泛接受。PNNI 具有成熟稳定的特点,经改进后可用于电路交换型智能光网络。但 PNNI 的灵活性不够,其致命之处在于无法与 GMPLS 协议互通,目前仅支持 ASON 的 SPC(软永久连接)。

RSVP-TE 协议实现是由 ITU-T G. 7713.2 建议的。它采用软状态管理路由器和主机的预留状态,具有较好的资源同步、差错处理功能,容易实现多播,可以实现控制平面与数据平面的完全分离,具有较好的灵活性。它支持 SPC,也支持域内的 SC(交换连接)。RSVP-TE 是 IP 层的独立协议,使用 IP 格式在对等网元间通信,不需要 TCP 会话,但必须处理控制信息的丢失。目前,尚未得到 RSVP-TE 协议大规模应用的报告,可靠性不如 PNNI,而且 RSVP-TE 采用软状态机制来维护端到端连接,这意味着需要专门的刷新信息来维持连接,从而使软件设计复杂化。但是其市场接受程度好于 PNNI 和下面讲述的 CR-LDP。目前,实际应用中绝大多数的厂家均采用 RSVP-TE 协议,RSVP-TE 成为 ASON 信令主流协议已经逐渐明朗。

CR-LDP 协议实现是由 ITU-T G.7713.3 建议的。它起源于 MPLS 技术,基于 MPLS 标准的 LDP 信令,用于建立和维护可保证 IP CoS 业务的 LSP。通过简单有效的硬状态控制和消息机制,灵活预留网络资源,信令基于可靠的 TCP 传输机制,但其很难实现多播。从目前的实践看,其具体实现还很少,合理性尚待验证,市场接受程度小,应用前景不容乐观。

信令技术是 ASON 的核心技术之一。尽管信令系统的框架已经被建立起来,但是真正实现起来还有许多深层次的问题需要解决,如多层信令问题和互操作性问题。

2. ASON 路由技术

在 ITU-T 的 G.7715 协议中提出了 ASON 路由的体系结构,对在 ASON 中建立 SC 和 SPC 选路的功能结构和要求进行了描述。

ASON 中的路由需求主要包括 3 个部分:体系结构需求、协议需求和路径计算需求。体系结构需求包括:RC(路由控制器)间交换的信息要服从参考点的策略限制;RP(路由执行器)的工作不依赖其他级别的路由协议;RA(路由域)间的路由信息交互不依赖域内的协议;RA 间的路由信息交互不依赖控制的集中或分布方式路由邻接拓扑和传送网络拓扑不必匹配;每个 RA 要在运营商网里唯一标识;路由信息支持单独域的抽象观点,抽象的程度依赖操作者的策略;RP 需要提供系统失效后进行恢复的能力。协议需求包括:协议支持多级结构;支持摘要路由信息;支持节点间的多条链路以及链路和节点多样性;支持结构升级,包括层次、域的集合和分割;对链路、节点、路由层次数量可扩展;作为对于路由事件(拓扑更新、可达性更新)的反应,RDB(路由信息数据库)需要收敛并提供抖动处理机制;路由协议支持和提供附加属性,如安全目的属性。路径选择需求包括:路径选择不要造成环回路径;路径选择至少支持 G.8080 中的路由策略的一种(层次路由、源路由、逐跳路由);路径选择应支持一类路由限制条件。

在 ASON 中应用的域内路由协议主要有 OSPF-TE 和 IS-IS-TE,主要由 IETF 进行标准化,用于 I-NNI 的路由。GMPLS 在 MPLS 基础上对协议进行了扩展和加强,从而支持链路状态信息的传送,使得它们更适合于在光网络中,特别是适合在 ASON 中应用。GMPLS 对路由协议的扩展主要包括对链路本地/远端标识符、链路保护类型(LPT)、接口交换能力描述符、共享风险链路组信息(SRLG)等的支持。GMPLS 为二者扩展的子 TLV 前三者基本相同,差别较大的是 SRLG 子 TLV。

ITU-T G.7715 协议定义了分层路由的概念,而在某一层内,可以将网络划分为多个路由域,每个路由域又可以包含多个更小的路由域,这就产生了路由分层的概念。OIF(光互联网论坛)的 NNI(网络接口)要求路由协议至少支持 4 级路由等级。在 I-NNI 可以使用上面讨论的域内路由协议。E-BGP 是运营商间的 E-NNI 的主要候选路由协议。目前 OIF 的主要工作是制定运营商内的 E-NNI 路由协议。DDRP(域到域路由协议)是 OIF 制定的基于 OSPF 和 IS-IS 的一种分层链路状态路由协议,它满足 G.7715 的路由体系结构,但并不是一个全新的路由协议,可用于同一个运营商内部 E-NNI 的路由协议,实现不同厂商设备的互通。

3. ASON 链路资源管理(LRM)技术

目前,各标准组织都在积极制定相关的标准建议对资源管理进行定义和实现。其中,IETF 的链路管理协议(LMP)规范及其扩展可用于 ASON 的链路管理,而 OIF 开发的 UNI 标准中,通过扩展 LMP 来实现 UNI 的资源管理功能。

LMP 在一对 LMP 对等节点之间运行,它包括如下功能:管理控制通道、关联链路属性、验证物理连接以及管理链路故障。其中前两项是管理 TE 链路必备的核心功能,后两项是可选的扩展功能,用于应对控制通道与物理通道分离的情况。管理控制通道功能用于建立和维持相邻节点之间控制通道的连接。LMP 要求相邻节点之间至少有一条可用的双向控制通道。关联链路属性功能用于把多个端口/接口连接合并成 TE 链路,并且在节点之间同步 TE 链路的属性,这些属性包括本地和远端的 TE 编号、包含的端口/接口连接表、相应的各种 TE 属性等。验证物理连接功能通过物理接口编号来验证物理通道的连接性。具体过程是在物理通道中传递一个测试消息,在控制通道中传递测试结果消息。为了检查测试结果,要求每个节点都能终结测试消息,并且该测试结果能够通过控制平面传递。链路故障管理功能的管理对象是物理通道,通过传递相应的故障状态消息,完成故障定位等处理流程。另外,OIF 的 UNI 规范对 LMP 进行了扩展,使其具有了资源发现功能,主要完成 UNI 端口的邻居发现和业务发现等功能。

在光网络中,两个相邻的光交叉连接器(OXC)之间通过多个平行的链路互连。在一个大规模的网络中,光纤链路的数量非常巨大。另外,这些链路中使用的带宽粒度是分离的,需要分别为不同的带宽链路提供广播机制,这就造成了用于链路维护和广播时传输的消息量非常大。为此,采用链路绑定机制来解决这个问题。在链路绑定机制中,多个链路绑定在一起通过单个 LSA(链路状态广播)信息发送出去,这样可以大大减少网络中的广播信息。链路绑定机制可以减少相邻节点之间的链路广播信息,相邻节点之间广播信息的发送是由 LMP 进行控制的。从保护和恢复的角度,一般需要采用 SRLG 机制来进行链路的绑定,以区分不同链路的生存性特征;从路由需求的角度,可把有相同链路属性(如相同的终端点)的多条链路绑定成一条 TE 链路,以减少需要广播的链路状态信息。

4. ASON 自动发现技术

自动发现是指网络能够通过信令协议实现网络资源(包括拓扑资源和业务资源)的自动识别。这对网络来说是一个关键的过程,它使得 ASON 网元或者终端系统(如 ASON 客户)能够确定它们是如何连接的、连接是否正确以及通过这些连接能提供什么样的业务。ITU-T 推出的 G.7714.1 建议,就对在 SDH 和 OTN 中实现自动发现进行了较详细的规范。此外,OIF UNI1.0 中描述了在用户和网络之间的邻居发现和业务发现的实现过程。

自动发现包括物理媒质层上邻接发现(PMAD)、层邻接的发现(LAD)、控制实体的逻辑邻接发现(CELA)以及业务发现。PMAD 主要发现的是相连的下一个端口是什么;LAD 主要发现的是与本地交互的邻居是谁;CELA 主要发现的是本地和对端参与控制信息交互的实体;业务发现主要发现对端或该子网能做什么。

8.5.8 ASON / GMPLS

1. GMPLS 概述

控制平面的实现有两大阵营 ITU-T 的 ASON 和 IETF 的 GMPLS(通用多协议标签交

换）。从它们本身的作为以及实际结果来看，其间不是一种竞争关系，而是互补的关系。GMPLS 是来于 MPLS-TE 为支持光域而进行的扩展，它是一个协议族，使用基于 IP 的控制平面。ASON 既不是一个协议也不是协议族，它是一个体系，定义了在控制平面的组件间的交互作用。事实上，ASON 控制平面所使用的协议主要包括 3 部分：信令协议、路由协议和链路资源管理协议。ITU-T 和 IETF 有一定的联系，并且对彼此的工作相互认知和评估，加上许多个人和公司参与进来确保这两种体系同步工作。因此，这就使得 IETF 提出的一种可用于多种技术网络的 GMPLS 协议框架应用到 ASON 中。

GMPLS 不仅支持分组交换，还支持时分交换、波分交换和空分交换，在更广阔的范围内实现了控制技术的统一。ASON 正是利用上述技术成果，尤其是 GMPLS 统一控制平面的思想，推动传输网络和交换网络的统一，从而实现光网络的智能化。

图 8-42 显示了一种基于 GMPLS 的控制平面信令、路由和链路管理 3 个基本功能的模块实现。

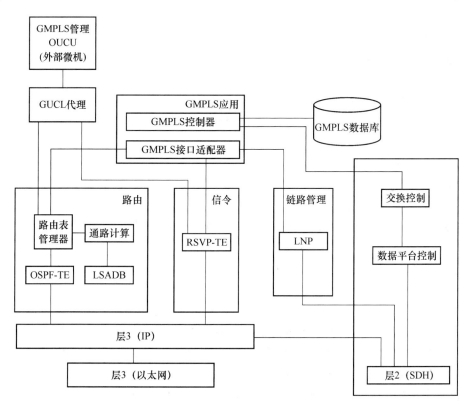

图 8-42　一种基于 GMPLS 的控制平面功能的模块结构图

GMPLS 是实现 ASON 网络控制平面的核心协议。它将网络简单划分为路由网络和光网络两个对等的结构，在业务层和传送层间建立一个多层加多业务的通用控制平面，统一了各类型控制平面的信令和路径建立。

（1）网络元素

GMPLS 网络由节点和路径 2 个主要元素组成，支持多种资源粒度类型的交换，将交换划分为分组交换（PSC）、时分交换（TDM）、波长交换（LSC）和光纤交换（FSC）类型。这 4 种交换层面归并为分组交换模式和非分组交换模式；LSC、TDM 和 FSC 属于非分组交换模式。

GMPLS 包括所有类型的网络节点(PSC、TDM、LSC 和 FSC 节点)和所有类型的交换接口(PSC、TDM、LSC 和 FSC 接口)。GMPLS 网络节点提供多种不同速率的交换接口,可用于在网络边缘对多种不同的业务接入。

GMPLS 将通用的标记交换路径(G.LSP)扩展至标记编码为时隙、波长、波段、光纤的链路。G.LSP 可以是一条传递 IP 包的虚通路,或者由 SDH 构成的一条 TDM 专线,或是一条 DWDM 中的一个波道以及一条光纤。G.LSP 可以将小粒度的业务整合成较大粒度的业务,实现嵌套 LSP,形成 LSP 的层次关系。GMPLS 支持建立双向的 LSP,缩短连接建立时间和出现故障时加速保护于恢复的实现。

(2) 协议簇

GMPLS 是一套协议簇,包括链路管理协议、扩展路由协议和扩展信令协议。它扩展了 OSPF-TE 协议和 ISIS-TE 协议,使其能够将链路广播发送到各类的链路上,并支持临近转发。GMPLS 使用约束路由机制来分配相关的传输网络拓扑信息,包括使用 IGP 扩展转发相邻节点的状态信息。

GMPLS 的信令由功能性描述(GMPLS-SIG)、扩展的资源预留协议 RSVP-TE(GMPLS-RSVP-SIG)和扩展的路由受限-标记分配协议(GMPLS-CR-LDP)组成。GMPLS 使用 RSVP-TE 和 CR-LDP 协议在通道上进行标记的绑定,通过信令交换 G.LSP 的参数。

GMPLS 用链路管理协议(LMP)对所有的链路资源进行管理。LMP 除完成网络之间正确连接的确认外,还具有链路绑定、资源信息发现与上报等功能,从而有助于网络可扩展性和规模性的实现。

2. GMPLS 特点

(1) 多种类型的交换和转发层次

① 支持多种类型的交换

与传统的 MPLS 相比,GMPLS 除支持包交换外,还支持时分复用(TDM)、波长交换(lambda)、光纤交换。

在传统的 MPLS 体系中,对转发数据的支持是基于标签的。在这种体系中,标签交换路由器(LSR,Laber Swich Router)有一个转发平面,它能够识辨数据包或者信元的边界并且形成数据包或者信元的包头。在 GMPLS 体系中,LSR 的转发平面不能识别数据包或信元的边界,因此,不能依据信元头/包头中携带的信息来对数据进行转发。在这里,LSR 中有一种设备,它是否对数据进行转发是根据时隙、波长、物理端口来决定的。这些 LSR,或者更精确地讲是这些 LSR 中的接口可分成下面一些类。

a. 包交换容器接口(Packet-Switch Capable (PSC) interfaces)

能识别出信元头/包头的边界,并且能够根据包/信元的头部信息来对数据进行转发的接口。例如,根据 ATM VPI/VCI 来转发数据的 ATM-LSR 上的接口。

b. 时分复用容器接口(Time-Division Multiplex Capable (TDM) interfaces)

根据在一个 repeating cycle 中数据的时隙来进行数据转发的接口。例如,SDH/SONET 交叉单元上的接口。

c. 波长交换容器接口(Lambda Switch Capable (LSC) interfaces)

根据波长来进行数据转发的接口。例如,在一个波长上起作用(operate)的光交叉上的接口。

d. 光纤交换容器接口(Fiber-Switch Capable (FSC) interfaces)

根据数据在现实世界的物理空间中所处的位置来转发数据的接口。例如,在一个或多个光纤平面上起作用的光交叉上的接口。

② 嵌套标签交换路径(nested LSP (LSP within LSP))

在 GMPLS 中,电路统一用标签交换路径(Label Switched Path)来表示。在 GMPLS 中,通过嵌套 LSP 可以构建一个转发层次(forwarding hierarchy),也就是 LSP 的层次。在同一类型接口或不同类型的接口间都可以构成 LSP 层次。

a. 在同一接口上的嵌套。如 a lower order SDH/SONET LSP (VC-12) nested in a higher order SDH/SONET LSP (VC-4),这一接口必须能够使同一层的多条 LSP 能够复用才行。

b. 在不同接口上的嵌套。最上面一层是 FSC 接口,接着是 LSC 接口、TDM 接口、PSC 接口。这样,开始和终止于 PSC 接口的 LSP 可以包含于开始和终止于 TDM 接口的 LSP 中,它又可以包含于开始和终止于 LSC 接口的 LSP 中,进而可以包含于开始和终止于 FSC 接口的 LSP 中。

(2) 多协议标签交换控制平面的扩展范围

① 在以前的 MPLS 和 MPLS-TE 控制平面(control plane)中,只能在 PSC(Packet Switch Capable)接口之间才能建立 LSP,GMPLS 将这些控制平面扩展为支持前面所说的 4 类接口。

② GMPLS 的控制平面由几部分组成,这几部分实际上就是被扩展或修改了的 IETF 信令和路由协议,只有 LMP 是新增的用来支持 GMPLS 的协议。GMPLS 实际上是基于 MPLS-TE 之上的,它是对 MPLS-TE 的扩展。

a. 信令协议的扩展:对 RSVP-TE 和 CR-LDP 的扩展;

b. 路由协议的扩展:对 OSPF-TE 和 IS-IS-TE 的扩展;

c. 增加了 LMP 协议。

3. 路由与寻址模型

GMPLS 是基于 IP 路由和地址模型的,它用 IPv4 或 IPv6 地址来标识接口,使用传统的 IP 路由协议。在 GMPLS 中,IP 地址不仅用于识别 IP 主机和路由器的接口,而且还用于识别 PSC 和 non-PSC 接口。同样地,IP 路由协议不但用于 IP 报文的寻路,还用于 non-PSC 电路的寻路。为了增加传统的地址和路由模型的可扩展性(scalability)以及解决 non-PSC 层对流量工程的需求,在 GMPLS 中增加了一些新的机制。

(1) PSC and non-PSC 层的寻址

在 GMPLS 中,使用 IPv4 或 IPv6 地址,但这些地址并不一定是从与 Internet 中的公共 IPv4 或 IPv6 地址相同的地址空间中进行分配的,每一层都可以使用独立的地址空间,也可以使用公共的地址空间。

(2) GMPLS 增加可测量性

在 non-PSC 层中,由于在两个相邻的节点间可能会同时存在几百条,甚至几千条物理链路(link),如几百几千个波长。这样,传统的 IP 地址和路由模型就不再适合,因为让每个物理链路的每个终点(each end of each physical link)都拥有一个 IP 地址,用来表示每一个链路都是一个单独的路由邻接以及为每一个链路传送链路状态,这种做法是不切实际的。有两种机制(方法)可以用来解决这个问题:unnumbered links(无编号链路)和 link bundling(链路捆绑)。这两种机制也可以合并起来,它们都需要对信令(RSVP-TE 和 CR-LDP)和路由(OSPF-TE 和 IS-IS-TE)协议进行扩展。

① 无编号链路

无编号链路(或 interfaces)就是没有 IP 地址的链路(或接口)。使用未编号链路要做到两点:

- 必须能在 IGP TE 扩展(ISIS 或 OSPF)中携带有关 unnumbered link 的(TE)信息；
- 必须能在 MPLS TE 的信令中对无编号链路进行说明(specify)。

第一条 ISIS-TE 和 OSPF-TE 就可以满足；至于第二条，则需要对 RSVP-TE 和 CR-LDP 进行扩展。在 GMPLS 中对它们做了一个小小的扩展，新增加了一个 interface ID object/TLV，用来在 Explicit Route 和 Record Route Objects/TLV 中指定一个无编号链路。

② 链路捆绑

链路捆绑就是将多条物理链路作为一条逻辑链路来进行传送，逻辑链路称为捆绑链路(bundled link)，它所包含的物理链路称为合成链路(component link)。链路捆绑就是通过减少由 OSPF 或 IS-IS 处理的信息来增加路由可测量性。

链路捆绑的限制：所有的合成链路必须是起始和终止于同一对 LSR，它们必须有相同的类型、相同的 TE 属性、相同的资源、相同的复用能力等。

4. 链路管理

在 GMPLS 中，一对节点间可能被几十条光纤连接起来，每条光纤可能被用于传送几百个波长，而且多条光纤或多个波长又可能被合并成一个或多个 bunlded links。对于这么多的 links，用手工配置和控制来进行管理是不现实的，因此，引入了链路管理协议(LMP)。链路管理提供这样一些功能：control channel management(控制通道管理)、link connectivity verification(链路连通性验证)、link property correlation(链路属性更改)、fault isolation(错误隔离)。在 LMP 中，control channel management 和 link connectivity verification 是必选的，link property correlation 和 fault isolation 是可选的。

(1) 控制通道管理

① 控制通道

控制平面在两个相邻节点间进行通信是通过一条双向的控制通道来进行的，通过控制通道来交换信令、路由、管理等信息。

在 GMPLS 中，控制通道与数据链路(data-bearing link)不一定要使用同样的物理介质，如控制通道可以通过一个单独的网络使用一个单独的波长或光纤、以太链路或 IP 通道，这样带来的好处是，控制通道的好坏与数据链路的好坏没有关系。

控制通道要时刻都是好的，这一点很重要。在一条控制通道出了问题后，备用的控制通道必须能重新建立起通信，这样就有一个从一条控制通道调整到另一条控制通道的问题，LMP 可以很好地解决这个问题。

② 控制通道管理

在两个相邻节点间配置好一条控制通道后，可利用 hello 协议来建立和维护两节点间的连接，以及检测连接是否中断。hello 协议由两个过程组成：协商过程(negotiation phase)和保持过程(keep-alive phase)。协商过程用于协商 hello 协议的一些基本参数，如 hello 的频率；保持过程就是快速地交换简单的 hello 消息。

③ 控制通道接口

LMP 通过控制通道接口来维护一对节点间的逻辑控制通道。每个控制通道接口包含有多个控制通道，究竟是用哪个控制通道来传送消息和是怎样运作的，都被隐藏起来。这样就将信令、路由和管理与实际的控制通道管理分开了。

(2) 链路属性相关性

链路属性更改机制可以动态改变连接的特性，如更改链路的保护机制、改变端口的标识等。这一机制是通过 link summary messages 来实现的。

（3）链路连通性验证

链路连通性验证可以用于数据链路的物理连通性检查，也可用于交换链路标识（用在 RSVP-TE 和 CR-LDP 的信令中）。通过 Ping-type Test messages 来检查链路的连通性，与 LMP 的其他消息在控制通道上传输不同，这些消息是在数据链路上传输的。

（4）错误定位

错误定位或隔离对操作员来说是非常必须的，因为在出现故障时，他们需要准确知道哪儿出了问题。错误定位机制也可用于支持一些特点的本地保护/恢复机制。

当检测到数据链路出错时，节点向它的上游邻居节点发送一条通道失败的消息，上游节点收到通道失败消息就会检查使用这条（些）链路的 LSP 的入口和出口是否出错。如果是入口出错了，则该节点将回一条消息给下游节点，告知下游节点它也发现了错误，同时它会进一步向上游节点发送通道失败消息；如果入口没有出错，则说明在该节点上发生了错误，这样错误就被定位了，它会给下游节点发送一条专门的消息。定位出错误所在地后，就可以通过信令协议进行路径保护/恢复过程了。

5. GMPLS 信令

GMPLS 的信令是对 RSVP-TE 和 CR-LDP 信令的基本功能进行扩展，有些地方再新增一些功能而成。因此，GMPLS 的信令由 3 部分组成：

① ［GMPLS-SIG］

② RSVP-TE 扩展 ［GMPLS-RSVP-TE］

③ CR-LDP 扩展 ［GMPLS-CR-LDP］

下面的这些 MPLS 的特性也同样适用于 GMPLS：

① 下游按需的标签分发（Downstream-on-demand label allocation and distribution.）

② 由 Ingress 开始的顺序控制（ Ingress initiated ordered control.）

③ 自主的或保守的标签保持方式（Liberal （typical），or conservative （could） label retention mode.）

④ 请求、流量、拓扑驱动的标签分发策略（Request，traffic/data，or topology driven label allocation strategy.）

⑤ 显示路由（典型方式）或逐跳路由（可行的）（Explicit routing （typical），or hop-by-hop routing （could）.）

在 MPLS-TE 之上，GMPLS 信令新定义了这样一些构成块：

① 新的 label 请求格式，它包含了 non-PSC 的一些特征（A new label request format to encompass non-PSC characteristics.）

② 用于 non-PSC 接口的 label，被称为 Generalized Label（Labels for non-PSC interfaces，generically known as Generalized Label.）

③ 支持波段交换（Waveband switching support.）

④ 上游对下游的建议 Label（Label suggestion by the upstream for optimization purposes （e.g. latency）.）

⑤ 上游对下游的标签限制（ Label restriction by the upstream to support some optical constraints.）

⑥ 带抢占的双向 LSP 的建立（Bi-directional LSP establishment with contention resolution.)

⑦ 失败时向 ingress 节点快速通知(Rapid failure notification to ingress node.)

⑧ 带显示标签控制的显示路由(Explicit routing with explicit label control for a fine degree of control.)

(1) GMPLS 标签请求

GMPLS 标签请求是新增的一个 object/TLV。GMPLS 标签请求给出了所请求的 LSP 的一些主要特征,如 LSP 编码类型(LSP encoding type)、净荷类型(LSP payload type)、链路保护类型(link protection type)。除了 GMPLS 标签请求外,GMPLS 还定义了专用的 Generalized 标签请求,只有有 Generalized 标签请求能描述的特殊属性时,才用到专用 Generalized 标签请求。

① 标签交换路径的编码类型(LSP encoding type):用于指明请求的 LSP 所用的技术,如以太、SDH、SONET、光纤等。它代表了一条 LSP 的本质,但不代表 LSP 通过的连接的本质,一条连接可能会支持多种编码格式。

② 标签交换路径的净荷类型(LSP payload type):用于识别 LSP 所携带的净荷,必须根据 LSP 的编码技术来进行解释。

③ 链路保护类型(link protection type):用于指出一条 LSP 的每条链路所期望的本地链路保护。

(2) GMPLS 标签

GMPLS 标签是对以往的 MPLS 标签的扩展。

(3) 波段交换

一个波段表示一组连续的波长,它们可以被一起交换到另一个波段,这样可以减少在单个波长上的变形程度。通过定义了一个波段标签来支持波段交换。

(4) 上游节点建议标签

GMPLS 允许上游节点建议标签。

(5) 上游节点限制标签

上游节点可以限制下游节点对标签的选择,通过给出可选的标签值的范围来加以限制。

(6) 双向 LSP

GMPLS 允许建立双向的 LSP。双向的 LSP 在每个方向上具有同样的流量工程需求,包括:fate sharing, protection and restoration, LSRs, and resource requirements (e. g. latency and jitter)。

利用 bi-directional LSP,下游和上游的数据路径(如从发起者到终结者和从终结者到发起者)是用一套单独的信令消息建立的。需要为双向 LSP 分配两个标签。是否建立双向 LSP 是通过在适当的信令消息中是否存在上游标签来判断的。

(7) 双向 LSP 碰撞解析(Contention Resolution)

当在相反的方向上有两条双向 LSP 建立请求时,就可能会出现标签抢占的情况。如果两边几乎在同时分配了同样的资源(端口),就会出现抢占。一般地,ID 大的节点将获得资源。

(8) 错误快速通知

GMPLS 对 RSVP-TE 进行了扩展,定义了 3 种信令,用于当发生错误时,快速通知节点对失败的 LSP 进行恢复和修改错误的处理。

第一个扩展是用于识别时间通知将发向何处;第二个扩展是用于一般的快速时间通知;第

三个扩展是在某些情况下,允许快速删除中间状态。

(9) Explicit 路由和 Explicit 标签控制

LSP 携带的路径可以被一个 more or less precise explicit 路由所控制。有代表性的是,在一个标签路由器头围节点发现一个 more or less precise explicit 路由,并且建立一个保护那条路由的 Explicit Route Object。

(10) LSP 修改 and LSP 重路由

重路由采用 make-before-break 的思想。

LSP 修改用于对 LSP 的一些参数进行修改,但不改变路由。

(11) 路由记录

为了提高已建立的 LSP 的可靠性和便于管理,在 RSVP-TE 中引入了路由记录的思想。它有如下用处:

① 环路检测;

② 记录了最新的路径消息;

③ 可作为显示路由的输入。

在 GMPLS 中,只有 2、3 两项对非 PSC 层有用。

8.5.9　ASON 的应用

1. ASON 的演进策略

根据业务状况,目前城域网对智能光网络的需求更为迫切,在大都市的城域网中尤其是在其核心层引入 ASON,可能要先于长途网中部署 ASON,这是因为在城域网中电路调度频繁、开通时限紧急、电路需求的不确定性很大,而智能光网络的引入能有效地应对这些问题。

对于长途传输网,由于目前多采用环网,环路较长,出现两点故障或多点故障的概率较大,因此可以通过引入智能光网络技术增强网络的生存性,同时提高光通道的调度效率,并提供差异化的长途传输服务。

在长途网中引入 ASON 时,可以考虑“自下而上”的演进策略,也就是说,先在局部网络范围内引入 ASON,然后根据技术发展情况,采用 UNI 接口或 NNI 接口将多个局部 ASON 互连起来,最终实现在整个网络上智能光网络的部署。

在城域网范围内引入 ASON 可以采用“自上而下”的演进策略,也就是说,先在城域骨干层引入 ASON,然后逐步向汇聚层和接入层延伸,最终在整个城域范围内实现智能光网络的部署。

从 SDH 网向智能光网络演进主要包括以下几个步骤。

(1) 在骨干网主要环间节点引入智能节点设备,用于取代多个 ADM 设备,减少环间互连转接,在一般节点仍可采用传统的 ADM 设备。

(2) 使已有的智能节点设备加入智能光网络控制平面,在大节点之间形成智能光网络网状网,同时具有环形和网状恢复功能。

(3) 对一般环间节点加入智能光网络控制平面,扩大智能光网络应用范围。

(4) 在条件成熟时,在主要节点引入具有智能光网络功能的全光交叉连接设备(OXC),已有智能节点设备作为光层和电层的网关存在。

(5) 对于城域网,主要应用在较大城市网中,智能节点设备集骨干、中继层面于一体,减少环间转接,增加网络的灵活性。在城域网中,智能节点设备的智能光网络功能可弱于骨干网。

当然,在引入 ASON 的同时,还必须解决下面的问题。

(1) 如何与传统光网络实现端到端的配置:现有网络存在着大量的传统光传输设备,在新的智能光网络设备引入后必须实现与传统网络的无缝融合,才能在有效保护既有投资的前提下逐步向 ASON 演进。为了更好地实现端到端快速业务配置,如果分属不同厂家智能与非智能子域网络,一种较为现实的方法是将 ASON 网络与传统网络的网管通过 UNI 标准接口对接,这就要求对传统的网管进行升级,支持标准的 UNI 接口。如果两者为同一厂家的智能与非智能子域网络,则可通过集中网管来实现管理或借助智能代理方式。

(2) 网络的稳定性与安全性:网络的安全性与稳定性并不依赖于控制软件,而是对智能光网络提出的一个要求,即控制平面出现故障后不能影响传送平面的业务,而仅仅会影响到保护和恢复机制。在 ASON 部署初期的较长时期,要求设备具备这样的能力,传统的静态配置业务与 ASON 建立的动态业务能够共存,适应 ASON 网络的平滑演进。在分布式网络中,并发操作容易导致资源的同步与抢占问题,因此必须建立一套有效的资源竞争协调机制。

业务网的发展既需要 MSTP,也需要智能光网络,这两条演进路径在第一阶段都只能满足业务网的部分要求,要真正发展成为运营支撑网,传输网还必须同时具备 MSTP 特性和智能光网络功能。

目前,多数运营商已经具备较完善的传送网,其中包括 DXC 设备、ADM 设备,或者各种路由器、数据交换机,各类多业务平台等。在传送网的上层建立一个 ASON 骨干网可以大大提高业务的生存性,增加网络疏导能力与经济效益。

第一种可能的策略是建立一个智能光网络的平台,所有原来的节点资源全部接入到智能光网络的节点。第二种可能的策略是运营商在已有的网络上以 ASON 为目标开展相应的技术改造,逐步走向智能化。做法比较多的有:购买模块逐步叠加的设备产品;采用智能化的多业务平台(MSTP),在网络建设初期形成一种智能化“岛”,再逐步辐射。对运营商而言,切入 ASON 可以从骨干网络开始,也可以从汇聚层面着手;可以开始就建立骨干性质的 ASON 平台,也可以在已有的网络节点设备基础上逐步扩大 ASON 的成分。

在运营网中引入智能光网络是一个渐进过程,必须对各方面进行细致、认真的研究,才能保证网络的平稳过渡。目前,业界的普遍看法是按照骨干→汇聚→接入层发展模式进行网络智能化演进,最终智能光网络将应用于长途传输网到城域网的各层传输网中。

首先,在骨干网的主要环间节点引入大容量智能光交换节点设备,取代堆叠的多个 ADM设备,减少环间的互连转接;其次,在已有的智能节点设备上引入智能光网络控制平面,并在大节点之间形成网状网,使传输网络同时具有环形和网状恢复功能;最后,对一般环间节点加入智能光网络控制平面,扩大智能光网络的应用范围。

2. ASON 的应用

在深刻认识传输网 MSTP＋ASON 发展趋势的基础上,华为公司于 2001 年成立 OSN 项目,2003 年 10 月份开始提供从骨干层到接入层的智能光网络设备,这也是业界首次推出的全系列智能光网络设备,并在此基础上为运营商提供全网智能和全业务承载方案。

如图 8-43 所示,华为 OSN 系列产品面向智能光网络设计,全面兼容未来业务的发展,该系列产品包括智能光交换设备 OSN9500、智能 MSTP 设备 OSN3500/2500/1500。

如图 8-44 所示,OSN 系列与传统的 MSTP 设备 Metro 5000/3000/1000 可以实现统一的业务互动和网络管理。一种现实的方案是基于 NMS 集成,将 OSN 产品组成的智能子域与MSTP 组成的非智能子域按 NMS 的单域集中路由处理,NMS 维护全网路由信息,对端到端的业务进行集中路由处理,智能子域可以施加 MESH 保护和恢复机制。

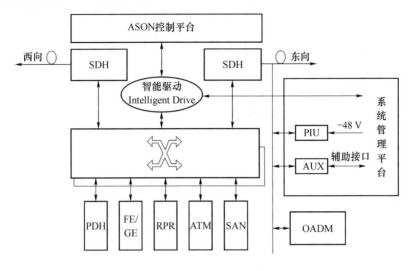

图 8-43　OSN 产品系统结构

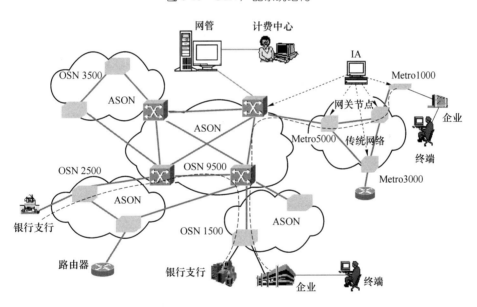

图 8-44　OSN 智能光网络解决方案

骨干层关注业务疏导和网络安全,可率先在骨干层引入智能光网络特性。随着业务多样化和融合的传输需求,边缘层关注多业务承载和带宽效率,因此边缘层首先需解决多业务的连接性问题,其次采用 MPLS 实现数据业务的动态传输,叠加智能平台,实现多业务的动态传输和带宽资源的有效利用,最终通过 UNI 接口实现客户与网络互动。

在网络发展的不同时期,OSN 系列产品可通过不同的模块而呈现出不同的设备形态。在发展初期,它可作为 SDH 设备或者 MSTP 设备使用,并可与华为 Metro 系列设备混合组网,提供完善的 MSTP 解决方案,可通过统一的网管系统进行配置和管理。随着业务发展的需要,OSN 可通过软件加载升级为智能光网络设备提供全网络智能化解决方案。

智能光网络的技术发展很可能需要多年的时间来逐步发展,从标准进展来看,运营商最需要的智能特性和功能已经成熟。运营商可选择成熟的具备智能平台的光网络设备,从骨干层开始逐步引入智能特性。首先组建具备 MSTP 功能的多业务综合传输骨干,随后根据业务发展(数据业务超过 40% 以后)选择合适的时机加载智能控制平面,引入智能特性,完成骨干层的智能化。在骨干层智能化完成以后,逐步将这种演进向汇聚层和接入层扩展,完成整个网络的智能化和多业务承载。

复习思考题

1. 请简述 MSTP 的定义和主要特征。
2. 请简述两种 GFP 映射方式的含义和区别。
3. 请简述虚级联的主要作用。
4. 请简述 LCAS 的调整过程。
5. 请简述吞吐量、丢帧率、传输时延、时延抖动的含义。
6. 请简述永久连接、软永久连接和交换连接的建立过程。

第 9 章

PTN技术

9.1 PTN 技术概述

在移动业务 IP 化趋势下,城域传送网将由现有的 TDM 业务逐渐转向承载 FE/GE 的 IP 业务。全业务的爆发导致城域传输网不仅需承载 2G/3G 语音和数据业务,还需承载集团客户和家庭业务,面临着海量带宽的承载压力。然而,国内运营商目前主要采用城域传送网 MSTP/SDH,承载以小颗粒 TDM 业务为主的 2G 基站和少量集团客户业务,缺乏集团客户和家庭业务,城域数据网规模较小,显然难以满足日益发展的城域网发展需求。传统的城域传输技术(如 MSTP)是以电路交换为核心,承载 IP 业务效率低,带宽独占,调度灵活性差;而 MPLS 网络保护、组大网能力弱,网络管理手段缺乏,多业务承载和同步传送能力差;Ethernet 组网成本优势明显,但在网络保护、QoS、OAM、网络管理等方面都存在明显缺陷。因此,城域网需要采用灵活、高效和低成本的分组传送平台来实现全业务统一承载和网络融合,分组传送网(PTN)技术由此应运而生。

PTN 技术是 IP/MPLS、以太网和传送网三种技术相结合的产物,具有面向连接的传送特征,适用于承载电信运营商的无线回传网络、以太网专线、L2VPN 以及 IPTV 等高品质的多媒体数据业务。为了支持具有不同服务需求的业务,传送网络必须能够区分出不同的业务类型,进而为之提供相应等级的服务。

9.1.1 PTN 定义与原理

传统通信网络为每种业务建设专用的业务平台,业务资源难以融合、共享,运营商必须同时维护多个业务平台,造成建网成本和维护资源的双重浪费。随着 IP 类应用的不断推广,特别是客户终端的 IP 化以及多种基于以太网的业务的出现,目前传送网中承载的流量绝大多数是分组业务,这为运营商提供了技术转型和发展的战略机遇。业务发展驱动网络转型与融合的态势如图 9-1 所示,光网络如何发展以及适应网络 IP 演进成为业界讨论焦点。

Heavy Reading 最近一份针对下一代组网技术的主要驱动因素对全球 60 个主流运营商进行的调查结果显示,三重播放、电信级以太网/可管理的 VPN、VoIP、高速因特网接入和 3G 等应用位于前列,这表明了业务承载的 IP 化趋势已经在业内形成共识,未来的光传输网络将主要负责 IP/以太网流量的传送,为分组的流量特征而优化,向着智能的、融合的、宽带的、综合的方向发展。分组传送网(PTN)的概念就是在这样的背景下应运而生的。

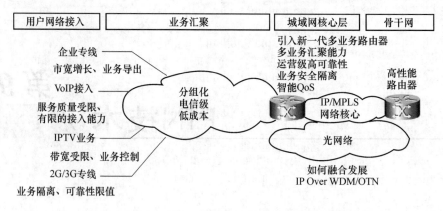

MPLS:多协议标签交换　OTN:光传送网　QoS:服务质量　WDM:波分复用

图 9-1　业务发展驱动网络转型与融合

PTN 是指这样一种光传送网络架构和具体技术:在 IP 业务和底层光传输媒质之间设置了一个层面,它针对分组业务流量的突发性和统计复用传送的要求而设计,以分组业务为核心并支持多业务提供,具有更低的总体使用成本(TCO),同时秉承光传输的传统优势,包括高可用性和可靠性、高效的带宽管理机制和流量工程、便捷的 OAM 和网管、可扩展、较高的安全性等。

PTN 支持多种基于分组交换业务的双向点对点连接通道,具有适合 PTN 各种粗细颗粒业务、端到端的组网能力,提供了更加适合于 IP 业务特性的"柔性"传输管道;具备丰富的保护方式,遇到网络故障时能够实现基于 50 ms 的电信级业务保护倒换,实现传输级别的业务保护和恢复;继承了 SDH 技术的操作、管理和维护机制,具有点对点连接的完美 OAM 体系,保证网络具备保护切换、错误检测和通道监控能力;完成了与 IP/MPLS 多种方式的互连互通,无缝承载核心 IP 业务;网管系统可以控制连接信道的建立和设置,实现了业务 QoS 的区分和保证,灵活提供 SLA 等优点。

另外,它可利用各种底层传输通道(如 SDH/Ethernet/OTN)。总之,它具有完善的 OAM 机制、精确的故障定位和严格的业务隔离功能,最大限度地管理和利用光纤资源,保证了业务安全性,在结合 GMPLS 后,可实现资源的自动配置及网状网的高生存性。

PTN 作为传送网技术,最低的每比特传送成本依然是最核心的要求,高可靠性、多业务同时基于分组业务特征而优化、可确定的服务质量、强大的 OAM 机制和网管能力等依然是其核心技术特征。在现有的技术条件和业务环境下,新建 PTN 层需要解决以下一些关键的技术问题。

(1) 在网络中的定位。PTN 应该为 L3/L2 乃至 L1 用户提供符合 IP 流量特征而优化的传送层服务,往下可以构建在各种光/L1/以太网物理层之上。

(2) 承载的业务。PTN 应承载以 IP 为主的各类现有业务,包括以太帧、MPLS(IP)、ATMVP 和 VC、PDH、FR 等。其中,PTN 层面如何与 MPLS 核心网互通是最关键的问题。

(3) 网络架构。PTN 应该具有分层的网络体系架构,例如,划分为段、通道和电路各个层面,每一层的功能定义完善,各层之间的相互接口关系明确清晰,使得网络具有较强的扩展性,适合大规模组网。

(4) 设备形态。PTN 需要定义功能具体的设备形态,同时明确各种设备在网络中的位置以及所扮演的角色,从而便于产品的开发及组建实际网络。

(5) 业务服务质量(QoS)。要求确保 IP 业务电信级 QoS,将 SDH 和 ATM/IP 技术中的带宽保证、优先级划分、同步等技术和概念结合起来,实现承载在 IP 之上的 QoS 敏感业务的有效传送。

9.1.2　PTN 的技术特点

PTN 是基于分组交换的、面向连接的多业务统一传送技术,是传送技术和数据技术结合的产物,不仅能较好地承载电信级以太网业务,满足标准化业务、高可靠性、灵活扩展性、严格服务质量(QoS)和完善的运行管理维护(OAM)等五个基本属性,而且兼顾了支持传统的TDM 和 ATM 业务,继承了 SDH 网管的图形化界面、端到端配置等管理功能。目前,PTN 主要应用在城域网范围,主要承载移动回传、企事业专线/专网等 QoS 要求的业务,实现我国运营商城域传送网从 TDM 向分组化的逐步演进。

1. 技术层面的特点

传统意义上,在物理媒介层,如光纤等,和来自客户的业务层之间存在的传送设备的功能结构是以固定的时隙交换、波长交换或者空分交换为基础的,如现有的设备形态,PDH、SDH/SONET、OTN、ROADM 均是如此,采用固定式交换的基本前提是业务是基于 PSTN 时代的64 kbit/s 基本单元,在现在分组化盛行的时代,显然不能很好地适应,由此导致技术上倾向于采用分组交换的交换/转发内核,同时依然符合 ITU-TG.805 传送网设备功能结构的一般要求,即 PTN 设备。

PTN 正是在对移动传送网络需求高度理解的基础上应运而生的技术,它既融合了 IP 的灵活性,又继承了传统 SDH 的保护、OAM 管理、同步等特性,是真正电信级、高性价比、面向未来演进的分组传送技术。

(1) “传送”特性

① 类 SDH 的保护机制:快速、丰富,从业务接入到网络侧以及设备级的完整保护方案。

② 类 SDH 的丰富 OAM 维护手段。

③ 综合的接入能力。

④ 完整的时钟/时间同步方案。

PTN 设备保持了传送网络的一般特征。如强大的、分层的 OAM 能力和可维护性,优异的同步性能,关键部件的 1+1 备份带来的高可靠性,低于 50 ms 的保护,端到端的 QoS 保证,多业务支持,强大的拓扑、业务、带宽、节点、告警,性能的管理能力和业务安全性。

(2) “分组”特性

① 纯分组内核,灵活性和扩展性强:支持海量用户业务,包括商业、信息、通信、娱乐应用,包含语音、视频以及数据业务等。

② 在多样化的物理基础网络上通过不同的提供商,提供从接入、城域、国干到全球业务。

③ 扩展性,带宽从 1 Mbit/s 到 10 Mbit/s 及以上。

④ 端到端高质量 QoS 保证。

PTN 设备针对分组业务流的突发性,能够采用统计复用的方法进行传送,在保证各优先级业务的 CIR(Committed InformationRate)的前提下,对空闲带宽按照优先级和 EIR(Excess InformationRate)进行合理的分配,既能满足高优先级业务的性能要求,又能尽可能充分共享未用带宽,解决了 TDM 交换时代带宽无法共享、无法有效支持突发业务的根本缺陷。PTN

设备的分组转发平面并没有特立于数据网络的数据转发平面,而是充分利用了成熟的数据二三层技术,实现设备无阻塞的数据报文转发能力。

2. 网络运营层面的特点

现在运营商运维的网络主要以技术类型划分,如数据网、电信传输网、ATM 网等,从广义上讲,每种类型都能承担一些特定类型业务的传送任务,但是因为每一种网络类型都是完全不同的技术和运维办法,因此分割了运营商有限的人力和资金。若开通某些业务,如果需要跨过不同的网络,因为网络层次很多,维护甚至业务开通都会成为麻烦的问题,因此不可能把每种网络都建好管好,且此时如果只建一种网络就会失去提供某些应用的可能,落后于竞争对手。

现在 PTN 网络提供了一个性能最好,兼容以太、ATM、SDH、PDH、PPP/HDLC、帧中继等各种技术的统一的传送平台,消除了网络建设类型的多样性,代之以接口类型的多样性。原有的网络设备,如 ATM 交换机、以太交换机、PDH 光端机,可以通过 PTN 网络互连在一起,也可以被 PTN 的 ATM 接口、以太接口、PDH 接口直接替换。PTN 设备的接口速率除了传统的 2 Mbit/s、155 Mbit/s,主要是千兆以太和万兆以太,因此可以明显降低每 Mbit 的传送成本,并且由于技术的进步,端口密度、设备容量体积比大大增加,而耗电量明显降低。

PTN 技术的妙处在于完美地结合了数据技术与传输技术,来自数据方面的大容量分组交换/标签交换技术、QoS 技术,来自传送的 OAM 管理、50 ms 保护和同步,可以使运营商的基础网络设施获得最大的技术优势,增强未来快速部署新应用的灵活性和降低成本,同时可以最大程度的利用现有网络,保护运营商的已有资产。

如果将 PTN 的 LSP/PW 与 SDH 基于 VC 的高阶通道和低阶通道做类比联系起来,PW 就类似于低阶通道,它的作用就是对客户业务的封装,并且作为低阶的业务指示,方便在高阶的层面复用,而 LSP 非常类似高阶通道,可以承载多条 PW 到达同一个目的站点。对于熟悉传送网的运维人员来讲,LSP 和 PW 可以看作是更灵活的高低阶通道,该通道的带宽是可大可小的,但是端到端的故障管理和告警,如 AIS、RDI、CSF,以及性能上报,都是和 SDH 一样的,并且增加了丢包/时延性能检测、测试、锁定、环回等增强的 OAM 功能,方便操作者发现和定位故障。

相比数据网络,PTN 同步特性可以提供高精度的频率和时间输出,满足无线网络严格的时钟要求,对 VoIP、实时视频等业务有优异的性能保证。PTN 强调手工指配,不依赖于路由、信令等灵活同时也难以排错的动态网络协议,在全网范围内可以很方便地开通端到端不同业务类型的点对点、点对多点和多点对多点连接,可以通过轻点鼠标查找业务路径、带宽、保护、告警、性能和该业务相关的上下层信息。

PTN 作为具有分组和传送双重属性的综合传送网技术,目前已成为 3G/LTE 时代 IP 化移动回传网的主流解决方案。这在很大程度上得力于以下技术优势的支撑。

(1) PTN 采用基于路由器架构的分组内核,拥有大容量的无阻塞信元交换单元,通过引入面向连接技术 MPLS-TP,实现了 IP 业务路径带宽规划和灵活高效的传送;实现了类 SDH 的路径监控和保护、可靠传送和高效运维管理,延续了原 SDH 网络在运维时的客户体验。

(2) PTN 通过 MPLS PWE3 技术,支持 TDM E1、ATM IMA E1、IP over E1 等多种模式 E1 业务的承载,满足传统 2G 基站(TDM)、3G 基站(ATM IMA 或纯 IP 接口)回传,LTE 的多业务接入需求。

(3) PTN 设备支持 IP 同步和 1588V2,满足 GSM 时钟传递及 TD-SCDMA 和 LTE 的高精度时间同步要求,避免了对卫星系统 GPS/北斗的依赖。

（4）PTN 拥有类 SDH 的强大网管：全网拓扑监控、端到端业务点击配置、端到端业务性能和告警监控、网络流量预警等功能，是分组设备的电信级网管。

目前，PTN 主要应用在城域网范围，主要承载移动回传、企事业专线/专网等 QoS 要求的业务，实现我国运营商城域传送网从 TDM 向分组化的逐步演进。在我国运营商的城域网中，PTN 技术主要定位于城域的汇聚接入层，解决以下需求。

（1）多业务承载：无线基站回传的 TDM/ATM 以及今后的以太网业务、企事业和家庭用户的以太网业务。

（2）业务模型：城域的业务流向大多是从业务接入节点到核心/汇聚层的业务控制和交换节点，为点到点（P2P）和点到多点（P2MP）汇聚模型，业务路由相对确定，因此中间节点不需要路由功能。

（3）严格的 QoS：TDM/ATM 和高等级数据业务需要低时延、低抖动和带宽保证，而宽带数据业务峰值流量大且突发性强，要求具有流分类、带宽管理、优先级调度和拥塞控制等 QoS 能力。

（4）电信级可靠性：需要可靠的、面向连接的电信级承载，提供端到端的 OAM 能力和网络快速保护能力。

（5）网络成本控制和扩展性：我国许多大中型城市都有几千个业务接入点和上百个业务汇聚节点，因此要求网络具有低成本、统一管理和可维护性，同时在城域范围内业务分布密集且广泛，要求具有较强的网络扩展性。

总之，PTN 不仅继承了 SDH/MSTP 良好的组网、保护和可运维能力，又利用 IP 化的内核提供了完善的弹性带宽分配、统计复用和差异化服务能力，能为以太网、TDM 和 ATM 等业务提供丰富的客户侧接口，非常适合于高等级、小颗粒业务的灵活接入、汇聚收敛和统计复用。而 PTN 能提供的最大速率网络侧接口只有 10 GE（万兆以太网）接口，以其组建骨干层以上网络显然无法满足当前业务带宽爆炸性增长的需求。因此，PTN 定位于城域汇聚接入层网络，未来可与由 DWDM/OTN 设备组建的具备超大带宽传送能力的城域核心骨干层网络和由 PON 设备组建的侧重于密集型普通用户接入的全业务接入网络共同构成城域传送网的主体。

9.1.3　PTN 的分层结构

理想光传送网 IP over WDM 方案是 IP 分组通过简单的封装适配直接架构在智能的光层之上，适配层功能尽量简化，从而限制在接口信号格式的范围内，然后由统一的控制平面在所有层面上（分组、电路、波长、波带、光纤等）实现最高效率的光纤带宽资源调度。这一目标很早就已明确，但其技术的成熟还有待时日。由于光层智能化技术、分组 TDM 仿真和生存性机制还远未成熟，现在就彻底抛弃电路层的绝大多数功能将会使得网络过分依赖 IP 层，导致 IP 设备过分庞大，总体成本居高不下。所以在经济有效的光层带宽复用和调度技术出现之前，仍然需要一个智能的传送层面将各类业务高效、灵活地填充到光纤巨大的带宽通道中去，IP 与光层的融合焦点依然是承载效率和业务的可靠性、可管理性和扩展性。

目前 PTN 技术主要定位于城域的汇聚接入层，为 3 层/2 层乃至 1 层用户提供符合 IP 流量特征而优化的传送层服务，往下可以构建在各种光/以太网物理层之上。PTN 要求具有分层的网络体系架构，可以划分为段、通道和电路各个层面，每一层的功能定义完善，各层之间的相互接口关系明确清晰，使得网络具有较强的扩展性，适合大规模组网。如图 9-2 所示为 PTN 的网络架构。

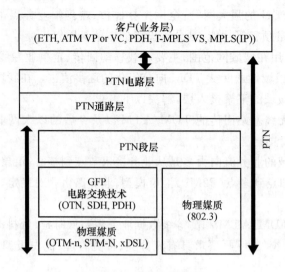

图 9-2 PTN 的网络架构

分组传送网络包括 3 个 PTN 层网络,如图 9-3 所示。它们分别是 PTN 电路层(PTC)网络、PTN 通路层(PTP)网络和 PTN 段层(PTS)网络。PTN 的底层是物理媒介层网络,其通过 GFP 架构在 OTN、SDH 和 PDH 等物理媒介上。可采用 IEEE 802.3 以太网技术或 SDH、光传送网(OTN)等面向连接的电路交换(CO-CS)技术。

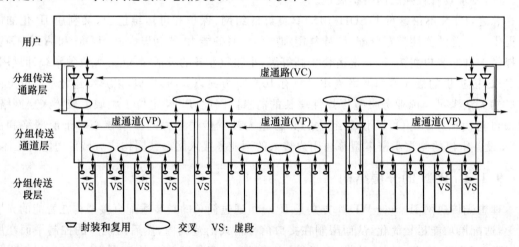

图 9-3 PTN 网络分层结构模型

分组传送网分为以下三个子层。

(1) 分组传送通路层(PTC,Packet Transport Channel),其封装客户信号进虚通路(VC),并传送虚通路,即提供客户信号端到端的传送,即端到端 OAM,端到端性能监控和端到端的保护。

(2) 分组传送通道层(PTP,Packet Transport Path),其封装和复用虚通路进虚通道,并传送和交换虚通道(VP),提供多个虚通路业务的汇聚和可扩展性(分域、保护、恢复、OAM)。

(3) 传送网络传输媒介层,包括分组传送段层(PTS,Packet Transport Section)和物理媒质。段层提供了虚拟段信号的 OAM 功能。

客户层业务(以太网、IP、TDM 或其他 T-MPLS 信号)从以太网电路层(EHC)或 TMC 适配到 T-MPLS 传送单元(TTM)中传送,物理层可以是任意物理媒质。TMC 层的连接跨越整个网络,关注端到端业务的 SLA(Service Level Agreement)实现和 Hard-QoS 服务,它与业务是一一对应的关系,其交换行为发生在接入/城域边缘和城域/核心网边缘设备上;TMP 连接的覆盖范围是单个网络域,关注汇聚、可扩展性和业务生存性,多个 TMC 映射到一个 TMP 实体,其交换行为发生在该网络中的每个中间节点上。

　　在该 PTN 架构方式中,Ethernet、ATM 等传统的传送方式都可以作为客户层的信号直接承载在 PTN 网络之上,在客户层信号的下方,目前 PTN 技术仍然仿照 SDH 技术的承载方式设置了通道层和段层。与传统承载技术所不同的是,PTN 段层可以直接承载在物理媒质之上,而不需要通过 GFP 等协议再进行适配,省省了很多开销。

　　PTN 结合了 SDH 和传统以太网的优点,一方面它继承了 SDH 传送网开销字节丰富的优点,具有和 SDH 非常相似的分层模型(图 9-4),具备很强的网络 OAM 能力;另一方面,它又具备分组的内核,能够实现高效的 IP 包交换和统计复用。

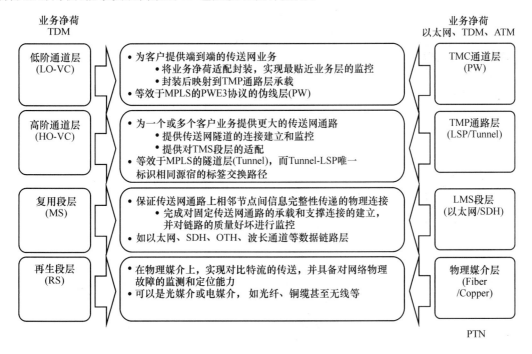

图 9-4　PTN 与 SDH 技术分层模型对比

9.1.4　PTN 的功能平面

　　参考目前 ITU-T 组织专家较为倾向的意见,针对一般意义上的 PTN 可以参照 ASON/GMPLS 构架分为三个平面,即传送平面、管理平面和控制平面,PTN 三层架构模型如图 9-5 所示。

1. 传送平面

　　传送平面是目前研究最成熟的功能平面,在传送平面的研究中,重点是二层和三层数据的统一分组承载技术。包括:基于分组传送的分层用户-服务器模型(包括传送网服务连接、传送网干线连接和传送网物理连接监测);基于 PTN 隧道的光分组传送网结构(总体结构、节点体系结构、节点单元技术等)。统一承载 PTN 操作独立于业务应用(IP/MPLS、ATM、二层业务)的传输接入机制；支持面向业务或资源性能的流量工程传送面机制；多层、多域的传输组网方案。

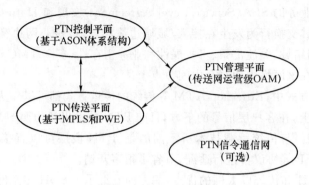

图 9-5   PTN 三层构架模型

传送平面提供两点之间的双向或单向的用户分组信息传送，也可以提供控制和网络管理信息的传送，并提供信息传送过程中的 OAM 和保护恢复功能，即传送平面完成分组信号的传输、复用、配置保护倒换和交叉连接等功能，并确保所传信号的可靠性。

传送平面采用上述分层结构，其数据转发是基于标签进行的，其由标签组成端到端的路径。其数据转发过程如图 9-6 所示。

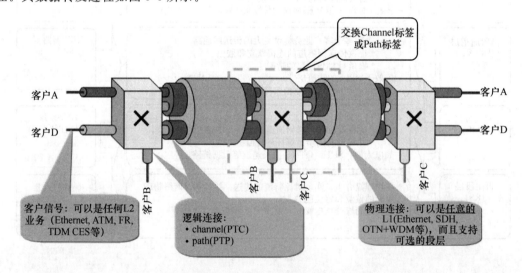

图 9-6   PTN 的数据转发

不同的实现技术采用的分组传送标签不同，T-MPLS 采用 20 bit 的 MPLS 标签，PBB-TE 采用目的 MAC 地址＋VLAN 的 60 bit 的标签，PVT 技术采用 12 bit 的 VLAN ID 作为标签，也可以采用 24 bit 的两层 VLAN ID 作为标签。

客户信号通过分组传送标签封装，加上 PTC 标签，形成分组传送通路（PTC），多个 PTC 复用成分组传送通道（PTP），再通过 GFP 封装到 SDH、OTN，或封装到以太网物理层进行传送。网络中间节点交换 PTC 或 PTP 标签，建立标签转发路径，客户信号在标签转发路径中进行传送。分组传送网的数据平面的数据封装过程如图 9-7 所示。

2. 管理平面

管理平面是分组传送网络的重要组成部分，OAM 功能是体现 T-MPLS 网络优势的关键部分。研究的重点是增强分组传输 OAM 功能的管理平面总体结构和功能体系，基于管理平面和数据平面分割以及多层嵌套 OAM 的管理面体系；同时还要研究管理平面与控制平面间的 OAM 信息交互与功能协调。

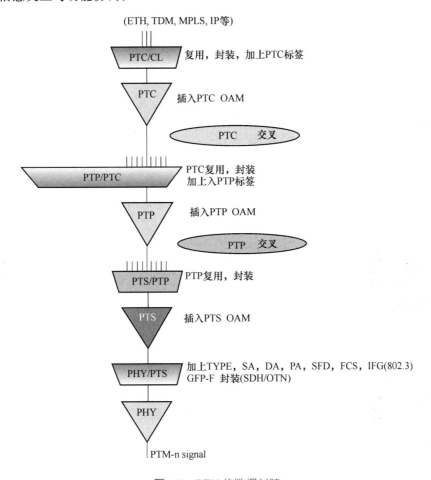

图 9-7　PTN 的数据封装

管理平面执行传送平面、控制平面以及整个系统的管理功能，它同时提供这些平面之间的协同操作。管理平面执行的功能包括：性能管理、故障管理、配置管理、计费管理、安全管理。

管理系统的总体结构如图 9-8 所示。

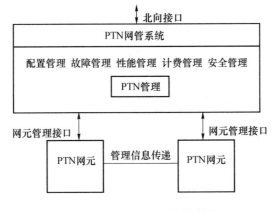

图 9-8　PTN 管理平面总体结构

(1) 性能管理

网管系统应能按指定的性能参数和收集周期进行收集,网管系统应支持的 PTN 性能包括:

① 帧丢失(Packet Loss);

② 帧丢失率(Packet Loss Ratio);

③ 误码秒(ES);

④ 严重误码秒(SES);

⑤ 不可用秒(UAS);

⑥ 单程帧时延(One Way Packet Delay);

⑦ 双程帧时延(Two Way Packet Delay);

⑧ 帧时延变化(Packet Delay Variation)。

(2) 故障管理

网管系统应实时收集网元发出的告警信息,并自动更新当前告警列表。网管系统应支持的 PTN 告警包括:

① 连续性丢失(LOC,Loss of Continuity);

② 错误合并(Mismerge);

③ 异常 MEP(Unexpected MEP);

④ 异常周期(Unexpected Period);

⑤ 告警指示信号(AIS);

⑥ 远端缺陷指示(RDI);

⑦ 客户信号失效(CSF,Client Signal Fail)。

(3) 配置管理

配置管理包括指配功能、端到端业务管理、保护倒换管理等。

① 指配功能

• OAM 使能和指配,提供 PTC、PTP、PTS 等层管理实体组(MEG)的 OAM 使能和指配功能;

• 业务接口指配,提供对 UNI、NNI 接口的接口属性管理;

• 业务指配,提供以太网 EVC 业务指配功能,包括 E-Line、E-LAN 和 E-Tree 业务;

• TDM 业务指配;

• 时钟指配;

• 保护指配。

② 业务端到端管理

• 客户业务端到端管理,包括以太网 EVC 业务、TDM 业务等;

• PTN 层端到端管理,包括 PTC、PTP、PTS 等;

• 业务创建、激活、去激活、修改、查询、删除功能。

③ 保护倒换管理

a. 网络保护倒换,包括 PTN 线性保护和环网保护,支持的保护倒换操作包括:

• 保护闭锁

• 强制倒换

• 手工倒换

• 清除倒换

网管系统应能查询网络保护的当前倒换状态功能。

b. 设备冗余保护倒换,包括主控、时钟、交换、支路等单元的冗余保护倒换等。

(4) 计费管理

网管系统应提供计费所需的各项原始性能数据给计费软件进行计费。

(5) 安全管理

网管系统应能按系统功能和管理域细分操作权限,并提供用户安全管理和日志管理功能。

3. 控制平面

控制平面是分组传送网络传输功能的核心与集中体现。在控制平面的研究中,重点研究接入控制与传输控制分离的控制平面,包括:控制面体系,接入控制与传输控制功能模块的协调;重点研究面向 GMPLS 控制和 CII(公共互通指示器)控制的网络接入控制功能体系,具体包括鉴定、寻址和信令三部分;研究传输控制的路由协议与信令系统、动态选路与连接类型、多归属环境中的连接管理。

分组传送网的控制平面由提供路由和信令等特定功能的一组控制元件组成,并由一个信令网支撑。控制平面元件之间的互操作性以及元件之间通信需要的信息流可通过接口获得。控制平面的主要功能包括:通过信令支持建立、拆除和维护端到端连接的能力,通过选路为连接选择合适的路由;网络发生故障时,执行保护和恢复功能;自动发现邻接关系和链路信息,发布链路状态(如可用容量以及故障等)信息以支持连接建立、拆除和恢复。控制平面结构不应限制连接控制的实现方式,如集中的或全分布的。

控制平面采用 ASON/GMPLS 或 GELS 等技术。

数据通信网(DCN)是为网络提供管理信息和控制消息的传送通道。

将来的业务模式由 TDM＋数据业务逐渐向全数据业务演进的较长一段时期内,传送网络将由电路传送网络(PDH、SDH、WDM 和 OTN)和分组传送网络共同构成。对新兴的电路/分组混合传送网络的运行、管理、生存性、控制和管理与传统电路传送网络相同。电路/分组传送网络具有一个通用的管理平面、控制平面、生存性方法和 OAM 工具。如图 9-9 所示,这四个通用模块位于两个基本的转发实体(分组转发和电路转发)之上,每个转发实体具有其特定的帧格式、封装格式以及转发机制。

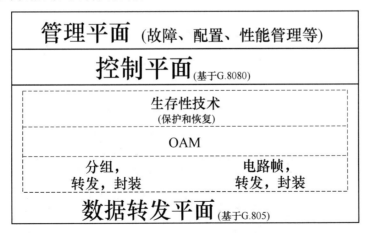

图 9-9　传送网络的管理平面、传送平面和控制平面

4. 信令通信网功能

分组传送网络可以使用带内信令,亦可采用带外信令,所以在该网络中信令通信网(SCN)

是可选的。带外信令的好处是信令网与数据网独立,传输时互不干扰,不存在严重的信令包延时和阻塞问题。而带内信令则更适应分组传输的特殊性,例如,可以利用带内信令进行数据信道连通性检验,从而为网络的运行状况提供一定参考。具体从工程应用来说,运营商还需结合不同的组网情况来进行信令传输方式的选择。

9.2 PTN 的关键技术

9.2.1 面向连接和统计复用

分组传送网的数据转发是基于传送标签进行的,其由标签标识端到端的路径,通过分组交换支持分组业务的统计复用。

在分组传送网中,在传送分组数据之前,在网络设备之间先要建立端到端可靠的连接,然后在连接的支持下进行分组传送,操作完成后必须释放连接。面向连接的操作为两个节点提供的是可靠的信息传输服务。

在分组传送网中,由于采用面向连接,分组数据传输的收发数据顺序不变。

9.2.2 分组传送网的可扩展性技术

分组传送网通过分层和分域来提供可扩展性,通过分层提供不同层次信号的灵活交换和传送,同时其可以架构在不同的传送技术上,如 SDH、OTN 或者以太网上。这种分层的模型摒弃了传统面向传输的网络概念,适于以业务为中心的现在网络概念。分层模型不仅使分组传送网成为独立于业务和应用的、灵活可靠的、低成本的传送平台,还可以适应各式各样的业务和应用需求,而且有利于传送网本身逐渐演进为赢利的业务网。

网络分层后,每一层网络依然比较复杂,地理上可能覆盖很大的范围,在分层的基础上,可以将分组传送网划分为若干个分离的部分,即分域(分割)。一个全世界范围的分组传送网络可以划分成多个小的分组传送网络的子网。整个网络中又可以按照运营商来分域(分割),大的域可能又由多个小的子域构成。分组传送网的分层和分域如图 9-10 所示。

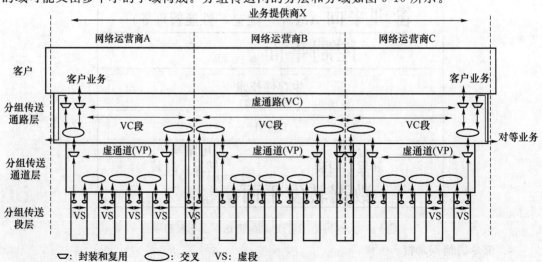

图 9-10 分组传送网的分层和分域

9.2.3　分组传送网的 OAM 技术

PTN 网络的 PTC、PTP 和 PTS 层每层都提供信号的操作维护功能,在相应的层加上 OAM 帧进行操作维护。PTN 的分层 OAM 和 OAM 帧的插入如图 9-11 所示。

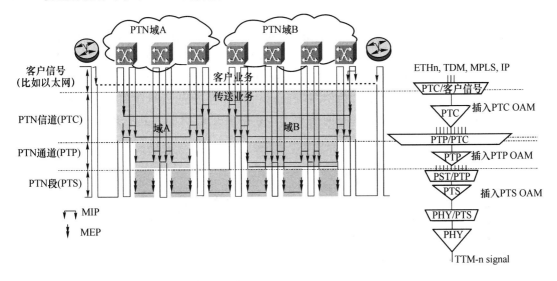

图 9-11　PTN 的分层 OAM 和 OAM 帧的插入

MEP 为管理实体组的边界节点,其标识 OAM 管理实体的源端和终端。

MIP 为管理实体组的中间节点,其标识 OAM 管理实体的中间节点。

PTN 定义特殊的 OAM 帧来完成 OAM 功能,主要包括如下功能。

1. 故障相关 OAM 功能

(1) 连续性和连接性检测(CC):通过周期发送 CC 检测报文,检测连接是否正常。

(2) 告警指示信号(AIS):用于在检测到服务层的故障时压制上层告警。

(3) 远端缺陷指示(RDI):用于双向连接网络通知向远端通告本端故障。

(4) 环回(LB):环回,用于双向连通性的验证或者用于双向诊断测试。

(5) 连接踪迹 Linktrace(LT):用于故障定位和拓扑发现。

(6) 锁定 Lock:用于通知一个 MEP,相应的服务层或子层 MEP 出于管理上的需要,已经将正常业务中断。从而,使得该 MEP 可以判断业务中断是预知的,还是由于故障引起的。

(7) 测试 TEST:用于单向测试,如吞吐量等。

(8) 客户信号失效(CSF):用于传递客户信号失效指示。

2. 性能相关 OAM 功能

(1) 帧丢失测量(LM):用于测量丢包率。

(2) 包延时和时延变化测量(DM):用于测量时延和时延变化。

3. 其他 OAM 功能

(1) 自动保护倒换(APS):用于保护倒换。

(2) 管理通信信道(MCC):用于传递管理数据。

(3) 同步状态信息(SSM):用于传递同步信息。

(4) 实验用(EX):在一个管理域内,出于实验的目的发送的帧。

(5) 设备商自定义(VS):用于发送设备提供商特定功能的 OAM 帧。

(6) 信令通信信道(SCC):用于提供控制平面通信。

9.2.4　多业务承载与接入

1. 伪线技术

(1) 伪线

PW 是一种通过 PSN(Packets Switch Network)把一个仿真业务的关键要素从一个 PE 运载到另一个或多个其他 PEs 的机制。通过 PSN 网络上的一个隧道(IP/L2TP/MPLS)对多种业务(ATM、FR、HDLC、PPP、TDM、Ethernet)进行仿真,PSN 可以传输多种业务的数据净荷,把这种方案里使用的隧道定义为伪线(Pseudo Wires)。PW 所承载的内部数据业务对核心网络是不可见的,也可以说,核心网络对 CE 数据流是透明的。其原理示意图如图 9-12 所示。

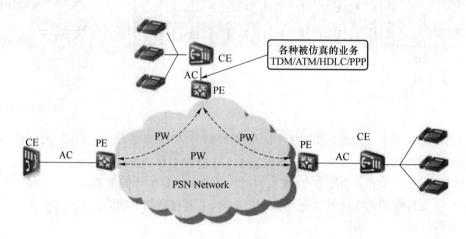

图 9-12　PW 原理示意图

对传统网络业务,PTN 采用端到端的 PW 支持,如 TDM E1、ATM IMA、MLPPP E1 等,通过伪线仿真将这些业务在分组网络上提供继续支持,具备以下特点。

① 采用分组技术搭建面向 ALL IP 的平台,具有更高的网络效率、灵活的调整能力、更好的可扩展性。

② 通过 E2E PW 方式将传统业务在 IP/MPLS 平台上传输,保证网络的平滑演进。

③ 各种数据业务 FR、Ethernet、ATM、HDLC 都可以通过 PW 仿真,并通过 Multi Segment PWs 可以保证 TDM、SONET/SDH 传输的时钟同步。

(2) PWE3

PWE3(端到端伪线仿真)是一种端到端的二层业务承载技术。PWE3 在 PTN 网络中可以真实地模仿 ATM、帧中继、以太网、低速 TDM 电路和 SONET/SDH 等业务的基本行为和特征。PWE3 以 LDP(Label Distribution Protocol)为信令,通过隧道(如 MPLS 隧道)模拟 CE(Customer Edge)端的各种二层业务,如各种二层数据报文、比特流等,使 CE 端的二层数据在网络中透明传递。PWE3 可以将传统的网络与分组交换网络连接起来,实现资源共用和网络的拓展。

1) PWE3 基本框架(见图 9-13)

• PE(Provider Edge):服务提供商网络设备。

- CE(Customer Edge)：客户端边缘设备。
- PSN Tunnel(Packet Switched Network Tunnel)：分组交换网络隧道。
- PW(Pseudo-Wire)：伪线表示端到端的连接，通过 Tunnel 隧道承载；PTN 内部网络不可见伪线。

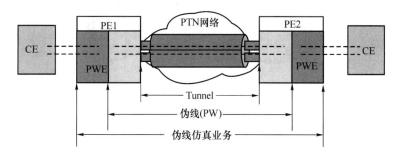

图 9-13　PWE3 基本框架

本地数据报表现为伪线端业务(PWES)，经封装为 PW PDU 之后传送；边缘设备 PE 执行端业务的封装/解封装，客户设备 CE 感觉不到核心网络的存在，认为处理的业务都是本地业务。通过 PW 可以在入口和出口之间的路径或隧道上承载来自 AC(CE 和 PE 之间的独立的链路或电路)的特定业务(如 PDU 或 TDM 电路中的比特流)以及在 PW 边界上管理业务相关的信令、定时、包顺序、状态和告警等。利用 PWE3 具有以下技术优势。

① 专线仿真为运营商提供高回报的网络业务。

- 专线的服务质量、安全性广为用户接受，每比特回报高。
- PSN 支持任意长度的网络流，具有执行优化的网络流量工程的能力，并对网络业务流具有分类、执行流量管理控制和按 QoS 优先等级的保障机制。

② 通用标签，提供统一的多业务网络数据传送平台，减少运营费用。

- PWE3 可使多业务汇聚到统一的 PSN；在 PSN 上提供统一适配，仿真 FR、Ethernet、ATM、TDM 等传统的 L1 和 L2 层专线业务。
- 运营商希望不同业务均能以统一的方式会聚，减少网络数量、配置维护的复杂度和链路上的费用。

③ 保护投资，提供网络业务的前后向兼容性。

- PSN 需要使用 PW 与现有巨大的非 IP/MPLS 网络设备后向兼容。
- 可灵活支持新业务，是 L2/L3 层间业务会聚的基础单元。

2）典型应用

如图 9-14 所示，运营商建立了一个全国骨干网，提供了 PWE3 业务。一客户有两个分部，分别分布在 A 市、B 市，A 市分部 1 通过以太网接入运营商的骨干网，B 市分部 2 通过 ATM 接入运营商的骨干网。运营商可以在两个接入点 A 市的 PE1 与 B 市的 PE2 之间建立 PWE3 连接。这样，通过 PWE3，运营商就可以给客户提供跨域广域网的私网点到点业务，不会因为接入方式的不同而作特别的处理。对客户而言，组网简单、方便，不需要改变自己原有的企业网规划；对运营商而言，不需要改变原有的接入方式，能直接将原有的接入方式平滑迁移到 IP 骨干网中。

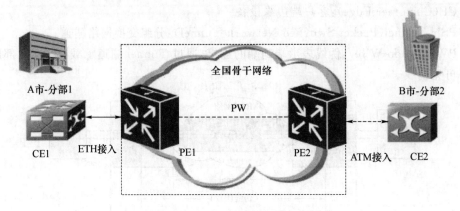

图 9-14　PWE3 典型应用示意图

2. TDM 仿真

分组传送网利用 CES 技术支持 TDM 业务仿真，如果 PTN 架构在 SDH 网络上，也可以利用 SDH 提供 TDM 业务。

CES 的基本思想就是在分组交换网络上搭建一个"通道"，在其中实现 TDM 电路（如 E1 或 T1），从而使网络任一端的 TDM 设备不必关心其所连接的网络是否是一个 TDM 网络。分组交换网络被用来仿真 TDM 电路的行为称为"电路仿真"，如图 9-15 所示。

图 9-15　电路仿真示意图

电路仿真要求在分组交换网络的两端都要有交互连接功能。在分组交换网络入口处，交互连接功能将 TDM 数据转换成一系列分组，而在分组交换网络出口处则利用这一系列分组再重新生成 TDM 电路。

由于分组网络具有和 TDM 网络不相同的特性，所以在分组网络上传送 TDM 业务会遇到很多问题，如分组丢失、分组包乱序、抖动。

电路仿真要求在分组交换网络的两端都要有交互连接功能。在分组交换网络入口处，将 TDM 数据转换成一系列分组，而在分组网络出口处则利用这一系列分组再重新生成 TDM 电路。

目前有 4 个标准化组织正在从事 CES 技术的标准化工作，每个组织分别专注于自己专长的领域，这 4 个标准组织是：

- 互联网工程任务组（IETF，Internet Engineering Task Force）
- 城域以太论坛（MEF，Metro Ethernet Forum）
- 国际电信联盟（ITU，International Telecommunicaions Union）
- MPLS 与帧中继联盟（MFA，MPLS and Frame Relay Alliance）

从目前厂商的 TDM 仿真芯片实际采用的技术来看，主要还是以 IETF 的 PEW3 和 MEF 的 TDMoE 技术为主。

IETF 下属的边缘到边缘的伪线仿真(PWE3,Pseudo Wire Emulation Edge-to-Edge)工作组负责制定分组交换网(PSN)上仿真第一层(L1)和第二层(L2)网络业务的机制。PWE3 利用分组交换网络上的隧道机制来模拟一种业务的必要属性,这里的隧道称为伪线(PW)。PW 的功能主要包括:将业务封装成分组包,将这些分组包通过路径或隧道传送到网络对端,管理分组包的次序和同步,恢复出原业务等。隧道的实现可以采用一些其他常用的隧道技术,如 MPLS。通过采用 PWE3 机制,运营商可以将所有的传送业务转移到一个融合的网络(如 IP/MPLS)之中。从用户的角度来看,可以认为 PWE3 模拟的伪线是一种专用的链路或电路。

IETF 一共提出了三类基于分组交换网络的电路仿真技术标准。

(1) SATOP(Structured Agnostic TDM-over-Packet):该方式不关心 TDM 信号(E1、E3等)采用的具体结构,而是把数据看作给定速率的纯比特流,这些比特流被封装成数据包后在伪线上传送。

(2) 结构化的基于分组的 TDM(Structure-Aware TDM-over-Packet):这种方式提供了 $N\times DS0$ TDM 信令封装结构有关的分组网络在伪线传送的方法,支持 DS0(64 K)级的疏导和交叉连接应用。这种方式降低了分组网上丢包对数据的影响。

(3) TDM over IP,就是所谓的"AALx"模式。这种模式利用基于 ATM 技术的方法将 TDM 数据封装到数据包中。

城域以太网论坛(MEF)批准了新的电信级以太网技术规范 MEF $x(x=1,\cdots,8)$。其中, MEF 8 规范规定了基于城域以太网的 PDH 电路仿真的实现方法,并概述了 MEF 3 技术规范中规定的基于城域以太网承载 CES 的要求。

TDM over Ethernet(简称 TDMoE)技术可以在以太网中提供透明的 TDM 仿真通道,该工作主要由 MEF 来完成。MEF 8 规范规定了基于城域以太网的 PDH 电路仿真的实现方法,并概述了 MEF 3 技术规范中规定的基于城域以太网承载 CES 的要求。MEF 要求 TDM over Ethernet 应该支持 PDH 和 SDH 业务,PDH 业务主要包括 $N\times 64$ kbit/s T1、E1、T3、E3, SDH 业务包括 STM-1、STM-4。

TDM over Ethernet 的 TDM 模式有三种。

(1) 非结构化的仿真模式(即"Structure-agnostic"仿真)。非结构化的仿真模式可以用在租用线以及对传送时延比较敏感(即实时性要求较高的业务)的应用场合。

(2) 结构化的仿真模式(即"Structure-aware"仿真)。在结构化的仿真模式中,进入系统的业务流将会被处理成两部分:负载和开销。开销在本地被终结,有效载荷被透明地传送到对端,然后在对端加上同样类型的开销。

(3) 复用模式。在复用模式中将多个低速率的透明业务复用成一个高速率的业务,这种模式要求仿真的业务必须是结构化的。电路仿真协议栈比较如图 9-16 所示。

3. ATM 业务仿真

分组传送网利用 PWE3 技术支持 ATM 业务仿真。

ATMoP 通过在分组传送网 PE 节点上提供 ATM 接口接入 ATM 业务流量,然后将 ATM 业务进行 PWE3 封装,然后映射到隧道中进行传输。节点利用外层隧道标签进行转发到目的节点,从而实现 ATM 业务流量的透明传输。PTN 承载 ATM 业务如图 9-17 所示。

由于 ATM 报文较小,在承载到分组传送网时可以将多个 ATM 报文封装到一个分组传送网报文中,以提高封装效率。

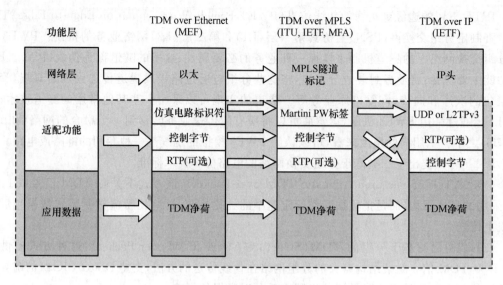

图 9-16　电路仿真协议栈比较

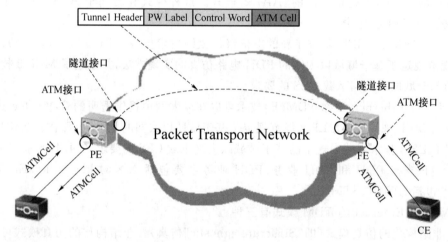

图 9-17　PTN 承载 ATM 业务

4. 以太网业务仿真

UNI 口不存在复用,PE 设备的一个 UNI 口只接入一个用户,也就是说,不按 VLAN 区分 UNI 口接入的用户。PE-PE 之间的连接有 Qos 保证,不同用户业务在 PE-PE 之间传送时,各 业务的保证带宽都得到保障。PE-PE 之间的以太网连通性为点到点(P-t-P)。PTN 承载以太 网业务示意图如图 9-18 所示。

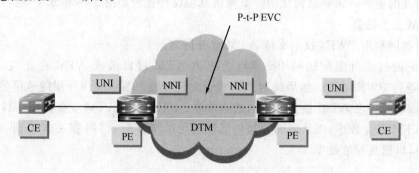

图 9-18　PTN 承载以太网业务示意图

5. FC 业务仿真

分组传送网利用 PWE3 技术支持 FC 业务仿真。

FCoP 通过在分组传送网 PE 节点上提供 FC 接口接入 FC 业务流量,然后将 FC 业务进行 PWE3 封装,映射到隧道中进行传输。节点利用外层隧道标签进行转发到目的节点,从而实现 FC 业务流量的透明传输。

9.2.5　分组传送网的可生存性技术

1. 保护与恢复

（1）保护

保护倒换是一种完全分配的生存性机制,完全分配的意思是对于选定的工作实体预留了保护实体的路由和带宽,它提供一种快速而且简单的生存性机制。分组传送网可以利用传送平面的 OAM 机制,不需要控制面的参与提供小于 50 ms 的保护。

① 线性保护倒换（1+1,1：1/N）：支持单向、双向、返回、非返回等。

在 1+1 结构（首端是永久桥接的,倒换主要发生在末端）中,对于每个工作传送实体,保护传送实体是专用的,通常情况下业务通过被保护域源端的永久桥接被复制并输入到工作和保护传送实体中,工作和保护传送实体中的业务同时传输到被保护域的宿端,在宿端根据一些预定的原则（如缺陷指示）选择工作或保护传送实体。尽管 1+1 结构在被保护域的宿端进行选择,双向 1+1 保护倒换需要 APS 协调协议,以便两个方向的选择器能够选择同一个实体,但是单向 1+1 保护倒换不需要 APS 协调协议。

在 1：1/N 结构中,保护传送实体对于工作传送实体是专用的,然而,正常业务通过被保护域的源端选择器桥接进行选择,要么在工作传送实体中传输,要么在保护传送实体中传输。被保护域宿端的选择器选择承载正常业务的实体,由于源和宿端需要协商来确认源端和宿端的选择器选择了同一个实体,因此也需要 APS 协调协议。

② 环网保护：支持 Steering 和 Wrapping 机制。

环网保护能够节省光纤资源,并且满足传送网严格的保护时间要求,在 50 ms 以内完成保护倒换动作。

环网保护环类似 SDH 复用段共享保护环,在环上同时建立保护和工作路径,环网保护分为环回（Wrapping）和转向（Steering）,分别类似于 SDH 共享保护环标准 G.841 7.2（环回）和（转向）。

对于 Wrapping 的情况,当网络上节点检测到网络失效,故障侧相邻节点通过 APS 协议向相邻节点发出倒换请求。当某个节点检测到失效或接收到倒换请求,转发至失效节点的普通业务将被倒换至另一个方向（远离失效节点）。当网络失效或 APS 协议请求消失,业务将返回至原来路径。

对于 Steering 的情况,当网络上节点检测到网络失效,通过 APS 协议向环上所有节点发送倒换请求。点到点的连接的每个源节点执行倒换,所有受到网络失效影响的连接从工作方向倒到保护方向;当网络失效或 APS 协议请求消失后,所有受影响的业务恢复至原来路径。

对于 Wrapping+Steering 的情况下,故障的上游节点 wrapping 选择备用路径。

（2）恢复

也可以在控制面的参与下实现恢复的生存性机制,使用网络的空闲容量重新选路来替代出现故障的连接。

① 动态重路由

动态重路由是在故障发生前,恢复路径不事先建立。一旦故障发生,利用信令实时地建立恢复路径。

如果当前的工作路径再出现故障,又会再次进行重路由。恢复路径的计算依赖于故障信息、网络路由策略和网络拓扑信息等。

② 预置重路由

预置重路由的特征是在故障发生前,为工作路径预先计算出一个端到端恢复路径,并预先交换信令来预留资源。对于源节点和宿节点,同时建立工作路径和恢复路径,但此时恢复路径并未被完全启用,不能承载业务,在故障发生后需要激活这个恢复路径以承载受影响业务。

2. 保护产生机理

网络级保护包括链路保护、环网保护和端口保护。

(1) 链路保护

链路保护通过保护通道来保护工作通道上传送的业务。当工作通道故障的时候,业务倒换到保护通道。1+1 链路保护的业务双发选收,1:1 链路保护的业务单发单收。链路保护分为路径保护和 SNC 保护。

路径保护:用于保护一条 T-MPLS 连接,是一种专用的端到端保护结构。

SNC 保护:SNC 保护用于保护一个运营商网络或者多个运营商网络内部的连接部分。被保护域中存在两条独立的子网连接,作为正常业务信号的工作和保护传送实体。

① 1+1 路径保护

在 1+1 路径保护模式下,保护通道是每条工作通道专用的,工作通道与保护通道在保护域的源端进行桥接。业务在工作通道和保护通道上同时发向保护域的宿端,在宿端,根据预置的约束准则选择接收工作通道或保护通道上的业务。1+1 路径保护的倒换类型是单向倒换,即只有受影响的连接方向倒换至保护路径。为避免单点失效,工作通道与保护通道应走分离路由。如图 9-19 所示。

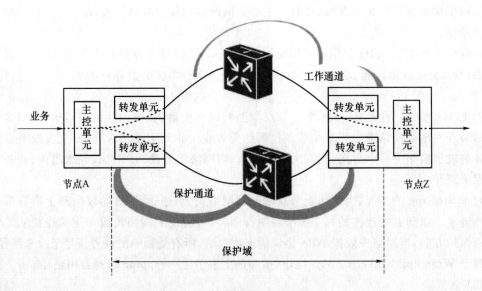

图 9-19 1+1 路径保护示意图

② 1∶1/N 路径保护

在 1∶1/N 路径保护模式下,保护通道是每条工作通道专用的,被保护的业务由工作或保护通道进行传送。业务在工作通道上发向保护域的宿端,在宿端,根据预置的约束准则选择接收工作通道上的业务。如图 9-20 所示。

1∶1/N 路径保护的倒换类型是双向倒换,即受影响的和未受影响的连接方向均倒换至保护路径。双向倒换需要启动 APS(Automatic Protection Switching)协议用于协调业务路径的两端。为避免单点失效,工作通道与保护通道应走分离路由。

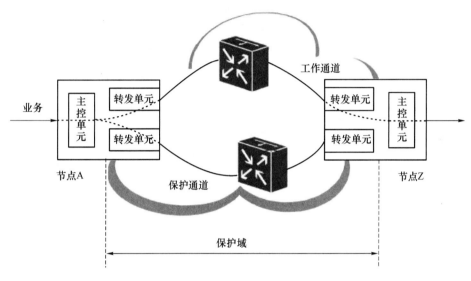

图 9-20　1∶1/N 路径保护示意图

③ 1+1 SNC 保护

在 1+1 SNC(Sub-Network Connection)保护模式下,基于本地信息保护倒换由被保护域宿端(节点 Z)来执行。业务信号在被保护域源端(节点 A)同时发到工作通道与保护通道上。子网用于监视和确定工作与保护连接的状态。如图 9-21 所示。

1+1 SNC 保护的倒换类型是单向倒换,即只有受影响的连接方向倒换至保护路径。为避免单点失效,工作通道与保护通道应走分离路由。

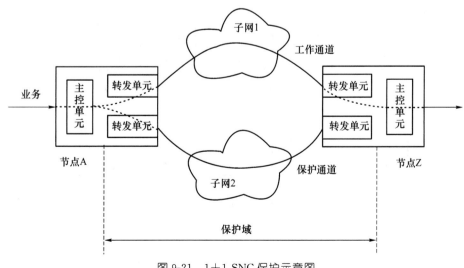

图 9-21　1+1 SNC 保护示意图

④ 1:1 SNC 保护

在 1:1 SNC 保护模式下,基于本地或近端信息和来自另一端或远端的 APS(Automatic Protection Switching)协议信息,保护倒换由被保护域源端(节点 A)和宿端(节点 Z)共同来完成。子网用于监视和确定工作与保护连接的状态。如图 9-22 所示。

1:1 路径保护的倒换类型是双向倒换,即受影响的和未受影响的连接方向均倒换至保护路径。为避免单点失效,工作通道与保护通道应走分离路由。

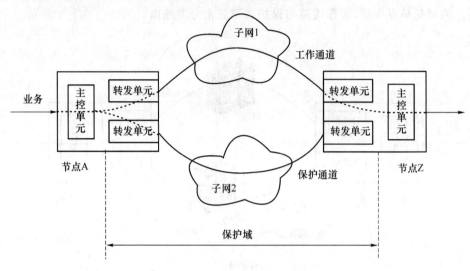

图 9-22 1:1 SNC 保护示意图

(2) T-MPLS 环网保护

T-MPLS 环网保护包括 Wrapping 和 Steering 两种方式。

① Wrapping

当网络上节点检测到网络失效时,故障相邻节点通过 APS 协议向相邻节点发出倒换请求。当某个节点检测到失效或接收到倒换请求,转发至失效节点的业务将被倒换至另一个方向(远离失效节点)。T-MPLS 环网处于保护倒换状态,如图 9-23 所示。当网络失效或 APS 协议请求消失,业务将返回至原来路径。在 Wrapping 方式下,不需要重新计算路径,流量在本地环回。

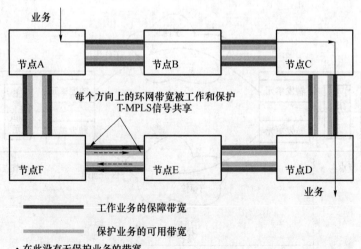

图 9-23 T-MPLS 环网 Wrapping 保护正常工作示意图

② Steering

Steering 方式下,重新计算路径,流量从环上反向环回。如图 9-24 所示。

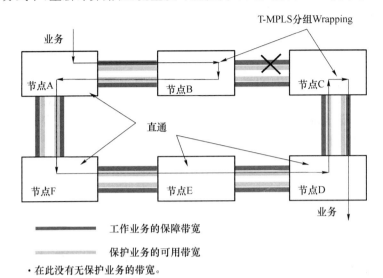

图 9-24　T-MPLS 环网 Wrapping 保护倒换示意图

(3) 端口保护

端口保护包括了链路聚合(Trunk)保护和 IMA 保护。

① 链路聚合保护

链路聚合(Link Aggregation)又称 Trunk,是指将多个物理端口捆绑在一起,成为一个逻辑端口,以实现增加带宽及出/入流量在各成员端口中的负荷分担,设备根据用户配置的端口负荷分担策略决定报文从哪一个成员端口发送到对端的设备。如图 9-25 所示。

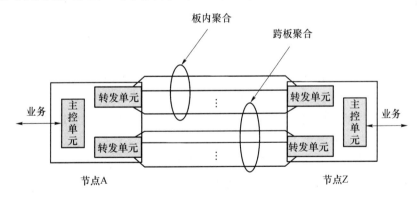

图 9-25　链路聚合保护示意图

链路聚合采用 LACP(Link Aggregation Control Protocol)实现端口的 Trunk 功能,该协议是基于 IEEE 802.3ad 标准的实现链路动态汇聚的协议。LACP 协议通过 LACPDU(Link Aggregation Control Protocol Data Unit)与对端交互信息。

链路聚合的功能如下。

- 控制端口到聚合组的添加、删除;
- 实现链路带宽增加,链路双向保护;
- 提高链路的故障容错能力。

当本地端口启用 LACP 协议后,端口将通过发送 LACPDU 向对端端口通告自己的系统优先级、系统 MAC 地址、端口优先级、端口号和操作 Key。对端端口接收到这些信息后,将这些信息与其他端口所保存的信息比较以选择能够汇聚的端口,从而双方可以对端口加入或退出某个动态汇聚组达成一致。

② LCAS 保护

LCAS(Link Capacity Adjustment Scheme,链路容量调整机制)是一种在虚级联技术基础上的调节机制。LCAS 技术就是建立在源和目的之间双向往来的控制信息系统。这些控制信息可以根据需求,动态地调整虚容器组中成员的个数,以此来实现对带宽的实时管理,从而在保证承载业务质量的同时,提高网络利用率。如图 9-26 所示。

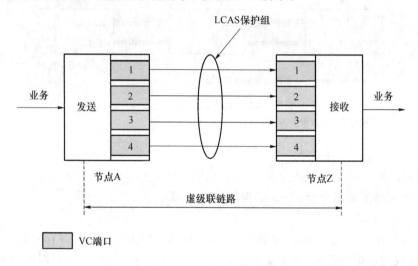

图 9-26　LACS 保护示意图

LCAS 的功能如下。

- 在不影响当前数据流的情况下通过增减虚级联组中级联的虚容器个数动态调整净负载容量;
- 无须丢弃整个 VCG,即可动态地替换 VCG 中失效的成员虚容器;
- 允许单向控制 VCG 容量,支持非对称带宽;
- 支持 LCAS 功能的收发设备可与旧的不支持 LCAS 功能的收发设备直接互连;
- 支持多种用户服务等级。

可以看出,LCAS 技术具有带宽灵活和动态调整等特点,当用户带宽发生变化时,可以调整虚级联组 VC-n 的数量,这一调整不会对用户的正常业务产生中断。此外,LCAS 技术还提供一种容错机制,可增强虚级联的健壮性。当虚级联组中有一个 VC-n 失效,不会使整个虚级联组失效,而是自动地将失效的 VC-n 从虚级联组中剔除,剩下的正常的 VC-n 继续传输业务;当失效 VC-n 恢复后,系统自动地又将该 VC-n 重新加入虚级联组。

③ IMA 保护

IMA(Inverse Multiplexing for ATM)技术是将 ATM 信元流以信元为基础,反向复用到多个低速链路上来传输,在远端再将多个低速链路的信元流复接在一起恢复出与原来顺序相同的 ATM 信元流。IMA 能够将多个低速链路复用起来,实现高速宽带 ATM 信元流的传输,并通过统计复用,提高链路的使用效率和传输的可靠性。如图 9-27 所示。

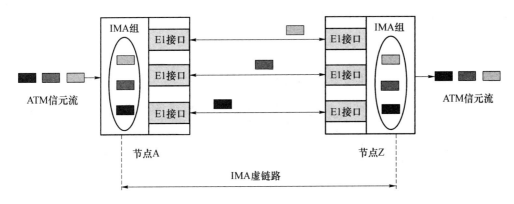

图 9-27　IMA 传输示意图

IMA 适用于在 E1 接口和通道化 VC12 链路上传送 ATM 信元,它只是提供一个通道,对业务类型和 ATM 信元不作处理,只为 ATM 业务提供透明传输。当用户接入设备后,反向复用技术把多个 E1 的连接复用成一个逻辑的高速率连接,这个高的速率值等于组成该反向复用的所有 E1 速率之和。ATM 反向复用技术包括复用和解复用 ATM 信元,完成反向复用和解复用的功能组称为 IMA 组。

IMA 保护是指,如果 IMA 组中一条链路失效,信元会被负载分担到其他正常链路上进行传送,从而达到保护业务的目的。

IMA 组在每一个 IMA 虚连接的端点处终止。在发送方向上,从 ATM 层接收到的信元流以信元为基础,被分配到 IMA 组中的多个物理链路上。而在接收端,从不同物理链路上接收到的信元,以信元为基础,被重新组合成与初始信元流一样的信元流。

9.2.6　分组传送网的 QoS 技术

分组传送网必须对分组业务提供 QoS 机制,PTN 的通路层提供端到端的业务的 QoS 机制,PTN 通道层提供 PTN 网络中信道汇聚业务的 QoS 机制,其过程如图 9-28 所示。

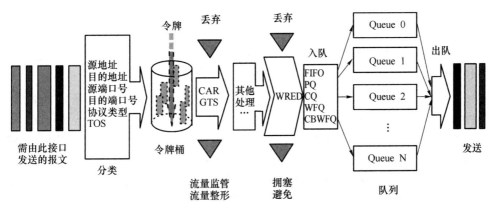

图 9-28　PTN 网络中 QoS 过程

1. 流量分类

流量(traffic)是指通过交换机的报文。流量分类就是对通过交换机的报文进行分类,针对不同种类的业务采用不同的控制策略达到预期的服务质量,定义或描述具有某种特征的报文。报文分类通常根据访问控制列表(ACL,Access Control List)进行,对报文进行访问控制,实现不同业务的区分对待。流量分类的过程如图 9-29 所示。

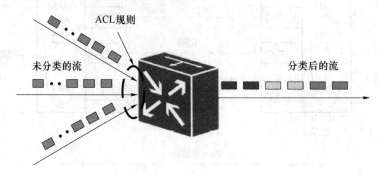

ACL规则

未分类的流

分类后的流

图 9-29　流量分类的过程

QoS 的流量分类是基于 ACL 规则的,用户可以根据 ACL 的一些过滤选项来对报文进行分类。

流量分类完成后,可以将业务分为以下三类。

- 快速转发(EF,Expedited Forwarding):可以保证严格的时延、抖动,适用于语音、视频会议等实时性业务。
- 确保转发(AF,Assured Forwarding):可以保证相应的带宽,使用于视频点播等业务。
- 尽力转发(BE,Best Effort):无带宽和时延保证,尽可能服务,适用于上网、FTP(File Transfer Protocol)等业务。

2. 流量监管

流量监管(Policing)就是对某一业务流进行带宽限制,防止其超过规定的带宽,对其他业务流造成影响。

流量监管典型作用就是通过监督进入网络的某一流量的规格,限制它在一个允许的范围之内,若某个连接的报文流量过大,就丢弃报文,或重新设置该报文的优先级,如限制 HTTP(Hypertext Transfer Protocol)报文不能占用超过 50% 的网络带宽,以保护网络资源和运营商的利益不受损害。

PTN 支持单速率三色标记(SrTCM,Single Rate Three Color Marker)(RFC2697)和双速率三色标记(TrTCM,Two Rate Three Color Marker)(RFC2698)算法,两种算法都支持色盲(Color-Blind)和色敏感(Color-Aware)的工作模式。

(1)单速率三色标记算法被用于 DiffServ(Differentiated Service)流量调节器(traffic conditioner)中。SrTCM 测量信息流,并根据三种流量参数 CIR(Committed Information Rate)、CBS(Committed Burst Size)、EBS(Excess Burst Size)对包进行标记,这三个参数分别称为绿、黄和红标记。一个包通过入口监管时先从 CBS 桶中取令牌,如果能取到,包就是绿色。从 CBS 桶中取不到时从 EBS 桶中取令牌,如果能取到,包就是黄色。如果从 EBS 中还取不到令牌,包就是红色。默认情况下红色包被丢弃。

(2)双速率三色标记算法被用于 Diffserv 流量调节器(traffic conditioner)中。TrTCM 测量 IP 信息流,并根据两种速率 PIR(Peak Information Rate)、CIR 以及它们各自相关的组量大小(CBS 和 PBS)来标记数据包为绿、黄和红。包超过 PIR 标记为红色,超过 CIR 标记为黄色,没有超出 CIR 标记为绿色。

流量监管的过程如图 9-30 所示。

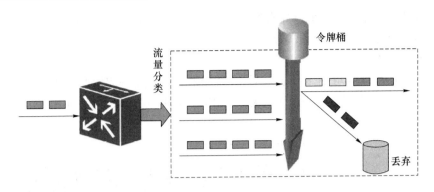

图 9-30　流量监管的过程

3. 流量整形

流量整形是对输出报文的速率进行控制,使报文以均匀的速率发送出去。使用流量整形通常是为了使报文速率与下游设备相匹配,以避免发生拥塞和报文丢弃。流量整形的过程如图 9-31 所示。

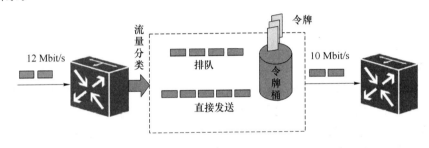

图 9-31　流量整形的过程

当设备收到报文时,首先对报文进行分类,如果分类器识别出报文需要进行流量整形处理,则将报文送入流量整形队列。如果流量整形队列令牌桶中令牌足够,则直接发送报文。如果令牌桶中的令牌不够,则进入队列中缓存。当队列中有报文的时候,流量整形按一定的周期从队列中取出报文进行发送。每次发送报文时,将把流量整形令牌桶中的令牌代表的数据量都发送出去。

流量整形和流量监管的主要区别在于:流量整形是缓存超过速率限制的报文,使报文以均匀的速率发送出去,而流量监管则是丢弃超过速率限制的报文。流量整形会增加延迟,而流量监管不会引入额外的延迟。目前有基于优先级队列的流量整形和基于端口的流量整形。

4. 队列调度及缺省 802.1p 优先级

当网络发生拥塞时,将所有需要从一个端口发出的报文进行分类,送入不同的队列,按照各个队列的优先级进行处理,优先级高的报文会得到优先处理。不同的队列调度算法用来解决不同的问题,并产生不同的效果。

有三种队列调度方式:

- 严格优先级(SP,Strict Priority)
- 混合调度(SP+WFQ,Weighted Fair Queuing)
- 加权公平队列(WFQ)

5. DS 域的优先级映射

差分服务(Differentiated Service)域也叫 DS 域,是指一系列协同满足差分服务策略管理的、连续的网络的一部分。一个差分服务域可以包括不同的设备、管理区域、自治域,不同的信任域与不同的网络技术(如信元或帧)等。

6. 优先级修改

如图 9-32 所示,报文在进入设备以后,设备会根据自身支持的情况和相应的规则,对报文进行包括 802.11e 优先级、802.1p 优先级、DSCP、EXP、IP 优先级、本地优先级、丢弃优先级等在内的设置。

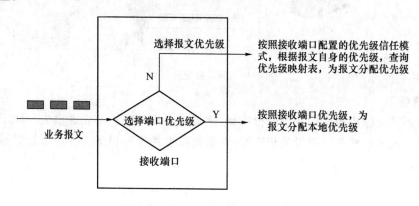

图 9-32　优先级修改过程示意图

7. 拥塞避免

网络拥塞会导致网络性能降低,带宽得不到高效的使用。拥塞避免技术通过监控网络流量、负载情况,尽力在网络拥塞发生之前预计并且避免在普通的网路上发生拥塞。为了避免拥塞,队列可以通过丢弃数据包避免可能出现的拥塞,在发生拥塞的情况下使得网络的吞吐量和利用效率最大化,并且使报文丢弃和延迟最小化。

尾部丢弃(TD)是在队列的长度达到某一最大门限后,丢弃所有新到来的报文。当队列有空闲空间时,则把新到达的报文加到队列尾端。

加权随机先期检测(WRED,Weighted Random Early Detection)采用随机丢弃策略,避免了尾部丢弃(TD)的方式而引起的 TCP 全局同步,并与优先级排队相结合,为高优先级分组提供了优先通信处理能力。用户可以设定队列的上限、下限的阈值,决定是否对新收到的数据报文丢弃。如图 9-33 所示。

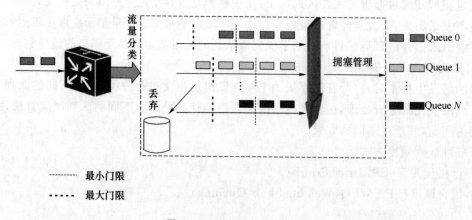

图 9-33　WRED 策略示意图

8. CAC 机制

连接准入控制(CAC,Call Admission Control)也叫做呼叫准入控制,是指网络在呼叫设置阶段(或在呼叫重新商议阶段)为了决定是否一个连接请求能够被接收或应该被拒绝所采取的一系列行动。CAC 用于在不影响已有连接的 QoS 情况下,平衡新请求连接的 QoS 和已有连接的 QoS。

9.2.7　分组传送网的时间同步和时钟同步技术

分组传送网提供电路交换向分组交换演进,如果 PTN 完全架构在分组网络上,还必须提供分组网络时钟的功能。

分组传送网上实现同步功能,如表 9-1 所示的技术和相关标准。同步以太网是在接收侧端口物理层上根据数据流恢复出时钟信息,再进行跟踪和处理,形成系统时钟,在发送侧采用系统时钟进行数据发送,从而实现不同节点间的频率同步。同步以太网只实现了频率同步,适用于不需要时间同步要求的场景。

表 9-1　实现同步功能的技术和相关标准

同步技术	标准	分类	优缺点
同步以太网	ITU G.8261	网络同步	基于 PHY 的时钟恢复;与网络负载、延迟、抖动无关;不能实现时间同步
差分方式	ITU G.8261	基于 Packet 方式与网络同步相结合	不受网络延时、网络延时变化和包丢失的影响;两端需用高精度的时钟参考源
自适应时钟穿透	ITU G.8261	基于 Packet 方式	不需要发送端和接收端具有公共的参考时钟;性价比高和布局简单,单向,无须协议支持;不能实现精确的时间同步;专有技术
158802.1as	IEEE	基于 Packet 方式	点对点的链路可提供最高的精度,引进透明时钟后,与延迟抖动无关;在满足精度的前提下,可穿越非 1588 设备;可实现频率、相位和时间同步

1588 技术则可以实现时间同步,1588 的核心思想是采用主从时钟方式,对时间信息进行编码,利用网络的对称性和延时测量技术,实现主从时钟的同步。1588 的关键在于延时测量。

PTN 现在常用的方法有 IEEE1588V2 和同步以太网。

1. IEEE1588(V1、V2)

IEEE1588(简称 PTP,Precision Time Protocol)是一种网络时钟同步和时间同步技术,可以实现高精度的时间同步。IEEE1588 同步系统是一种发布者和接收者组成的系统,在系统的运行过程中,主时钟担任着时间发布者的角色,每隔一段时间将本地时间发布到网络上,从时钟则根据自己的域和优先级进行时间的接收,同时不定时地对线路延时进行计算,以保证根据网络情况进行同步。网络同步算法中都要考虑到线路延时对同步系统造成的影响。延时计算的准确性直接影响了同步系统的精度。线路主要由通信栈处理延时和物理网络上传输的延时组成。IEEE1588 和 NTP 的不同在于,将时间戳的加入时间下移,移到 MAC 层以下,PHY 层以上,1588 同步过程中的延时主要为物理层延时,由于物理层延时的抖动很小,很大程度上提高了同步精度。

IEEE1588 时钟精度理论上可以达到 $10\sim100~\mu s$。为了提高精度,达到 $0.1\sim1~\mu s$ 量级,

IEEE1588v2 进行了改进。

(1) 减少时钟源和从设备间的节点数目可以获得最佳的 PTP 特性。

(2) 更快的同步(SYNC)信息速率。

(3) 更短的 PTP 信息,单播信息,新的信息和信息字段。

(4) 透明时钟(TC)可以用来防止级联拓扑中的误差累计。

2. 同步以太网

同步以太网技术是一种采用以太网链路码流恢复时钟的技术。在物理层,以太网采用与 SDH 一样的串行码流方式传输;在以太网接口上使用高精度的时钟发送数据,在接收端恢复并提取这个时钟,提供与 SDH/SONET 网络相同的时钟性能。

同步以太网的时钟性能由物理层保证,与以太网链路层负载和包转发时延无关。其实现过程如下。

- BITS 等设备通过外时钟接口向网元传递时钟信号。
- 网元间通过同步以太网传递时钟信号。
- 网元时钟处理模块从以太网端口提取以太网链路时钟,并选择时钟源。
- 系统时钟单元完成时钟锁定,并产生系统时钟。
- 系统时钟单元向支持同步时钟传递的以太网端口提供时钟源,用于以太网物理层发送数据时实现时钟的向下游节点传递。

分组网物理层同步原理本质就是将分组网改造成和 SDH 一样,在物理层即实现全网的同步,通过物理层串行数据码流提取时钟,不受链路业务流量影响,通过 SSM 帧传递对应时钟质量信息,可以将 PHY 恢复出的时钟,送到时钟板上进行处理,然后通过时钟板将时钟送到各个单板,用这个时钟进行数据的发送,这样上游时钟与下游时钟就产生级连的关系,实现了在分组网络上时钟同步的目标。PTN 网络利用电路仿真技术在分组网上支持 TDM 业务,同时利用同步以太网和 IEEE1588V2 进行时间同步和时钟的恢复。

TOP 即 Time over Packet,其同步传递原理就是在源端将同步信息与业务信息一样地也封装到数据包中,一并通过分组网络进行传送,然后,收端从接收到的包数据流中恢复出时钟,并据此恢复出业务流,如图 9-34 所示。该同步传递技术从实现机理上就保证了其可以支持点对点或多点的运用。

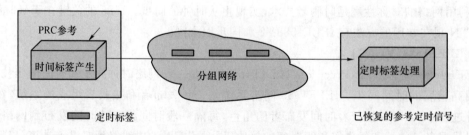

图 9-34 TOP 分组同步原理

虽然 TOP 可以运行在现有所有数据网络中,但是它会受到数据网络延迟、抖动、丢包、错序等 PDV(Packed Delay Variation)参数变化的非常大的影响。

CES(Circuit Emulation Services)即在分组网络上仿真出传统 TDM 网络中使用的 TDM 电路,然后将同步信息通过该仿真电路进行透明传输。CES 工作原理如图 9-35 所示,这时虽然也将同步码流封装成数据包,但这些数据包在分组网络上仿真的 TDM 电路中透明传输,对端从数据包中恢复出 TDM 码流。

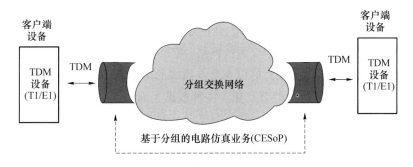

图 9-35　CES 同步传送原理

CES 存在多种标准,除封装格式有少许差异以外,其他机理并无本质区别。

CES 恢复时钟的质量依赖于分组承载网络,频率偏差和网络延迟变化都会造成队列深度改变或者时间戳差值变化。如果是频率偏差,应该采取的正确动作是调整输出频率;如果是网络延迟变化,不应该调整输出频率。

在同步以太网环境中,GPS(Global Positioning System)、BITS(Building Integrated Timing Supply)等设备的时钟信号,经过同步以太网接口实现全网 ZXCTN PTN 设备的时钟同步。与 BTS(Base Transceiver Station)或 NodeB(WCDMA Base Station)相连的 ZXCTN PTN 设备,通过同步以太网接口将提取后的时钟信号传送给 BTS 或 NodeB、BSC 和 RNC (Radio Network Controller),最终实现全网的同步以太网时钟。同步以太网典型应用如图 9-36 所示。

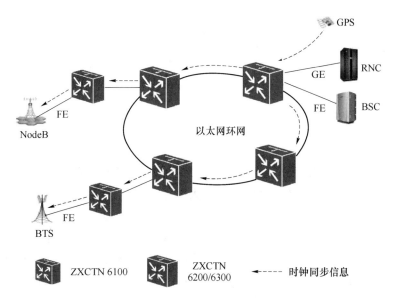

图 9-36　同步以太网典型应用

9.2.8　分组传送网的控制面

PTN 可以利用 NMS 系统来进行分组传送标签的分配,标记交换路径的建立,也可以利用 ASON/GMPLS/MLN/MRN 或 IETF 的 GELS 来进行连接的建立。

ASON/GMPLS 作为 PTN 的控制协议时,其可以统一调度和协调底层的资源,如 SDHVCG、OTHODU 或子波长,可以进行多层的呼叫和连接,多颗粒的交换,实现多层(MLN)、多域(MRN)组网的统一控制。在 GMPLS 中,一种交换技术可为一个区域或一个层面,网络中存在多种交换类型,称为多区域的网络(MRN),也可以称作多层的网络(MLN),其底层的传送网络为具备多种交换能力的混合节点组成的网络。

多层网络(MLN)是指网络中的节点包含多种数据平面层次(即多个数据交换粒度),并采用同一个 GMPLS 控制平面进行管理。为了与支持多种交换粒度的网络进行区分,把仅支持一种交换技术的网络称为多区域网络(MRN)。通过对 GMPLS 进行扩展,可以支持多种交换技术,GMPLS 可以提供对多层网络结构的控制,即可以应用于单种交换技术,也可以应用于多种交换技术。

ITU-T SG15 正在扩展 G.8080 架构,将单层的呼叫和连接扩展为多层呼叫和连接,以支持 PTN。

9.3 PTN 的实现技术

目前 PTN 有两大类技术选择:多协议标签交换传送应用(T-MPLS)及运营商骨干桥接-流量工程(PBB-TE)。前者是核心网技术的向下延伸,使用基于 IP 核心网多协议标记交换(MPLS)技术,简化了复杂的控制协议,简化了传送平面;在 MPLS 基础上去除了倒数第二跳(PHP)、标签合并及等价多路径(ECMP)等无连接特性,增强了 OAM 及保护倒换功能,提供可靠的 QoS、带宽统计复用功能。后者则是局域网技术的向上扩展,基于 IEEE 802.1ah 的 MAC-in-MAC[3]技术,关闭了运营商媒体访问控制(MAC)地址自学习功能,增加了网管管理和网络控制的配置,形成面向连接的分组传送技术。目前 T-MPLS 已成为事实上的主流选择。

9.3.1 PBT 技术

1. PBT 的技术特征

以太网由于其简单易用和低成本,已经成为宽带接入的重要手段,并且逐渐从最初的局域网 LAN 向城域网和广域网扩展,随之而来,以太网根据需求的变化需要引入电信级的特征,来满足大规模和高可靠性组网的要求,所以电信级以太网的概念在 2005 年由城域以太网论坛(MEF,Metro Ethernet Forum)最早提出,旨在把以太网变成能让电信运营商使用的技术,提供与传统电信网在业务的 QoS 保证、安全、可运营、可管理方面具有相同保证能力的以太网。电信级保障的以太网,是通过提升交换容量、增加设备级保护、环网络保护、L2 汇聚、标签隔离、QoS 分级、轻载、PWE3 等新功能发展之后,新一代的 RPR、PBT 等城域以太网,这些技术可以实现端到端的电信级业务性能,故障监控和管理,形成新一代的城域以太网传送模式。面向连接的具有电信网络特征的以太网技术 PBT 最初在 2005 年 10 月提出,PBB-TE 原名为 PBT(Provider Backbone Transport),是一种面向连接的以太网架构,最初由 BT、Nortel 提出,希望将它用于作为 BT 21CN 网络解决方案的主要技术。在 IEEE 标准组织 2006 年 11 月 Dallas 会议上,Nortel 提出 PBT 立项申请并得到支持。考虑到 PBT 的商标问题,标准项目名称改为 PBB-TE。该技术主要具有以下技术特征。

（1）基于 MAC-in-MAC 但并不等同于 MAC-in-MAC，MAC-in-MAC 封装由 IEEE802.1ah 进行定义和规范，采用运营商 MAC 封装用户 MAC，从体系架构上将传统以太网改造为层次化的结构。其核心是：通过网络管理和网络控制进行配置，使得电信级以太网中的以太网业务具有事实上的连接性，以便实现保护倒换、OAM、QoS、流量工程等电信传送网络的功能。

使用运营商 MAC 加上 VLAN ID 进行业务的转发，从而使得电信级以太网受到运营商的控制，与用户网络隔离开来。

（2）基于 VLAN 关掉 MAC 自学习功能，避免广播包的泛滥，重用转发表而丢弃一切在 PBT 转发表中查不到的数据包。

由于采用了两层 MAC 技术，业务通过 DA（目的地址）＋VLAN ID 的方式进行识别，VLAN ID 不再是全局有效，不同的 DA 可重用相同的 VLAN ID，VLAN ID 的相同不会造成以太网交换机在数据帧转发中的冲突。PBT 技术可以与传统以太网桥的硬件兼容，DA＋VLAN ID 经过网络中间节点时不需要变化，数据包不需要修改，转发效率高，可支持面向连接的网络中具有的带宽管理功能和连接允许控制（Connection Admission Control，CAC）功能以提供对网络资源的管理，通过网管配置或网络控制器（Network Controller，NC）建立连接，可以很方便地实现灵活的路由和流量工程。但此技术标准还不成熟，由于增加了 MAC 地址开销，势必增加硬件成本。

PBT 希望基于现有城域以太网体系架构达到电信级运营要求，在电信级保护、可管理性、扩展性方面均有发展，也能提供低于 50 ms 的恢复时间、以太网连接由网管系统进行配置等功能；同时，运营商 MAC 对用户不可见，骨干网不需处理用户 MAC，业务更安全；此外，I-SID（I-TAG）突破 VLAN ID 的限制，可支持 224 个业务实例（ID 长度为 24 bit）。但由于多了一层 MAC 封装，硬件代价必然升高，且对 POS 支持的效率低，在初期应该是一个值得考虑的问题。在标准方面不成熟，产业支持少也是一个影响其应用的关键因素。从行业情况来看，个别厂家的路由器/交换机已支持 PBT，在国外网络中已有应用。这种技术适合于已有大规模城域以太网，以以太网为业务主体的运营环境。

2. PBT 的协议构架模型

PBB-TE/PBT 技术的标准化工作由 IEEE 实现，采用隧道方式转发和规划流量，为电信级以太网的流量控制、接入控制和业务控制、快速倒换以及端到端的 QoS 保障提供了可能。

IEEE 的 802.1Qay 任务组负责开发 PBB-TE 技术，在 IEEE802.1ah 规范的 PBB（运营商骨干桥接，即 MACinMAC 技术）基础上发展而来，增加了业务的流量工程和 1∶1 的 50 ms 快速保护等面向连接的传送特性。2007 年 3 月，IEEE802.1 正式成立了 IEEE 802.1Qay PBB-TE 任务组，2008 年 1 月 D1.1 版本通过了工作组投票（Task Force ballot），2008 年 7 月正式推出了 D3.5 版本。IEEE 802.1ah（PBB）的 D4.2 版本于 2008 年 6 月正式通过了 IEEE 批准。PBT 技术的标准化进程如图 9-37 所示。

MEF 是专注于解决城域以太网技术问题的行业论坛，目的是要将以太网技术作为交换技术和传输技术广泛应用于城域网建设。MEF 主要从业务需求的角度出发，提出了运营级以太网的概念。MEF 目前下设四个技术委员会，分别从体系结构、以太网服务、协议与传输、管理以及测试等方面对城域以太网业务进行规范。目前，MEF 已经制定完成了 17 个规范，其中涵盖以上的四个技术领域，其中的业务定义、OAM 机制等规范内容已经为 ITU-T、IEEE 等标准组织采纳,另外,MEF 制定的与测试认证相关的标准也有助于为运营商选择不同厂商的设备提供测试评估依据。虽然 MEF 并不是一个标准化组织,但在推进以太网标准制定及认证方面所作出的重要贡献也是不容忽视的。

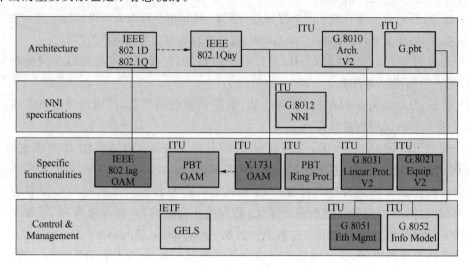

图 9-37　PBT 技术协议构架模型

9.3.2　T-MPLS 技术

1. T-MPLS 技术原理

T-MPLS 最早由 ITU-T 提出,旨在用 MPLS 技术实现分组传送。T-MPLS 与 MPLS 采用了相同的转发机制,但 T-MPLS 简化了原来 MPLS 技术中与传送无关的三层技术,增强了 OAM(Operation,Administration and Maintenance)和保护机制。T-MPLS 实现数据平面与控制平面分离,支持静态配置,在没有控制平面的情况下要能够正常运行;控制平面采用 GMPLS(Generalized MPLS),为可选。虽然 IETF 也定义了 MPLS Ping、BFD(Bidirectional Forwarding Detection)和 FRR(Fast Reroute)等机制,但这些 OAM 和保护机制,或者与 IP 绑定,或者功能有限,不足以支持传送网络的需求。2007 年,IETF 成立 MEAD(MPLS Interoperability Design Team)工作组,专门研究 T-MPLS 与现有 MPLS 技术的不同之处;ITU-T 成立 T-MPLS 特别工作组(T-MPLS Adhoc Group),专门负责 T-MPLS 标准的制定。这两个隶属不同标准组织的工作组合在一起,形成联合工作组 JWT(Joint Working Team),一起开发 T-MPLS/MPLS-TP 标准。随后,T-MPLS 也更名为 MPLS-TP。T-MPLS 技术基于 IP 核心网,对 MPLS/PW 技术进行简化和改造;简化了复杂的控制协议和数据平面,引入了传送的层网络、OAM 和线性保护等概念,符合传送网的需求。T-MPLS 协议的演变过程如图 9-38 所示。

T-MPLS 网络采用的客户与服务(Clent/Server)关系如图 9-39 所示,即 T-MPLS 作为 Eth/IP&MPLS 的服务层网络而存在。

2. T-MPLS 网络的分层结构

T-MPLS 可以看作是基于 MPLS 标签的管道技术,利用一组 MPLS 标签来标识一个端到端的转发路径(LSP)。T-MPLS LSP 分为两层,内层为 T-MPLS 伪线(PW)层,标识业务的类型;外层为 T-MPLS 隧道层,标识业务转发路径。

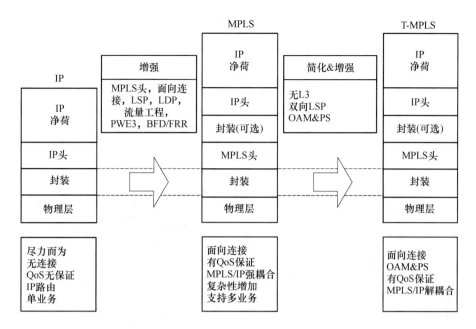

图 9-38　T-MPLS 协议演变过程

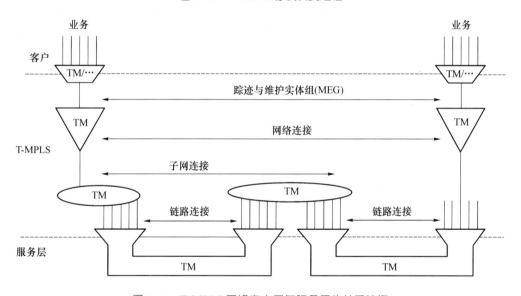

图 9-39　T-MPLS 网络客户层与服务层的关系结构

如图 9-40 所示,T-MPLS 网络从上至下可分为 T-MPLS 通道层(TMC)、T-MPLS 通路层(TMP)、T-MPLS 段层(TMS)和传输媒介层。

(1) 通道层(TMC):为客户提供端到端的传送网络业务,即提供客户信号端到端的传送。TMC 等效于 PWE3 的伪线层(或虚电路层)。

(2) 通路层(TMP):表示端到端的逻辑连接的特性,提供传送网络隧道,将一个或多个客户业务封装到一个更大的隧道中,以便于传送网络实现更经济有效的传递、交换、OAM、保护和恢复。TMP 等效于 MPLS 中的隧道层。

(3) 段层(TMS):段层可选,表示相邻节点间的虚连接,保证通路层在两个节点之间信息传递的完整性,如 SDH、OTH(Optical Transport Hierarchy)、以太网或者波长通道。

（4）传输媒介层：支持段层网络的传输媒质，如光纤、无线等。

MPLS-TP 采用了分层网络模型，实现业务路径、传送通道和物理链路等不同逻辑功能的层次化。传送网内部通过把不同的逻辑功能分层，网络拓扑和业务拓扑更加清晰，使得网络的运维管理更加简便高效，易于实现故障隔离和告警抑制功能，有效降低了传送网需要维护的连接数量。

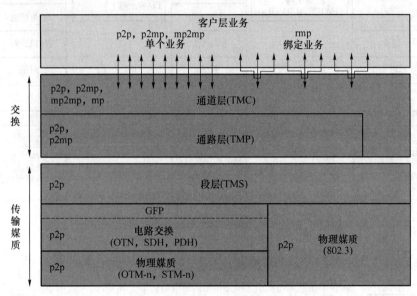

图 9-40　T-MPLS 网络的分层结构

伪线层负责完成业务的统一封装，在业务转发过程中提供端到端透明传送路径，实现多业务传送。IP/MPLS 技术已经发展出一套完整的业务封装方式。PTN 采用 IETF 定义的 PWE3 协议，实现以太网、TDM、IP 等多种业务的分组化封装，可以保持传送网与业务网的相对独立，使二者之间的维护界面更清晰，解决了数据网络中 IP 和 MAC 报文头部兼作传送网标签，不能保持传送网与业务网的有效隔离问题。

LSP 隧道层嵌套多个同路由的 PW 业务路径，在传送组网过程中屏蔽物理链路层的限制，实现带宽分配、灵活调度、端到端的故障隔离功能。MPLS-TP 采用在 MPLS VPN 网络中成熟应用的 MPLS Tunnel 技术，在传送过程中确定流向和流量，构成端到端传送通道。段层对应一段独立的光纤线路或波长等底层物理链路，监视链路的状态、性能，为上层网络无差错传送提供服务。

客户层业务（以太网、IP、TDM 或其他 T-MPLS 信号）从以太网电路层（EHC）或 TMC 适配到 T-MPLS 传送单元（TTM）中传送，物理层可以是任意物理媒质。TMC 层的连接跨越整个网络，关注端到端业务的 SLA（Service Level Agreement）实现和 Hard-QoS 服务，它与业务是一一对应的关系，其交换行为发生在接入/城域边缘和城域/核心网边缘设备上；TMP 连接的覆盖范围是单个网络域，关注汇聚、可扩展性和业务生存性，多个 TMC 映射到一个 TMP 实体，其交换行为发生在该网络中的每个中间节点上。

3. T-MPLS 传送原理

如图 9-41 所示，T-MPLS 从面向连接的分组传送角度扩展出发，通过上述一些机制使其达到电信级运营要求，包括在电信级保护、可管理性、扩展性方面的完善，如提供低于 50 ms 的恢复时间；分级、分段的电路级管理，类似 SDH 的 OAM；基于 MPLS 的帧及转发机制，对包括

POS 等接口的支持较好。

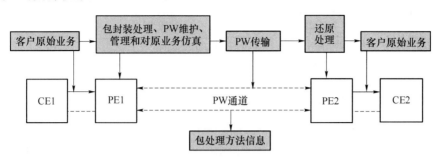

图 9-41　T-MPLS 网络的传送原理

在传送网络中,将客户信号映射进 MPLS 帧并利用 MPLS 机制(如标签交换、标签堆栈)进行转发,同时它增加了传送层的基本功能,如连接和性能监测、生存性(保护恢复)、管理和控制面(ASON/GMPLS)。总体上说,T-MPLS 选择了 MPLS 体系中有利于数据业务传送的一些特征,抛弃了 IETF 为 MPLS 定义的复杂的控制协议族,简化了数据平面,去掉了不必要的转发处理。

(1) 不使用 PHP(Penultimate Hop Popping,倒数第二跳弹出)选项:PHP 的目的是简化对出口节点的处理要求,但是它要求出口节点支持 IP 路由功能;使到出口节点的数据没有了 MPLS 标签,对端到端的 OAM 造成困难。

(2) 不使用 LSP 聚合选项:LSP 聚合是指所有经过相同路由到同一目的节点的数据包可以使用相同的 MPLS 标签。虽然这样可以提高网络的扩展性,但是由于丢失了数据源的信息,从而使得 OAM 和性能监测变得很困难。

(3) 不使用 ECMP(Equal Cost Multi-Path,相同代价多路径)选项:ECMP 允许同一 LSP 的数据流经过网络中的多条不同路径,不仅增加了节点设备对 IP/MPLS 包头的处理要求,而且由于性能监测数据流可能经过不同的路径,从而使得 OAM 变得很困难。在传送网络中,将客户信号映射进 MPLS 帧并利用 MPLS 机制(如标签交换、标签堆栈)进行转发,同时它增加了传送层的基本功能,如连接和性能监测、生存性(保护恢复)、管理和控制面(ASON/GMPLS)。总体上说,T-MPLS 选择了 MPLS 体系中有利于数据业务传送的一些特征,抛弃了 IETF 为 MPLS 定义的复杂的控制协议族,简化了数据平面,去掉了不必要的转发处理。

在 T-MPLS 网络中,面向连接的特性是通过伪线(PW)技术实现的。

4. T-MPLS 体系结构

T-MPLS 体系结构示意图如图 9-42 所示。

(1) 数据平面:主要功能是将多种业务信号适配进 T-MPLS 通道中,并根据 T-MPLS 标签进行分组的转发。

(2) 管理平面:管理平面执行的功能包括性能管理、故障管理、配置管理、计费管理和安全管理。

(3) 控制平面:控制平面由提供路由和信令等特定功能的一组控制模块组成,并由一个信令网络支撑。主要负责连接的建立、释放、拆除等功能,对其中的监控和维护功能实体进行相应的管理。

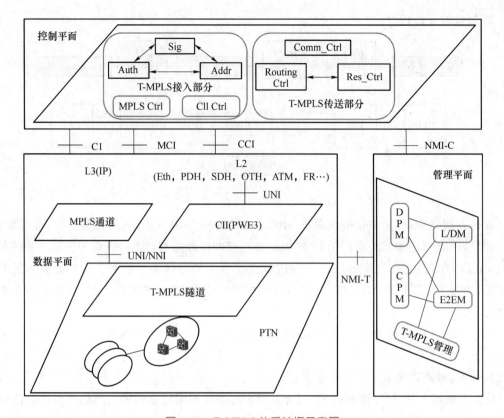

图 9-42 T-MPLS 体系结构示意图

9.3.3 PBT 和 T-MPLS 技术比较

PTN 可以看作二层数据技术的机制简化版与 OAM 增强版的结合体。在实现的技术上,两大主流技术 PBT 和 T-MPLS 都将是 SDH 的替代品而非 IP/MPLS 的竞争者,其网络原理相似,都是基于端到端、双向点对点的连接,并提供中心管理、在 50 ms 内实现保护倒换的能力;两者之一都可以用来实现 SONET/SDH 向分组交换的转变,在保护已有的传输资源方面,都可以类似 SDH 网络功能在已有网络上实现向分组交换网络转变。

T-MPLS 着眼于解决 IP/MPLS 的复杂性,在电信级承载方面具备较大的优势;PBT 着眼于解决以太网的缺点,在设备数据业务承载上成本相对较低。标准方面,T-MPLS 走在前列。在芯片支持程度上,目前支持 Martini 格式 MPLS 的芯片可以用来支持 T-MPLS,成熟度和可商用度更高,而 PBT 技术需要多层封装,对芯片等硬件配置要求较高,所以逐渐已经被运营商和厂商所抛弃。目前 T-MPLS 除了在沃达丰和中国移动等世界顶级运营商得到大规模应用之外,在 T-MPLS 的基础上还推出了更具备协议优势和成本优势的 MPLS-TP(MPLS Transport Profile)标准,MPLS-TP 标准可以在 T-MPLS 标准上平滑升级,可能成为 PTN 的最佳技术体系。

总的说来,PBT 和 T-MPLS 技术结合了以太网和 MPLS 的优点,提供了一种扁平化、可运营、低成本的融合网络架构。两者都提供类似 SDH 的性能和可靠性,都提供标准的面向连接的隧道,区别主要体现在数据转发、保护、OAM 的实现方式不同。PBT 和 T-MPLS 都能满足运营商面向连接的、可控、可管理的以太网传送要求,运营商可以根据自己的网络结构和管理模式做出选择。表 9-2 为 T-MPLS 与 PBT 两种技术方案协议对比。

表 9-2　T-MPLS 与 PBT 两种技术方案协议对比

	T-MPLS	PBB-TE
基本原理	基于 MPLS 技术的一个面向连接的包传送技术,其基于 MPLS 标签进行转发,TMPLS 抛弃了 IETF 为 MPLS 定义的繁复的控制协议族,简化了数据平面,去掉了不必要的转发处理,增加了 ITU-T 传送风格的保护倒换和 QAM 功能	基于 MAC-in-MAC 和 PBB。它通过网络管理和网络控制进行配置,使得以太网业务事实上具有连接性,以便实现保护倒换、OAM、QoS、流量工程等电信传送网络的功能;使用 Provider MAC 加上 VID(VLAN ID)进行业务的转发,并关闭基于 VLAN 的 MAC 自学习功能
数据转发	32 bit 标签	60 bit 标签
可扩展性	TMC/TMP、标签嵌套	MACinMAC BVLAN+BMAC
OAM	CC/CV、LB、LT、AIS、RDI、LB、LM、DM etc (ITU-TG.8114)	CC、RDI、LT、LB etc(Y.1731、IEEE802.1ag)
可生存性	线性倒换、环网保护(G.8131、G.8132)	线性倒换(G.8031、IEEE802.1Qay)、环网保护(尚未定义)
控制面	ASON/GMPLS	正在定义
物理层	ETY、SDH、OTN	ETY
标准化情况	ITU-T 已经颁布架构、设备、接口、保护等标准,IETF 和 ITU 正在联合对 T-MPLS 标准进行评估和开发	IEEE802.1Qay,刚刚出 Draf2.0,ITU-T 的 G.pbb-te,在等待 editor 的草案

9.4　PTN 设备原理及典型产品介绍

9.4.1　PTN 设备原理

1. PTN 的系统结构

PTN 设备与 SDH 和 MSTP 设备有较多的不同,PTN 设备主要是基于分组交换的传送设备,最大的特点就是带宽的统计复用能力,不同于 MSTP 设备的刚性传送管道,即在相同的交换容量下 PTN 设备能带的用户数量或用户带宽要比 MSTP 设备多。PTN 是一种新的概念,作为一种传送设备,同时具有 2 层/2.5 层业务交换功能,即将交换节点与传送节点相结合。所以说 PTN 设备=分组交换设备+PTN 传送协议处理+其他相关软硬件技术(如 QoS 处理、同步以太网、电路仿真等)。PTN 设备的系统结构如图 9-43 所示,其基本组成功能模块如图 9-44 所示。

在 UNI 端对以太网、业务分组、from、基站/大客户以及 PDH/ATM/FR 等 TDM 业务进行分组化。在控制平面中对同步、信令、FM/PM 等进行仿真处理。

在 NNI 端对 PTN 协议封装,对业务进行 PTN 协议处理,提供了用户分组业务 over 物理层(Eth/SDH/OTN/ERP,etc)、T-MPLS PW over 物理层(Eth/SDH/OTN/ERP,etc)、T-MPLS tunnel over 物理层(Eth/SDH/OTN/ERP,etc)业务在网络中的 QoS 保障、保护、

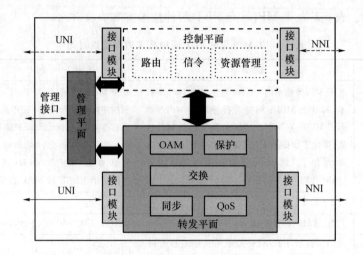

图 9-43 PTN 设备系统结构图

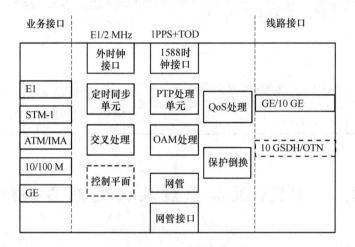

图 9-44 PTN 设备功能模块

OAM 等电信级功能。

PTN 设备交换无阻塞大容量分组交换,其实现方式有:通用交换矩阵、信元交换和 Switch Fabric。

分组传送网设备有终端设备和交换设备两类。

终端设备(TE,Termination Equipment),提供通路封装、复用,通道封装功能。

交换设备:

(1) 通路交换设备(CSE,Channel Switching Equipment),提供通路交换功能;

(2) 通道交换设备(PSE,Path Switching Equipment),提供通道交换功能;

(3) 同时具有通路和通道交换设备(CPSE,Channel and Path Switching Equipment)。

2. PTN 设备功能模型

各个设备形态的功能模型如图 9-45 所示。

各种设备形态在网络中可能的应用位置如图 9-46 所示。

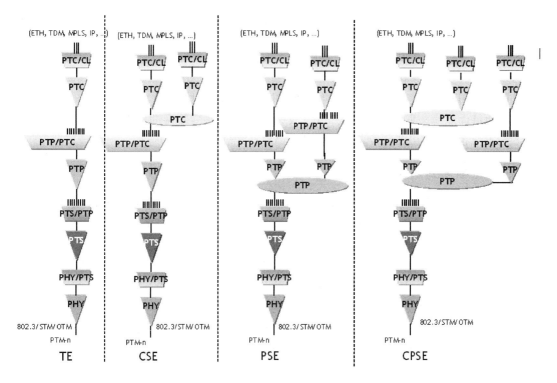

图 9-45　PTN 设备功能模型示例

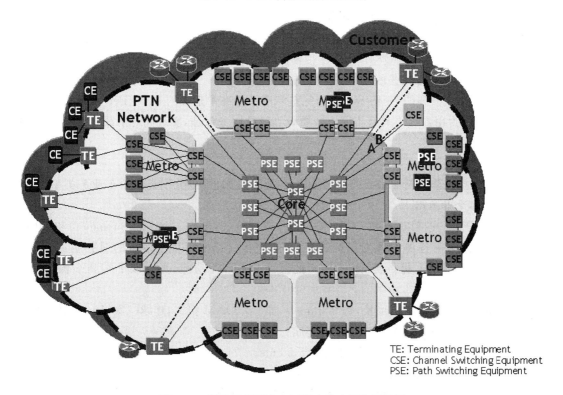

TE: Terminating Equipment
CSE: Channel Switching Equipment
PSE: Path Switching Equipment

图 9-46　各种设备形态在网络中的应用位置示例

TE 和 CSE 设备可以应用在用户网络边缘(CE)的位置,CSE 和 PSE 可以应用在网络边缘(PE)的位置,CSE/PSE 设备也可以应用在网络核心(P)位置。

TE 设备不提供交换功能,因此一般在用户网络边缘等简单网络环境下应用;CSE 和 PSE 可在网络核心、网络边缘和用户网络边缘应用,提供交换和组网能力。

目前 PTN 厂家的设备品种较多,但原理基本是统一的,只是在设备外观、设备能力、技术特点及功能特性上有一些差异。目前 PTN 设备主要定位在传输网的汇聚层和接入层上。所以本节侧重对各厂家的 PTN 设备选择两种作简单介绍。

9.4.2 华为公司 PTN 设备

PTN 技术继承了传统 IP/MPLS 的多业务封装 PWE3 技术,支持 MPLS-TP 定义的借鉴传统 SDH 网络的保护、OAM、端到端管理能力,在管理上借鉴了 SDH 的可视化连接性管理方案,同时扩展了时钟/时间同步、硬件 OAM 等新功能。华为 PTN 正是在对移动传送网络需求高度理解的基础上应运而生的技术,通过将分组特性与传送特性的完美结合,具备分组网络灵活性和扩展性的同时还具有 SDH 网络高效的 OAM&PS 性能。提供电信级的总体低TCO。其技术特点如下。

(1) 对传统网络业务,PTN 采用端到端的 PW 支持,如 TDM E1、ATM IMA、MLPPP E1等,通过伪线仿真将这些业务在分组网络上提供继续支持。

(2) 采用分组技术搭建面向 ALL IP 的平台,具有更高的网络效率,灵活的调整能力,更好的可扩展性。

(3) 通过 E2E PW 方式将传统业务在 IP/MPLS 平台上传输,保证网络的平滑演进。

(4) 各种数据业务 FR、Ethernet、ATM、HDLC 都可以通过 PW 仿真,并通过 Multi Segment PWs 保证 TDM、SONET/SDH 传输的时钟同步。

(5) 华为 PTN 具备完善的 QoS 调度机制。

① 支持基于流分类的 DiffServ 模式,完整实现了标准中定义的 PHB(Per-hop Behavior),使网络运营商可为用户提供具有不同服务质量等级的服务保证,实现同时承载数据、语音和视频业务的综合网络。

② 提供端到端业务的 QoS。

③ 设备在接入侧支持 HQoS(Hierarchical QoS)机制,可以分别控制单个业务类型、单个业务接入点、多个业务接入点、单个业务或多个业务的总带宽。

(6) 华为 PTN 支持以太网 OAM(Operations,Administration and Maintenance)和 MPLS OAM,实现快速故障检测以触发保护倒换,在包交换网络中保证电信级的服务质量。华为 PTN 支持在分组网络上提供类 SDH 能力的层次化 OAM 功能,具有以下端到端保护倒换特性。

① 硬件完成失效检测和倒换,每 3.3 ms 下插一次 OAM 报文,连续三次,10 ms 就可以检测出故障,这样保障保护倒换在 50 ms 内完成。

② 支持最多 16 k 保护组,倒换时间小于 50 ms。

③ 与拓扑结构无关的端到端 APS1+1 和 1:1。

④ 倒换功能在线卡上完成,因此,在系统控制单元失效时,仍然可以完成倒换。

⑤ 倒换触发条件:LOS,LOF,以太网 SD,SF,AIS,CC-LOS。

(7) 传送性能和告警管理功能。

① 类似 SDH 的告警,如 LOS,RDI,AIS。

② 传送层次端到端性能监视。

③ 对每流、端口、VLAN 的帧丢失率/帧延时/帧延时变化的性能统计。

④ 帧延时和帧延时变化(单向和双向)。

⑤ 针对每条流的绝对精确的帧丢失率统计专利算法。

(8) 可视化的端到端网络管理能力。

① 提供一键式连接配置:简便/快速/准确地完成部署,提高网络维护效率。

② 30 秒快速精确的故障定位能力。

③ 完善的告警管理能力:图形化告警管理,告警转外部自动通知,可以支持 PW/Service 相关的告警。

④ 实时的告警监测为客户提供快速故障定位功能,相关告警分析可以帮助客户提前发现网络潜在问题,支持端到端的图形化告警管理,一目了然的告警转外部自动通知,管理功能和 SDH/WDM 相似。

⑤ 统一管理能力:目前 PTN 与传送设备的统一管理,09Q4 后可实现与接入、数据、传送设备统一管理,这样多种设备的网络只需一套网管,实现一人多能,减少运维人员,降低运维成本。

(9) 华为 PTN 时钟/时间同步解决方案可以提供以下业界领先的能力。

① 可以通过任意时钟源采集时钟,满足网络频率、相位同步要求,支持 1588V2、TOP/ACR/NTR、同步以太、POS/E1 等时钟恢复方式,是业界最完善的时钟系统。

② 支持任意媒介传送时钟,跨任意媒介(如 Fiber、Copper、Radio)均可以实现时钟的恢复和传递。

③ 支持跨任意网络传送时钟,支持 PTN 自建网时钟传递,也可以穿越 IP 异步网络传递时钟,通过华为专利算法,有效消除因跨越异步网络带来的延时抖动对时钟同步恢复的影响,提高时钟传送的质量。

④ 高精度同频同相时钟,保证恢复时钟同频同相,保证时间/时钟同步,进一步提高网络安全性。

华为公司从 2003 年启动 PTN 标准研究、技术预研、产品开发,并于 2008 年 5 月率先发布了全球第一款真正的 PTN 系列产品,可以提供从基站接入到核心汇聚的端到端电信级 IP 传送网络解决方案。如图 9-47 所示。

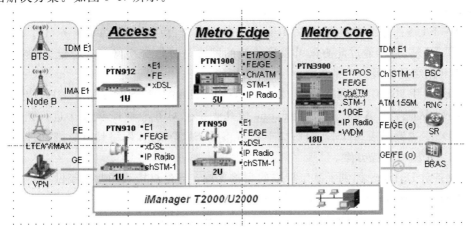

图 9-47　华为 PTN 系列产品

1. PTN 912

(1) 设备概述

OptiX PTN 912 是华为公司面向分组传送的新一代移动接入传送设备。OptiX PTN 912 具有以下特点。

① 采用分组传送技术,可解决运营商对传送网不断增长的带宽需求和带宽调度灵活性的需求。

② 采用 PWE3(Pseudo Wire Emulation Edge to Edge)技术实现面向连接的业务承载。

③ 支持以 TDM、ATM/IMA、FE(Fast Ethernet)等多种形式接入基站业务。支持移动通信承载网从 2G 到 3G 的平滑演进。

④ 采用针对电信承载优化的 MPLS(Multi-Protocol Label Switch)转发技术,配以完善的 OAM(Operation,Administration and Maintenance)、QoS(Quality of Service)和保护倒换机制,利用分组传送网实现电信级别的业务承载。

⑤ 支持 Offload 解决方案,对 HSDPA(High Speed Downlink Packet Access)、R99 等基站业务进行分流承载,通过 xDSL(x Digital Subscriber Line)单板与租用网络对接以传送 HSDPA 业务,降低传输成本。

⑥ 体积小,重量轻,部署成本低,可安装在机柜中、墙壁上和桌面上。

OptiX PTN 912 设备外形如图 9-48 所示。

图 9-48　OptiX PTN 912 设备外形

(2) 功能特性

① 设备使用多协议标签交换 MPLS(MultiProtocol Label Switching)技术实现多种业务的传送。以下介绍 MPLS 的概念以及在 OptiX PTN 912 的应用情况。

② IS-IS(Intermediate System to Intermediate System)路由协议是一种链路状态协议,属于内部网关协议,用于自治系统内部。OptiX PTN 912 采用 IS-IS 路由协议,与标签分发协议 RSVP-TE 配合,实现动态创建 MPLS LSP。

③ OptiX PTN 912 采用的 MPLS 信令分为 LSP 信令和 PW 信令。LSP 信令和 PW 信令分别负责对 LSP 和 PW 进行创建、维护和删除。

④ PWE3 是在分组交换网(IP/MPLS)上提供隧道,以便仿真一些业务(IMA、Ethernet 等)的二层 VPN 协议,通过此协议可以将传统的网络与分组交换网络互连起来,从而实现资源的共用和网络的拓展。

⑤ OptiX PTN 912 支持在 IP Tunnel、GRE Tunnel 上承载 ATM、CES 及 E-line 的 PWE3 业务,从而实现 ATM、CES 及 E-line 仿真业务在 MPLS 和 IP 网络中进行透传。

⑥ xDSL:主要包括 ADSL/ADSL2+和 G. SHDSL。xDSL 网络具有高带宽、低成本的优点,适用于 Offload 解决方案。

⑦ 设备对 DiffServ 提供了基于标准的完善支持。通过对接入的业务流做不同的 QoS,网络运营商能够对其客户提供有区分的服务。

⑧ OptiX PTN 912 支持 BFD(Bidirectional Forwarding Detection)功能,通过 Hello 机制检测路由层面的故障。

（3）网络应用

OptiX PTN 912 定位于移动承载网中的接入层。

OptiX PTN 912 放置在无线基站侧，将基站输出的业务经过转换处理后传送到汇聚节点。OptiX PTN 912 的典型组网如图 9-49 所示。OptiX PTN 912 通过 TDM、ATM/IMA 或 FE 从基站侧接入业务，PTN 设备之间采用 ML-PPP 或 FE 接口组网。当采用 Offload 解决方案时，OptiX PTN 912 通过 xDSL 接口连接 xDSL 网络，将 HSDPA 业务经由 xDSL 网络传送至汇聚节点。在 BSC(Base Station Controller)/RNC(Radio Network Controller)侧的 OptiX PTN 3900/1900 将业务汇聚后连接到 BSC/RNC。

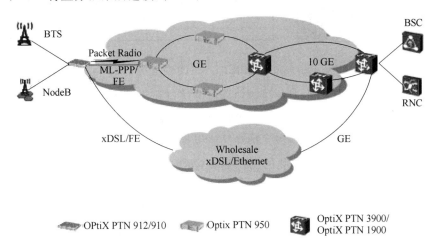

图 9-49　OptiX PTN 912 的典型组网

2. PTN 3900

（1）设备概述

OptiX PTN 3900 是华为公司面向分组传送的新一代城域光传送设备。各种新兴的数据业务应用对带宽的需求不断增长，同时对带宽调度的灵活性提出了越来越高的要求。作为一种电路交换网络，传统的基于 SDH 的多业务传送网难以适应数据业务的突发性和灵活性。而传统的面向非连接的 IP 网络，由于其难以严格保证重要业务的质量和性能，因此不适宜作为电信级承载网络。

OptiX PTN 3900 利用 PWE3(Pseudo Wire Emulation Edge-to-Edge)技术实现面向连接的业务承载，采用针对电信承载网优化的 MPLS(MultiProtocol Label Switching)转发技术，配以完善的 OAM(Operation, Administration and Maintenance)和保护倒换机制，集中了分组传送网和 SDH 传送网的优点，实现了电信级别的业务。OptiX PTN 3900 设备外形如图 9-50 所示。

PTN 3900 是框式的大型 MPLS/PWE3 汇聚设备，具有高可靠性的设备保护，一般放在 RNC 侧，其技术特点如下。

① OptiX PTN 3900 设备支持以太网业务、ATM(Asynchronous Transfer Mode)业务和 CES(Circuit Emulation Service)业务。

② OptiX PTN 3900 设备的业务处理能力包括交换能力和业务接入能力。

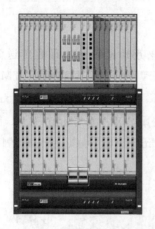

SLOT 19	SLOT 20	SLOT 21	SLOT 22	SLOT 23	SLOT 24	SLOT 25	SLOT 26	PIU 27	PIU 28	SCA 29	SCA 30	SLOT 31	SLOT 32	SLOT 33	SLOT 34	SLOT 35	SLOT 36	SLOT 37	SLOT 38
Fan SLOT 39																		

SLOT 1	SLOT 2	SLOT 3	SLOT 4	SLOT 5	SLOT 6	SLOT 7	SLOT 8	XCS 9	XCS 10	SLOT 11	SLOT 12	SLOT 13	SLOT 14	SLOT 15	SLOT 16	SLOT 17	SLOT 18
Fiber routing trough										Fiber routing trough							
Fan SLOT 40																	
Air filter																	

图 9-50　OptiX PTN 3900 设备外形

③ OptiX PTN 3900 设备的对外接口包括业务接口和管理及辅助接口。

④ OptiX PTN 3900 的组网方式灵活多样,可满足各种应用的需要。

⑤ OptiX PTN 3900 提供设备级保护和网络级保护。

⑥ OptiX PTN 3900 提供层次化的端到端的 QoS(Quality of Service)管理,能够提供高质量的按业务区分的差异化传送服务。

⑦ OptiX PTN 3900 支持以太网 OAM(Operations,Administration and Maintenance)和 MPLS OAM,实现快速故障检测以触发保护倒换,在包交换网络中保证电信级的服务质量。

⑧ NSF(Non-Stop Forwarding)功能是指在设备的控制平面故障(如 CPU 重启)时,数据转发仍然正常执行,保护网络上关键业务。

⑨ OptiX PTN 3900 支持物理层时钟同步机制,提供外部时钟输入输出接口和设备内部系统时钟,并支持 IEEE 1588 V2 时钟同步。

⑩ DCN 是网络管理的一部分,用于传送网络管理信息。OptiX PTN 3900 支持带内 DCN,保证网络管理信息的互通。

(2) 功能特性

① MPLS

OptiX PTN 3900 使用多协议标签交换 MPLS 技术实现多种业务的传送。本节介绍 MPLS 的概念以及在 OptiX PTN 3900 的应用情况。

② IS-IS 路由协议

IS-IS(Intermediate System to Intermediate System)路由协议是一种链路状态协议,属于内部网关协议,用于自治系统内部。OptiX PTN 3900 采用 IS-IS 路由协议,与标签分发协议 RSVP-TE 和 LDP 配合,实现动态创建 MPLS LSP。

③ MPLS 信令

OptiX PTN 3900 采用的 MPLS 信令分为 LSP 信令和 PW 信令。LSP 信令负责分发 LSP 标签,PW 信令负责分发 PW 标签,建立 PW。

④ PWE3

PWE3 是在分组交换网(IP/MPLS)上提供隧道,以便仿真一些业务(TDM,ATM,Ethernet 等)的二层 VPN 协议,通过此协议可以将传统的网络与分组交换网络互连起来,从而实现资源的共用和网络的拓展。

⑤ IP Tunnel 和 GRE Tunnel

OptiX PTN 3900 支持在 IP Tunnel 和 GRE Tunnel 上承载 ATM PWE3 和 ETH PWE3,从而实现 ATM 仿真业务和以太网仿真业务在 IP 网络中进行透传。

⑥ QoS

设备对 DiffServ 提供了基于标准的完善支持,包括流量分类、流量监管(Policing)、流量整形(Shaping)、拥塞管理、队列调度等。通过对接入的业务流做不同的 QoS,网络运营商能够对其客户提供有区分的服务。

⑦ IGMP Snooping

IGMP Snooping(Internet Group Management Protocol)功能实现了组播分发。

⑧ MSTP/RSTP/STP

MSTP(Multiple Spanning Tree Protocol)兼容 STP 和 RSTP,并且可以弥补 STP 和 RSTP 的缺陷。MSTP 既可以快速收敛,同时还提供了数据转发的多个冗余路径,在数据转发过程中实现 VLAN 数据的负载均衡。MSTP 符合 IEEE 的 802.1S 标准。

⑨ ACL

为了过滤数据报文,需要通过 ACL(Access Control List)定义一系列有序规则。设备根据 ACL 规则对接收到的数据报文进行分类,决定报文的转发和丢弃。

⑩ BFD

OptiX PTN 3900 支持 BFD(Bidirectional Forwarding Detection)功能,通过 Hello 机制检测以太网链路状态。

⑪ 同步以太网时钟

OptiX PTN 3900 支持从同步以太网接口提取时钟,在物理层实现同步以太网时钟。

(3) 网络应用

OptiX PTN 3900 主要用于城域分组汇聚网,负责分组业务在网络中的传输,并将业务汇聚至 IP/MPLS 骨干网中。

OptiX PTN 3900 还支持 CWDM(Coarse Wavelength Division Multiplx)方式的波分组网,实现本地波长调度。

在后续的产品版本中,OptiX PTN 3900 将支持华为公司 OpitX OSN 1500/2500/3500/7500 系列产品的 SDH 线路板和 OpitX OSN 3800/6800 系列的 DWDM(Dense Wavelength Division Multiplexing)单板,实现与 WDM/SDH 骨干网的共同组网,完成城域传送网从 TDM(Time Division Multiplex)交换网向分组交换网的平滑演进。OptiX PTN 3900 在网络中的应用如图 9-51 所示。

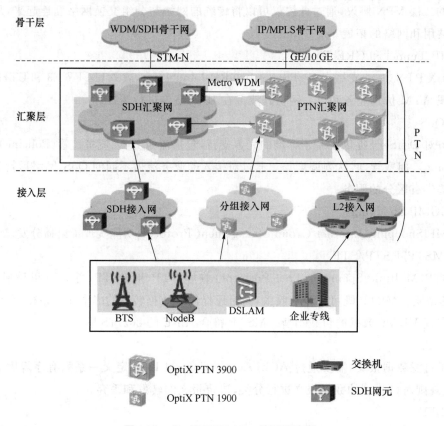

图 9-51 OptiX PTN 3900 的网络应用

9.4.3 中兴公司 PTN 设备

1. ZXCTN 6100

(1) 设备概述

ZXCTN 6100 是面向分组传送的新一代城域光传送设备。各种新兴的数据业务应用对带宽的需求不断增长,同时对带宽调度的灵活性提出了越来越高的要求。作为一种电路交换网络,传统的基于 SDH 的多业务传送网难以适应数据业务的突发性和灵活性。而传统的面向非连接的 IP 网络,由于其难以严格保证重要业务的质量和性能,因此不适宜作为电信级承载网络。

ZXCTN 6100 利用 PWE3(Pseudo Wire Emulation Edge-to-Edge)技术实现面向连接的业务承载,并采用针对电信承载网优化的 MPLS(MultiProtocol Label Switching)转发技术,配以完善的 OAM(Operation,Administration and Maintenance)和保护倒换机制,利用分组传送网提供了电信级别的业务。

ZXCTN 6100 属于低端 PTN 设备,业务传送层采用 T-MPLS/PBT 网络技术,服务层可以选择以太网或 SDH。该系统能够将 TDM E1、Ethernet、IP、ATM 等多种业务传送到远端,并为业务提供有保障的 QoS、低于 50 ms 的保护倒换时间、T-MPLS/PBT 层的 OAM 功能;支持多种 L2VPN 业务类型。此外,还可以通过设备提供的同步以太网物理端口传送满足 2G/3G 移动通讯基站要求的同步时钟和时间信息,满足 backhaul 组网要求。

ZXCTN 6100 为 ZXCTN 6000 系列产品中的一员,主要应用于直接面向用户的接入产品,在移动市场,主要与数量众多的基站相对应。因此该产品体积重量小,能够适应较为复杂的工作环境。

该产品主要采用 T-MPLS/MPLS-TP 协议来满足用户对于以太网业务、ATM 业务和 TDM 业务的统一高效承载。如图 9-52 所示。

图 9-52　ZXCTN 6100 外观图

（2）功能特性

① 业务类型

ZXCTN 6100 设备支持以太网业务、ATM（Asynchronous Transfer Mode）业务和 CES（Circuit Emulation Service）业务的业务处理能力。

- 以太网业务:E-LINE、E-LAN、E-TREE;
- ATM 业务:IMA 仿真;
- TDM 业务:CES 业务。

② 业务处理能力

分组交换能力:不小于 5 G;最大接入能力:2×GE+8×FE+2×GE(扩展)。

③ 接口类型

- GE 接口:4 个;
- FE 接口:主板固定 8 个,接口板 4 个(最大可插 2 块);
- E1 接口:接口板 16 路(最大可插 2 块);
- 外时钟输入、输出接口:1 路;
- 外部告警接口:4 路输入,3 路输出;
- 管理接口:1 个 LCT 口,1 个管理 Qx 口。

④ 组网能力

GE 接口:4 个,目前仅支持 GE 口作为 NNI 参与组网。

⑤ 保护能力

- 设备级保护:供电单元过流保护功能;
- 网络级保护:支持 T-MPLS/MPLS-TP 线性 1+1/1∶1 保护,环网保护;
- 链路级保护:以太网 MSTP 保护,链路汇聚(LACP),IMA 保护;
- 时钟保护:支持时钟频率和相位同步链路的选择和保护,支持时间同步 BMC 保护。

⑥ QoS 能力

- 支持基于流分类的 DiffServ 模式,完整实现了标准中定义的 PHB(Per-Hop Behavior),使网络运营商可为用户提供具有不同服务质量等级的服务保证;
- 支持 QoS 管道模式;
- 支持 QoS 的 E-LSP 模型。

⑦ OAM 能力——TMPLS

- 如图 9-53 所示,支持基于 TMP/TMC/TMS 的 OAM 检测,遵循 G.8114 标准;
- 支持慢速 CC(连续性检查)、远程缺陷指示(RDI)、按需帧丢失/时延测量(LM/DM)、AIS、环回(LB)、锁定(LCK)等;

• 支持快速 3.33 ms 的 CC,RDI,预激活的 LM。

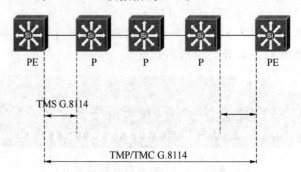

图 9-53　TMP/TMC/TMS 的 OAM 检测

⑧ 时钟

• 为了满足回传(Backhaul)等用户设备对传送时钟的要求,ZXCTN 6100 系统支持同步以太网组网应用,每个网元支持锁定到同一个时钟源,从而实现全网同步;
• 支持线路时钟提取和同步以太网时钟提取,并提供外部时钟输入输出和设备内部时钟;
• 支持时钟提取、时钟保持和自由振荡方式,支持时钟失锁、时钟丢失等告警检测,当出现时钟源丢失时,可自动切换到保持模式或自由振荡方式;
• 支持处理和传递同步状态信息 SSM(Synchronization Status Message)。

⑨ 网管

• 支持使用 CLI 配置命令接口进行配置、查询、告警、诊断等管理;
• 支持使用标准 SNMP 接口进行部分配置、查询、告警等管理;
• 使用 T3 集中图形化网管进行配置、查询、告警、诊断,维护、安全等管理。

(3) 网络应用

① 网络定位:接入层应用,如图 9-54 所示。

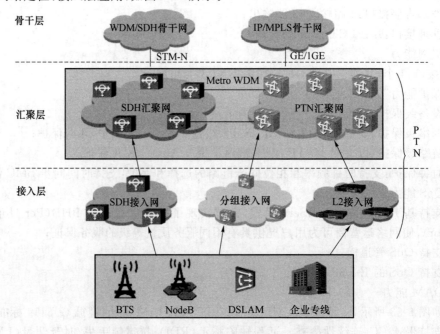

图 9-54　ZXCTN 6100 接入层应用场景

② 移动网络应用,如图 9-55 所示。

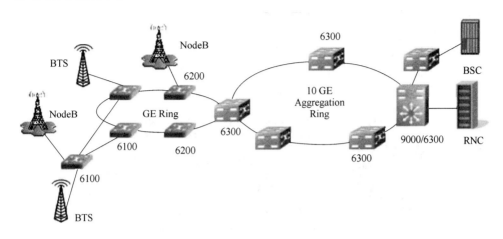

图 9-55　ZXCTN 6100 移动网络应用场景

③ 城域网络专线应用,如图 9-56 所示。

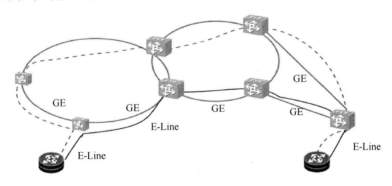

图 9-56　ZXCTN 6100 城域网络专线应用场景

2. ZXCTN 6200/6300

(1) 设备概述

如图 9-57 所示,ZXCTN 6200 为业界最紧凑的 10 GE PTN 设备,3U 高,既可作为小规模网络中的汇聚边缘设备,也可在大规模网络或全业务场景中作为高端接入层设备,满足发达地区对 10 G 接入环的需求。具有以下特点。

- 接入层 CE&PTN 设备,采用基于 ASIC 的集中式分组交换架构和横插板结构,高度为 3U,可安装在 300 mm 深的标准机柜中。
- 设备级关键单元冗余保护。
- 设备的线速接入容量 44 G(8 G+8 G+14 G+14 G)。
- 提供 4 个业务槽位,2 个互为 1+1 冗余备份的交换时钟主控单板 SCCU,提供系统外时钟、管理和告警接口。
- 业务槽位支持 GE(包括 FE)、POS STM-1/4、Channelized STM-1、ATM STM-1、IMA/CES E1 、10 GE 等接口。
- 业务单板与 6300 兼容。
- 时钟:以太网接口卡支持同步以太网,IEEE1588 功能。

- 关键业务：二三层单播/组播、IP MPLS、T-MPLS。
- OAM&P：以太网 OAM、T-MPLS OAM；T-MPLS/MPLS 隧道和伪线保护。
- 主要应用场景：Mobile Backhaul、大客户专线等。
- 共提供 4 个业务板槽位，其中两个槽位的背板带宽为 8 个 GE；2 个槽位的背板带宽为 4 GE+1 XG，可以兼容插 10 GE 单板。
- 支持−48 V 直流供电方式，交流供电方式需要外配专门的 220 V 转−48 V 电源。

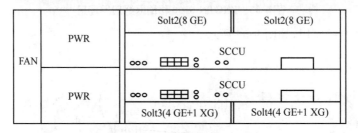

图 9-57　ZXCTN 6200 产品外观图

ZXCTN 6300 为机架式设备，采用基于 ASIC 的集中式分组交换架构，提供设备级关键单元冗余保护，主要定位于网络的汇聚层。它具有以下特点。

- 为城域汇聚层的 CE&PTN 设备，采用基于 ASIC 的集中式分组交换架构和横插板结构，高度为 8U，可安装在 300 mm 深的标准机柜。
- 设备级关键单元冗余保护。
- 设备的接入容量 88 G。
- 提供 10 个业务槽位，1 个接口槽位，2 个互为 1+1 冗余备份的交换时钟主控单板 RSCCU3，提供系统外时钟、管理和告警接口。
- 业务槽位支持 GE（包括 FE）、POS STM-1/4、Channelized STM-1、ATM STM-1、IMA/CES E1 、10 GE 等接口。
- 业务单板与 6200 兼容。
- 时钟：以太网接口卡支持同步以太网，IEEE1588 功能。
- 关键业务：二三层单播/组播、T-MPLS。
- OAM&Protect：以太网 OAM、T-MPLS OAM；T-MPLS/MPLS 隧道和伪线保护。
- 主要应用场景：Mobile Backhaul、大客户专线。
- 共提供 6 个低速槽位，每个槽位的背板带宽为 8 个 GE；4 个高速槽位每个槽位容量为 10 G。
- 有两个 Interface 槽位，可以提供 E1 板的 1∶2 支路保护，共两组。
- 支持−48 V 直流和 220 V 交流两种供电方式。

ZXCTN 6300 产品外观图如图 9-58 所示。其基本性能如下：

- 基本结构为主控交换板(2)；

- 低速业务插板(6)；
- 高速业务插板(4)；
- 主控交换板、电源提供 1+1 热备份；
- 主要的交换结构为以 ASIC 为中心的集中交换式结构；
- 尺寸:可以满足标准 19 英寸机架安装的 8U 高设备；
- 设备容量 88 G。

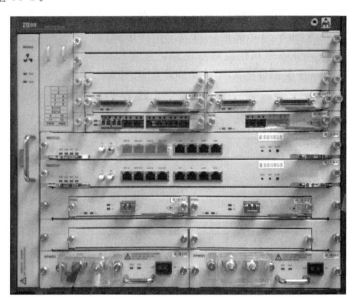

图 9-58　ZXCTN 6300 产品外观图

（2）功能特性

① 综合业务统一承载

- 支持 TDM E1/ IMA E1/ POS STM-n/ chSTM-n/FE/GE/10 GE 等多种接口。
- PWE3 实现 TDM、ATM、Ethernet 业务的统一承载。
- 通过 PWE3 实现 TDM/ATM/IMA 灵活的协议处理、业务感知和按需配置。
- TDM:支持非结构化和结构化仿真,支持结构化的时隙压缩;
- ATM/IMA:支持 VPI/VCI 交换和空闲信元去除。
- 统一的分组传送平台,节省 CapEx 和 OpEx。

② 智能感知业务

- 业务感知有助于根据不同的业务优先级采用合适的调度方式;
- 对于 ATM 业务,业务感知基于信元 VPI / VCI 标识映射到不同伪线处理,优先级(含丢弃优先级)可以映射到伪线的 EXP 字段;
- 对于以太网业务,业务感知可基于外层 VLAN ID 或 IP DSCP;
- 对时延敏感性较高的 TDM E1 实时业务按固定速率的快速转发处理。

③ 端到端层次化 OAM

ZXCTN 6200/6300 提供多级的 OAM 机制,支持 T-MPLS OAM 和以太网 OAM(Operations,Administrationand Maintenance),实现快速故障检测以触发保护倒换,保证分组传送网络中业务的电信级服务质量。

④ 端到端 QoS 设计

- 网络入口:在用户侧通过 H-QoS 提供精细的差异化服务质量,识别用户业务,进行接入控制,在网络侧将业务的优先级映射到隧道的优先级;
- 转发节点:根据隧道优先级进行调度,采用 PQ、PQ+WFQ 等方式进行;
- 网络出口:弹出隧道层标签,还原业务自身携带的 QoS 信息。

⑤ 6200/6300 保护能力

- 设备级保护:供电单元过流保护功能,电源板、主控交换时钟板 1+1 保护;
- 网络级保护:支持 T-MPLS 线性 1+1/1∶1 保护,T-MPLS 环网保护;
- 链路级保护:以太网 MSTP 保护,LACP、IMA 保护;
- 时钟保护:支持时钟频率和相位同步链路的选择和保护。

ZXCTN 6200/6300 提供的业务 OAM 实现机制如图 9-59 所示。

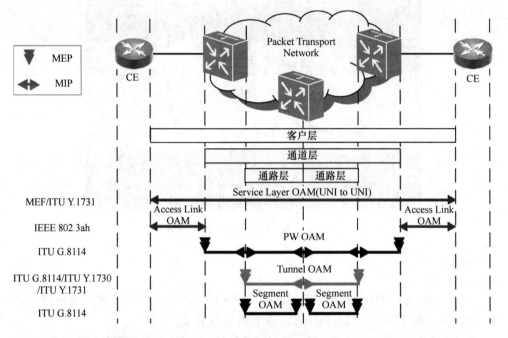

图 9-59　ZXCTN 6200/6300 提供的业务 OAM 实现机制

⑥ 丰富的时间同步接口,满足网络长期演进的需求

- 带外 1PPS+TOD 接口——基站无须支持 1588V2 协议,满足当前 TD 基站的需求;
- 带内以太网接口——满足后续 TD 基站的需求;
- 硬件实现 1588 协议中精确时戳的插入和提取,有效提高时间同步精度;
- 1588 协议可以灵活部署;
- 可以穿越普通不支持 1588 协议的二、三层设备;
- 结合同步以太网使用;
- 在物理层频率同步基础上使用 1588,可以加快协议收敛时间,可以减少 1588 协议报文频度、减少带宽需求,每秒 1 个报文即可保证时间精度。

⑦ 统一的网络管理

- 支持 PTN、MSTP、WDM 统一管理;
- 提供端到端的路径创建和管理;
- 强大的 PTN QoS、OAM 管理功能,实时告警和性能监控。

（3）6200/6300 组网应用

① 移动 Backhaul 网络的典型应用，如图 9-60 所示。

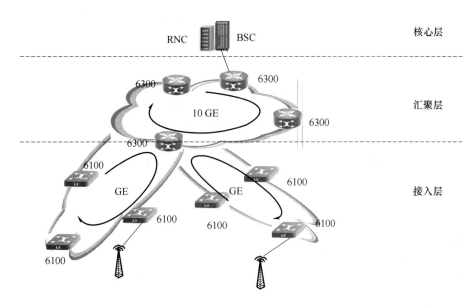

图 9-60　移动 Backhaul 网络的典型应用

② TDM 业务承载：从基站传入的 TDM E1 业务，在经过 PTN 网络后，通过汇聚设备的 Ch. STM-1 接口落地，如图 9-61 所示。

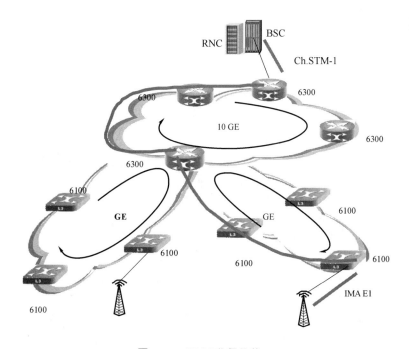

图 9-61　TDM 业务承载

③ ATM 业务承载：从基站传入的 IMA E1 业务，在经过 PTN 网络后，通过汇聚设备的 ATM STM-1 接口落地，如图 9-62 所示。

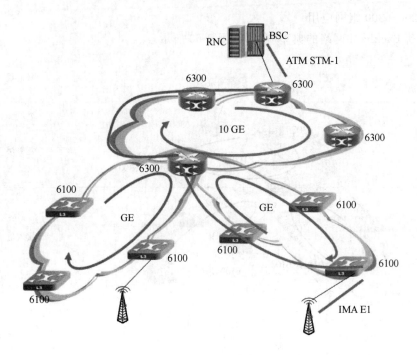

图 9-62　ATM 业务承载

④ 以太网业务承载：

- EPL/EVPL，从基站传入的 FE 业务，在经过 PTN 网络后，通过汇聚设备的 GE/FE 接口落地，提供标准的 E-Line 业务，如图 9-63 所示。

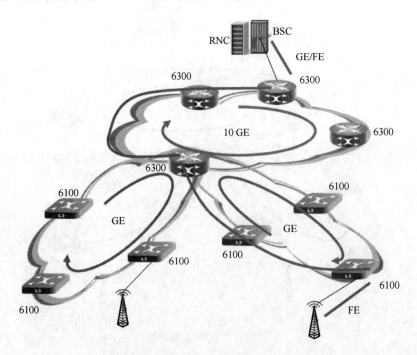

图 9-63　EPL/EVPL 业务承载

- EPLAN/EVPLAN，通过节点间的隧道建立连接，提供 E-Lan 业务，如图 9-64 所示。

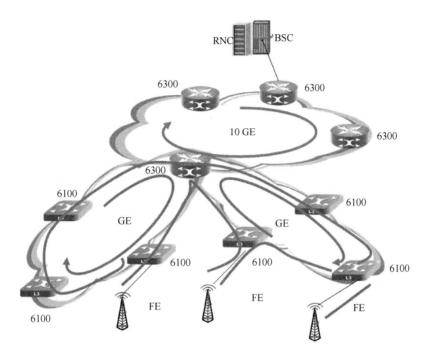

图 9-64 EPLAN/EVPLAN 业务承载

- EPTREE/EVPTREE,通过节点间的隧道建立连接,提供 E-Tree 业务,如图 9-65 所示。

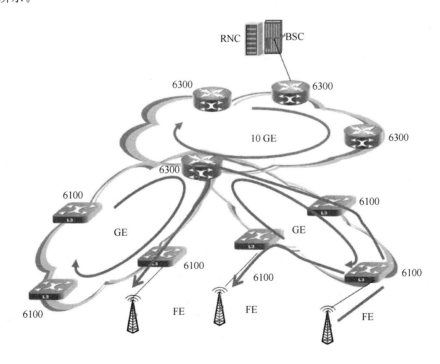

图 9-65 EPTREE/EVPTREE 业务承载

9.4.4 烽火公司 PTN 设备

1. CiTRANS600 系列 PTN 设备概述

(1) 业务接口

① 线路接口:对数据流进行包分类、标签处理、队列整理、流量整形等处理。

② 以太网:支持 FE/GE 速率的以太网业务,支持分组业务组播,支持层次化 QoS。

③ TDM:支持 TDM 业务的处理,提供 E1 业务、STM-N 等 SDH 业务接口。

(2) 组网能力

① 组网模式:可组建链状、星形、环网、相交环、相切环、日形环、MESH 网等方式。

② 线性保护:可提供线性 1+1 和 1:1 的 LSP 保护、1+1/1:1 SNC/S 保护。

③ 环网保护:可提供 Wrapping(环回)和 Steering(转向)环网保护、MESH 保护及恢复。

(3) 管理特性

① 层次化管理:面向连接的端到端的 OAM 管理,支持层次化 QoS。

② 系统兼容性:可与烽火通信其他产品纳入同一管理平台 OTNM2000/2100/3000。

③ 丰富的接口:具有 F,f,DEBUG,MBUS,CTR,ALM 接口,提供外部事件监测和控制。

(4) QoS 特性

① 流量分类方面:将数据报文划分为多个优先级或多个服务类,如使用 DSCP(Differentiated Services Code Point)中 ToS(Type of Service)域的前 6 位,则最多可分成 64 类。在分类后,可以将其他 QoS 特性应用到不同的分类,实现基于类的拥塞管理、流量整形等。流量分类是对报文实施 QoS 策略的前提条件。烽火科技 PTN 设备可以实现基于 BE、AF1、AF2、AF3、AF4、EF、CS6、CS7 八组 PHB(Per-Hop Behavior)。在不需要 QoS 保证或不进行流分类的情况下,或者报文通过流分类没有相匹配的规则时,对报文作尽力转发(BE,Best-Effort)处理。

② 带宽控制方面:PTN 设备支持 CAR(Commit Access Rate)功能,即约定访问速率,采用两种染色模式:Color-Blind(色盲模式)和 Color-Aware(色敏感模式)。两种模式均对报文按照令牌桶的 CIR(Committed Information Rate)和 PIR(Peak Information Rate)与报文的当前速率进行比较,超过 PIR 的报文染红色,超过 CIR 但是低于 PIR 的报文染黄色,低于两者的报文染绿色。区别在于 Color-Aware 模式下,如果报文本身带有颜色,会与报文本身的颜色比较,取更深的颜色。然后通过流量限速功能,对染色后的报文是否丢弃进行处理,以便限定该流量的接入速率。设备支持流量限速的默认处理规则为:红色报文丢弃,黄色、绿色通过。

③ 队列调度方面:PTN 设备支持严格优先级队列(SP,Strict Priority)、加权公平队列(WFQ,Weighted Fair Queuing)或赤字加权轮询队列(DWRR,Deficit Weighted Round Robin)调度模式,以及支持优先级队列 SP+WFQ 或 SP+WRR 调度模式,对流分类后的队列进行调度。

④ 拥塞控制方面:在拥塞时采用尾丢弃和 WRED(Weighted Random Early Detected)方式丢包。通过这些丢弃方式,对网络拥塞情况进行缓解。尾丢弃有一个缓存队列对报文进行缓存,缓存过程中不区分报文丢弃级别。当缓存队列满时,固定丢弃后来的报文。WRED 可以感知报文的丢弃优先级(颜色),基于不同的丢弃优先级给报文设定丢弃高、低门限和丢弃概率,从而对不同丢弃优先级的报文提供不同的丢弃特性。

(5) 同步功能

① 同步以太网:提供同步以太网方式,实现网络时钟(频率)同步。

② 时间同步:基于 IEEE 1588V2 协议,实现网络的时间同步功能。

（6）硬件保护

① 主要部件：设备交叉时钟、网管等主控盘、电源盘等均可提供 1＋1 的冗余备份。

② 业务单盘：E1、FE 业务单盘还可提供 1∶N 的 TPS 保护。

2．CiTRANS620 设备

（1）CiTRANS620 边缘层分组传送平台是面向分组传送的新一代移动接入传送设备。

（2）CiTRANS620 利用 PWE3 伪线仿真技术实现面向连接的 TDM 业务承载技术，利用 T-MPLS 协议实现面向电信承载网优化的以太网转发技术，配以完善的 OAM 和保护倒换机制，集中了分组传送网和 SDH 传送网的优点，实现了电信级别的业务传送。

（3）CiTRANS620 主要应用于传输网络的边缘节点，为地理位置处于分散的大客户、写字楼、住宅小区等提供 TDM 和数据业务的接入服务，同时也能很好地满足 IPTV、视频播放等新业务发展需求。

（4）设备结构：600 mm×300 mm，单面插板，32 个机盘槽位。

（5）容量：提供 160 G 和 320 G 两种分组交换容量。

（6）支持 FE/GE/10 GE 全速率的以太网业务，支持分组业务组播，支持层次化 QoS。

（7）硬件 T-MPLS/PBT 兼容，目前软件上开发前者。

（8）支持 1588V2 时间同步。

（9）数据接口：单系统支持多达 14/28 个 10 GE 的线路接口，最多支持 100 个 GE 接口，最大可提供 168 个 10/100 M 以太网，支持环网保护。

（10）TDM 接口：支持 TDM 业务的处理，最大可提供 224 个 E1 业务、28 个 STM-1/4 的 SDH 业务接口，系统支持最大 6 个 STM-16 接口，支持 E1 及 FE 的 TPS 保护（同时）。

（11）定位：适用于网络汇聚层或中小城市网络核心层，组建一体化的分组承载网络。

3．CiTRANS640 设备

CiTRANS640 设备——重要业务接入节点、边缘汇聚节点设备。其基本特性如下。

（1）交叉容量：20～90 G。

（2）设备结构：

① 业务槽位 8 个；

② 300 mm 深、4U 高度；

③ 典型配置功耗低于 100 W；

④ 全业务接入能力；

⑤ FE、GE、10 GE，E1、STM-1；

⑥ E1、FE 带 TPS 功能；

⑦ XCU、NMU、ASCU、POWER：1＋1。

（3）技术选择：

① MPLS-TP，同时兼容 PBT；

② 前向兼容 MSTP。

4．CiTRANS660 设备

（1）设备基本特性

① 子框分为上下两层，单面插板，各有 16 个机盘槽位（如图 9-66 所示）。

② 上框为电源端子板和低速接口盘槽位区。

③ 下框为网元管理盘、信令控制盘、交叉时钟盘和高速接口盘槽位区。

④ 上下两框中间设有 3 个独立的大功率智能风扇，可根据设置的温度界限采用不同的转速。

⑤ 子框底部为分纤单元和防尘过滤网。

⑥ 前向兼容 MSTP 技术,兼容 OTN 单盘,兼容 PON 技术。

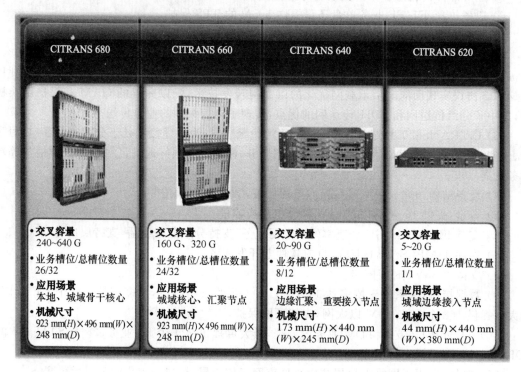

图 9-66 烽火公司 PTN 产品系列(MPLS-TP/PBT 兼容)

(2) 系统功能

① 结构:600 mm×300 mm ,单面插板,32 个机盘槽位。

② 容量:提供 160 G 和 320 G 两种分组交换容量。

③ 支持 FE/GE/10 GE 全速率的以太网业务,支持分组业务组播,支持层次化 QoS。

④ 硬件 T-MPLS/PBT 兼容,目前软件上开发前者。

⑤ 支持 1588V2 时间同步。

⑥ 数据接口:单系统支持多达 14/28 个 10 GE 的线路接口,最大支持 100 个 GE 接口,最大可提供 168 个 10/100 M 以太网,支持环网保护。

⑦ TDM 接口:支持 TDM 业务的处理,最大可提供 224 个 E1 业务、28 个 STM-1/4 的 SDH 业务接口,系统支持最大 6 个 STM-16 接口,支持 E1 及 FE 的 TPS 保护(同时)。

⑧ 定位:适用于网络汇聚层或中小城市网络核心层,组建一体化的分组承载网络。

9.4.5 阿尔卡特朗讯公司 PTN 设备

阿尔卡特朗讯 1850 TSS 构建于一个开放的体系结构上,该结构集成了以太网交换、TDM (SDH/SONET/PDH)和 WDM/ROADM,各种业务的传送需求可按任意比例组合、配置,如图 9-67 所示。1850 TSS 这项特有的功能使它成为正在进行的传送网络技术变革过程中理想的备选设备,业务供应商仅利用选中和点击操作就可以灵活地配置任意比例的电信级以太网业务、WDM 和 TDM 交换业务,从而满足日益增长的流量需求。阿尔卡特朗讯 1850 TSS 为业务供应商建设、运营面向未来的传送网提供了强大的技术手段,用户可以灵活地规划和设计网络资源,承载三重播放、视频、移动和以太网等业务,同时与已有的传送实体无缝地连接,确保现有网络的既得利益。1850 TSS 的优势如下。

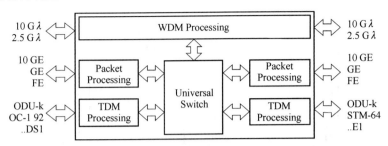

图 9-67　支持各种传送技术的业务任意组合的统一交换结构

（1）独有的统一交换矩阵可同时交换、传送分组和电路业务而不改变其格式，不再需要把电路时隙和分组数据帧相互映射的昂贵解决方案。统一交换技术提供了与业务类型无关的、可扩展的交换能力。

（2）仅需简单地更换接口卡即可承载任意比例混合的 TDM、WDM、以太网和将来可能出现的业务种类，如果未来网络需要支持新的业务和协议，也无须追加传送网方面的投资。

（3）与技术相关的线路接口卡依据业务本身的格式对其进行相应处理（如开销管理，性能监控与保护，OAM，数据包分类，策略、进度管理等），在交换之前完成所有的处理工作。

（4）创造性地将流量处理与交换分离，避免了传统多业务传送节点结构中在交换矩阵上进行业务处理，这些处理因与采用到的技术有关因而成本较高。而 1850 TSS 中对数据分组、TDM 或 WDM 业务的处理操作仅限于各自的线卡中，因而建设网络时可以分布、渐进地增加投入。

（5）与阿尔卡特朗讯其他所有传输设备共有统一的网管平台，使得传送网配置和管理更加便捷。

1850 TSS 系列包括从接入到核心一系列不同容量的设备，目前在国内市场推出的是 TSS-3、TSS-40 和 TSS-320 三款产品，覆盖城域接入、汇聚、骨干直至长途干线的所有传送应用。TSS-3 是一款小型用户端网元（CPE）设备，为用户和运营商网络划分了明确的界线，其结构紧凑、价格低廉，是用户隔离、以太汇聚、媒体转换和以太网 over PDH（通过 GFP）等应用的理想解决方案。TSS-40 的最大交换容量为 40 G，拥有 2 个 2.5 G 群路口（可升级为 10 G）和 4 个业务槽位，可以组成基于 T-MPLS 的分组环网，适合应用在城域电信级以太网的接入和边缘层。TSS-320 的最大交换容量为 320 G，拥有 16 个全高的业务槽位（或 32 个半高的业务槽位），适合应用在网络的核心层。

1. 1850 TSS-320 设备

（1）设备基本特性

① 先进的通用交叉矩阵：320 G/160 G。

② 32 个通用槽位（紧凑型子框 16 个通用槽位），每个槽位 10 Gbit/s 带宽，板卡全通用。

③ 全面支持 T-MPLS 传送协议，并可向 MPLS-TP 平滑演进。

④ 支持同步以太网/1588v2 时钟同步。

⑤ 集成型 8/16 波 2.5 G/10 G OADM，Mux/Demux，Transponders。

⑥ 完善的设备保护：冗余的控制器、通用交叉矩阵、电源板和风扇单元。

⑦ 种类丰富的业务板卡：TDM 线路卡/Data 线路卡/WDM 线路卡。

⑧ 各层面的网络保护方式：SDH/Ethernet/T-MPLS/GMPLS。

（2）TSS-320 设备结构

① TSS-320 标准型子框结构如图 9-68 所示。

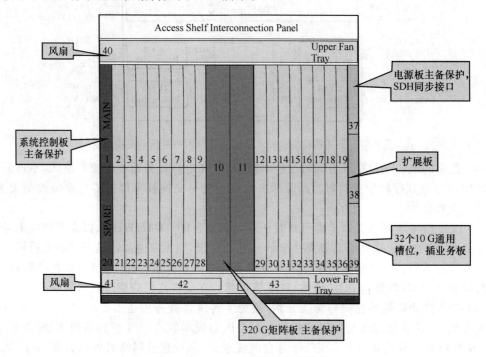

图 9-68　TSS-320 标准型子框结构

② TSS-320 紧凑型子框结构如图 9-69 所示。

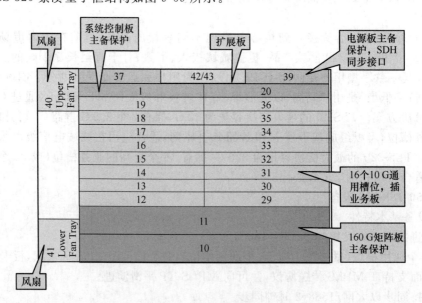

图 9-69　TSS-320 紧凑型子框结构

2. 接入层设备 1850 TSS-5

（1）1850 TSS 全业务分组传送平台家族成员定位于网络接入。

① 经济地汇聚各种宽带、TDM 业务。

② 高效地完成 SONET/SDH 与以太网业务的接入、传送。

③ 支持灵活的无线回程,以及商业 VPN 业务。

(2) 外观、槽位及主要板卡如图 9-70 所示。

接口板	VLIU1 板	
	VLIU2 板	
	VLIU3 板	
	VLIU10 板	
SDH 板卡	VLNC50 板	2xSTM-1/4(SFP),1xGE(SFP),8xE1,3xE3
	VLNC52 板	2xSTM-1/4(SFP),1xGE(SFP),21xE1,3xE3
	VLNC35 板	2xFE(SFP),4xFE(RJ45)　扩展槽位
	SDH 控制板	扩展槽位
PTN 板卡	VLNC40 板	4xGE/FE(SFP),20xFE
	VLNC42B 板	4xGE/FE(SFP),20xFE,增强型
CES 板卡	VLNC60 板	2xGE/FE(SFP),8xE1 CES
	VLNC61 板	2xGE/FE(SFP),16xE1 CES
	VLNC62 板	2xGE/FE(SFP),8xE1,CES TOD
	VLNC64 板	2xGE/FE(SFP),1xSTM-1(SFP)

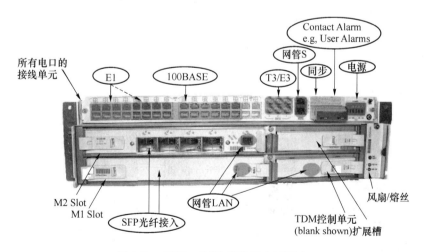

图 9-70　TSS-5 外观、槽位及主要板卡

(3) 主要技术特性

① PDH 复用。

② EoS GFP,VCAT,LCAS,CSF。

③ MAC,VLAN & 运营商桥接(IEEE802.1D,802.1Q,802.1ad)。

④ QoS,多重分类选项,流量速率控制,ACLs。

⑤ 多级 ML-PPP/TDM-Ethernet 互通。

⑥ SAToP 伪线技术实现 TDM 业务电路仿真。

⑦ BFD,1＋1 伪线传送保护。

⑧ IEEE 1588 V2 同步定时标准。

⑨ 电信级 OAM ：1350 OMS,CLI,SNMP,TL1。

（4）主要应用场景

① 无线回程：为基站业务提供高效的汇聚、传送平台。

• 支持 TDM、Ethernet。

• 为经济的、没有格式的 TDM 流进行电路仿真。

• 可集成到 ALU 现有基站设备中,或支持与其他基站的配合使用。

② 固网接入：电信级以太网以及传统的 TDM 业务。

• 出租回程网络。

• 商业以太网、TDM 业务接入。

3. 1850 TSS 组网应用模式

1850 TSS 适用于以太网传送/汇聚和城域 SDH/数据融合的传送网接入/汇聚层应用,根据不同的容量、功能和数据处理能力的要求,选择采用该系列中的具体产品,形成各种的分组传送解决方案：以太网传送/汇聚应用是将数量众多、地理位置分散的接入层设备的上联 FE/GE 端口汇聚传送至上层设备的 GE/10 GE 端口,典型应用为 NGN AG 上联至软交换、DSLAM 上联至 BRAS/SR 和 3G UTRAN 部分的 Node B 和 RNC 之间的 Backhauling。融合的城域传送汇聚层是把 SDH、MSTP、分组环/以太网环及星形双归上联的数据设备统一到一个面向分组传送而优化,同时保持了传统 SDH 的高 QoS 和可靠性的汇聚层传送平台上,是城域传送网分组化改造、替代传统 MSTP 组网的有效手段。在移动传送网中,可通过融合的传送汇聚层统一承载 2G/3G/大客户/其他 IP 业务。如图 9-71 所示。

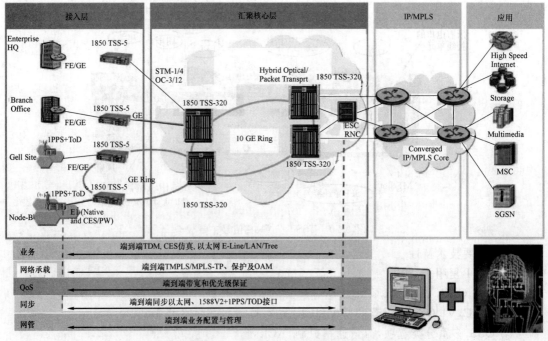

图 9-71　1850 TSS 组网应用模式

9.5　PTN 网络的性能指标

1. 设备能力指标

见表 9-3。

表 9-3　设备能力指标

性能指标	整机功耗					交换容量	包转发率 (64 B 帧长)
	5 级	4 级	3 级	2 级	1 级		
核心节点	>3 000 W	3 000 W	2 000 W	1 000 W	500 W	160 G 以上	120 Mpps
汇聚节点	>1 500 W	1 500 W	1 000 W	500 W	200 W	40 G 以上	30 Mpps
接入节点	>500 W	500 W	300 W	100 W	50 W	3 G 以上	2.25 Mpps

2. 多业务承载功能和性能

见表 9-4，PTN 网络支持以太网专线和专网业务的承载，且支持 TDM CES 业务的非结构化仿真（SAToP）方式和 ATM 业务透传。

表 9-4　多业务承载功能和性能

性能指标	时延	抖动	误码/丢包
以太网业务（在拥塞情况下，信令、同步报文、话音等高优先级业务）	无丢包业务最大单向时延 4 ms	最大单向时延抖动 1 ms	最大丢包 1E-7(24hr)
TDM CES 业务（在拥塞情况下）	最大单向时延 8 ms	满足 G.823、G.825 和 G.8261 要求	最大误码率 1E-12(24hr)
ATM 业务（在拥塞情况下，信令、同步报文、话音等高优先级业务）	无丢包业务最大单向时延 8 ms	—	信元丢失 1E-8(24hr)

3. 网络可扩展性指标

表 9-5　网络可扩展性指标

性能指标	支持本地终结的最大双向路径数		支持最大点对点业务实例数	支持最大 MAC 地址数
	总的	带保护的		
核心节点	4 096	2 048	1 024	64 K
汇聚节点	1 024	512	1 024	64 K
接入节点	64	32	64	8 K

4. QoS 要求

支持 8 级优先级，支持流分类、与本地优先级映射、队列调度、拥塞控制、带宽控制和层次化 QoS。

5. 网络可靠性要求

（1）支持线性保护和环网保护。

（2）保护倒换时间/业务中断时间≤50 ms。

6. OAM 要求

支持 PW、LSP、段层、以太网业务和接入链路 OAM。

7. 故障管理

连续性检测、告警抑制、远端故障指示、环回检测、踪迹监视、性能监视(丢包率、时延测量)、通信通道。

8. 网络管理要求

包括拓扑管理、配置管理、故障管理、性能管理、安全管理。

9. 物理接口要求

支持 E1、STM-N、FE、GE 接口。

10. 互通要求

(1) 支持多厂家设备在转发平面互通,后续支持在控制平面互通。

(2) 支持基于 UNI 接口的业务互通和保护互通,后续支持基于 NNI 接口的业务互通和保护互通。

11. 同步要求

(1) 支持 CES 业务同步。

(2) 支持基于同步以太网的频率同步。

(3) 支持基于 1588v2 的时间同步。

12. 端到端业务时延指标要求

话音业务端到端指标要求和分配如下。

(1) 3GPP(移动通信国际标准组织)规定 250 ms(推荐 150 ms),其中:

- IP 骨干网为 50 ms;
- 城域核心层为单向 25 ms;
- BSS/RAN(从用户终端到 BSC/RNC)为单向 75 ms,其中空口一般分配单向 55 ms,基站和 RNC 一般分配 10 ms,建议 IP 化城域传送网分配 E1 业务单向时延 8 ms(即双向)。

(2) 参考 3GPP 标准,《中国移动 TD-SCDMA 技术体制》规定话音业务端到端业务时延指标为 300 ms,其中 BSS/RAN(从用户终端到 BSC/RNC)为单向 90 ms。

IP 化城域传送网要求在各种城域网规模(如 30 跳、1000 km)和各种网络负载(如网络拥塞)情况下,满足双向 16 ms 的 E1 业务时延指标,现网试点是在 10 跳、200 km 左右且网络未拥塞情况下的测量结果。

(1) 处理时延

- 两端节点处理电路仿真业务的时延:单节点 2.5 ms。
- 中间节点或两端节点处理以太网业务的时延:单节点 100 μs。

(2) 传输时延

200 km 约需要 1 ms。

端到端业务时延指标要求如图 9-72 所示。

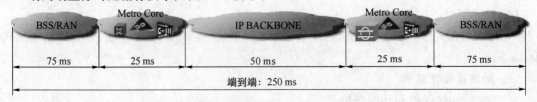

图 9-72 端到端业务时延指标要求

9.6　PTN 组网应用

9.6.1　PTN 的引入与组网

1. PTN 的引入

分组化是光传送网发展的必然方向,未来本地网依然在相当长的时间内面临多种业务共存、承载的业务颗粒多样化、骨干层光纤资源相对丰富等问题,在考虑 PTN 产品网络引入的过程中,需要注意引入策略和网络承接性的问题,在现有的网络中引入分组传送技术和设备应该非常慎重,逐步分步实施。

首先,PTN(Packet Transport Network)的切入应该是在 FE 成为主流的业务接口后再逐步实施。分组传送设备产业链的成熟将稳步推进,在 2010 年后才会相对成熟,同时技术标准的选择和芯片厂家、设备商的支持度等因素均会影响演进的节奏。

而核心层采用的 OTN/WDM 技术目前正在逐步成熟,可以逐步商用,但由于目前 OTN 技术的不同模块发展极不平衡,所以对于商用的步骤应有所考虑。

在建设方式上,可以考虑采用业务分担式的二平面方式,通过本地核心汇聚层到接入层的自上而下的引入策略,最终实现网络向扁平化方向发展。

2. PTN 的组网模式

在现网结构的基础上,城域传输网 PTN 设备的引入总体上可分为 PTN 与 SDH/MSTP 独立组网,PTN 与 SDH/MSTP 混合组网以及 PTN 与 IPoverWDM/OTN 联合组网 3 种模式。在混合组网模式中,根据 IP 分组业务需求和发展,PTN 设备的引入又可以分为 4 个演进阶段,下面分别介绍。

（1）混合组网模式

依托原有的 MSTP 网络,从有业务需求的接入点发起,由 SDH 和 PTN 混合组环逐步向全 PTN 组环演进的模式称之为混合组网模式,如图 9-73 所示。混合组网模式可分为 4 个不同的阶段。

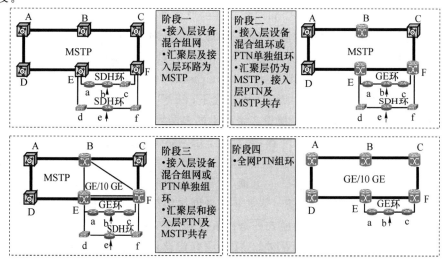

图 9-73　混合组网模式

阶段一:在基站IP化和全业务启动的初期,接入层出现零星的IP业务接入需求,PTN设备的引入主要集中在接入层,与既有的SDH设备混合组建SDH环,提供E1、FE等业务的接入。考虑到接入IP业务需求量不大,该阶段汇聚层以上采用MSTP组网方式仍然可以满足需求。

阶段二:随着基站IP化的深入和全业务的持续推进,在业务发达的局部地区将形成由PTN单独构建的GE环。考虑到部分汇聚点下挂GE接入环的需求,汇聚层的相关节点(如节点E、F)可通过MSTP直接替换成PTN或者MSTP逐渐升级为PTN设备的方式,使此类节点具备GE环的接入能力,但整个汇聚层仍然为MSTP组网,接入层GE环的FE业务需要在汇聚节点E、F处通过业务终接板转化成E1模式后,再通过汇聚层传输。

阶段三:在IP业务的爆发期,接入层GE环数量剧增,对汇聚层的分组传输能力提出了更高要求。该阶段汇聚层部分节点(如B、E、F节点)之间在MSTP环路的基础上,再叠加组建GE/10 GE环,满足接入层TDM业务、IP业务的同时接入和分离承载。

阶段四:在网络发展远期,全网实现AllIP化后,城域汇聚层和接入层形成全PTN设备构建的分组传送网,网络投入产出比大大提高,管理维护进一步简化。

前3个阶段,业务的配置类似于SDH/MSTP网络端到端的1+1PP方式,只是演进到第四阶段纯PTN组网,业务的配置转变为端到端的1:1LSP方式。总体上,混合组网有利于SDH/MSTP网络向全PTN的平滑演进,允许不同阶段、不同设备、不同类型环路的共存,投资分步进行,风险较小。但在网络演进初期,混合组网模式中由于PTN设备必须兼顾SDH功能,导致网络面向IP业务的传送能力被限制并弱化了,无法发挥PTN内核IP化的优势。在网络发展后期,又涉及大量的业务割接,网络维护的压力非常大。鉴于此,除了现网资源缺乏(如机房机位紧张、电源容量受限、光缆路由不具备条件)确实无法满足单独组建PTN条件的,或者因为投资所限必须分步实施PTN建设的,均不推荐混合组网模式进行PTN的建设。

(2)独立组网模式

从接入层至核心层全部采用PTN设备,新建分组传送平面,和现网(MSTP)长期共存、单独规划、共同维护的模式称之为独立组网模式。该模式下,传统的2G业务继续利用原有MSTP平面,新增的IP化业务(包含IP化语音、IP化数据业务)则开放在PTN中。PTN独立组网模式的网络结构和目前的2GMSTP网络相似,接入层GE速率组环,汇聚环以上均为10 Gbit以太网速率组环,网络各层面间以相交环的形式进行组网,如图9-74所示。

独立组网模式的网络结构非常清晰,易于管理和维护,但新建独立的PTN一次性投资较大,需占用节点机房宝贵的机位资源和光缆纤芯,电源容量不足的机房还需进行电源的改造。此外,SDH/MSTP设备具备155 Mbit/s、622 Mbit/s、2.5 Gbit/s、10 Gbit/s的多级线路侧组网速率,可从下至上组建多级网络结构。相比之下,PTN组网速率目前只有Gbit以太网和10 Gbit以太网两级,如果采用PTN建设二级以上的多层网络结构,势必会引发其中一层环路带宽资源消耗过快或者大量闲置的问题,导致上下层网络速率的不匹配。

同时,在独立组网模式中,骨干层节点与核心层节点采用10 Gbit以太网环路互联,在大型城域网中,核心层RNC节点较多。一方面,骨干层节点与所有RNC节点相连,环路节点过多,利用率下降;另一方面,环路上任一节点业务量增加需要扩容时,必然导致环路整体扩容,网络扩容成本较高,因此,独立组网模式一是比较适应于在核心节点数量较少的小型城域网内组建二级PTN,二是作为在IPoverWDM/OTN没有建设且短期内无法覆盖到位时的过渡组网方案。

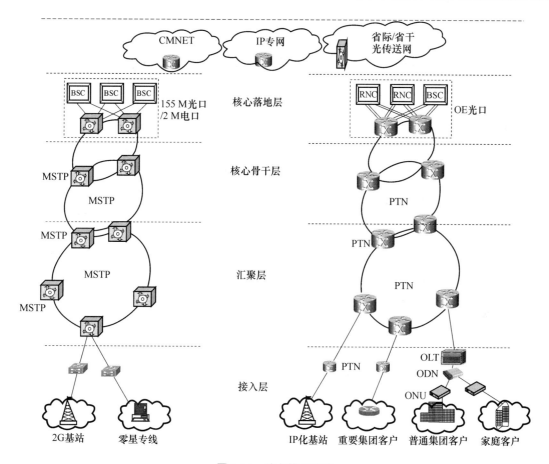

图 9-74　独立组网模式

（3）联合组网模式

汇聚层以下采用 PTN 组网，核心骨干层则充分利用 IPoverWDM/OTN 将上联业务调度至 PTN 所属业务落地机房的模式称之为联合组网。该模式下，业务在汇聚接入层完成收敛后，上联至核心机房设置两端大容量的交叉落地设备，并通过 GE 光口 1＋1 的 Trunk 保护方式与 RNC 相连，其中，骨干节点 PTN 设备通过 GE 光口仅与所属 RNC 节点的 PTN 交叉机连接，而不与其他 RNC 节点的 PTN 交叉机以及汇聚环的骨干 PTN 设备发生关系，具体如图 9-75 所示。

尽管独立组网模式中核心骨干层组建的 PTN10 吉比特以太网环路业务也可以通过波分平台承载，但波分平台只作为链路的承载手段，而联合组网模式中，IPoverWDM/OTN 不仅仅是一种承载手段，而且通过 IP over WDM/OTN 对骨干节点上联的 GE 业务与所属交叉落地设备之间进行调度，其上联 GE 通道的数量可以根据该 PTN 中实际接入的业务总数按需配置，节省了网络投资。同时，由于骨干层 PTN 设备仅与所属 RNC 机房相连，因此，联合组网模式非常适于有多个 RNC 机房的大型城域网，极大地简化了骨干节点与核心节点之间的网络组建，从而避免了在 PTN 独立组网模式中因某节点业务容量升级而引起的环路上所有节点设备必须升级的情况，节省了网络投资。当然，联合组网分层的网络结构，前期的投资会因为 IPoverWDM/OTN 建设而比较高。联合组网模式适用于网络规模较大的大型城域网，考虑到联合组网模式的诸多优势，除了在没有 IPover WDM/OTN 或者短期内 IP over WDM/OTN 无法覆盖至骨干汇聚点的地区，均建议采用联合组网的方式进行城域 PTN 的建设。

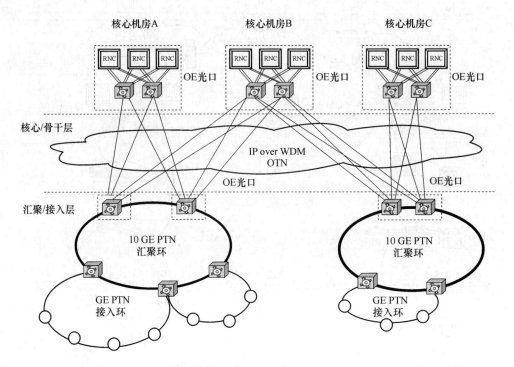

图 9-75 联合组网模式

PTN 的应用如图 9-76 所示,其主要用于城域接入、汇聚、城域核心和骨干网。

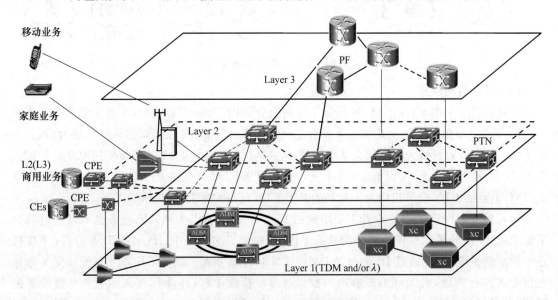

图 9-76 PTN 的应用场景

3. PTN 的组网策略

(1) 网络结构:PTN 网络采用分层网络结构,分别为接入层、汇聚层、核心汇聚层,不同层次有着不同的作用,如图 9-77 所示。核心层和汇聚层主要采用环形结构,接入层以环形结构为主,也可采用链形结构。接入层、汇聚层以环形组网为主,节点的部署应主要考虑 3G 基站分布及光纤资源情况,可参考原 MSTP 接入环架构,利用原有光缆路由和机房部署。骨干调度层及楼内系统初期以环形组网建设,后期应根据业务流量建设网状网。

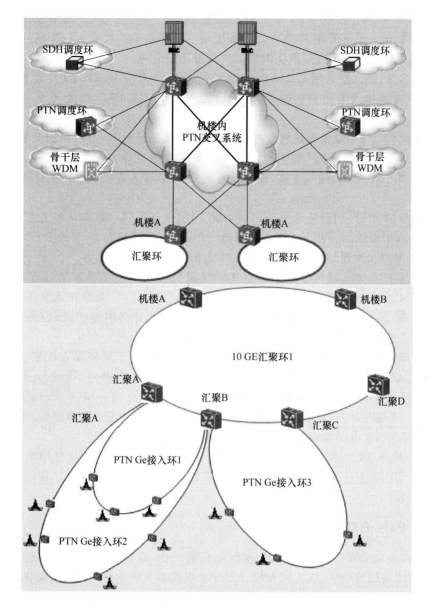

图 9-77　PTN 组网网络结构图

PTN 网络模型与城市规模的大小和业务发展水平密切相关。一般国内城市可分为大中小三种类型。大型城市，其城域分组传送网具有接入节点数量大、业务量大、网络结构复杂、层次多等特点；中小型城市，具有接入节点数量居中、业务量较大、网络结构较复杂等特点。不同类型的城市应构建适应各自特点的网络模型。

对于大中型城市，核心层可用 WDM＋PTN 设备的形式。尽量采用双节点接入，成对建设大容量 PTN 设备，通过 WDM 系统提供的 10 GE/GE 通道与汇聚层 PTN 设备对接。汇聚层应根据实际情况采用 WDM/光纤＋PTN 设备或者直接采用 PTN 设备组网，接入层采用 PTN 设备组网。现阶段核心、汇聚层宜采用 10 GE 设备组网。接入层宜主要采用 GE 设备组网，业务量较大时也可少量采用 10 GE 设备组网。接入层要尽量避免长支链的情况，在光缆资源允许的情况下，保证成环率。

对于中小型城域网，核心层/汇聚层/接入层均采用 PTN 设备组网，部分有条件的地市的核心层也可采用 WDM/光纤＋PTN 设备的形式组网。现阶段核心、汇聚层宜采用 PTN 10 GE设备组网,接入层宜采用 PTN GE 设备组网。同样双节点互联可以减轻单节点失效的风险。一般规模较小的城市可以简化网络层次尽量环形组网。

(2) 系统容量:接入层采用 GE 级别的线速率,汇聚层采用 10 GE PTN 设备。大中型本地网为解决不同机楼间电路调度需求,骨干层可引入 10 GE PTN 调度环系统及楼内交叉系统。

(3) 系统配置:PTN 设备系统建设可参考传统 SDH 系统配置,对重要的业务端口配置保护,同时需对重要的功能单板(如主控、交叉板)必须配置冗余保护。对不同区域逐步引入 PTN 设备,采用 2 M 或 FE 接入方式,逐步过渡到全网 IP 接入方式,降低全网同时采用 IP 接入的风险。

(4) 系统保护:PTN 组网应充分考虑网络安全性,应保证同一汇聚片内有双汇聚节点,同一汇聚区内接入层系统需分别上连至汇聚节点,并对所有电路配置 1＋1 或 1：1 方式的保护。

(5) PTN 网络组网规划需根据承载业务中远期带宽进行综合考虑。

(6) 接入层 PTN GE 环按带宽 80％即 800 M 进行规划,单个 TD 基站的最大带宽需求为 25～100 M,因此建议密集城区按照 100 M 业务需求规划接入环,每个接入环不超过 8 个点。一般城区和农村按照 50 M 业务需求规划接入环,综合考虑业务时延性能(特别是仿真业务)和时间传送精度性能,建议不超过 12 个点。

(7) 目标网汇聚环根据业务需求的分布及 RNC 的建设方案规划设置汇聚节点。汇聚层 PTN 10 GE 汇聚环带宽利用率按照 80％计算即 8 000 M,每个汇聚环下挂接入环数量不超过 10 个,若接入环规模较小,可适当放大汇聚环下挂接入环数量。SDH 向 PTN 过渡期汇聚环建设以覆盖为主,根据汇聚节点的分布实现重点 TD 覆盖城区的 PTN 网络覆盖,可分层面分批次建设,同时可根据实际带宽规划,后期进行网络优化调整。

(8) PTN 网络承载优先用于新增的城区 IP 化重要集团客户专线业务的承载,对于传统的语音类重要集团客户优先用 SDH 网络承载,SDH 网络无法满足要求的情况下通过 PTN 电路仿真方式承载。

9.6.2 PTN 的应用定位

PTN 技术是 IP/MPLS、以太网和传送网结合的产物,具有面向连接的传送特征,适用于承载运营商的无线回传网络、以太网专线、L2VPN 以及 IPTV 等高品质的多媒体数据业务。

与基于路由器的 IP/MPLS 解决方案相比,PTN 具有低成本、高可靠和易维护的应用优势。

3G 基站到 RNC 的分组化传送 3G 技术相对于 GSM 技术,主要是对基站的无线侧技术进行了革新。基站及基站控制器的网络架构没有变化,基站至基站控制器间目前仍采用 TDM 电路,将来将逐步向 IP 化演进。引入 3G 以后,对传输的承载需求仅在业务格式方面有所改变,在业务分布方面没有变化,传输网在组网架构上与 2G 相同。由于 3G 基站接口将逐步分组化,所以传输侧相应地需要引入相匹配的分组传送技术来满足业务承载需求,PTN 主要满足 3G 基站业务到 RNC 的汇聚回传。

宽带接入网的二层汇聚网络运营商将逐步对原 PSTN 进行软交换改造。在本地网内引入 TG 汇接局实现传统端局与软交换直接互通,在原 PSTN 的端局、模块局及接入网层逐步引入 AG,交换网络将逐步扁平化,但各接入点的分布情况与原 PSTN 相同,AG 业务流向与 PSTN 相似,仍归为各 AG 接入点向核心节点汇聚,同时还需要满足过渡期内语音业务承载需求,远期语音业务将全部 IP 化。此外,固网的宽带及大客户业务正迅速发展,其带宽需求远大于语音业务。目前,主要采用光纤直联或通过 MSTP 方式进行传送,其业务流向也是由各接入点向核心层进行汇聚,引入 PTN 后,宽带接入业务可以利用 PTN 完成各接入点到 BRAS/SR 的汇聚与传送。

（1）VPN 业务应用场景

VPN 是利用公共网络构建的专用网络,L2VPN 是基于链路层技术实现的 VPN。在公共网络上组建的 VPN 可以提供和企业私有网络一样的安全性、可靠性和可管理性。对服务提供商而言,向企业提供 VPN 这种增值服务,可以充分利用现有网络资源,提高业务量,同时也加强了与企业的长期合作关系。对于 VPN 用户而言,使用 VPN 可以缩减网络租赁费用,降低运维成本。VPN 组网的灵活性,也给企业的网络管理带来便利。同时,随着网络安全和加密技术的发展,使得通过公用网络传输私有数据的安全性得到保证。从 VPN 组网结构来看,VPN 主要分为点对点的业务（E-Line）、多点对多点的业务（E-LAN）和点对多点的业务（E-Tree）3 种,PTN 技术可以支持这 3 种结构的 VPN 组网应用。

（2）全业务综合承载

PTN 可以对不同业务实施不同 QoS 策略,可以很好地满足网络转型背景下由 TDM 业务向 IP 业务平稳过渡的综合业务承载需求,兼容现有的传送网,具有灵活的业务组织与调度能力,灵活的组网能力和可扩展性,可以较好地满足未来业务发展需求。

9.6.3　PTN 在城域网中的应用

1. PTN 在城域核心网中的应用

城域核心网由 IP/MPLS 路由器组成,骨干网由路由器＋WDM（OTN）设备组成,对于中间路由器 LSR 来说,其完成的功能是对 IP 包进行转发,其转发是基于三层 IP 的,协议处理复杂,可以用 PTN 来完成 LSR 分组转发的功能。PTN 是基于 2 层进行转发的,协议处理层次低,转发效率高。基于 IP/MPLS 的承载网对带宽和光缆消耗严重,其面临着路由器不断扩容、网络保护、故障定位、故障快速恢复、操作维护等方面的压力,可以通过两种可能的思路解决这个问题。

思路 1：IP/MPLS 路由器需要通过扩展 MPLS 来满足这些传输的需求。

思路 2：利用 PTN 来完成数据转发、保护、OAM。具体思路是引入 PTN 基于传输标签交换技术,分担 P 设备的分组转发的功能,同时利用传输强大的 OAM 和保护能力,提高链路的利用率。

PTN 网络在核心网络可以提供灵活的数据专线、专网业务。其示意图如图 9-78 所示。

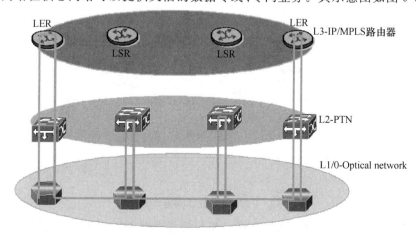

图 9-78　PTN 用于核心网高速转发

2. PTN 在城域汇聚网中的应用

图 9-79 所示为通过 1850 TSS 融合城域传送汇聚层的示意图。可以利用 TSS-320 强大的 TDM 交叉连接和以太网处理能力,将城域接入层中的 SDH、MSTP、分组环/以太网环及星形双归上联的数据设备统一到一个面向分组传送而优化,同时保持了传统 SDH 的高 QoS 和可靠性的汇聚层网络中来,从而能够逐步从 TDM/数据分离的城域网络环境平滑地向下一代分组传送网络演进。

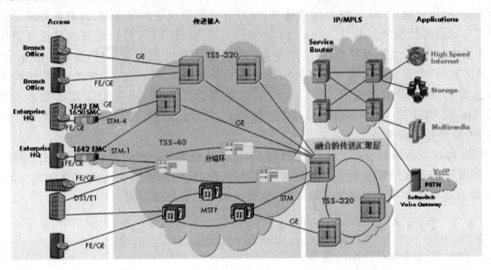

图 9-79 PTN 方案应用场景之四:融合的城域传送汇聚层

采用阿尔卡特朗讯 1850TSS 建设 PTN 网络,可以提供在现有光纤资源上承载高附加值、高 QoS、可盈利的以太网业务的解决方案,其环/MESH 网络结构不仅增强了网络可靠性,同时也大大降低了接入/汇聚层面使用的光纤芯数。这样的 PTN 解决方案不仅能够完全实现现有 SDH/MSTP 网络的所有功能,还可以在高扩展性、高数据吞吐量的基础上支持各类电信级以太网增值业务,如 MEF 定义的 E-LINE(VPWS)或 E-LAN(与 IETF 定义的 VPLS 类似),使得运营商能够实现区分化业务提供,以极低的成本获得丰厚的回报。

3. PTN 在城域接入网中的应用

PTN 在城域网对分组业务进行汇聚,对接入点的分组信号进行汇聚传送到接入控制点,如图 9-80 所示。

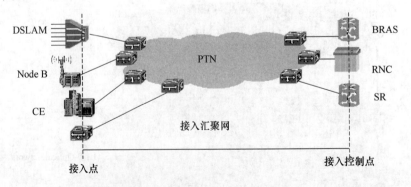

图 9-80 PTN 作为城域网接入和汇聚

PTN 对于接入点和接入控制点之间的分组信号提供基于标签交换的汇聚,同时对分组信号的传送过程进行监控、故障定位、保护恢复。PTN 在城域网中可以提供专线业务、Tree 业务和 VPN 业务。

在 PTN 作为 Mobile backhualing 网络时,IP UTRAN 获取时钟主要有 3 种途径:TDM 电路和网络、本地设置 GPS 时钟源及基于分组网络的时钟分配和时钟恢复算法。如果 NodeB 支持 IP/PPP over E1/T1,并仍然通过 E1/T1/Ch STM-1 接口上传输,这时同步时钟仍然可从线路获取,在宏蜂窝站点推荐使用该方案。

如果 NodeB 采用分路传输,同时具备 E1/T1、FE 或 DSL 接口,这时同步时钟仍然可从 E1/T1 线路获取,在室内覆盖站点推荐使用该方案。当 NodeB 只有 FE 接口时,可配置 GPS 接收机来提供时钟信号,推荐在大流量站点,并且 IP 路由比较复杂的情况下使用该方式。如果 NodeB 只有 FE(或 DSL)接口,而且不允许或是不方便安装 GPS 接收机,如 home NodeB、地下室 NodeB,这时应遵循 IEEE1588 或同步以太网,在 NodeB 恢复时钟。

业务的分组化导致传送网络的分组化,即分组传送网技术的发展,分组传送网保持传统传送网的优点:良好的可扩展性,丰富的操作维护,快速的保护倒换,面向连接的特性,利用 NMS 或控制平面建立连接。同时增加适应分组业务统计复用的特性:采用面向连接的标签交换,分组的 QoS 机制,灵活动态的控制面。

分组传送网作为分组业务的接入、汇聚和交换,应用在城域接入、汇聚、DSLAM backhauling、Wireless Backhauling 等。在城域核心网和骨干网可以代替核心路由器的分组转发功能,进行高效的分组业务的转发,同时增强网络的 OAM 和生存性。

9.6.4　PTN 在移动传送网中的应用

1. PTN 端到端移动回传

如图 9-81 所示,PTN 端到端自组网采用"扁平化"组网思路,可分为业务接入和业务汇聚两个层次。业务接入层采用 GbitE 链路组网,可实现各宏基站、室内覆盖、大客户专线等业务的接入;汇聚环采用 10 GbitE 组网;业务接入环和业务汇聚环采用"相交"的方式,汇聚环的部分节点可接入 OLT,满足宽带需求。

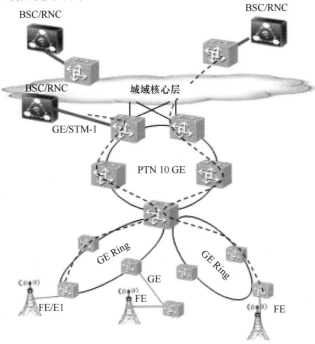

图 9-81　端到端移动回传解决方案

PTN 网络的核心层可以由 PTN 自组网,也可以在业务汇聚层和核心业务交换节点采用 OTN 的连接方式,通过 GbitE 链路,可以进行 NodeB 业务分流,同时还可以做到 PTN 节点业务的保护,适用于新兴地区,光纤可以铺设到基站的地区。其优点如下。

(1) 符合无线演进方展方向,长期归一化方案。

(2) 提供 2G 基站 TDM 业务、3G 基站的 ATM 或 IP 业务以及大客户专线业务统一承载接入。

(3) 端到端电信级统一网管,实现 PTN 端到端网络管理,同时可以提供对 OTN 的统一网管。维护成本、扩容/投资成本低。

(4) 端到端的高效同步方案,满足时钟及时间同步要求,时间同步采用 1588V2 实现。

(5) 高可靠的 OAM 和保护。

(6) 通过 MPLS TE、DiffServ、802.1P 以及拥塞管理、流量监控、流量调度等技术保障 QoS。

2. 移动城域网 2G/3G/IP 综合业务承载

对于 2G 的 TDM 业务和大客户 TDM 租线业务,城域传送骨干层主要解决各骨干节点之间的业务传送、与干线网的连接,大的城域网还要解决跨区域的业务调度等问题。汇聚层除了上下少数电路之外,主要是利用设备的交叉连接能力对接入的颗粒较小的业务按其通路组织方向进行归并整理,从而最大限度地利用上层传输通道;同时汇聚层设备还应能尽可能多地接入环路,充分发挥支路端口的接入能力和该设备的汇聚作用。对于 IP 城域网,传送网骨干层负责各 P 路由器之间,以及 PE 路由器汇聚到 P 路由器的高速连接,汇聚层主要完成本地业务的区域汇接,实现带宽和业务汇聚、收敛及分发,并进行用户管理。3G 引入之后,骨干层要解决 3G 核心网(CN)在城域部分的流量传输,汇聚层主要解决 NodeB 与 RNC 之间的 Iub 接口上的业务接入与汇聚,从 3G 建设初期 NodeB 侧一般为 IMA E1 或 STM-1 接口,RNC 侧一般为 STM-1,到 R5 中 UTRAN 全面实现 IP 化,接口也转变为 FE/GE 接口。

通过对移动传送承载需求的简单分析,2G、3G 和 IP 网在其网络中长期共存的预期,并结合业界对于数据业务流量发展趋势的共识,能够很明显地看出移动城域传送网设备必须具有数据扩展性,能够支持从 TDM 到数据的高效灵活的业务组合。利用 PTN 建设是目前移动传送网的最佳方案之一,如图 9-82 所示。针对不同的业务需求与流量演进模式,PTN 可以和传统 SDH/MSTP 联合组网,采用平行或分层建网的方式,逐渐完成从核心/汇聚往下渗透至接入层的演进方式,不但满足 2G 和 3G 需要的高质量 TDM 传送,还可以逐步平滑地向电信级的以太网业务汇聚和传送演进,实现移动业务传送平台从支持语音电路业务为主到支持数据分组业务为主的网络转型。

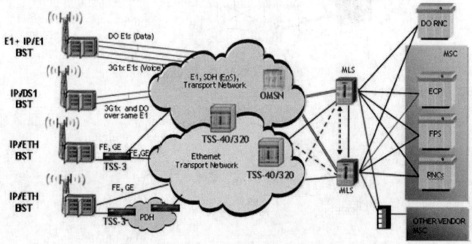

图 9-82 2G/3G/IP 移动城域传送承载网络

3. LTE 应用

LTE 是多业务承载网络,更加需要承载网络提供电信级质量,而同时从固定宽带发展的历史来看,OPEX 是运营商在发展宽带过程中面临的最大压力,移动宽带同样会面临这一问题。

(1) LTE 网络将会和 2G、3G 网络长期共存,所以多业务统一承载仍然是 LTE 时期的需求之一,承载网络需要平滑演进支持多场景多业务统一承载。

(2) LTE 带宽增长迅速,需要承载网络支持大带宽扩展。

(3) 承载网络 Eth/MPLS 化保证移动业务 IP 化、移动承载高质量、低 TCO 等需求。

(4) 任意媒介的接入需求将长期存在,不同接入媒介使用不同的盒子大大提高了维护成本,要考虑 one box 归一化解决方案。

(5) LTE 无论是 FDD 还是 TDD(MBMS 业务、Location 业务以及将来有可能出现的新业务等)都需要频率和时间同步,所以承载网络需要具备提供任意接入媒介同步的需求。

(6) S1-FLEX-LTE 支持 aGW pool 组网,承载网络需要支持 eNB 动态归属于不同的 aGW。

(7) 基站之间切换下移需要承载网络支持 X2 的 MESH 化承载需求。

(8) LTE 网络对于承载网络的单向时延要求<5 m,比 2G,3G 需求更严格。

基于对 LTE 需求的理解,目前 PTN 在架构上已经 LTE Ready,PTN 设备可以保证网络平滑地演进。如图 9-83 所示。

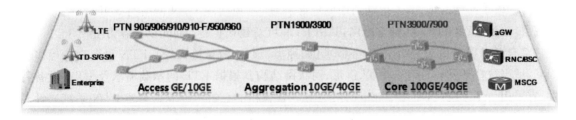

图 9-83　LTE 应用场景

(1) 多场景接入的支持仍然是 LTE 的需求,PTN 支持 any media access,解决多个盒子的管理维护 OPEX 挑战。

(2) 支持任意接入媒介的频率和时间同步方案,降低 GPS 投资以及解决室内覆盖问题。

(3) 借鉴 SDH 维护习惯,图形化维护界面,提升维护效率,降低培训成本,减少客户投资。

(4) 采用路由器架构,保证 QoS 电信级能力,满足 LTE 低延时、低抖动等要求。

为支撑中国移动 TD-LTE 网络建设及集团客户分组化专线发展需求,中国移动省内骨干 PTN 传送网覆盖省会和各个地市,主要疏通跨省、跨地市的传输需求,为以分组为主的业务传送提供承载平台。省内骨干 PTN 在整个传送网中起到承上启下的作用,向上与省际骨干 PTN 传送网相连,疏通跨省业务承载需求;向下与各个城域 PTN 传送网相连,疏通跨城域的业务承载需求。如图 9-84 所示。

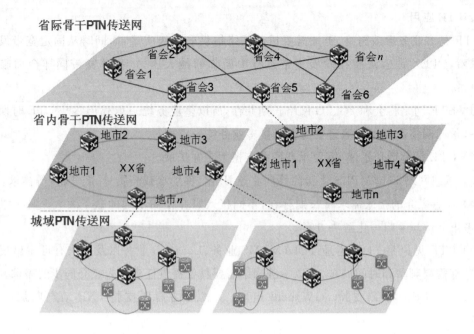

图 9-84　LTE 网络架构

中国移动省内骨干 PTN 传送网需要满足 TD-LTE 回传、集团客户专线等多种以分组为主的业务在省内的长途承载需求。对于 TD-LTE 跨地市业务尽量采用端到端 PTN 承载,对于跨省、跨地市的集团客户专线等分组业务尽量采用端到端的 PTN 或 SDH 承载。

为了便于网络的维护,实现端到端的电路管理,避免出现 PTN 网络与 SDH 网络互联组网现象,建议 PTN 和 SDH 独立组网,其中 PTN 可新建或扩容,SDH 以扩容为主。

综合考虑现有传送网结构、业务需求(如种类、颗粒、流量流向等)、PTN 设备现状等多种因素,适当选择环网、口字形、星状、链形、网状网结构。根据 LTE 的承载需求及 PTN 设备特性,宜采用口字形组网,即每个地市的两个出口节点和中心的两个节点组建 PTN 系统。针对省内骨干 PTN 设备采用单厂家和多厂家组网时,有不同的组网方案。

(1) 单厂家设备组网

省内骨干 PTN 单独采用一个厂家设备组建,为了便于和 MME/SGW 互通和后期发展需求,对于业务量较大的省份,建议在中心节点单独配置落地设备,对于业务量较少的省份落地设备可与组网设备共用。网络结构如图 9-85 所示。

(2) 多厂家设备组网

当各地市选用不同厂家设备和中心节点组网时,在中心节点存在多厂家设备的情况,为了便于和 MME/SGW 互通,在中心节点需单独配置落地设备(成对配置)。为了便于维护和管理,建议各地市选择和城域网核心层同一厂家设备。网络结构如图 9-86 所示。

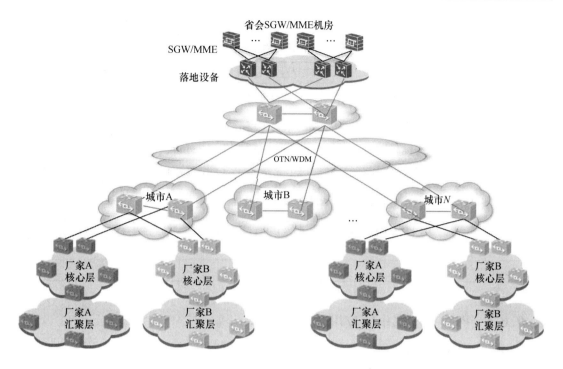

图 9-85　PTN 省内干线单厂家设备组网结构示意图

注:此场景下,在地市城域网核心层和省内骨干的 PTN 设备存在异厂家互通。

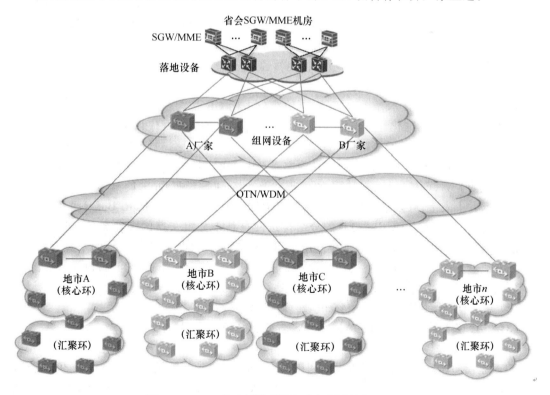

图 9-86　PTN 省内干线多厂家设备组网结构示意图

注:此场景下,在中心节点存在异厂家互通。

（3）两种组网方案比较见表9-6。

表 9-6　两种组网方案比较

LTE承载组网方案	单厂家设备组网	多厂家设备组网
核心网对接	单厂家 PTN 和 EPC 对接,界面清晰,配置相对简单	需增加落地 PTN 和 EPC 对接,配置相对复杂
业务模型	城域核心 PTN 与省内干线 PTN 之间通过 UNI 对接	城域核心 PTN 与省内干线 PTN 采用端到端的 L3VPN
业务配置	城域核心和省内干线 PTN 分段配置	城域核心和省内干线 PTN 端到端配置
运维界面	界面清晰,跨 PTN 省内维护,城域核心地市维护	界面不清晰,省内干线 PTN 和城域核心 PTN 需要端到端维护
管理维护	PTN 背靠背对接、业务发放、故障定位复杂,跨地市仅维护单一厂家	PTN 端到端对接,需要维护多厂家省内干线 PTN 设备
实现难度	小	小

9.6.5　PTN 在专网中的应用

1. 大客户专网中的应用

传统的大客户专网主要的连接方式为 MSTP 或 ATM。从边缘到核心,其业务接入体系包括大客户用户网络、大客户接入二层汇聚网络、MSTP/ATM 承载网和城域网业务路由器等。其中,MSTP 网络为企业互联用户提供独立的 VC,如有不同的接入点在不同的 MSTP 环中,环间以 TDM 方式透传。而 ATM 专网则是以 ATM 交换为核心的上一代网络,面对日益分组化的大客户专网应用,ATM 网络面临的主要问题包括:在 E1 和 E3 之间存在速率缺口;带宽不灵活;交换容量低;拓扑不够灵活;网络覆盖扩展性差;带宽扩展性差等,不能全面有效地满足大客户 IT 化的多业务承载需求。

针对现有电路交换技术存在的问题,电信级以太网 CE 是大客户专网发展和演进的合理选择。作为 CE 应用标准化和推广的重要组织,在企业大客户专网应用 IP 化的过程中,城域以太网论坛(MEF)发挥了重要的作用。MEF 定义了以太网专网的标准服务,包括以太专线(E-Line)和以太局域网(E-LAN)等。CE 的本质是由 MEF 定义的运营商级分组城域网服务,包括标准化的业务、可扩展性、可靠性、可管理性及严格 QoS("硬"QoS)的具体要求。CE 对于实现的技术并不限定,可以是 MSTP、增强型以太网、RPR、MPLS-TP、PBB TE 及 IP/MPLS 等。其中,基于 T-MPLS/MPLS-TP 的分组传送网是基于分组交换的多业务传送网络技术,是目前主要的 PTN CE 实现技术。在采用 PTN 承载基站的同时,利用丰富的带宽资源传送大客户专线业务,PTN 解决方案同时可以满足大客户专线的接入场景,它具备以下特点。

（1）业务处理:采用 LSP/PW 封装大客户业务,网络扩展性较好,带宽复用率高,组网灵活。

（2）可靠性:端到端 APS（1:1 and 1+1）,环以及设备保护。

（3）OAM&PS:类似 SDH OAM & PS 告警、性能和时间监视。

2. 城域以太专线

PTN 是面向连接的分组传送技术。利用 PTN 的虚电路功能提供以太专线业务的传送过程是:PTN 接入节点将来自用户网点的业务加上内层 MPLS 标签(VC label),形成伪线 PW(或虚电路 VC),多个 PW 再加上外层 MPLS 标签(Tunnel Label)进行复用,建立一条 MPLS 标签交换路径 LSP,用户专线业务在 LSP 中按外层 MPLS 标签进行转发。

　　与传统的电路方式专线相比,基于 PTN 的以太网虚拟专线(EVPL)技术具有如下特点:支持多种速率,从 10/100 Mbit 到 Gbit,以 64 kbit/s 为单位的速率调整;支持多种业务等级(EF、AF、BE 等);支持流量突发;支持按需选择保护或非保护;只占用所需的网络带宽等。

　　银行保险等金融大客户对专线的安全性要求非常高。而 PTN E-LINE 专线能够提供与传统的 SDH 电路或 ATM PVC 专线相同的安全等级。这是因为,E-LINE 建立于一个有连接的网络。PTN 不是采用广播桥接技术,而是采用与 SDH 和 ATM PVC 类似的方式建立连接:只要没有配置相应的 MPLS-TP 虚链路或 TDM 电路,信息就永远不会联通及扩散。

　　此外,PTN 专线网络在以下方面的实现也保证了分组专线能够提供可比于原电路专线的运营商级传送能力。

　　(1) 基于 MPLS-TP PTN 技术的以太网专线网络是一个面向连接的网络,支持全程 CAC(连接允许控制),可以提供端到端的 QoS 保证。

　　(2) 采用 PTN 技术可以实现专线链的 50 ms 保护倒换功能,从而在故障倒换过程中不对客户业务产生影响。

　　(3) PTN 能够为用户故障定位提供便捷的手段:当专线任一处中断,将会有 MPLS/PW/Ethernet OAM 等 OAM 消息通知两端设备和网管,用户可以很方便地找到故障点,并能发现分组包所经的路由,以及沿途的时延和误码情况。

3. 企业虚拟专网

　　PTN 采用 MPLS VPN 来实现企业的虚拟专网业务(VPLS,Virtual Private LAN Service)。基于 PTN 的电信级多业务承载能力,VPLS 企业专网继承了所有原电路专线的优点,如带宽保证、迂回路由、保护倒换等,使分组专网具有 ATM 一样的质量保证。与此同时,与传统的电路方式采用 ATM/E1 上行的企业路由器等方式相比,基于 MPLS VPN 的 PTN 虚拟专网为大客户提供以太网业务,可以显著降低网络的建设和维护成本。

　　作为 PTN 的一种底层链路传输技术,成熟和已大规模应用的以太网向城域的扩展能够带来显著的成本优势。目前,当用户路由器带宽超过 2 M 时,企业中心局头端路由器由于下挂很多支局,需要购买大量 ATM IMA 卡板或高速 155 M ATM、POS 卡板,投资非常昂贵。采用基于以太的高速 PTN 专线可以为用户节省很多成本,而且带宽动态可调。对于企业中心局头端路由器,可以采用高速 GE 接口并通过划分子接口的技术下挂很多支局,省去了购买大量高速 ATM/POS 接口的费用,更不需要昂贵的信道化卡板。而客户端采用标准以太接口的交换机之后,可以避免 LAN 和 WAN 之间的 L2 协议转换,降低了设备需求,减少了客户的设备投资,同时无须对技术人员培训 WAN 技术。

　　除成本优势外,与传统的电路方式专网相比,基于分组传送的企业专网还具备以下优势。

　　(1) PTN 提供层次化 QoS 能力,可基于每用户组、每用户、每用户业务分层实现带宽控制、流量整形和调度策略配置等功能,因而能够对同一大客户的不同业务实现区分调度和高效的统计复用。

　　(2) 能够方便地将专线速率提高到 2 M 以上,弥补 E1 到 E3 之间的速率缺口,同时具备灵活的带宽扩展能力。今后客户带宽需求再次增加时,网络端和客户端都无须更换设备。

　　(3) 组网灵活,PTN VPLS 支持 E-LINE、E-TREE、E-LAN 等多种应用,能够提供点到点、点到多点、多点到多点的灵活拓扑,提供更为广泛的专线网络覆盖。

　　(4) 传统的电路方式的 VPN 在提供全连接的 VPN 时存在 N 平方问题:每个 VPN 的 CE 到其他的 CE 都需要在 CE 与 PE 之间分配一条连接,对于 PE 设备来说,在一个 VPN 有 N 个 Site 的时候,CE-PE 必须有 $N-1$ 个物理或逻辑端口连接。VPLS 方式的 MPLS L2VPN 向用户提供了虚拟的局域网服务,从用户角度看,整个提供 VPLS 的 MPLS-TP 分组传送网就像一个巨大的以太网交换机,将不同地理位置上的同一个 VPN 中的用户连接到了一起。每个 VPN 的 CE 只需要在 CE 和 PE 之间分配一条连接,就可以与本 VPN 中的多个 CE 设备相连;对于 PE 设备来说,在一个 VPN 有 N 个 Site 的时候,CE-PE 只需有一个物理或逻辑端口连接,而不是像传统电路方式的 VPN 那样需要有 N−1 个物理或逻辑端口连接。

面对用户的不同需求,专线网络必须能够提供 TDM/ATM/ 以太网业务接入、业务连接的差异化服务、端到端的业务配置和管理、任意业务流向的拓扑组织和网络保护以及分组化的接入和传送技术。随着企业和大客户基础设施的升级,利用 PTN CE 的运营商级分组传送能力在为高等级应用提供 ATM 品质的传送能力的同时,还能够利用 PTN CE 分组传送的成本优势显著降低带宽扩展的成本,提高关键业务的每比特收益。TDM 和 ATM 等传统系统粗糙的带宽颗粒度是提供增值业务的主要障碍,作为电信级以太网的主要实现技术,MPLS-TP 基于 MPLS VPN 的二层传输方式安全性可比于电路方式 VPN 安全性,同时能够利用 PTN CE 灵活的带宽能力和城域以太技术实现更广泛的专线网络覆盖和更灵活的拓扑应用,保障客户投资,提高传输网络的带宽利用率。

9.6.6 PTN 在宽带接入中的应用

1. 商务区宽带接入

如图 9-87 所示,可以在商务区大楼里部署汇聚级别的 PTN 节点 TN705,用做写字楼商务客户的宽带接入,在保证商务客户接入带宽的同时,提供环网或 LSP 虚电路保护,显著提高服务可靠性。根据 PTN 的电信级多业务承载能力,可以为商务区用户提供包括 Internet 接入、VoIP 和视频等多种应用。

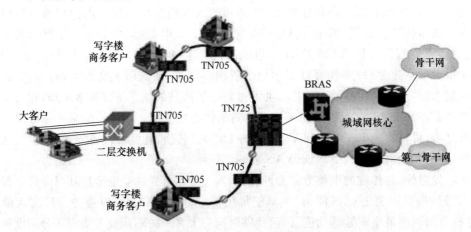

图 9-87 商务区宽带接入

2. IPTV 业务承载

IPTV 业务对宽带汇聚网络的扩展性和传送速率等性能有了更高的要求,为了满足这些要求,运营商采用了基于 IP/以太网技术内核的 DSLAM 把以 IPTV 为代表的三重播放业务整合到一个统一、同质的平台上来,形成了混合业务的接入和汇聚层。如图 9-88 所示,混合业务接入/汇聚层可以是 1850 TSS-40 直连或通过 WDM 连接的环形网络。TSS-40 目前支持 STM-16 (2.5 Gbit/s) 汇聚环,并即将支持 STM-64 (10 Gbit/s)。TSS-40 汇聚节点与 DSLAM 设备(如 7302 ISAM)间的光纤(或波长)提供以太网(目前大部分为 FE,将来演进到

GE)连接,每节点最多支持 8 个 GE 接口。连接保护机制可以是 RSTP 或链路汇聚(LAG)。
1850 TSS 的组播功能也为三重播放业务提供了强有力的支持。

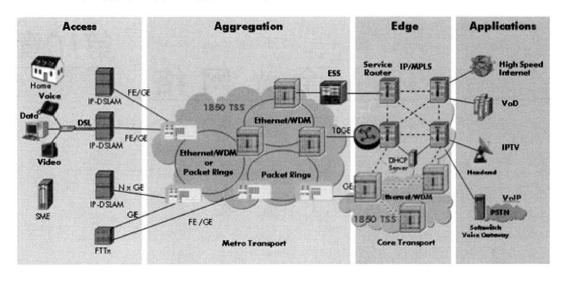

图 9-88　三重播放业务汇聚

复习思考题

1. PW 和 PWE3 的含义是什么? 各自的特点是什么?
2. PTN 主要支持哪些业务? 各自的含义是什么?
3. 环网保护有哪两种? 说明各自的保护机理以及不同点。
4. 说明 SDH 与 PTN 在同步上的区别,同步以太网与 1588V2 的区别。
5. PTN 主要的应用优势有哪些?

第10章

全 光 网 络

10.1 概　述

10.1.1　全光网的基本概念

在光纤通信系统中,限制传输距离的因素是光纤的损耗和色散。除此之外,光纤的非线性效应也是影响光纤传输特性的另一重要因素。但在光放大器(特别是 EDFA 的商用)基本解决了光纤损耗问题之后,系统中无须在每个中继站进行信号定时再生,而直接将光信号放大,取代传统的经过光/电/光转换的电中继器,从而实现自始至终的光传输方式,其中加之光复用、光交换和光的信息处理技术,使之实现任何点到点之间的光信息的共有或交互传递过程,即实现全光通信。

全光网是指信息从源节点到目的节点的传输完全在光域上进行,即全部采用光波技术完成信息的传输和交换的宽带网络。它包括光传输、光放大、光再生、光选路、光交换、光存储、光信息处理等先进的全光技术。光节点取代了现有网络的电节点,即信号在通过光节点时不需要经过光/电、电/光转换,因此它不受检测器、调制器等光电器件响应速度的限制,对比特速率和调制方式透明,可以大大提高节点的吞吐量,克服了原有电路交换节点的时钟偏移、漂移、串话、响应速度慢、固有的 RC 参数等缺点。

全光网一经问世就引起了人们极大的兴趣,世界一些发达国家都以关键技术和设备、部件、器件以及材料的研制开发为突破口,通过现场实验来完成实用化和商用化进程。例如,美国的光网络计划除了美国国防部远景规划局 ARPA II 期全球网计划(MONET、NTON、ICON、WEST)之外,还包括了 ARPA I 期计划中的一部分(ONTC、AON 等),ITU-T 也抓紧研究有关全光网络的建议,全光网已被认为是通信网向宽带、大容量发展的首选方案。建立全光网络,接入 IP 等多种业务信号已成为通信网络的发展趋势,因为全光网络简化了网络结构,提高了网络的可靠性,并且与业务和承载的信号无关,具有重要的现实意义和长远意义。

10.1.2　全光网的特点

全光网是利用波长组网,在光域上完成信号的选路、交换等,它具有以下特点。

(1) 充分利用了光纤的带宽资源,有极大的传输容量和很好的传输质量。WDM 技术的采用开发了光纤的带宽资源,光域的组网减少了电/光、光/电转换,突破了电子瓶颈。

（2）全光网最重要的优点是其开放性。全光网本质上是完全透明的，即对不同的速率、协议、调制频率和制式的信号同时兼容，并允许几代设备（PDH/SDH/ATM），甚至与 IP 技术共存，共同使用光纤基础设施。

（3）全光网的优势不仅在于扩大容量，更重要的是易于实现网络的动态重构，可为大业务量的节点建立直通的光通道，降低了网络的开发成本。利用光波长分插复用器可实现不同节点灵活地上、下波长，利用光波长交叉连接实现波长路由选择、动态重构、网间互连和自愈功能。

（4）采用虚波长通道（VWP）技术，解决了网络的可扩展性，节约网络资源（光纤、节点规模、波长数）。

（5）可靠性。由于光通道在链路失效时可以重选路由，因而提供了高的可靠性，同样由于无源光器件（如光栅复用器等）的使用也增强了网络的可靠性。

10.2　全光网的分层结构

ITU-T 的 G.872(草案)已经对光传送网的分层结构提出了建议。建议已明确在光传送网中加入光层。按照建议，光层由光通道层（OCH）、光复用段层（OMS）和光传输段层（OTS）组成。与 SDH 传送网相对应，实际上是将光网络加到 SDH 传送网分层结构的段层和物理层之间，如图 10-1 所示。由于光纤信道可以将复用后的高速数字信号经过多个中间节点，不需电的再生中继便可直接传送到目的结点，因此可以省去 SDH 再生段，只保留复用段，再生段对应的管理功能并入到复用段结点中。为了区别，将 SDH 的通道层和段层分别称为电通道层和电复用段层。

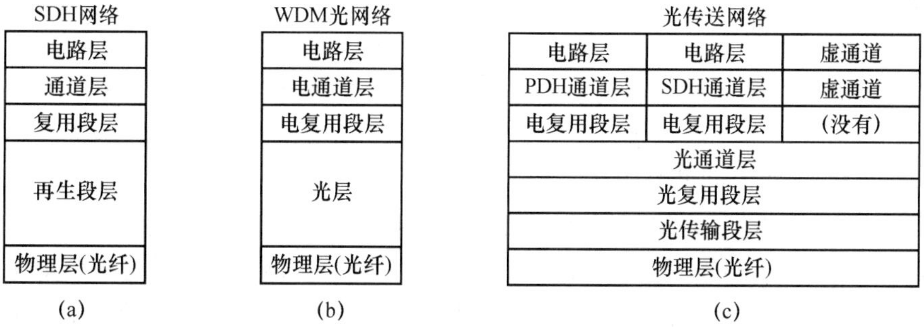

SDH网络	WDM光网络	光传送网		
电路层	电路层	电路层	电路层	虚通道
通道层	电通道层	PDH通道层	SDH通道层	虚通道
复用段层	电复用段层	电复用段层	电复用段层	(没有)
再生段层	光层	光通道层		
		光复用段层		
		光传输段层		
物理层(光纤)	物理层(光纤)	物理层(光纤)		
(a)	(b)	(c)		

图 10-1　光传送网的分层结构

10.2.1　光通道层(OCH)

光通道层为不同格式（如 PDH、SDH、ATM 信元等）的用户信息提供端到端透明传送的光信道网络功能，为灵活的网络选路安排信道连接，提供端到端的连接，处理光信道开销，提供光信道层的检测、管理功能，并在故障发生时，通过重新选路或直接把工作业务切换到预定的保护路由来实现保护倒换和网络恢复。光通道层必须具备以下功能：

（1）光通道连接的重新安排，以实现灵活的网络选路；

（2）光通道开销的处理，以保证光通道适配信息的完整性；

(3) 光通道的监控功能,以便能实现网络等级的操作和管理,如连接指配、服务质量参数的交换和网络生存性。

10.2.2 光复用段层(OMS)

光复用段层为多波长信号提供网络功能,它包括:为灵活的多波长网络选路重新安排光复用段连接;为保证多波长光复用段适配信息的完整性处理光复用段开销;为段层的运行和管理提供光复用段监控功能。其必须具备的功能包括:

(1) 光复用段开销处理,以保证多波长光复用段适配信息的完整性;

(2) 光复用段监控能力,以保证复用段等级上的操作管理,如复用段生存性等。

10.2.3 光传输段层(OTS)

光传输段层为光信号在不同类型的光媒质(如 G.652、G.653、G.655 光纤)上提供传输功能,包括对光放大器的监控功能。其所必须具备的功能包括:

(1) 光传输段开销处理,以保证光传输段适配信息的完整性;

(2) 光传输段监控功能,以实现光传输段等级上的操作和管理,如传输段的生存性等。

实际上,除了上述 3 层以外,在光传送网中还应包括一个物理媒质层。物理媒质层是光传输段层的服务层,即所指定类型的光纤。

10.3　全光网的光复用

在 OMS 层必须在光域对光通路进行复用和解复用。目前光网络的光复用技术主要有波分复用(WDM)、光时分复用(OTDM)和光码分复用(OCDM)3 种。波分复用以其简单、实用等特点在现代通信网中发挥了巨大的作用。相应地,光空分复用、光时分复用和光码分复用等复用技术分别从空间域、时间域和码字域的角度拓展了光通信系统的容量,丰富了光信号交换和控制的方式,开拓了光网络发展的新篇章。WDM 是将信道带宽以频率分割的方式分配给每一个用户;OTDM 将时间帧分割成小的时间片分配给每一个用户,用户在时间上顺序发送信号并同时占有整个带宽,它避开了在电域进行更高速率复用所受到的限制,采用光脉冲压缩、光脉冲时延、光放大、光均衡、光色散补偿、光时钟提取、光再生等一系列技术实现在时域的复用和解复用,它可以使一个固定波长的光波携带信息量十几倍、几十倍地增长;OCDM 提供一种全光的接入方式,在 OCDM 系统中,用户被预先分配一个特定的地址码,各路信号在光域上进行编/解码来实现信号的复用,每个用户同时占有整个带宽,在时间和频率上重叠,利用地址码在光域内的正交性来实现彼此之间的区分。

虽然 WDM、OTDM、OCDM 技术是实现高速、大容量光纤通信系统的不同技术方案,有各自的优缺点,但它们之间并不相互排斥。由于技术的限制,不可能将信道数做到无限大,因此总容量和总速率受到一定限制。对光纤来说,可以获得的带宽资源达 100 Tbit/s,所以要充分利用这一资源。只用 OTDM/WDM 方式还达不到,如果在每个时隙采用 OCDM,然后进行 OTDM,最后进行 DWDM,即 OCDM/OTDM/DWDM 的方式,则总速率可达数十 Tbit/s 以上,就相对接近可利用带宽了。由于 WDM 在第 5 章中已详细阐述,这里主要介绍 OTDM 和 OCDM 的基本原理和特点。

10.3.1　光时分复用

光时分复用(OTDM)是用多个电信道信号调制具有同一个光频的不同光通道(光时隙)，经复用后在同一根光纤中传输的技术。光时分复用是一种构成高比特率传输很有效的方法，它在系统发送端对几个低比特率数据进行光复用，在接收端用光学方法把它解复用出来。

1. 光时分复用原理

在光传输技术中，通常把由基带比特流数据通道混合成高比特流数据通道称之为复用(MUX)；而把已复用的高比特数据流拆分成原来的低速比特流称之为解复用(DEMUX)。在 OTDM 中，由于各支路脉冲的位置可用光学方法来调整，并由光纤耦合器来合路，因而复用和解复用设备中的电子电路工作在相对较低的速率。光时分复用将较低速率基带信号复用成较高速率信号的过程可分为采样、时延和复合 3 个步骤。

(1) 采样。在此过程中，激光器发出的光脉冲通过调制器对电输入基带数据流进行采样，识别每个输入比特，激光器的窄光脉冲被送入由输入的电数据流驱动的光调制器。

(2) 时延。时延是为了确保复用信道上各信道信号间具有正确的时隙。为了避免由于光脉冲在传输过程中被展宽而引起串扰，通常要使每个信道的脉冲宽度比复合后一个比特周期更窄，因为窄脉冲的光频谱较宽，即使激光器波长在光纤零色散附近，脉冲宽度的减小也将增加色散代价。因此，要在系统串话和光纤色散引起的脉冲展宽之间进行权衡，以便选取最佳的脉冲宽度。

(3) 复合。复合的作用是组装抽样基带数据流以便产生高比特率复用数据流。光复用可以是无源的或有源的，无源复合采用光纤方向耦合器，而有源复合采用光交换器件。无源复合虽然简单，但每个 3 dB 方向耦合器引入 3 dB 的复合损耗。有源复合除插入损耗低外，串话也小，这是因为借助与时间相关的光交换可以减小相邻脉冲之间的重叠。

2. 光时分解复用原理

OTDM 技术是利用解复用器来完成由高速信道到低速信道的转换。解复用器是 OTDM 系统最关键的器件。它的目的是分配到达的复用比特流中的每个比特到适当的 O/E 转换器(接收机)。构成光解复用器的基本器件是 1×2 光开关，连接多个 1×2 光开关可以构成大容量的解复用交换网络。对于 OTDM 中的解复用器，电子控制信号并不需要很宽的带宽。

OTDM 网络可以基于比特水平复用，也可以基于时隙水平复用，前者常被称为比特间插的 OTDM 网，后者则称为分槽 OTDM 或 OTDM 分组网络。在比特间插的 OTDM 系统中，来自不同信道的低速数据按比特间插的方式复用为高速 OTDM 数据流，比特间插的 OTDM 主要用于电路交换业务。基于时隙的 OTDM 系统中，总线时间被分割成由多个比特组成的时隙，如每时隙 1～100 比特。用户根据网络协议把数据分组插到这些时隙中去。数据分组的线速率可以与比特间插 OTDM 系统线速率相同，或者与一个 WDM 系统总速率相同。与比特间插 TDM 相比，分槽 OTDM 系统有明显的优势：采用分组交换方式，内在的统计复用克服了比特间插固定的带宽分配方式，在提供数据业务服务时，可以极大地提高带宽利用率和网络吞吐量，减小访问时间及网络时延等，它主要用于分组交换业务。超快单信道光时分复用分组网(以 100 Gbit/s 或更高的速率工作)比 WDM 网络具有更大优势。由于 OTDM 只需一个波长，在单一的 TDM 流上调度数据包比多波长 WDM 系统要简单得多，因此，OTDM 的终端设备比 WDM 设备简单，易于实施。OTDM 系统框图如图 10-2 所示。

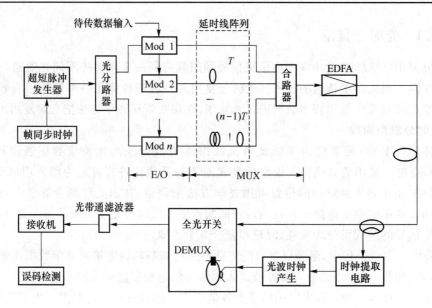

图 10-2　光时分复用系统框图

　　系统光源是超短光脉冲光源,由光分路器分成 N 束,各支路电信号分别被调制到各束超短光脉冲上,然后通过光延时线阵列,使各支路光脉冲精确地按预定要求在时间上错开,再由合路器将这些支路光脉冲复接在一起,便完成了在光时域上的间插复用。接收端的光解复用器是一个光控高速开关,在时域上将各支路光信号分开。

　　要实现 OTDM,需要解决的关键技术有:

　　(1) 超短光脉冲光源;

　　(2) 超短光脉冲的长距离传输和色散抑制技术;

　　(3) 帧同步及路序确定技术;

　　(4) 光时钟提取技术;

　　(5) 全光解复用技术。

　　对于这些技术,国内外正在进行大量理论和实验研究,有些技术已有一些成熟方案,有些技术还存在着相当大的困难。另外,OTDM 要在光上进行信号处理、时钟恢复、分组头识别和路序选出,都需要全光逻辑和存储器件,这些器件至今还不成熟。所以 OTDM 离实用化还有一定距离。

3. OTDM 的技术特点

OTDM 是光纤通信的未来发展方向之一,它具有以下特点。

　　(1) 提高了传输速率。由于各 ONU 是在不同时隙依次进入光功率分配器,并合成一路光信号,其信号按时间既紧凑又不重叠地排列,与各 ONU 的输入信号相比,提高了传输速率。

　　(2) OTDM 系统采用的归零码完全适合于比特级的全光信号处理,从而使超高速帧头处理成为可能。

　　(3) 大大提高了系统容量。OTDM 只利用一个光载波就可传送多路光脉冲信号,因此可大幅度提高系统容量。如与 DWDM 相结合,即利用多个光载波来实现时分多路光脉冲信号的传送,可成倍地提高系统容量。

　　(4) 采用 OTDM 技术比较容易实现信道的按需分配。

4. OTDM 的应用前景

近年来,OTDM 技术的研究得到了迅速发展,OTDM 点到点传输从最初的 8 Gbit/s×4

的复用传输一直发展到 6.3 Gbit/s×16、6.3 Gbit/s×32、10 Gbit/s×40 等复用传输,最后实现了 100 Gbit/s×10 的复用传输;传输距离从最初的 35 km 发展到 50 km、100 km、200 km、500 km乃至 2 000 km 以及法国的 $1×10^4$ km 的越洋实验。日本 NTT 公司早在 1995 年年初就成功地进行了 200 Gbit/s、100 km 传输实验,系统性能良好。

在网络方面,由于 OTDM 是远距离上实现超高速的一项有效技术,它作为点对点的高速通信技术,是发展高速广域网的一个有效途径;目前,IP over WDM 成为研究的热点,如果 OTDM 分组网络技术成熟,IP over OTDM 比 IP over WDM 更具有优越性。因为对于 WDM 网络,数据流处在多个波长上,存在波长变换的问题;而对于 IP over OTDM,数据流只处于一个波长上,可以在光域中对 IP 数据包直接进行处理。所以从长远来看,OTDM 和 WDM 的结合是将来网络发展的方向,在未来的全光网络中,OTDM 技术不仅仅是作为提高系统容量的一种手段,还将在未来全光网络的交换节点或路由器方面扮演更重要的角色。随着技术的发展,OTDM 将会首先在高速局域网中获得应用,用于为具有大容量、高速数据交换的用户群体提供数据的传送和交换。随着技术的进一步成熟,主要是超快的全光处理器件和网络协议的成熟,OTDM 技术将逐步走向城域网和广域网,并成为通信骨干网中的重要角色。

10.3.2　光码分复用

1. 光码分复用的基本概念

光码分复用(OCDM)是一种扩频通信技术,不同用户的信息用相互正交的不同码序列来填充,这样经过填充的用户信号可调制在同一光载波上在光纤信道中传输,接收时只要与发方向相同的码序列进行相关接收,即可恢复原用户信息。由于各用户采用的是正交码,因此相关接收时不会构成干扰。这里的关键之处在于选择适合光纤信道的不同的扩频码序列对码元进行填充,形成不同的码分信道,即以不同的互成正交的码序列来区分用户,实现多址。OCDMA通信是采用光纤信道,利用单极性扩频码序列对信息进行编解码,使低速率的数据信息复用成高速率的光脉冲序列传输或解复用,实现多用户共享信道、随机异步接入、高速透明的通信方式。多用户共享信道主要用在点对点的信道共享,其典型的系统组成如图 10-3 所示。对于多用户的随机异步接入,其网络应用的典型框图如图 10-4 所示,图中光编码器的输出光脉冲序列自身带有地址信息,光解码器可根据其地址,从网络所有用户信息共享共存的光脉冲序列中提取,由约定的光编码器输出的光脉冲序列进行解码;编码器要能向所有用户发送信息即应根据发给不同用户的信息进行变址,解码器是无须变址的,即每个用户用自身的地址对发给它的信息进行编码,其中宽带光纤网络最典型的结构是 $N×N$ 的星形耦合器构成的网络,由于编码器可变址,因此甚至可以发送广播信息。

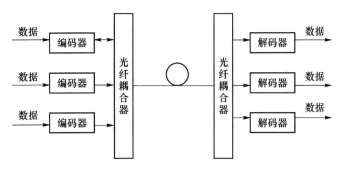

图 10-3　OCDMA 系统组成

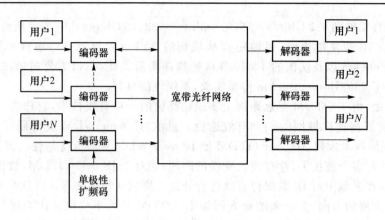

图 10-4　OCDMA 网络

2. 光码分复用的优点

OCDMA 通信是码分多址扩频通信在光纤通信领域的应用,集 CDMA 通信与光纤通信之所长,所以是一种很有发展潜力的通信方式。总的来说,这种通信方式有如下优点。

(1) OCDMA 技术可以实现光信号的直接复用与交换,能动态分配带宽,且扩展网络容易,网管简单,因此非常适用于实时、高突发、高速率和高保密性的通信业务。

(2) 通过给用户分配码字实现多址接入,可以在无交换中心的情况下实现点到点、点到多点的通信,并且一个节点的故障不影响系统中的其他节点,用户可以随即接入,时延也很小,因而具有很高的保密性、安全性。在基于 WDM 网络中,只要将光纤微弯,使用光谱仪对泄漏光进行分析,即可获得、破解各路信号。而采用 CDMA 技术后,入侵者在没有获得编码方案和相应码组序列的条件下,得到的只是伪随机光信号,破解各路信号的概率极低。

(3) 光信号处理简单。一方面,没有像 WDM 那样对波长的严格要求;另一方面,也不需要光时分复用那样严格的时钟同步,从而大大降低了收发设备的成本。

3. 光码分复用的应用前景

光码分复用技术的研究最早是在 20 世纪 80 年代中期,国外有人想充分利用光纤的巨大带宽,在光纤线路上实现码分复用通信。20 世纪 80 年代后期,J. A. Salehi 等人提出全光 OCDM 网络的概念,直接采用光信号处理,进行光编/解码。由于真正的光码分复用系统处理的是单极性码,在电的码分复用通信中性能良好的双极性码已不能采用,需要寻找性能优良的单极性码。20 世纪 90 年代以来,对码字构造的研究逐渐由一维的单极性码向二维的跳频扩时码甚至三维的码组过渡。

在系统设计方面,从 20 世纪 80 年代末 90 年代初开始就有人研究相干 OCDM 系统。但是,因为相干 OCDM 具有系统结构复杂、对器件要求高、实现技术难度大、成本高等缺点,就目前的硬件水平而言,相干 OCDM 难以实现。所以,近年来,国外对非相干 OCDM 技术的研究开始活跃。在 OCDM 技术发展的十多年中,已经由开始的概念提出和地址码构造理论、实验设计,向实验研究、实际应用发展。特别是近些年来,国际上在系统实验上的报道越来越多。在 OCDM 的实际应用方面,除了德国的 Komnet 中采用了 OCDM 技术外,国外许多公司致力于 OCDM 产品的开发。2001 年 7 月,以 Fathallah 为 CEO 的加拿大 APN 公司在 NFOEC 2001 上发布了他们的光码分复用系列产品 APN-1008,宣布其产品具有对速率、协议透明,拓扑结构灵活等特点。由 Intel 投资的 Templex 公司也正在开发基于光纤光栅的 OCDM 产品。我国在 OCDM 领域缺乏有组织、系统的研究开发,处于理论研究的起步阶段,没有形成具有自主知识产权的研究发展体系,与世界前沿相比,处于相对落后的境地。

光码分复用技术是未来极具发展潜力的一种复用方式,它允许所有的信道同时共享同一带宽,提高了带宽资源的利用率。目前,实现 OCDM 系统的方案主要分为时域编码系统、频域编码系统和跳频系统,其中前两种都有相干和非相干两种形式。OCDM 技术起步比较晚,还处在研究的初始阶段,一些重要的理论问题还有待于今后的进一步解决。

10.4　全光网的光交换

10.4.1　概述

光纤潜在的传输容量可高达 30 THz,而目前仅利用了其中很小一部分带宽。但目前的电子交换需要在交换节点先将光信号转换成电信号,然后进行交换,最后再变成光信号,使其能够在光纤中传输。显然,这种交换方式与光纤链路的高速传输特性不相称,很容易形成所谓的"电子瓶颈"现象,制约着光纤信道的巨大带宽资源,因而随着光纤传输容量的不断提高,对交换技术也提出了新的挑战。正是在这种背景下,使得对具有高速宽带大容量交换潜力的光交换技术的研究和开发更显势在必行。

光交换技术是实现全光通信的关键技术之一。与电子交换相比,光交换无须在光传输线路和交换机之间设置光/电或电/光变换,不存在"电子瓶颈"问题,它能充分发挥光信号的高速、宽带和无电磁感应等优点。综合迄今为止的研究成果,已有的光交换方式大致可分为 5 种:光空分交换、光时分交换、光波分交换、复合型光交换和自由空间光交换。因自由空间光交换具有在 1 mm 范围内高达 10 μm 量级的分辨率等显著特点而被认为是一种很有前途的新型光交换方式。

目前已经研制出了一种 4×4 到 128×128 甚至更多端口数的交换机模型,但由于不少关键技术还没有完全突破,例如光逻辑控制(通过光信号自身的处理去控制光信号的交换)等技术还没有得到很好的解决,所以光交换技术的真正实用化还尚需时日。

1. 光交换的特点

光交换与传统的电交换技术有着根本的区别,其具有如下特点。

(1)具有极宽的带宽

采用光交换技术,使得相同的光器件能应用于不同的比特速率系统之中,即具有比特速率的透明性。以一个电子交换单元为例,其最大业务吞吐量为 1 GHz/s,经并联复用也只能提高几倍,而一个光开关就可能将业务吞吐量提高数百倍,可以满足大容量交换节点的需要。

(2)速度快

由于电子电路的最高运行速度只能达到 20 Gbit/s 左右,因而有驱动的光开关也会受到电子电路工作速度的影响,使其响应速度受到限制,然而采用光控的光开关的响应速度可达 10^{-12} s 数量级。由此可见,借助光控器件,可实现超高速的全光交换网。

(3)光交换与光传输相结合,促进全光通信网的发展

光交换与光传输的相结合,使得数据在源节点到目的节点的传输过程中,始终在光域内,避免了在所经过的各个节点上的光/电、电/光转换,因此可同时传输多种数据速率和多种数据格式,从而构成完全光化的网络,有利于高速大容量的信息通信。

(4) 降低了网络成本,提高网络可靠性

由于采用了光交换技术,因而无须进行光/电转换,当然也不会受到电磁干扰,便可以直接实现用户间的信息交换,这样省去了进入交换系统前后的光/电、电/光转换装置,从而降低网络成本。另外,无论在模拟传输还是在数字传输中都可以采用光交换技术,这样不但避免了宽带电交换系统功耗大、串扰严重等问题,也提高了自身的可靠程度。

2. 光交换技术的基本原理

从交换方式上来划分,光交换技术可以分为电路交换和分组交换。电路交换方式又可分为 3 种交换网络,即空分交换、时分交换和波分/频分光交换网络以及由这些光交换网络混合而成的结合型网络。光分组交换中,ATMOS(异步转移模式光交换机)是近年来广泛研究的一种交换方式。

目前的商用光纤通信系统,单信道传输速率已超过 10 Gbit/s,实验 WDM 系统的传输速率已超过 3.28 Tbit/s。但是,由于大量新业务的出现和国际互联网的发展,今后通信网络还可能变得拥挤。原因是在现有通信网络中,高速光纤通信系统仅仅充当点对点的传输手段,网络中重要的交换功能还是采用电子交换技术。传统电子交换机的端口速率只有几 Mbit/s 到几百 Mbit/s,不仅限制了光纤通信网络速率的提高,而且要求在众多的接口进行频繁的复用/解复用、光/电和电/光转换,因而增加了设备复杂性和成本,降低了系统的可靠性。虽然采用异步转移模式(ATM)可提供 155 Mbit/s 或更高的速率,能缓解这种矛盾,但电子线路的极限速率约为 20 Gbit/s。要彻底解决高速光纤通信网存在的矛盾,只有实现全光通信,而光交换是全光通信的关键技术。

3. 光交换器件

光交换器件是实现光交换的关键部件,根据其功能可分为相关器件和逻辑器件 2 类。

所谓相关器件是指器件在控制信号的控制下,使输入与输出之间建立某种关系的器件,它属于无源器件。如定向耦合器、星形耦合器、光放大器、空间光调制器、光开关均属于此类器件。而光逻辑器件则是通过携带信号的信息和数据来控制器件的状态,在其输入端完成逻辑功能或组合逻辑功能,如半导体激光器、双稳态激光器,法布里-玻罗激光器等。在各种各样的光交换系统中,广泛使用的光开关以及光存储器均属于这两类器件,下面主要介绍光开关和光存储器。

(1) 光开关

光开关的品种有很多,下面仅介绍几个典型的光开关器件。

① 定向耦合型光开关

定向耦合型光开关由两个输入端、两个输出端和一个控制端构成,它是利用 Ti:LiN-bO₃ 技术(铌酸锂基片上扩散钛的技术)制成的。这样,可以通过控制电极电压的变化来控制两条波导是成直通状态还是交叉状态,从而实现 2×2 交换单元的交换功能。定向耦合型光开关的频带宽度宽,可具有高达 100 Gbit/s 的比特率变换能力,可用于空分、时分光交换系统,但由于采用了电控信号,因而对更高的变换速率起到了制约作用。另外,定向耦合型光开关的波导太长,不利于大规模集成,同时由于损耗与串扰的影响,也制约了由此构成的网络规模。据报道现在在半导体芯片上可实现 4×4、8×8 的光开关矩阵,而大规模的光开关矩阵则依靠这种开关单元连接而成。

② 空间光调制器

利用磁光效应,即通过调节外加电信号以改变器件的透明程度,使入射的光信号全部通过、部分通过或全部不通过该器件,从而达到对光信号的通断控制的目的。通常,二维的光调制器矩阵便可构成一个空间光调制器。

③ 半导体光放大器开关

由半导体激光器的发光原理可知,当任意输入光信号通过具有粒子数反转分布的半导体材料时,受激辐射大于受激吸收,因而具有光放大作用。由此可知,只有在半导体光放大器加上偏置时,才会产生受激辐射,从而使输入光信号得以放大;反之,如果去掉偏置,则半导体光放大器处于光吸收状态,此时输入光信号无法到达输出端,这样便可以通过对偏置电压的控制,来完成开启和关闭的功能。

光开关矩阵就是利用这种半导体光放大开关功能和光纤耦合器制成的,其在通过状态下,具有光增益,可大大提高系统的信噪比,同时开关速度比较高,具有极高的隔离度,广泛适用于空分、时分及其混合型光变换中。

(2) 光存储器

光存储器是时分光交换系统的关键器件,它可实现光信号的存储和进行光信号的时隙交换。常用的光存储器有双稳态激光二极管和光纤延迟线,其工作原理、应用范围和优缺点如表 10-1 所示。

表 10-1　光存储器比较

类　型	原　理	优缺点	应　用
双稳态激光二极管	• 偏置放大 • 稳态响应保持	• 光电反馈型有源存储 • 可整形 • 有放大作用 • 增益高、信噪比高 • 速度快	时分、频分、光交换
光纤延迟线	• 光信号在光纤中传播时存在时延	• 无源存储器件 • 实现简单易行 • 存取速度无限制 • 可连续存储 • 存储时间不可变,缺乏灵活性	时分、频分、ATM 光交换

10.4.2　空分光交换

空分光交换是根据需要在两个或多个点之间建立物理通道,这个通道可以是光波导,也可以是自由空间的波束。它的功能是使光信号的传输通路在空间上发生改变。空分光交换的核心器件是光开关。光开关有电光型、声光型和磁光型等多种类型,其中电光型光开关具有开关速度快、串扰小和结构紧凑等优点,有很好的应用前景。

典型电光型开关是用钛扩散在铌酸锂(Ti：LiNbO₃)晶片上形成两条相距很近的光波导构成的,并通过对电压的控制改变输出通路。图 10-5(a)是由 4 个 1×2 光开关器件组成的 2×2 光交换模块。1×2 光开关器件就是 Ti：LiNbO₃ 定向耦合器型光开关,只是少用了一个输入端而已。这种 2×2 光交换模块是最基本的光交换单元,它有两个输入端和两个输出端,通过电压控制,可以实现平行连接和交叉连接,如图 10-5(b)所示。图 10-5(c)是由 16 个 1×2 光开关器件或 4 个 2×2 光交换单元组成的 4×4 光交换单元。

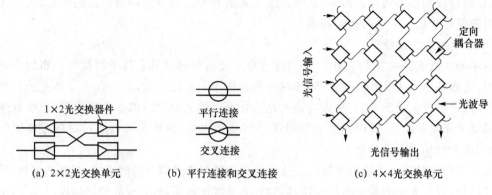

图 10-5　空分光交换

自由空间光交换是指在自由空间无干涉地控制光波路径的一种技术,它的优点是对所需的互联不用物理接触,没有信号干扰和串音干扰,具有高的空间带宽和瞬时带宽(它在1 mm内具有高达 10 μm 的分辨率),而且色散很低。这种交换通过平行反射提供很高的信号互连性,这类光交换系统能够提供比波导技术更优越的系统性能,所以自由空间光交换被认为是一种新型交换技术,其构成器件可以是二维阵列连接芯片,而不是像连接电线和光纤那样只有一维接口。据报道,ATT 在最近的实验中,采用 3232 自由空间交换结构达到了 100 Mbit/s 交换速率。

空间光交换网络结构最常用的是三级结构,主要由分路/合路器和中央交换处理模块构成。对不同空间光交换网络进行评价的主要性能指标有以下几种。

(1) 基本光开关数和可集成度

基本光开关数和可集成度大致反映了交换单元的成本。对给定的交换容量来说,当然所需的基本光开关数越少越好,同时尽量采用集成光路技术,以降低成本。

(2) 阻塞特性

交换网络的阻塞特性共分 4 种。①绝对无阻塞型:不需特殊的交换算法就能将任何入线连接至任何未占用的出线。②广义无阻塞型:利用特殊的交换算法能够将任何入线连接至任何未占用的出线。③可重排无阻塞型:将目前存在的连接重新调整后可以实现任何入线连接至任何未用的出线。④有阻塞型:虽然入线和出线都空闲,但是由于交换网络内部结构问题,在它们之间无法建立连接。

(3) 光路损耗

光路损耗与经历的光放大器数量有关,直接影响交换单元的成本和复杂性,它大致与交换网络的级数成正比。提高工艺、增加光路的集成度以及完善与光纤的匹配技术是减少损耗的主要途径。

(4) 信噪比

由于光开关的开关特性不完善,存在一定的消光比。当两路光信号经过一个光开关时,互相会有一部分能量耦合入另一信号中,造成串扰,引起信噪比下降。采用扩展网络结构,使任一 22 光开关同时最多只有一路光信号经过,信号之间必须经过两次耦合才能发生串扰,因此可以得到较高的信噪比。

10.4.3　时分光交换

时分光交换就是在时间轴上将复用的光信号的时间位置 t_i 转换成另一时间位置 t_j。信号的时分复用可分为比特复用和块复用两种。由于光开关需要由电信号控制,在复用的信号之间需要有保护带来完成状态转换,因此采用块复用比采用比特复用的效率高得多,而且允许光信号的数据速率比电控制信号的速率高得多。时分光交换是以时分复用为基础,用时隙互换原理实现交换功能的。现假定时分复用的光信号每帧复用 N 个时隙,每个时隙长度相等,代表一个信道。

时分复用是把时间划分成帧,每帧划分成 N 个时隙,并分配给 N 路信号,再把 N 路信号复接到一条光纤上。在接收端用分接器恢复各路原始信号,如图 10-6(a)所示。

所谓时隙互换,就是把时分复用帧中各个时隙的信号互换位置。如图 10-6(b)所示,首先使时分复用信号经过分接器,在同一时间内,分接器每条出线上依次传输某一个时隙的信号;然后使这些信号分别经过不同的光延时器件,获得不同的延迟时间;最后用复接器把这些信号重新组合起来。图 10-6(c)示出时分光交换的空分等效。

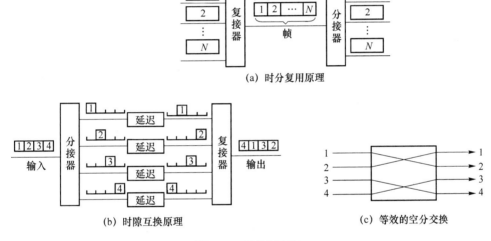

(a) 时分复用原理

(b) 时隙互换原理　　　　　　　　　(c) 等效的空分交换

图 10-6　时分光交换

时隙交换器完成将输入信号一帧中任一时隙交换到另一时隙输出的功能。完成时隙交换必须有光缓存器。光纤延时线是一种比较适用于时分光交换的光缓存器。它以光信号在其中传输一个时隙时间经历的长度为单位,光信号需要延时几个时隙,就让它经过几个单位长度的光纤延时线。目前的时隙交换器都是由空间光开关和一组光纤延时线构成的。

10.4.4　波分光交换

波分光交换就是将波分复用信号中任一波长 λ_i 变换成另一波长 λ_j。波分光交换所需的波长变换器也只能先用波分解复用器件将波分信道空间分割开,对每一波长信道分别进行波长转换,然后再把它们复用起来输出,如图 10-7 所示。

目前实现波长转换有 3 种主要方案。第一种是利用 O/E/O 波长变换器,即光信号首先被转换为电信号,再用电信号来调

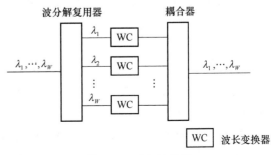

图 10-7　波长转换器

制可调谐激光器,调节可调谐激光器的输出波长,即可完成波长转换功能。这种方案技术最为成熟,容易实现,且光电变换后还可进行整形、放大处理,但失去了光域的透明性,带宽也受检测器和调制器的限制。第二种利用行波半导体放大器的饱和吸收性,利用半导体光放大器交叉增益调制效应或交叉相位调制效应,实现波长变换。第三种利用半导体光放大器中的四波混频效应,具有高速率、宽带宽和良好的光域透明性等优点。

波分光交换(或交叉连接)是以波分复用原理为基础,采用波长选择或波长变换的方法实现交换功能的。图 10-8(a)和(b)分别示出波长选择法交换和波长变换法交换的原理框图。

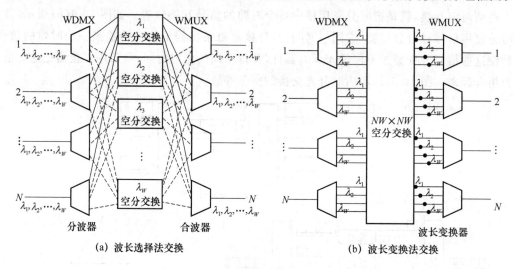

(a) 波长选择法交换   (b) 波长变换法交换

图 10-8 波分交换的原理框图

设波分交换机的输入和输出都与 N 条光纤相连接,这 N 条光纤可能组成一根光缆。每条光纤承载 W 个波长的光信号。从每条光纤输入的光信号首先通过分波器(解复用器)WDMX 分为 W 个波长不同的信号。所有 N 路输入的波长为 $\lambda_i(i=1,2,\cdots,W)$ 的信号都送到 λ_i 空分交换器,在那里进行同一波长 N 路(空分)信号的交叉连接。到底如何交叉连接,将由控制器决定。

然后,以 W 个空分交换器输出的不同波长的信号再通过合波器(复用器)WMUX 复接到输出光纤上。这种交换机当前已经成熟,可应用于采用波长选路的全光网络中。但由于每个空分交换器可能提供的连接数为 $N\times N$,故整个交换机可能提供的连接数为 $N^2\times W$,比下面介绍的波长变换法少。

波长变换法与波长选择法的主要区别是,用同一个 $NW\times NW$ 空分交换器处理 NW 路信号的交叉连接,在空分交换器的输出必须加上波长变换器,然后进行波分复接。这样,可能提供的连接数为 $N^2\times W^2$,即内部阻塞概率较小。

10.4.5 复合光交换

空分+时分、空分+波分、空分+时分+波分等都是常用的复合光交换方式。图 10-9 给出两种空分+时分光交换单元。对于需要时间复用的空分交换模块和空间复用的时分光交换模块,分别用 S 和 T 表示。

与空分+时分光交换类似,空分+波分光交换需要波长复用的空分光交换模块和空间复用的波分光交换模块,分别用 S 和 W 表示。由于空间光开关都对波长透明,即对所有波长的光信号交换状态相同,所以它们不能直接用于空分+时分光交换。只有把输入信号波分解复用,再对每个波长的信号分别应用一个空分光交换模块,完成空间交换后再把不同波长的信号波分解起来,才能完成空分+时分交换功能,如图 10-10 所示。由于图(a)中时隙交换器的输出与输入的时隙数相同,即 $T'=T$,所以此交换单元只能是可重排无阻塞型;图(b)中的空分光交换模块容量为 $N\times N'$,当 $N'\geqslant 2N-1$ 时,此交换单元为绝对无阻塞型;当 $N'\geqslant N$ 时为可重排无阻塞型。

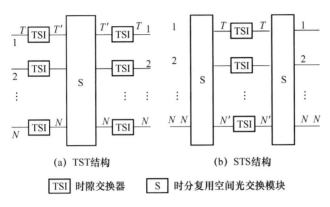

(a) TST结构   (b) STS结构

$\boxed{\text{TSI}}$ 时隙交换器 $\boxed{\text{S}}$ 时分复用空间光交换模块

图 10-9 两种空分+时分光交换单元

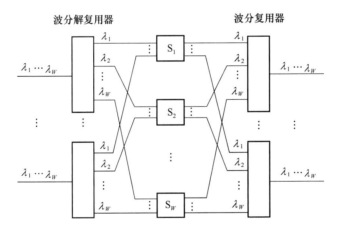

图 10-10 一种波长复用的空分光交换模块

用 S、T 和 W 3 种交换模块可以组合成空分+时分+波分光交换单元,组合形式有WTSTW、TWSWT、STWTS、TSWST、SWTWS 和 WSTSW 6 种。

10.5 全光网的网络结构

10.5.1 全光网的拓扑结构

WDM 全光网包括一组节点的集合和一组点到点的光纤链路的集合。节点的结构划分为光部件和电部件两个部分。光部件是一个由波分复用器/解复用器和光开关矩阵构成的波长选路开关(WRS),它可以使选定的光通道直接通过光传送节点或与其他链路进行交叉连接,或在本地上路或下路;电部件即指电的分插复用和交叉连接设备,它通过有限数目的光发射/接收设备连接到节点的光部件上。这里所谓的光通道是指两个节点之间一条双向的由光载波构成的光连接。

拓扑就是网络的形状。任何通信网络都存在两种拓扑结构:物理拓扑和逻辑拓扑。物理拓扑表征网络节点的物理结构;逻辑拓扑表征网络节点间业务分布情况。

1. 物理拓扑

(1) 线形:当所有网络节点以一种非闭合的链路形式连接在一起时,就构成了线形拓扑。优点是结构简单,而且可以灵活上下光载波,但生存性较差。

(2) 星形:当所有网络节点中只有一个特殊节点与其他所有节点有物理连接,而其他节点之间没有物理连接时就构成了所谓的星形结构(也称枢纽结构)。特点是网络带宽的综合管理,中心节点的失效。通常用于业务分配网络。

(3) 树形:树形网络是星形拓扑与线形拓扑的结合,也可以看作是星形拓扑的拓展。

(4) 环形:如果在线形拓扑中两个端节点也使用光分插复用设备,并用光缆链路连接,便形成了环形拓扑。环形拓扑的优点是实现简单、生存性强,可以应用于各种场合。

(5) 网孔形:在保持连通的情况下,所有网络节点之间至少存在两条不同的物理连接的非环形拓扑便为网孔形拓扑。如果所有节点之间都有直接的物理连接,则成为理想的网孔形。网孔形拓扑的可靠性最高,但结构复杂,相关的控制和管理也相当复杂。

2. 逻辑拓扑

逻辑拓扑指的是网络节点之间业务的分布状况。它与物理拓扑紧密联系,比较常见的有以下几种结构,如图 10-11 所示。

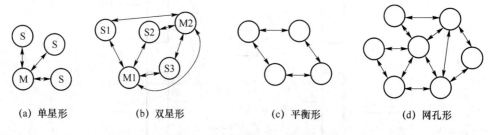

| (a) 单星形 | (b) 双星形 | (c) 平衡形 | (d) 网孔形 |

图 10-11　基本逻辑拓扑结构

(1) 星形

星形逻辑拓扑有单星形和双星形两种。

(2) 平衡式拓扑

这种逻辑拓扑构型只存在于线形与环形物理拓扑的网络中。通常只用于相邻节点间有业务的情况。

(3) 网状拓扑

如果任选两个网络节点构成一个节点对,则在网孔形逻辑拓扑中,除了可以保证所有网络节点都能建立通信连接外,绝大部分节点都存在直接的通信通道。这种逻辑拓扑有很强的生存能力,但相应的控制和管理相当复杂。

3. 物理拓扑和逻辑拓扑比较

物理拓扑和逻辑拓扑的主要区别有以下几点。

（1）物理拓扑的基础是节点之间的物理连接；逻辑拓扑的设计基础是节点之间的逻辑连接关系，而实现基础是节点的物理连接关系。

（2）在全光网络中，物理拓扑反映了物理媒质层的连接关系，拓扑的复杂度与网络节点的端口数量紧密相关；逻辑拓扑反映了光通道层的网络连接、传输和处理功能，拓扑的复杂度与节点端口数量、复用的波长数量以及网络的功能结构都有直接的关系。

（3）物理拓扑设计是以满足网络业务需求为目的，对网络节点的地理分布和节点之间的物理连接关系进行优化的过程；逻辑拓扑设计是依据已有的物理拓扑，以提高网络运营指标为目的，优化光通道层网络功能的过程。

10.5.2　WDM 环形网络

环形网络是一种常见的通信网拓扑形式，和网孔结构相比，环形网络在保持较高生存性的同时更容易实现和管理，因此广泛应用于 SDH 传送网中。光分插复用器的出现促进了 WDM 环形网络的研究和发展。WDM 环形网络保留了环形结构的自愈特性，同时可以在不改变系统结构的情况下，进行容量的平滑升级。

光分插复用器是 WDM 环形网络的基本组成单元，图 10-12 是 OADM 的功能性结构。

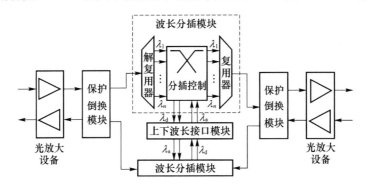

图 10-12　OADM 的功能结构

WDM 环形网络的实现方式多种多样。按节点间波长通道来去业务的传输方向，可以分为单向环和双向环两种。在同一条传输通道中，如果来业务的波长传输方向与去业务的波长传输方向相同，则这种环称为单向环；如果传输方向相反，则为双向环。按连接环路中相邻节点的光纤数目可分为两纤环、四纤环和多纤环。

1.　单向两纤环结构

如图 10-13 所示，设外环光纤为工作光纤，其中复用的波长是携带工作业务，内环光纤为备用光纤，复用保护波长。在这种环状结构中，节点之间的通信业务由预定波长携带，对应的来业务方向与去业务方向是同向传输的。如图 10-13 所示，假设环路节点不作波长变换，节点 A 到节点 B 的通信由波长 λ_{AB} 实现；节点 B 到节点 A 的通信由波长 λ_{BA} 携带，节点 C、D 分别直通该波长。节点之间通过波长连接实现通信，波长资源的使用和连接配置通常由 WDM 网络管理系统实现管理。

2.　双向两纤环

在双向环中，一个双向光通道使用在相同路由上反向传输的波长组来建立。由于这种结构提供了波长重用的潜在可能性而引起了人们的广泛关注。这是因为在双向环中，一个双向通道所使用的波长只占用该通道包含的区段的波长资源，在环上的其他区段，该波长可以重新用来组织通信。这种结构的实现方法有 2 种。

(1) 单纤双向传输方式

如图 10-14 所示为单纤双向传输实现方式。假设外环光纤为工作光纤,图中的工作光纤携带双向传输的波长,节点之间的通信通道由在同一光纤上反向传输的光载波建立。

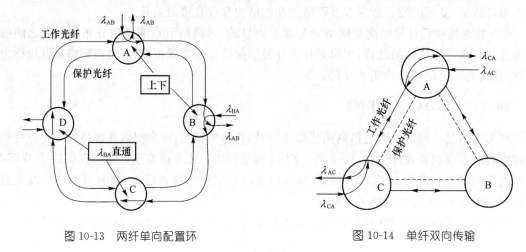

图 10-13　两纤单向配置环　　　　　　　图 10-14　单纤双向传输

(2) 双纤双向传输方式

如图 10-15 所示为双纤双向传输实现方式。其中右图代表节点在没有波长转换能力的情况下内外环传输光纤中工作波长与保护波长组的配置情况,这里假设波长复用总数为 N。

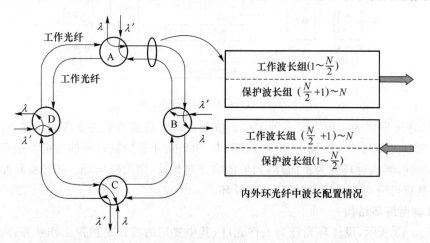

图 10-15　两纤双向传输

双向两纤环的主要优点是提供了波长的重用能力,这样在网络波长总量不变的情况下,能够提供比单向两纤更多的通信通道,从而大大提高了环形网络波长的使用效率。双向两纤环的控制要复杂得多,特别是在节点没有波长转换能力的情况下,环路波长的配置方案直接影响保护方案的设计。

3. 四纤 WDM 环

如图 10-16 所示为 WDM 的四纤环结构。在四纤环中,相邻节点用四根光纤连接,它们可以分成传输方向相反的两对光纤,其中一对为工作光纤,另一对为保护光纤。图中,实线所示为工作光纤对,虚线为保护光纤对。

这种结构的主要优点是提供了灵活的波长重用能力,在相同网络规模的情况下,网络总容量比两纤双向环提高了一倍,同时还具有灵活的业务保护能力,这种结构的相关控制比较复杂,同时环路使用光纤数量多,增加了网络的投资。

4. 多纤环

多纤环是指环路相邻节点之间使用多于四根光纤连接的网络,如图 10-17 所示。为了方便处理,所有环路光纤可以分为顺时针和逆时针两组,其中每组有 N 条光纤。在多纤环中,不同光纤一般使用相同的波长,这样可以大大减少对网络光载波资源的需求。

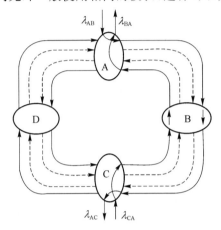

图 10-16　WDM 四纤环配置　　　　　　　　图 10-17　WDM 多纤环配置

多纤环中,在网络节点之间复用波长数量相同的情况下,由于采用了空间复用,可以降低单根光纤复用的波长数量,而且波长的重用性也得到了提高,但有关的控制将非常复杂。

10.5.3　全光网的保护

全光网络具有极高的传输速率,因此在尽可能短的时间内为被中断的业务寻找新的传输路由和自愈方案是十分必要的。网络生存性属于网络完整性的一部分。完整性包括通信质量、可靠性和生存性等,涉及通信系统多方面的技术。网络生存性泛指网络遭受各种故障仍能维持可接受的业务质量的能力。网络生存性策略包括恢复技术、控制管理技术等。恢复技术包括保护切换、重选路由、自愈等。通常将恢复技术统称为自愈技术,而自愈和网络生存性也混用。

WDM 系统线路保护主要有两种方式:一种是基于单个波长,在 SDH 层实施的1+1或1：n 的保护;另一种是基于光复用段上保护 OMSP,在光路上同时对合路信号进行保护。WDM 系统环网的保护有 SDH 层的环保护和光网络层的环网保护,主要的倒换模式有环倒换和跨距倒换。

1. SDH 层单波长保护

(1)基于单个波长,在 SDH 层实施的 1+1 保护

这种保护系统机制与 SDH 系统的 1+1 MSP 类似,所有的系统设备都需要有备份(SDH终端、复用器/解复用器、线路光放大器、光缆线路等),SDH 信号在发送端被永久桥接在工作系统和保护系统,在接收端监视从这两个 DWDM 系统收到的 SDH 信号状态,并选择更合适

的信号。这种方式的可靠性比较高,但是成本比较高。

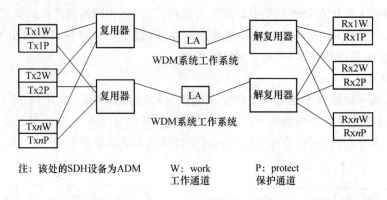

图 10-18 基于单个波长,在 SDH 层实施的 1+1 保护

在一个 DWDM 系统内,每一个 SDH 通道的倒换与其他通道的倒换没有关系,即 DWDM 系统里的 Tx1 出现故障倒换至 DWDM 系统 2 时,Tx2 可继续工作在 DWDM 系统 1 上。一旦监测到启动倒换的条件,保护倒换应在 50 ms 内完成。

(2) 基于单个波长,在 SDH 层实施的 $1:n$ 保护

DWDM 系统可实行基于单个波长,在 SDH 层实施的 $1:n$ 保护,如图 10-19 所示。Tx11、Tx21、Txn1 共用一个保护段,与 Txp1 构成 $1:n$ 的保护关系,Tx12、Tx22、Txn2 共用一个保护段,与 Txp2 构成 $1:n$ 的保护关系;依此类推,Tx1m、Tx2m、Txnm 共用一个保护段,与 Txpm 构成 $1:n$ 的保护关系。SDH 复用段保护(MSP)监视和判断接收到的信号状态,并执行来自保护段合适的 SDH 信号的桥接和选择。

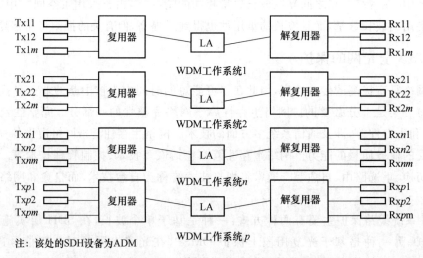

图 10-19 基于单个波长,在 SDH 层实施的 $1:n$ 保护

在一个 DWDM 系统内,每一个 SDH 通道的倒换与其他通道的倒换没有关系,即 DWDM 系统 1 里的 Tx11 倒换到 DWDM 保护系统 1 时,Tx12,Tx13,…,Tx1m 可继续工作在 DWDM 工作系统 1 上。一旦监测到启动倒换条件,保护倒换应在 50 ms 内完成。

(3) 基于单个波长,同一 DWDM 系统内 $1:n$ 保护

考虑到一条 DWDM 线路可以承载多条 SDH 通路,因而也可以使用同一 DWDM 系统内

的空闲波长作为保护通路。

如图 10-20 所示为 $n+1$ 路的 DWDM 系统,其中 n 个波长通道作为工作波长,一个波长通路作为保护系统。但是考虑到实际系统中光纤、光缆的可靠性比设备的可靠性要差,只对系统保护,而不对线路保护,实际意义不是太大。一旦监测到启动倒换时间条件,保护倒换应在 50 ms 内完成。

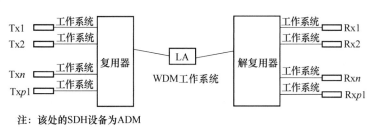

注: 该处的 SDH 设备为 ADM

图 10-20　基于 SDH 层的同一 DWDM 系统内 $1:n$ 保护

2. 光复用段(OMSP)保护

这种技术只在光路上进行 1+1 保护,而不对终端线路进行保护。在发端和收端分别使用 1×2 光分路器和开关,或采用其他手段(如 glowing 状态,指光放大器处于一种低偏置电流,泵浦源工作在低输出情况下,输出信号很小,只能供监测得到,判断是否处于正常工作状态),在发送端对合路的光信号进行分离,在接收端,对光信号进行选路。光开关的特点是插入损耗低,对光纤波长放大区域透明,并且速度快,可以实现高集成和小型化。

图 10-21 是采用光分路和光开关的光复用段保护方案。在这种保护系统中,只有光缆和 DWDM 的线路系统是备用的,而 DWDM 系统终端站的 SDH 终端和复用器则是没有备用的,在实际系统中,人们也可以用 $N:2$ 的耦合器来代替复用器和 $1:2$ 分路器。相对于 1+1 保护,其减少了成本,光复用段 OMSP 保护只有在独立的两条光缆中实施才有真正的实际意义。

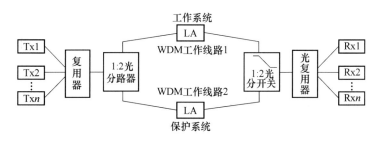

图 10-21　光复用段(OMSP)保护

3. 环网的应用

采用 DWDM 系统同样可以组成环网,一种是将基于单个波长的点到点 DWDM 系统连成环,如图 10-22 所示。在 SDH 层实施 $1:n$ 保护,SDH 系统必须采用 ADM 设备。

在如图 10-23 所示的保护系统中,可以实施 SDH 系统的通道保护环和 MSP 保护环。DWDM 系统只是提供"虚拟"的光纤,每个波长实施的 SDH 层保护与其他波长的保护方式无关,该环可以为二纤或四纤。

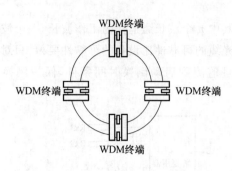

图 10-22　利用点到点 DWDM 系统组成的环

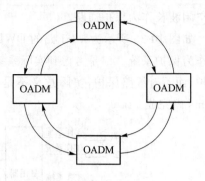

图 10-23　利用 OADM 组成的环

　　采用有分插复用能力的 OADM 组环是 DWDM 技术在环网中应用的另一种形式。OADM 组成的环网可以分成两种形式。一种是基于单个波长保护的波长通道保护,即单个波长的 1+1 保护,类似于 SDH 系统中的通道保护。另一种是线路保护环,对合路波长的信号进行保护,在光纤切断时,可以在断纤临近的两个节点完成"环回"功能,从而使所有业务得到保护,与 SDH 的 MSP 相类似。从表现形式上讲,可以分双向线路二纤环和单向线路二纤环,也可以构成双向线路二纤环。在双向二纤线路环时,一半波长作为工作波长,另一半作为保护。

复习思考题

1. 请简述光交换的优点和分类。
2. 请简述交换网络四种阻塞特性的含义。
3. 请简述时分光交换、时隙交换器和光纤延时线的含义。
4. 请简述 WDM 全光通信网的主要优点。
5. 请简述光层中三层各自的作用。
6. 请简述三种逻辑拓扑的特点。
7. 请简述物理拓扑和逻辑拓扑的主要区别。
8. 请简述 OTDM 的复用原理和特点。
9. 请简述 OCDM 的复用原理和特点。

参 考 文 献

1 刘增基,周洋溢,胡辽林,等.光纤通信.西安:西安电子科技大学出版社,2001

2 Gerd Keiser. 光纤通信. 3 版. 李玉权,崔敏,蒲涛,等,译. 北京:电子工业出版社,2002

3 王加强,岳新全,李勇.光纤通信工程.北京:北京邮电大学出版社,2003

4 孙学康,张金菊,等.光纤通信技术.北京:北京邮电大学出版社,2001

5 胡先志,邹林森,刘有信,等.光缆及工程应用.北京:人民邮电出版社,2005

6 刘强,段景汉,等.通信光缆线路工程与维护.西安:西安电子科技大学出版社,2003

7 张引发,王宏科,邓大鹏,等.光缆线路工程设计、施工与维护.北京:电子工业出版社,2002

8 傅海阳,杨龙向,李文龙.现代电信传输.北京:人民邮电出版社,2000

9 孙强,周虚.光纤通信系统及其应用.北京:清华大学出版社,2004

10 高炜烈,张金菊.光纤通信.北京:人民邮电出版社,2000

11 纪越峰,等.现代通信技术.北京:北京邮电大学出版社,2001

12 孙学军,张述军,等.DWDM 传输系统原理与测试.北京:人民邮电出版社,2000

13 中国邮电电信总局.SDH 传输设备维护手册.北京:人民邮电出版社,1997

14 纪越峰.光波分复用系统.北京:北京邮电大学出版社,1999

15 张宝富,等.现代光纤通信与网络教程.北京:人民邮电出版社,2001

16 顾畹仪,等.全光通信网.北京:北京邮电大学出版社,1999

17 韦乐平,等.光同步数字传送网.北京:人民邮电出版社,1998

18 曾甫泉,李勇,等.光同步传输网技术.北京:北京邮电大学出版社,1996

19 曹蓟光,等.多业务传送平台技术与应用.北京:人民邮电出版社,2003

20 YD/T 1238-2002 基于 SDH 的多业务传送节点技术要求

21 YD/T 1276-2003 基于 SDH 的多业务传送系统测试方法

22 龚倩.智能光交换网络.北京:北京邮电大学出版社,2003

23 王晓义,李大为.PTN 网络建设及其应用.人民邮电出版社,2010

24 黄晓庆,唐剑峰,徐荣.ptn-ip 化分组传送.北京:北京邮电大学出版社

25 徐荣,任磊,邓春胜.分组传送技术与测试.北京:人民邮电出版社

26 龚倩,徐荣,李允搏.分组传送网.北京:人民邮电出版社